Schwarze

Grundlagen der Statistik

Band 2: Wahrscheinlichkeitsrechnung und induktive Statistik

www.nwb.de

NWB Studium Betriebswirtschaft

Grundlagen der Statistik

Band 2: Wahrscheinlichkeitsrechnung und induktive Statistik

Von
Professor Dr. Jochen Schwarze

9., vollständig überarbeitete Auflage

nwb STUDIUM

ISBN 978-3-482-**56869**-5 – 9., vollständig überarbeitete Auflage 2009

Druck: medienHaus Plump GmbH, Rheinbreitbach

Vorwort zur 9. Auflage

Dieser Band II der ***Grundlagen der Statistik***, der sich mit einer Einführung in die Wahrscheinlichkeitsrechnung und in die induktive oder schließende Statistik beschäftigt, ist, ebenso wie Band I über ***Beschreibende Verfahren***, aus dem von mir für die Fernuniversität Hagen geschriebenen Kurs entstanden, wobei auch langjährige Lehrerfahrungen mit eingeflossen sind. Für die 1986 erschienene erste Auflage wurde der Fernstudientext, ebenso wie bei Band I, intensiv überarbeitet, gestrafft und um verschiedene statistische Ansätze erweitert mit dem Ziel, eine für das Selbststudium, für die Unterrichtsbegleitung aber auch zum Nachschlagen geeignete Einführung zu schaffen.

Für die jetzt vorgelegte 9. Auflage wurde, ohne das Gesamtkonzept zu ändern, der Text erneut kritisch durchgesehen, korrigiert und an vielen Stellen revidiert. Trotz verschiedener Anregungen konnte ich mich auch diesmal nicht entschließen, unmittelbare Hinweise auf den Einsatz von Statistiksoftware in den Text einzubinden, da das nur fragmentarisch hätte erfolgen können. Der Leser sollte grundsätzlich davon ausgehen, dass verschiedene Statistik-Softwarepakete existieren, die teilweise sehr umfangreiche Funktionalitäten enthalten. Auch Tabellenkalkulationsprogramme sind für die Bearbeitung statistischer Fragestellungen geeignet und bieten im Regelfall auch spezielle Statistikfunktionen. Alle Programme erfordern Einarbeitung und setzen für eine richtige und problemadäquate Verwendung solide Kenntnisse statistischer Methoden voraus, wie sie in den beiden Bänden *Grundlagen der Statistik* vermittelt werden.

Die benötigten Tabellen einschlägiger Wahrscheinlichkeitsverteilungen sind im Anhang B enthalten.

Übungsaufgaben wurden in den Text eingebunden. Die Lösungen dazu enthält Anhang A. Da sich statistische Methoden nur durch intensives Üben und Bearbeiten von Aufgaben erlernen lassen, habe ich – ebenfalls im NWB-Verlag – zu den beiden Bänden Grundlagen der Statistik I und II eine zusätzliche ***Aufgabensammlung zur Statistik*** herausgegeben, auf die hier hingewiesen sei.

Jochen Schwarze

Hinweis

Innerhalb der Abschnitte wurde eine fortlaufende Nummerierung für Anmerkungen, Beispiele, Definitionen, Gleichungen, Figuren, Regeln, Tabellen und Übungsaufgaben verwendet. So gehört z. B. in Abschnitt 9.2 Nummer 9.2.1 zu einer Definition, Nummer 9.2.2 zu einem Beispiel und Nummer 9.2.3 zu einer Figur (Abbildung).

Die Nummerierungen wurden am linken Rand ergänzt durch

- **A** für Anmerkung,
- **B** für Beispiel,
- **D** für Definition,
- **F** für Figur (Abbildung),
- **G** für Gleichung,
- **R** für Regel,
- **T** für Tabelle und
- **Ü** für Übungsaufgabe.

Inhaltsverzeichnis

7 Grundzüge der Wahrscheinlichkeitsrechnung

7.1 Vorbemerkungen

Band I der „Grundlagen der Statistik" beschäftigt sich mit der deskriptiven oder beschreibenden Statistik, für die Folgendes charakteristisch ist:
Die Aussagen und Ergebnisse beziehen sich in der deskriptiven Statistik immer nur auf die jeweils gegebene Menge von Beobachtungswerten. Es wird nichts darüber gesagt, ob – und gegebenenfalls wie – die Aussagen auf andere statistische Massen übertragen werden können oder inwieweit Verallgemeinerungen auf übergeordnete statistische Massen möglich sind.

B 7.1.1 a) 550 *Studenten einer Universität werden nach ihrem monatlich verfügbaren Einkommen befragt. Es ergibt sich ein durchschnittliches Einkommen von € 642/Monat. Ob bzw. wie aus diesem Ergebnis auf das durchschnittlich verfügbare Monatseinkommen aller Studenten dieser Universität geschlossen werden kann, lässt sich mit den Verfahren der deskriptiven Statistik nicht entscheiden.*
b) *Eine Befragung von* 1200 *Bundesbürgern, die älter als* 18 *Jahre sind, hat ergeben, dass* 48 *bzw.* 4% *der Befragten Mitglied in einer bestimmten Partei sind. Für die Befragten steht damit der Anteil derjenigen, die Mitglieder der betreffenden Partei sind, fest. Über den Anteil in der Gesamtbevölkerung wird damit noch nichts ausgesagt.*

Für viele Fragestellungen bei der Anwendung der Statistik sind die Verfahren der deskriptiven Statistik unzulänglich. Das ist insbesondere dann der Fall, wenn zur Gewinnung von Aussagen über eine statistische Masse nicht die gesamte Masse untersucht werden kann oder soll, sondern wenn **anstelle einer Vollerhebung nur eine Teilerhebung** durchgeführt wird. Auf Teilerhebungen oder Stichprobenerhebungen beschränkt man sich

- aus **Kosten**gründen (eine Vollerhebung wird zu teuer),
- aus **Zeit**gründen (eine Vollerhebung dauert zu lange) oder
- aus **technischen** Gründen (eine Untersuchung der Elemente führt zu ihrer Zerstörung, wie z.B. bei Materialprüfungen).

Mit Hilfe spezieller statistischer Verfahren wird dann versucht, von den Ergebnissen der **Stichprobenuntersuchung** auf die übergeordnete statistische Masse zu schließen. Mit den für solche Schlüsse geeigneten Stichprobenverfahren – man spricht auch von **induktiver** oder **schließender Statistik** – beschäftigen sich die Kapitel 10 bis 14.

Eine wichtige Grundlage für Stichprobenverfahren ist die **Wahrscheinlichkeitsrechnung**, deren Grundzüge in den Kapiteln 7 bis 9 dargestellt werden. Die Wahrscheinlichkeitsrechnung stellt nicht nur die Grundlage für Stichprobenverfahren dar, sondern sie ist auch ein eigenständiges Gebiet, und zwar sowohl in der Theorie als auch in der Anwendung.

Für die Wahrscheinlichkeitsrechnung muss zunächst der Wahrscheinlichkeitsbegriff behandelt werden, der bereits aus der Umgangssprache bekannt ist. Mit dem Begriff „wahrscheinlich" oder „unwahrscheinlich" drückt man im Allgemeinen Unsicherheit, Unklarheit oder Vermutungen aus, wie folgende Sätze zeigen:

- *Wahrscheinlich wird es morgen regnen.*
- *Es ist unwahrscheinlich, dass Agathe ihren Freund Otto heiratet.*
- *Wahrscheinlich verliert Eintracht Braunschweig das nächste Fußballspiel.*

In den folgenden Sätzen hat der Wahrscheinlichkeitsbegriff schon einen konkreteren Inhalt:

- *Die Wahrscheinlichkeit, im Lotto* 6 *Richtige zu haben, ist sehr klein.*
- *Es ist unwahrscheinlich, dass ein Säugling bei der Geburt mehr als* 10 *Pfund wiegt.*

Sofern genügend Informationen zur Verfügung stehen, können die Aussagen der eben angeführten Sätze noch konkreter formuliert werden und der Begriff „wahrscheinlich" zahlenmäßig bzw. als Häufigkeitsaussage ausgedrückt werden:

- *Es gibt* 13.983.816 *Möglichkeiten* 6 *aus* 49 *Zahlen anzukreuzen. Die Gewinnaussichten für* 6 *Richtige beim Lotto* 6 *aus* 49 *betragen also, wenn man einmal* 6 *Zahlen ankreuzt* 1:13.983.816.
- *Nur* 3 *von* 10.000 *Säuglingen wiegen bei der Geburt mehr als* 10 *Pfund.*

Während in der Umgangssprache der Wahrscheinlichkeitsbegriff zum Teil sehr salopp und unscharf verwendet wird, liefern die eben formulierten Aussagen schon konkrete Anhaltspunkte für das, was unter dem **Wahrscheinlichkeitsbegriff in der Statistik** verstanden wird.

Die zum umgangssprachlichen Wahrscheinlichkeitsbegriff angeführten Beispiele haben folgende Gemeinsamkeiten:

- Es handelt sich um Vorgänge oder Phänomene, bei denen mehrere Möglichkeiten eintreten können bzw. denkbar sind.
- Es ist nicht möglich, im Voraus anzugeben, welche der verschiedenen Möglichkeiten als Ergebnis des Vorgangs oder Phänomens tatsächlich eintreten wird bzw. werden.

Derartige Phänomene untersucht man mit der Wahrscheinlichkeitsrechnung. Die Phänomene heißen dann **Zufallsexperimente**. Die Wahrscheinlichkeit für das Eintreten eines bestimmten Ereignisses ist ein Maß für die „Chance", dass dieses Ereignis tatsächlich eintritt. Dabei kommt es in der Wahrscheinlichkeitsrechnung u.a. darauf an, Wahrscheinlichkeiten zu messen, d.h. durch reelle Zahlen auszudrücken.

Bevor auf den Wahrscheinlichkeitsbegriff im Einzelnen eingegangen wird, ist es erforderlich, Zufallsexperimente und die Ergebnisse von Zufallsexperimenten etwas näher zu betrachten.

7.2 Zufallsexperimente und Ereignisse

a) Zufallsexperimente

Im vorangegangenen Abschnitt wurden Beobachtungen, Vorgänge oder Experimente betrachtet, deren Ausgang oder Ergebnis im Voraus nicht bekannt ist, sondern vom Zufall abhängt. Derartige Phänomene sind Gegenstand der Wahrscheinlichkeitsrechnung.

D 7.2.1

Zufallsexperiment

Ein Zufallsexperiment ist ein beliebig oft und gleichartig wiederholbarer Vorgang mit mindestens zwei möglichen verschiedenen Ergebnissen, bei dem im Voraus nicht eindeutig bestimmbar ist, welches Ergebnis eintreten wird.

B 7.2.2 a) *In einer Lostrommel befinden sich gut durchgemischt Gewinnlose und Nieten. Zieht man ein Los, dann kann man vorher nicht sagen, ob man ein Gewinnlos oder eine Niete ziehen wird.*

b) *Bei der Ausspielung der Lottozahlen* 6 *aus* 49 *werden Kugeln, die mit den Zahlen von* 1 *bis* 49 *beschriftet sind, in einem Gefäß gemischt. Es werden dann nacheinander* 7 *Kugeln* (6 *Zahlen und* *die Zusatzzahl) gezogen. Es ist nicht möglich, im Voraus anzugeben, welche Kugeln gezogen werden, wenn das Ziehungsgerät oder die Kugeln nicht manipuliert sind.*

Nicht nur in der Wahrscheinlichkeitsrechnung, sondern auch für die später zu behandelnden Stichprobenverfahren, ist es von grundlegender Bedeutung, dass die Ergebnisse oder Beobachtungen wirklich **zufällig** eintreten.

B 7.2.3 *Beim Werfen einer Münze kann man mit einiger Geschicklichkeit erreichen, dass immer oder meistens „Zahl" oben liegt. Beim Würfeln müsste bei völlig identischer Wiederholung der Würfe bei jedem Wurf die gleiche Zahl oben liegen.*

Derartig „manipulierte" Experimente werden im Folgenden grundsätzlich ausgeschlossen.

Viele Zusammenhänge aus der Wahrscheinlichkeitsrechnung lassen sich besonders gut an einem so genannten **Urnenmodell** veranschaulichen. Dabei wird ein Gefäß (Urne) betrachtet, in dem sich Kugeln befinden. Die in der Urne befindlichen Kugeln können verschiedene Farben haben oder mit verschiedenen Zahlen beschriftet sein. Aus dieser Urne werden dann zufällig Kugeln gezogen.

b) Ereignisse und Ereignisraum

Ein Zufallsexperiment ist u.a. dadurch charakterisiert, dass es wenigstens zwei mögliche verschiedene Ergebnisse gibt.

D 7.2.4

> **Ereignis**
> Ein mögliches Ergebnis eines Zufallsexperiments heißt Ereignis.

B 7.2.5 a) *Beim Ziehen einer Kugel aus einer Urne mit roten und grünen Kugeln gibt es die Ereignisse: „Die gezogene Kugel ist rot." und „Die gezogene Kugel ist grün."*
b) *Beim (zufälligen) Werfen eines Würfels sind Ereignisse die Augenzahlen* „1", „2", „3", „4", „5" und „6". *Ereignisse bei diesem Zufallsexperiment sind aber auch: „Die Augenzahl ist gerade." oder „Die Augenzahl ist ungerade." oder „Die Augenzahl ist höher als* 4.*"*

Ereignisse werden im Folgenden meistens mit großen lateinischen Buchstaben vom Anfang des Alphabets bezeichnet: A, B, C, ... Ereignisse realer Anwendungen werden auch verbal oder durch konkrete Ergebnisse beschrieben und durch „" gekennzeichnet, wie in B 7.2.5.

Teil b) des Beispiels 7.2.5 zeigt, dass manche Ereignisse sich in „kleinere" Ereignisse oder Teilereignisse zerlegen lassen. Das Ereignis „Die Augenzahl ist gerade" kann z.B. in die Ereignisse „2", „4" und „6" zerlegt werden.

D 7.2.6

> **Elementarereignis**
> Die einzelnen nicht mehr zerlegbaren und sich gegenseitig ausschließenden Ergebnisse eines Zufallsexperiments heißen Elementarereignisse. Sie werden mit $\omega_1, \omega_2, \omega_3, \ldots, \omega_n$ bezeichnet[1].

B 7.2.7 a) *Beim Würfeln hat man die Elementarereignisse* „1", „2", „3", „4", „5" und „6".
b) *Beim Werfen einer Münze hat man die Elementarereignisse „Kopf" und „Zahl".*

1 ω_1 lies: „Omega 1"; es handelt sich hier um das kleine o (Omega) des griechischen Alphabets.

Sämtliche zu einem Zufallsexperiment gehörige Elementarereignisse kann man zu einer Menge zusammenfassen.

D 7.2.8

> **Ereignisraum**
> Die Menge Ω aller zu einem Zufallsexperiment gehörigen Elementarereignisse heißt Ereignisraum[2]:
> $$\Omega = \{\omega_1, \omega_2, \omega_3, ..., \omega_n\}.$$

Hier werden nur **endliche** Ereignisräume mit n Elementarereignissen betrachtet.

B 7.2.9 a) *Für das Zufallsexperiment „Werfen eines Würfels" erhält man als Ereignisraum* $\Omega = \{1,2,3,4,5,6\}$.

b) *Für das Zufallsexperiment „Werfen einer Münze" erhält man als Ereignisraum* $\Omega = \{Kopf, Zahl\}$.

Ü 7.2.10 *Geben Sie zu den folgenden Zufallsexperimenten die Ereignisräume an:*

a) *Werfen mit zwei Münzen, die nicht unterschieden werden können.*

b) *Gleichzeitiges Ziehen von zwei Kugeln aus einer Urne mit zwei roten, drei grünen und vier blauen Kugeln.*

c) *Zweimaliges Ziehen einer Kugel aus derselben Urne wie in* b). *Nach Registrierung der Farbe der ersten gezogenen Kugel wird diese wieder zurückgelegt und dann die zweite Kugel gezogen (Ziehen mit Zurücklegen).*

Bei Zufallsexperimenten kann man auch Ereignisse betrachten, die sich aus mehreren anderen Ereignissen oder Elementarereignissen zusammensetzen.

B 7.2.11 *Beim Würfeln mit einem Würfel erhält man durch Zusammensetzen der Elementarereignisse „2", „4" und „6" das Ereignis „Die Augenzahl ist gerade."*

Ereignisse können also miteinander verknüpft werden. Dafür gibt es Operationen, die denen der Mengenlehre ähneln und für die die gleichen Symbole verwendet werden.[3]

c) Operationen für Ereignisse

D 7.2.12

> **Zusammengesetztes Ereignis**
> Unter dem zusammengesetzten Ereignis $A \cup B$ versteht man das Ereignis, das dann eintritt, wenn wenigstens eines der beiden Ereignisse A und B eintritt.

Die Verknüpfung zweier Ereignisse durch die Operation $\cup$ entspricht der Vereinigung von Mengen und ist eine Verknüpfung durch das logische „oder" („inklusiv oder"). Das Ereignis $A \cup B$ tritt ein, wenn A eintritt oder wenn B eintritt oder wenn A und B zusammen eintreten.

Es können natürlich auch mehr als zwei Ereignisse miteinander verknüpft werden, z.B. die Ereignisse $A_1, A_2, ..., A_n$ zum Ereignis $B = \bigcup_{i=1}^{n} A_i$.

2 Ω (sprich: Omega) ist das große O des griechischen Alphabets.

3 Vgl. zur Mengenlehre z.B. SCHWARZE, J.: Mathematik für Wirtschaftswissenschaftler. Band 1: Grundlagen. Herne/Berlin, NWB-Verlag.

B 7.2.13 *In einer Urne befinden sich rote, grüne und schwarze Kugeln. Das Ereignis „Die gezogene Kugel ist rot oder grün." tritt ein, wenn die gezogene Kugel rot ist oder wenn sie grün ist. Es ergibt sich als Vereinigung der beiden Ereignisse „Die gezogene Kugel ist rot." und „Die gezogene Kugel ist grün."*

Da zusammengesetzte Ereignisse immer Teilmengen des Ereignisraums sind, können sie bei endlichen Ereignisräumen durch Aufzählung der zugehörigen Elementarereignisse in Mengenschreibweise angegeben werden.

B 7.2.14 *Beim Würfeln mit einem Würfel sei* G *das Ereignis „Die Augenzahl ist gerade." und* A *das Ereignis „Die Augenzahl ist kleiner als* 4*." Dann kann man schreiben* $G = \{2,4,6\}$ *und* $A = \{1,2,3\}$, *und es gilt:*

$G \cup A = \{1,2,3,4,6\}$.

Manchmal interessiert man sich auch für das gleichzeitige Eintreten zweier Ereignisse.

D 7.2.15

> **Gemeinsam auftretende Ereignisse**
> Unter dem **Durchschnitt** $A \cap B$ der Ereignisse A und B versteht man das Ereignis, das eintritt, wenn sowohl A als auch B eintritt, wenn also A und B gemeinsam eintreten.

Die Verknüpfung von Ereignissen über den Durchschnitt entspricht der Durchschnittsbildung aus der Mengenlehre. Es handelt sich um eine Verknüpfung über das logische „und". $A \cap B$ tritt ein, wenn A **und** B eintreten.

B 7.2.16 a) *In einer Urne befinden sich rote und grüne Kugeln. Unabhängig von der Farbe ist ein Teil der Kugeln mit einer* 1 *beschriftet. Die übrigen roten und grünen Kugeln sind unbeschriftet. Das Ereignis „Eine gezogene Kugel ist rot und mit einer* 1 *beschriftet." ergibt sich dann als Durchschnitt der beiden Ereignisse „Die gezogene Kugel ist rot." und „Die gezogene Kugel ist mit einer* 1 *beschriftet."*

b) *Beim Werfen eines Würfels ist das Ereignis „Die Augenzahl ist gerade und kleiner als* 5*." der Durchschnitt der Ereignisse* $A = \{2,4,6\}$ *und* $B = \{1,2,3,4\}$, *also* $A \cap B = \{2,4\}$.

Ü 7.2.17 *Aus einem Kartenspiel mit* 32 *Karten wird zufällig eine Karte gezogen. Es werden die Ereignisse* K *(für „Kreuz"),* P *(für „Pik") und* B *(für „Bube") betrachtet.*
Bestimmen Sie:

a) $K \cap B$; **b)** $P \cap B$; **c)** $K \cup P$.

D 7.2.18

> **Komplementärereignis**
> Gegeben sei ein Ereignis A. Das Ereignis, das eintritt, wenn A nicht eintritt, heißt das zu A komplementäre Ereignis oder Komplementärereignis von A und wird mit $\overline{A}$ bezeichnet.

B 7.2.19 *Beim Würfeln mit einem Würfel sei* G *das Ereignis „Die Augenzahl ist gerade." Das dazu komplementäre Ereignis* $U = \overline{G}$ *ist „Die Augenzahl ist ungerade."*

D 7.2.20

> **Sicheres Ereignis und unmögliches Ereignis**
> **a)** Ein Ereignis, das immer eintritt, heißt sicheres Ereignis und wird mit Ω bezeichnet.
> **b)** Ein Ereignis, das nie eintritt, heißt unmögliches Ereignis und wird mit $\varnothing$ bezeichnet.

B 7.2.21 *Beim Würfeln mit einem Würfel sei* G *das Ereignis „Die Augenzahl ist gerade." und* U *das Ereignis „Die Augenzahl ist ungerade."*
Das zusammengesetzte Ereignis $G \cup U = \{1,2,3,4,5,6\}$ *ist das sichere Ereignis, da immer eine der Augenzahlen* 1, 2, 3, 4, 5 *oder* 6 *oben liegt. Es gilt*: $G \cup U = \Omega$. *Der Durchschnitt der beiden Ereignisse ist ein unmögliches Ereignis:* $G \cap U = \varnothing$.

D 7.2.22

> **Disjunkte Ereignisse**
> Gilt $A \cap B = \varnothing$ für zwei Ereignisse A und B, so heißen A und B disjunkte Ereignisse.
> Disjunkte Ereignisse nennt man auch **sich gegenseitig ausschließende** oder **unvereinbare Ereignisse**.

In B 7.2.19 sind G und U sich gegenseitig ausschließende Ereignisse.

Ü 7.2.23 *Aus einem Kartenspiel mit* 32 *Karten werden zufällig Karten gezogen. Welche der folgenden Ereignisse schließen sich gegenseitig aus?*
A = {*Kreuz*}, B = {8}, C = {*Karo* 7, *Karo* 8, *Karo* 9}, D = {*Herz* 7}.

Ähnlich wie in der Mengenlehre kann man sich Ereignisse sowie Operationen mit Ereignissen und deren Resultate an grafischen Darstellungen in der Form von VENN-Diagrammen veranschaulichen[4].

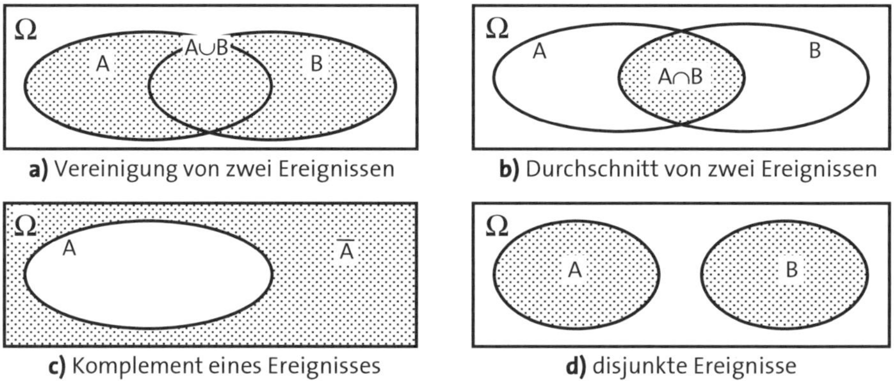

a) Vereinigung von zwei Ereignissen
b) Durchschnitt von zwei Ereignissen
c) Komplement eines Ereignisses
d) disjunkte Ereignisse

F 7.2.24 Grafische Veranschaulichung der Operationen für Ereignisse

Es sind auch andere Formen der grafischen Veranschaulichung möglich. Ein Beispiel dafür zeigt F 7.2.25. Die Elementarereignisse beim Würfeln mit zwei Würfeln sind hier als Punkte in der Ebene dargestellt.

---

4 Einzelheiten dazu finden sich z.B. in SCHWARZE, J.: Mathematik für Wirtschaftswissenschaftler. Band 1: Grundlagen. Herne/Berlin, NWB-Verlag.

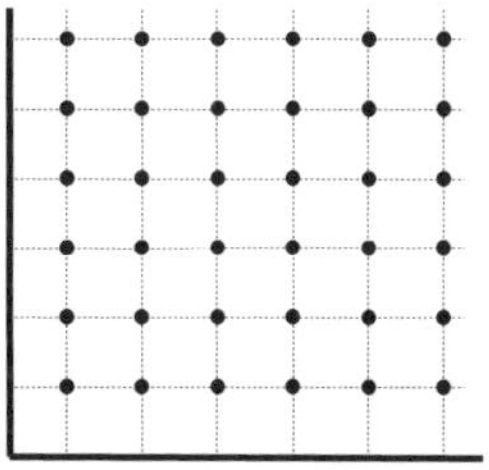

F 7.2.25 Ergebnisse beim Werfen von zwei Würfeln

7.3 Wahrscheinlichkeitsbegriff

a) Axiomatische Definition nach KOLMOGOROFF

Heute liegt der Wahrscheinlichkeitsrechnung fast ausnahmslos eine abstrakte, axiomatische Definition der Wahrscheinlichkeit zugrunde, die auf den russischen Mathematiker Andrej Nikolajewitsch KOLMOGOROFF (1903-1987) zurückgeht. Bei dieser axiomatischen Definition werden Wahrscheinlichkeiten als Zuordnungen von reellen Zahlen zu den Ereignissen bzw. als Abbildung von einer Menge von Ereignissen in ein Intervall der Menge der reellen Zahlen definiert. Die axiomatische Definition der Wahrscheinlichkeit kann hier nur in groben Zügen skizziert werden.

Ausgangspunkt für die axiomatische Definition der Wahrscheinlichkeit ist der Ereignisraum Ω. Für die Untersuchung von Zufallsexperimenten ist es aber nicht immer notwendig, sämtliche Elementarereignisse des jeweiligen Zufallsexperiments zu betrachten. Deshalb greift man aus dem Ereignisraum ein System von Ereignissen mit bestimmten Eigenschaften heraus.

D 7.3.1

BOOLEscher Mengenring

Ein System $\mathfrak{R}$ von Teilmengen eines Ereignisraums Ω mit den folgenden drei Eigenschaften heißt BOOLEscher Mengenring[5].

(1) Mit je zwei Ereignissen sind auch Vereinigung und Durchschnitt der beiden Ereignisse in dem System enthalten.

(2) Zu jedem Ereignis ist auch das komplementäre Ereignis enthalten.

(3) Zu $\mathfrak{R}$ gehört das sichere Ereignis Ω und das unmögliche Ereignis $\emptyset$.

Man beachte, dass Zufallsexperimente bzw. die möglichen Ausgänge eines Zufallsexperiments üblicherweise nicht durch einen Ereignisraum, sondern durch einen BOOLEschen Mengenring beschrieben werden. Dabei ist häufig die Wahl eines **geeigneten** Mengenrings entscheidend, denn zu einem bestimmten Zufallsexperiment können verschiedene Mengenringe gebildet werden.

B 7.3.2 *Interessiert man sich beim Werfen eines Würfels nur dafür, ob die Augenzahl gerade oder ungerade ist, so ist ein geeigneter Mengenring:* $\mathfrak{R} = \{\emptyset,\{2,4,6\},\{1,3,5\},\Omega\}$. *Interessiert man sich für eine Augenzahl, die größer als 4 ist, so wählt man* $\mathfrak{R} = \{\emptyset,\{1,2,3,4\},\{5,6\},\Omega\}$. *In beiden Fällen liefern die Ereignisse des Mengenrings eine ausreichende Beschreibung des Problems.*

5 Es wird hier auf die Betrachtung unendlicher Ereignisräume verzichtet.

Auf dem BOOLEschen Mengenring $\mathfrak{R}$ definiert man eine reellwertige Funktion **P**, durch die jedem Element A aus $\mathfrak{R}$ eine reelle Zahl zugeordnet wird. Diese Funktion heißt **Wahrscheinlichkeit**.

D 7.3.3

> **Axiomatische Definition der Wahrscheinlichkeit nach KOLMOGOROFF**
> Gegeben sei ein BOOLEscher Mengenring $\mathfrak{R}$ aus einem Ereignisraum Ω. Eine Funktion **P**, die jedem Ereignis A aus $\mathfrak{R}$ eine reelle Zahl **P**(A) zuordnet, heißt Wahrscheinlichkeit (engl. probability), wenn sie folgende Axiome erfüllt:
> (1) **P** ist nichtnegativ: $\mathbf{P}(A) \geq 0$;
> (2) **P** ist additiv: $\mathbf{P}(A \cup B) = \mathbf{P}(A) + \mathbf{P}(B)$ für $A \cap B = \varnothing$;
> (3) **P** ist normiert: $\mathbf{P}(\Omega) = 1$ bzw. $0 \leq \mathbf{P}(A) \leq 1$.

Wahrscheinlichkeiten kann man sich in vielen Fällen an relativen Häufigkeiten veranschaulichen. Dabei geht man von der Überlegung aus, dass die Wahrscheinlichkeit für ein Ereignis der relativen Häufigkeit entspricht, mit der das Ereignis auftritt, wenn man das Zufallsexperiment sehr oft identisch wiederholt[6].

Die Analogien zwischen relativen Häufigkeiten und Wahrscheinlichkeiten können für die Erläuterung der Axiome herangezogen werden. Die drei Axiome besagen:

(1) Jedem Ereignis wird als Wahrscheinlichkeit eine nichtnegative Zahl zugeordnet:
Relative Häufigkeiten sind immer nichtnegative Zahlen.

(2) Schließen sich die Ereignisse A und B gegenseitig aus, dann ergibt sich die Wahrscheinlichkeit für das Ereignis $A \cup B$ als Summe der Wahrscheinlichkeit für das Eintreten von A und der Wahrscheinlichkeit für das Eintreten von B:
Gegeben seien zwei sich gegenseitig ausschließende Merkmalsausprägungen x_1 *und* x_2 *(z.B. für das Merkmal Beruf die Ausprägungen „Arbeiter“ und „Angestellter“) mit den relativen Häufigkeiten* $f(x_1)$ *und* $f(x_2)$. *Die relative Häufigkeit dafür, dass* x_1 *oder* x_2 *beobachtet wird (Beruf „Arbeiter oder Angestellter“) ergibt sich dann aus*
$f(x_1 \text{ oder } x_2) = f(x_1) + f(x_2)$.

(3) Die Wahrscheinlichkeit für das sichere Ereignis ist 1:
Wenn man es mit nicht häufbaren Merkmalen zu tun hat, dann ist die Summe der relativen Häufigkeiten aller Merkmalsausprägungen gleich 1. *Diese Zusammenfassung aller möglichen Ausprägungen entspricht dem sicheren Ereignis.*

Mit der axiomatischen Definition der Wahrscheinlichkeit werden keinerlei Aussagen darüber gemacht, wie man bei einer konkreten Fragestellung zu den Wahrscheinlichkeiten für die Ereignisse kommt. Anliegen der axiomatischen Wahrscheinlichkeitstheorie ist die Bereitstellung einer geschlossenen, logisch konsistenten Basis der Wahrscheinlichkeitsrechnung. Der Anwendungsbezug interessiert dabei nicht.

In der Anwendung darf die Zuordnung der Wahrscheinlichkeiten zu den Ereignissen (unter Berücksichtigung der Axiome) nicht willkürlich erfolgen, denn durch die Wahrscheinlichkeit eines Ereignisses soll ausgedrückt werden, wie groß bei der Durchführung eines Zufallsexperiments die Chance ist, dass eben dieses Ereignis eintritt. Die Wahrscheinlichkeit soll ein Maß für die „Chance des Eintretens eines Ereignisses“ sein.

---

6 Vgl. dazu auch die statistische Definition der Wahrscheinlichkeit in Abschnitt 7.3 c) (S. 21).

In den beiden folgenden Abschnitten werden zwei weitere Definitionen der Wahrscheinlichkeit eingeführt, die zugleich eine Möglichkeit liefern, in konkreten Fällen Wahrscheinlichkeiten zu bestimmen oder Wahrscheinlichkeiten zu schätzen.

b) Klassische Definition nach LAPLACE

Die folgende, oft als „klassische Definition" bezeichnete Definition der Wahrscheinlichkeit geht auf den französischen Naturwissenschaftler Pierre Simon LAPLACE (1749-1827) zurück.

D 7.3.4

Definition der Wahrscheinlichkeit nach LAPLACE
Gegeben seien ein Ereignis A eines Zufallsexperiments, die Anzahl der für das Eintreten von A günstigen Fälle (bzw. der zu A gehörigen Elementarereignisse) und die Anzahl aller möglichen Fälle.
Für die Wahrscheinlichkeit für das Eintreten des Ereignisses A gilt dann:

$$\mathbf{P}(A) = \frac{\text{Anzahl der für das Eintreten von A günstigen Fälle}}{\text{Anzahl aller möglichen Fälle}}.$$

B 7.3.5 a) *In einer Urne befinden sich* 80 *Kugeln, von denen* 20 *rot sind. Wird zufällig eine Kugel entnommen, dann ist die Wahrscheinlichkeit für das Ziehen einer roten Kugel:*

$$\mathbf{P}(\textit{Die gezogene Kugel ist rot.}) = \frac{20}{80} = \frac{1}{4}.$$

b) *Beim Würfeln gibt es* 6 *mögliche Augenzahlen. Für das Auftreten einer geraden Augenzahl sind drei Fälle günstig:*

$$\mathbf{P}(\textit{Die Augenzahl ist gerade.}) = \frac{3}{6} = \frac{1}{2}.$$

c) *Wirft man eine Münze zufällig, dann kann eine der beiden Seiten oben liegen. Die Wahrscheinlichkeit dafür, dass Zahl oben liegt, ist dann*

$$\mathbf{P}(\textit{Zahl}) = \frac{1}{2}.$$

Den Problemen in B 7.3.5 ist gemeinsam, dass bei der Durchführung des jeweiligen Zufallsexperiments die betrachteten Fälle (Elementarereignisse) jeweils mit der gleichen Wahrscheinlichkeit eintreten. Jeder Fall hat bei der Durchführung des Zufallsexperiments die gleiche Chance realisiert zu werden. Diese Eigenschaft der Gleichwahrscheinlichkeit wird bei der LAPLACEschen Definition (stillschweigend) vorausgesetzt. Sie ist deshalb für viele Fragestellungen ungeeignet, da die Gleichwahrscheinlichkeit aller Elementarereignisse bzw. Fälle häufig nicht gegeben ist.

B 7.3.6 a) *In einer Lostrommel befinden sich Gewinnlose und Nieten. Wird ein Los gezogen, gibt es zwei mögliche Fälle („Gewinn" und „Niete").* **P**(*Gewinn*) = 0,5 *gilt aber nur dann, wenn genauso viele Gewinnlose wie Nieten vorhanden sind.*

b) *Der Student Paul geht in die Prüfung und überlegt: „Es gibt zwei Möglichkeiten („Durchfallen" oder „Bestehen"). Also beträgt die Wahrscheinlichkeit, dass ich durchfalle, genau* 0,5.*" Eine sicherlich falsche Überlegung, denn die beiden Fälle sind nicht gleichmöglich. Darüber hinaus handelt es sich hier sicherlich auch nicht um ein Zufallsexperiment.*

Neben der **Gleichwahrscheinlichkeit** aller möglichen Fälle setzt die Definition von LAPLACE außerdem noch voraus, dass die **Anzahl der Fälle endlich ist.** Sonst macht die Bestimmung von Zähler und Nenner des Bruchs Schwierigkeiten. Berücksichtigt man die beiden einschränkenden Bedingungen, dann kann D 7.3.3 wie folgt modifiziert werden.

D 7.3.7

Modifizierte Definition der Wahrscheinlichkeit nach LAPLACE
Gegeben sei ein Zufallsexperiment mit einer endlichen Anzahl **gleichmöglicher bzw. gleichwahrscheinlicher und sich gegenseitig ausschließender Ereignisse** (Fälle) und es sei die Anzahl der für das Eintreten eines Ereignisses A günstigen Fälle bekannt.
Für die Wahrscheinlichkeit des Ereignisses A gilt dann:

$$\mathbf{P}(A) = \frac{\text{Anzahl der für das Eintreten von A günstigen Fälle}}{\text{Anzahl aller gleichmöglichen Fälle}}.$$

Eine besondere Rolle spielt die LAPLACEsche Definition bei Problemen der Wahrscheinlichkeitsrechnung, die mit Regeln aus der **Kombinatorik** bearbeitet werden können[7]. Dabei geht es im Allgemeinen um Fragestellungen, bei denen man zunächst alle möglichen Fälle betrachtet. Die Anzahl der Möglichkeiten lässt sich mit den Instrumenten der Kombinatorik berechnen. Man interessiert sich dabei dann für einzelne Fälle oder für Gruppen und bestimmt die Wahrscheinlichkeit, eine einzelne Kombination oder eine Gruppe von Kombinationen zu realisieren, wenn aus allen Kombinationen zufällig ausgewählt wird. Dabei muss gewährleistet sein, dass alle Kombinationen die gleiche Chance haben, in die Auswahl zu kommen (**Forderung der Gleichwahrscheinlichkeit**).

B 7.3.8 a) *Beim Werfen einer Münze kann Kopf* (K) *oder Zahl* (Z) *oben liegen. Wird die Münze zweimal hintereinander geworfen, dann gibt es unter Beachtung der Reihenfolge von Kopf und Zahl vier gleichmögliche Fälle:*

(K,K), (K,Z), (Z,K), (Z,Z).

Die Wahrscheinlichkeit dafür, dass zweimal Zahl oben liegt, ist dann

$\mathbf{P}(Z,Z) = \frac{1}{4}$,

und die Wahrscheinlichkeit dafür, dass einmal Kopf und einmal Zahl oben liegt (*unabhängig von der Reihenfolge*)

$\mathbf{P}(\textit{Es liegt einmal Zahl und einmal Kopf oben.}) = \frac{2}{4} = \frac{1}{2}$.

b) *Wird aus einem Skatspiel* (32 *Karten*) *zufällig eine Karte gezogen, so gilt z.B.*

$\mathbf{P}(\textit{Kreuz}) = \frac{8}{32} = \frac{1}{4}$ *und* $\mathbf{P}(\textit{Bube}) = \frac{4}{32} = \frac{1}{8}$.

B 7.3.5 und B 7.3.8 zeigen, dass die LAPLACEsche Definition – sofern die erwähnten Voraussetzungen erfüllt sind – in konkreten Anwendungsfällen geeignet ist, Zahlenwerte für Wahrscheinlichkeiten zu bestimmen.

Ü 7.3.9 a) *In einer Urne befinden sich* 3 *grüne und* 6 *rote Kugeln. Wie groß ist die Wahrscheinlichkeit, bei zufälliger Entnahme einer Kugel eine grüne Kugel zu greifen?*

b) *Eine ideale Münze wird dreimal nacheinander geworfen. Wie lauten die gleichmöglichen Fälle für das Ereignis dieses Zufallsexperiments* (K = *Kopf*, Z = *Zahl*)? *Wie groß ist die Wahrscheinlichkeit dafür, dass genau zweimal Zahl oben liegt?*

---

7 Zur Kombinatorik sei verwiesen auf SCHWARZE, J.: Mathematik für Wirtschaftswissenschaftler. Band 1: Grundlagen. Herne/Berlin, NWB-Verlag.

c) Statistische Definition nach von Mises

Die statistische Definition der Wahrscheinlichkeit beruht auf einem Zusammenhang zwischen relativen Häufigkeiten und Wahrscheinlichkeiten und geht auf Richard von Mises (1883-1953) zurück.

Es wird ein Zufallsexperiment betrachtet, das unter identischen Bedingungen beliebig oft durchgeführt werden kann. Dieses Zufallsexperiment wird n-mal wiederholt. Nach jeder Durchführung wird die relative Häufigkeit für das Auftreten des Ereignisses A registriert. Dabei kann man Folgendes feststellen: Bei den ersten Versuchen schwanken die berechneten relativen Häufigkeiten für das Auftreten des Ereignisses A stark. Je größer die Anzahl der Versuche des Zufallsexperiments ist, desto enger streuen (im Normalfall) die relativen Häufigkeiten um einen festen Wert. Dazu wird zunächst ein Beispiel betrachtet.

B 7.3.10 *Es wurde mit einer Münze geworfen und nach jedem Wurf die relative Häufigkeit für „Zahl" bei allen bisherigen Würfen registriert. Für jeden Wurf ist die Anzahl der bisherigen Würfe* n *und die zugehörige relative Häufigkeit* f_n*(Zahl) in* F 7.3.11 *grafisch dargestellt.*

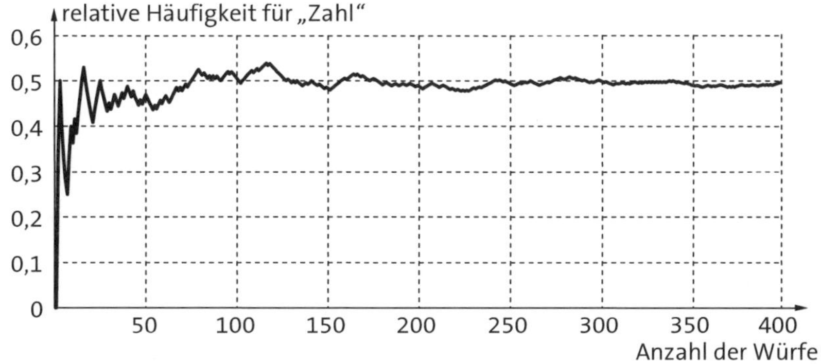

F 7.3.11 Relative Häufigkeit für das Auftreten von „Zahl" in Abhängigkeit von der Anzahl der Münzwürfe

Je häufiger man das Zufallsexperiment durchführt, desto mehr stabilisieren sich die relativen Häufigkeiten. Offensichtlich streben die relativen Häufigkeiten einem „Grenzwert" zu. Dieser Grenzwert ist die Wahrscheinlichkeit für das Auftreten von „Zahl".

D 7.3.12

> **Statistische Definition der Wahrscheinlichkeit nach von Mises**
> Gegeben seien ein beliebig oft identisch wiederholbares Zufallsexperiment und ein Ereignis A. Es sei $f_n(A)$ die relative Häufigkeit für das Auftreten von A nach n-maliger identischer Wiederholung des Zufallsexperiments. Für die Wahrscheinlichkeit von A gilt
> $$\mathbf{P}(A)=\lim_{n\to\infty} f_n(A)\,.$$

Da es in der Wirklichkeit nicht möglich ist, ein Zufallsexperiment unendlich oft durchzuführen, ist es natürlich ebenso unmöglich, auf die angegebene Art eine Wahrscheinlichkeit exakt zu bestimmen. Die Bedeutung der statistischen Definition der Wahrscheinlichkeit ergibt sich daraus, dass über die Bestimmung relativer Häufigkeiten eine Annäherung an die dem Zufallsexperiment zugrunde liegenden Wahrscheinlichkeiten möglich ist. Bei zahlreichen Fragestellungen der angewandten Wahrscheinlichkeitsrechnung und Statistik, bei denen es unmöglich ist, auf andere Art Wahrscheinlichkeiten zu ermitteln, verwendet man beobachtete relative Häufigkeiten als Näherungswerte oder Schätzwerte für die (unbekannten) Wahrscheinlichkeiten. Man spricht dann auch von so genannten **empirischen Wahrscheinlichkeiten**.

B 7.3.13 *Aufgrund betrieblicher Aufschreibungen wurde ermittelt, nach wie viel Betriebsstunden Glühlampen defekt sind. Man hat bei* 1000 *Lampen eines Typs folgende Werte (auf* 100 h *gerundet) ermittelt:*

Betriebsdauer in h *(gerundet)*	600	700	800	900	1000	1100	1200
Anzahl	20	45	115	270	360	135	55

Unter Verwendung dieser relativen Häufigkeiten werden für Zwecke der Ersatzteilbevorratung folgende Wahrscheinlichkeiten geschätzt:

Betriebsdauer	600	700	800	900	1000	1100	1200
Wahrscheinlichkeit **P**	0,02	0,045	0,115	0,27	0,36	0,135	0,055

Die statistische Definition hat dazu geführt, dass Wahrscheinlichkeiten manchmal nicht als Dezimalbrüche (mit $0 \leq \mathbf{P}(A) \leq 1$), sondern als Prozentzahlen, mit $0\% \leq \mathbf{P}(A) \leq 100\%$, angegeben werden.

Anmerkung: Bei der statistischen Definition ist zu beachten, dass $\mathbf{P}(A)= \lim\limits_{n\to\infty} f_n(A)$ nicht immer gelten muss. Es ist z.B. denkbar, dass eine Münze beliebig oft geworfen wird und immer Zahl oben liegt. Praktisch wird man das bei „sehr vielen“ Würfen nicht beobachten, aber es ist theoretisch möglich. Der Grenzwert der relativen Häufigkeiten wäre dann nicht **P**(A). Das ist allerdings ein mehr formales Problem der statistischen Definition, das für die Anwendung nicht von Bedeutung ist.

d) Das Gesetz der großen Zahlen

Mit der statistischen Definition der Wahrscheinlichkeit in engem Zusammenhang steht das so genannte „Gesetz der großen Zahlen“, manchmal auch „Gesetz der großen Zahl“ genannt. Es wird häufig dann zitiert, wenn zu einem realen Phänomen sehr viele Beobachtungen vorliegen und man meint, daraus verallgemeinernde Schlüsse ziehen zu können. Insbesondere benutzt man das „Gesetz der großen Zahlen“, wenn man aus relativen Häufigkeiten Wahrscheinlichkeiten schätzt und mit diesen dann rechnet.

In der Wahrscheinlichkeitsrechnung gibt es verschiedene „Gesetze der großen Zahlen“. Es wird hier nur auf das nach dem Schweizer Mathematiker Jakob Bernoulli (1654-1705) benannte „Gesetz der großen Zahlen“ eingegangen. Dieses **Gesetz der großen Zahlen** besagt anschaulich:
Die relative Häufigkeit f(A) für das als Ergebnis eines Zufallsexperiments auftretende Ereignis A nähert sich beliebig nahe der Wahrscheinlichkeit **P**(A) für dieses Ereignis, wenn man das Zufallsexperiment nur entsprechend oft wiederholt.

Eine mathematisch exakte Formulierung des „Gesetzes der großen Zahlen“ ist schwierig, weil man bei Wahrscheinlichkeitsproblemen den üblichen Grenzwert- bzw. Konvergenzbegriff in den meisten Fällen nicht mehr anwenden kann. Stattdessen benötigt man den Begriff der „stochastischen Konvergenz".

D 7.3.14

> **BERNOULLIsches Gesetz der großen Zahlen**
> Gegeben sei ein Ereignis A eines identisch wiederholbaren Zufallsexperiments, $f_n(A)$ sei die relative Häufigkeit für das Auftreten von A nach n identischen Wiederholungen des Zufallsexperiments und **P**(A) die Wahrscheinlichkeit für A.
> Dann gilt für jedes beliebige reelle $\varepsilon > 0$:
> $$\lim_{n\to\infty} \mathbf{P}(|f_n(A) - \mathbf{P}(A)| > \varepsilon) = 0$$

Nach dem BERNOULLIschen Gesetz der großen Zahlen ist also der Grenzwert der Wahrscheinlichkeit dafür, dass sich die relative Häufigkeit $f_n(A)$ von der Wahrscheinlichkeit **P**(A) um mehr als ein vorgegebenes, beliebig kleines $\varepsilon>0$ unterscheidet, gleich Null, wenn n gegen unendlich geht.

e) Geometrische Definition der Wahrscheinlichkeit

Manchmal wird die Wahrscheinlichkeit auch über das Verhältnis von Strecken oder von Flächen in der Ebene eingeführt. Dabei geht man davon aus, dass der Ereignisraum als Strecke oder Fläche dargestellt werden kann. Ein bestimmtes Ereignis ist dann ein Teil der Strecke oder Fläche. Sind alle Punkte auf der Strecke bzw. der Fläche des „Ereignisraums" gleichmöglich, ergibt sich mit der geometrischen Definition die Wahrscheinlichkeit für das interessierende Ereignis als **Strecken- oder Flächenverhältnis**. Diese Definition der Wahrscheinlichkeit ist vor allem als Anschauungsmittel geeignet, wie in dem folgenden Beispiel.

B 7.3.15 *Der Student Paul kommt jeden Morgen zufällig zu irgendeinem Zeitpunkt zwischen* 8:00 *und* 8:30 *Uhr an einer Bushaltestelle an, von der um* 8:04, 8:14 *und* 8:24 *die Linie* A *und um* 8:10, 8:20 *und* 8:30 *die Linie* B *fährt. Er nimmt jeweils den nächsten ankommenden Bus. Unter der Voraussetzung der Gleichwahrscheinlichkeit für jeden Ankunftszeitpunkt zwischen* 8:00 *und* 8:30 *Uhr ergibt sich die Wahrscheinlichkeit dafür, dass er einen Bus der Linie* A *bzw.* B *nimmt, wie folgt. Zeichnet man das Zeitintervall von* 8:00 *bis* 8:30 *Uhr als Gerade* (F 7.3.16)*, dann hat jeder Zeitpunkt auf dieser Geraden die gleiche Ankunftswahrscheinlichkeit. Trifft er in einem der mit* A *bzw.* B *bezeichneten Intervalle ein, so benutzt er einen Bus der Linie* A *bzw.* B.

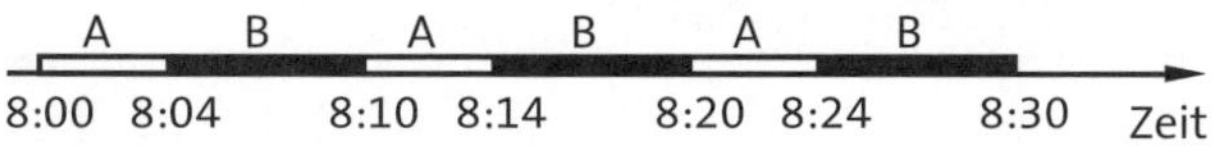

F 7.3.16 Zeitintervalle zu B 7.3.15

Das Verhältnis der Gesamtlänge der Strecken A (=12) *zur Gesamtlänge der Strecke* (=30) *ergibt die Wahrscheinlichkeit für die Benutzung eines Busses der Linie* A: $\mathbf{P}(A) = \frac{12}{30} = 0{,}4$. *Entsprechend ergibt sich* **P**(B)=0,6.

Das Beispiel zeigt, dass es sich bei der „geometrischen" Wahrscheinlichkeit um eine Übertragung der LAPLACEschen Definition auf geometrische Interpretationen bzw. Veranschaulichungen von Ereignissen handelt. Wegen der „Stetigkeit" von Strecken bzw. Flächen können mit der geometrischen Wahrscheinlichkeit auch unendliche Ereignisräume erfasst werden.

Ü 7.3.17 *Innerhalb eines Kreises mit dem Radius* r *wird zufällig ein Punkt ausgewählt. Geben Sie die Wahrscheinlichkeit dafür an, dass der Abstand des Punktes zum Kreismittelpunkt kürzer ist als der Abstand des Punktes zur Kreislinie.*

f) Subjektive Wahrscheinlichkeit

Im Zusammenhang mit Entscheidungsproblemen unter Unsicherheit taucht häufig der Begriff der **subjektiven Wahrscheinlichkeit** auf. Sieht man einmal von der philosophischen Diskussion dieses Begriffs ab, so versteht man darunter Wahrscheinlichkeiten, die Ereignissen subjektiv zugeordnet werden. Subjektiv ist hier also ausschließlich die Zuordnung der reellen Zahlen (Wahrscheinlichkeiten) zu den Ereignissen. Im Gegensatz dazu steht die Bestimmung von Wahrscheinlichkeiten auf deduktivem Wege bzw. durch theoretische Überlegungen, wenn man z.B. auf kombinatorische Fragestellungen den LAPLACEschen Wahrscheinlichkeitsbegriff anwendet oder bei der Schätzung von Wahrscheinlichkeiten durch relative Häufigkeiten[8].

Ist die deduktive Bestimmung von Wahrscheinlichkeiten nicht möglich oder lassen sich aufgrund unvollständiger Informationen Wahrscheinlichkeiten nicht über relative Häufigkeiten schätzen, dann versucht man, die gesuchten Wahrscheinlichkeiten „subjektiv" durch Mutmaßungen oder Ähnliches zu bestimmen. Vom wahrscheinlichkeitstheoretischen Standpunkt aus handelt es sich hier also eher um die Frage der (empirischen) Bestimmung von Wahrscheinlichkeiten bei unvollkommener Information als um eine eigene Definition.

Besonders ist auf die Tatsache hinzuweisen, dass auch subjektive Wahrscheinlichkeiten reelle Zahlen sind, die den Ereignissen zugeordnet werden. Da die Zuordnung subjektiv geschieht, kann es allerdings sein, dass sich im Nachhinein die subjektiv geschätzten Wahrscheinlichkeiten als falsch herausstellen.

7.4 Additionsgesetze der Wahrscheinlichkeitsrechnung

Das zweite Axiom aus D 7.3.3 liefert unmittelbar eine Regel für das Rechnen mit Wahrscheinlichkeiten:

R 7.4.1

Additionsgesetz für zwei disjunkte Ereignisse

$\mathbf{P}(A \cup B) = \mathbf{P}(A) + \mathbf{P}(B)$ für $A \cap B = \varnothing$.

B 7.4.2 a) *Beim Würfeln mit einem Würfel gilt* $\mathbf{P}(2) = \frac{1}{6}$ *und* $\mathbf{P}(4) = \frac{1}{6}$. *Beide Ereignisse schließen sich gegenseitig aus. Die Wahrscheinlichkeit, eine „2" oder eine „4" zu würfeln, beträgt somit:*

$$\mathbf{P}(\{2\} \cup \{4\}) = \mathbf{P}(2) + \mathbf{P}(4) = \frac{1}{6} + \frac{1}{6} = \frac{1}{3}.$$

b) *In einer Urne mit* 200 *Kugeln befinden sich* 40 *rote Kugeln und* 80 *grüne Kugeln. Die Wahrscheinlichkeit für das Ziehen einer roten Kugel* (R) *beträgt* $\mathbf{P}(R) = \frac{40}{200} = 0{,}2$. *Die Wahrscheinlichkeit für das Ziehen einer grünen Kugel* (G) *beträgt* $\mathbf{P}(G) = \frac{80}{200} = 0{,}4$. *Da sich* G *und* R *gegenseitig ausschließen, beträgt die Wahrscheinlichkeit für das Ziehen einer grünen oder einer roten Kugel:* $\mathbf{P}(G \cup R) = \mathbf{P}(G) + \mathbf{P}(R) = 0{,}4 + 0{,}2 = 0{,}6$.

8 Eine quasi exakte Ermittlung von Wahrscheinlichkeiten über die statistische Definition ist nicht möglich, da sich der Grenzwert empirisch nicht bestimmen lässt.

Ü 7.4.3 *In einer Lostrommel mit* 1000 *gut gemischten Losen befinden sich* 10 *Hauptgewinne* (H) *und* 80 *einfache Gewinne* (E).
Bestimmen Sie die Wahrscheinlichkeit,

a) *einen Hauptgewinn,*
b) *einen einfachen Gewinn,*
c) *einen Hauptgewinn oder einen einfachen Gewinn zu ziehen.*

Das Additionsgesetz in R 7.4.1 lässt sich erweitern auf n sich paarweise gegenseitig ausschließende bzw. paarweise disjunkte Ereignisse:

R 7.4.4

Additionsgesetz für n disjunkte Ereignisse
Sind $A_1, A_2, ..., A_n$ Ereignisse eines Zufallsexperiments, die paarweise disjunkt sind, dann gilt:

$$\mathbf{P}\left(\bigcup_{i=1}^{n} A_i\right) = \sum_{i=1}^{n} \mathbf{P}(A_i), \text{ falls } A_i \cap A_j = \emptyset, \text{ für } i \neq j.$$

B 7.4.5 *Gilt beim Werfen eines Würfels* $\mathbf{P}(2) = \mathbf{P}(4) = \mathbf{P}(6) = \frac{1}{6}$, *dann ist*

$\mathbf{P}(\{2\} \cup \{4\} \cup \{6\}) = \mathbf{P}(2) + \mathbf{P}(4) + \mathbf{P}(6) = \frac{1}{2}$.

Bei R 7.4.1 und R 7.4.4 ist zu beachten, dass die Ereignisse sich gegenseitig ausschließen müssen. Ist das nicht der Fall, dann muss eine andere Regel angewendet werden. Dazu wird zunächst ein Beispiel behandelt.

B 7.4.6 *Es werden zwei sich nicht gegenseitig ausschließende Ereignisse beim Würfeln mit einem Würfel betrachtet:*

A = {*Die Augenzahl ist kleiner als* 4.} = {1,2,3} *mit* $\mathbf{P}(A) = \frac{1}{2}$ *und*

B = {*Die Augenzahl ist gerade.*} = {2,4,6} *mit* $\mathbf{P}(B) = \frac{1}{2}$.

Für $A \cup B$ = {*Augenzahl kleiner als* 4 ***oder*** *gerade*} = {1,2,3,4,6} *ergibt sich die Wahrscheinlichkeit* $\mathbf{P}(A \cup B) = \frac{5}{6} \neq \mathbf{P}(A) + \mathbf{P}(B) = \frac{1}{2} + \frac{1}{2} = 1$.

Das Additionsgesetz für sich gegenseitig ausschließende Ereignisse ist nicht anwendbar, da das Elementarereignis {2} *in beiden Ereignissen enthalten ist. Werden die Wahrscheinlichkeiten für* A *und* B *addiert, dann wird die Wahrscheinlichkeit für* {2} *doppelt berücksichtigt. Wenn* $\mathbf{P}(A)$ *und* $\mathbf{P}(B)$ *addiert werden, muss von der Summe noch* $\mathbf{P}(2)$ *abgezogen werden, um* $\mathbf{P}(A \cup B)$ *zu erhalten.*

Das ergibt: $\mathbf{P}(A \cup B) = \mathbf{P}(A) + \mathbf{P}(B) - \mathbf{P}(2) = \frac{1}{2} + \frac{1}{2} - \frac{1}{6} = \frac{5}{6}$.

Den in dem Beispiel angesprochenen Sachverhalt kann man sich auch leicht grafisch klarmachen. Stellt man die sich nicht gegenseitig ausschließenden Ereignisse durch Flächen in der Ebene dar, so wie in F 7.4.7, dann entsprechen die Wahrscheinlichkeiten den Flächengrößen.

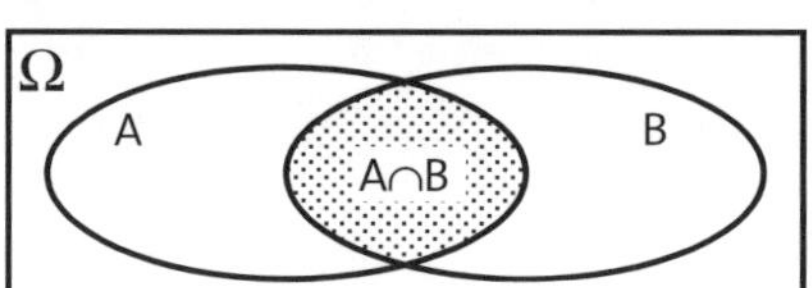

F 7.4.7 Veranschaulichung des Additionsgesetzes für beliebige Ereignisse

Will man die Wahrscheinlichkeit für das Ereignis $A \cup B$ bestimmen, dann kann man, wie die Zeichnung deutlich macht, **P**(A) und **P**(B) addieren. Dabei wird dann die Fläche $A \cap B$ doppelt berücksichtigt, so dass, um ein richtiges Ergebnis zu bekommen, **P**($A \cap B$) wieder abgezogen werden muss.

R 7.4.8

> **Additionsgesetz für zwei beliebige Ereignisse**
> $\mathbf{P}(A \cup B) = \mathbf{P}(A) + \mathbf{P}(B) - \mathbf{P}(A \cap B)$

Bei sich gegenseitig ausschließenden Ereignissen A und B gilt $A \cap B = \emptyset$ und $\mathbf{P}(A \cap B) = 0$. R 7.4.1 ist also ein Spezialfall von R 7.4.8. Man könnte also mit diesem einen Additionsgesetz auskommen.

B 7.4.9 *In einer Urne befinden sich* 20 *rote und* 30 *grüne Kugeln.* 5 *rote Kugeln und* 10 *grüne Kugeln sind mit einer* 1 *beschriftet. Es sei* R *das Ereignis „Die gezogene Kugel ist rot.“ und* E *das Ereignis „Die gezogene Kugel ist mit einer* 1 *beschriftet.“, dann gilt:*

$$\mathbf{P}(R) = \frac{20}{50} = 0{,}4;\ \mathbf{P}(E) = \frac{15}{50} = 0{,}3 \text{ und } \mathbf{P}(R \cap E) = \frac{5}{50} = 0{,}1.$$

Die Wahrscheinlichkeit dafür, dass die gezogene Kugel rot ist oder mit einer 1 *beschriftet ist, ergibt sich dann wie folgt:*

$$\mathbf{P}(R \cup E) = \mathbf{P}(R) + \mathbf{P}(E) - \mathbf{P}(R \cap E) = 0{,}4+0{,}3-0{,}1 = 0{,}6.$$

Ü 7.4.10 a) *In einer Urne befinden sich* 200 *Kugeln, von denen* 70 *blau sind und die übrigen gelb. Auf* 20 *blaue Kugeln und* 30 *gelbe Kugeln ist ein Stern gemalt. Wie groß ist die Wahrscheinlichkeit, dass eine zufällig gezogene Kugel blau ist oder mit einem Stern bemalt ist?*

b) *Aus einem Spiel mit* 32 *Karten wird zufällig eine Karte gezogen. Es ist* **P**(„Kreuz“) = 0,25 *und* **P**(„As“) = 0,125. *Bestimmen Sie* **P**(„Kreuz“ *oder* „As“).

Für komplementäre Ereignisse A und $\overline{A}$ gilt definitionsgemäß $A \cup \overline{A} = \Omega$. Da sich A und $\overline{A}$ gegenseitig ausschließen und $\mathbf{P}(\Omega) = 1$ gilt, ergibt sich: $\mathbf{P}(A \cup \overline{A}) = \mathbf{P}(A)+\mathbf{P}(\overline{A}) = \mathbf{P}(\Omega) = 1$. Daraus folgt:

R 7.4.11

> **Wahrscheinlichkeit des Komplementärereignisses**
> $\mathbf{P}(\overline{A}) = 1-\mathbf{P}(A)$ oder $\mathbf{P}(A) = 1-\mathbf{P}(\overline{A})$

Diese Regel kann man bei sehr vielen Aufgabenstellungen der Wahrscheinlichkeitsrechnung benutzen, um eine gesuchte Wahrscheinlichkeit einfach zu bestimmen. Bei vielen Fragestellungen hat man es nämlich mit Ereignissen zu tun, die sich aus vielen anderen Ereignissen zusammensetzen. Wollte man die Wahrscheinlichkeit für ein solches Ereignis A direkt bestimmen, dann müsste man zunächst untersuchen, wie sich das gesuchte Ereignis A aus den Einzelereignissen zusammensetzt. Für diese Einzelereignisse wären die Wahrscheinlichkeiten zu bestimmen und die gewünschte Wahrscheinlichkeit ist daraus mit einem ziemlich hohen Rechenaufwand zu ermitteln. Ist nun das zu dem gesuchten Ereignis A komplementäre Ereignis $\overline{A}$ einfach, dann bestimmt man zweckmäßigerweise die Wahrscheinlichkeit für das komplementäre Ereignis $\overline{A}$ und erhält dann die gesuchte Wahrscheinlichkeit über die obige Gleichung. Dazu wird folgendes Beispiel betrachtet.

B 7.4.12 *Beim Werfen von zwei Würfeln soll die Wahrscheinlichkeit für das Ereignis „Augensumme höchstens* 11*" bestimmt werden. Wie* F 7.4.13 *zeigt, sind dazu die Wahrscheinlichkeiten von* 35 *Elementarereignissen zu addieren, oder man bestimmt zunächst die Wahrscheinlichkeit für die Augensummen* 2, 3, 4, 5, ..., 11 *und addiert diese.*

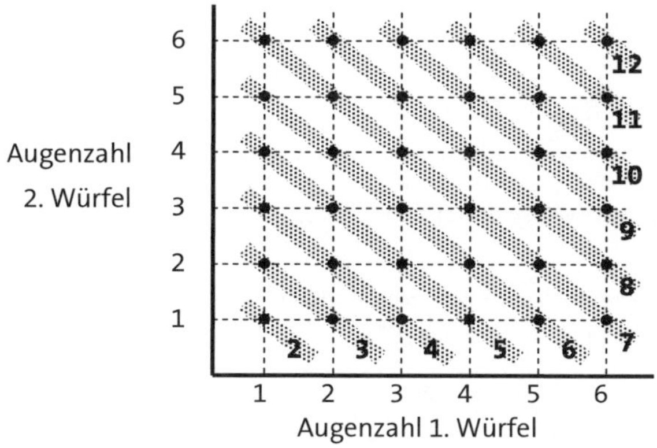

F 7.4.13 Augensumme beim Würfeln mit zwei Würfeln

Man findet die Lösung einfacher über das Komplementärereignis. Das Komplementärereignis zu „Augensumme höchstens 11*"* (A) *ist „Augensumme* 12*"* ($\overline{A}$)*. Es ist* $\mathbf{P}(\overline{A}) = \frac{1}{36}$ *und damit ergibt sich* $\mathbf{P}(A) = 1 - \mathbf{P}(\overline{A}) = 1 - \frac{1}{36} = \frac{35}{36}$.

Ü 7.4.14 *Es wird mit* 3 *Würfeln gewürfelt. Wie groß ist die Wahrscheinlichkeit dafür, dass die Augensumme mindestens* 4 *beträgt?*

7.5 Bedingte Wahrscheinlichkeit und unabhängige Ereignisse

Bei manchen Problemen der Wahrscheinlichkeitsrechnung betrachtet man das Eintreten von Ereignissen in Abhängigkeit von anderen Ereignissen.

B 7.5.1 *Aus einer Urne mit* 5 *roten und* 3 *grünen Kugeln werden nacheinander zwei Kugeln zufällig entnommen.* R1, R2, G1 *und* G2 *bezeichnen die Ereignisse, dass Rot bzw. Grün beim* 1. *bzw.* 2. *Zug gezogen wird. Nach der Definition von* LAPLACE *gilt:*

$\mathbf{P}(R1) = \frac{5}{8}$ *und* $\mathbf{P}(G1) = \frac{3}{8}$.

Nach dem ersten Zug befinden sich noch 7 *Kugeln in der Urne. Die Wahrscheinlichkeit beim zweiten Zug eine grüne Kugel zu ziehen, hängt nun von der Farbe der zuerst gezogenen Kugel ab:*

$\mathbf{P}(G2 \mid R1) = \frac{3}{7}$ (*Wahrscheinlichkeit für* G2 *unter der Bedingung* R1)

und

$\mathbf{P}(G2 \mid G1) = \frac{2}{7}$ (*Wahrscheinlichkeit für* G2 *unter der Bedingung* G1).

D 7.5.2

> **Bedingte Wahrscheinlichkeit**
>
> Die bedingte oder konditionale Wahrscheinlichkeit **P**(B | A) (lies: Wahrscheinlichkeit für B gegeben A, oder für B unter der Hypothese bzw. Bedingung A) ist die Wahrscheinlichkeit für das Eintreten des Ereignisses B unter der Voraussetzung, dass das Ereignis A bereits eingetreten ist.
>
> Es gilt:
>
> $$\mathbf{P}(B|A) = \frac{\mathbf{P}(A \cap B)}{\mathbf{P}(A)} \text{ für } \mathbf{P}(A) > 0.$$

Die Formel für die bedingte Wahrscheinlichkeit kann man sich an dem folgenden Beispiel plausibel machen.

B 7.5.3 *In einer Urne befinden sich* 12 *rote und* 8 *grüne Kugeln.* 4 *rote und* 2 *grüne Kugeln sind mit einer „1" beschriftet, die übrigen mit einer „0".*

rote Kugeln						grüne Kugeln			
0	0	0	0	1	1	1	0	0	0
0	0	0	0	1	1	1	0	0	0

F 7.5.4

Es wird eine Kugel zufällig der Urne entnommen. Folgende Ereignisse können eintreten (zur Veranschaulichung sei auf F 7.5.4 *verwiesen):*

R:	*die gezogene Kugel ist rot*	$\mathbf{P}(R) = \frac{12}{20} = \frac{3}{5} = 0{,}6$
G:	*die gezogene Kugel ist grün*	$\mathbf{P}(G) = \frac{8}{20} = \frac{2}{5} = 0{,}4$
{1}:	*die gezogene Kugel trägt eine „1"*	$\mathbf{P}(\{1\}) = \frac{6}{20} = \frac{3}{10} = 0{,}3$
{0}:	*die gezogene Kugel trägt eine „0"*	$\mathbf{P}(\{0\}) = \frac{14}{20} = \frac{7}{10} = 0{,}7$

Ferner gilt $\mathbf{P}(R \cap \{1\}) = \frac{4}{20} = \frac{1}{5} = 0{,}2$ *, da es* 4 *von* 20 *Kugeln gibt, die rot* ***und*** *mit einer „1" beschriftet sind.*

Es soll die Wahrscheinlichkeit bestimmt werden, dass eine gezogene Kugel eine „1" trägt, wenn man weiß, dass sie rot ist. Gesucht ist also:

$$\mathbf{P}(\{1\}/R) = \frac{\mathbf{P}(R \cap \{1\})}{\mathbf{P}(R)} = \frac{0{,}2}{0{,}6} = \frac{1}{3}$$

Dieses Ergebnis lässt sich leicht prüfen, wenn man sich überlegt, dass von 12 *roten Kugeln* 4 *eine „1" tragen. Mit der Wahrscheinlichkeit* $\frac{4}{12} = \frac{1}{3}$ *ist demnach eine rote Kugel mit einer „1" beschriftet.*

Ü 7.5.5 a) *In einer Urne befinden sich* 7 *blaue und* 6 *gelbe Kugeln. Es werden nacheinander ohne Zurücklegen zwei Kugeln gezogen.*

Wie groß ist die Wahrscheinlichkeit, beim zweiten Zug eine gelbe Kugel zu ziehen unter der Bedingung, dass beim ersten Zug eine blaue bzw. gelbe Kugel gezogen wurde?

b) *Es werden ein roter und ein grüner Würfel geworfen. Wie groß ist die Wahrscheinlichkeit dafür, dass die Augensumme größer als* 8 *ist (Ereignis* A) *unter der Bedingung, dass der grüne Würfel eine* 4 *zeigt (Ereignis* B)*?*

B 7.5.1 zeigt, dass es bei Zufallsexperimenten Ereignisse geben kann, die voneinander abhängig sind. Andererseits können auch voneinander unabhängige Ereignisse vorkommen. Dazu wird B 7.5.1 zunächst ergänzt.

B 7.5.6 *In* B 7.5.1 *gilt* $\mathbf{P}(G2 \mid R1) = \frac{3}{7}$ *und* $\mathbf{P}(G2 \mid G1) = \frac{2}{7}$. G1 *und* R1 *sind, da nur eine grüne oder eine rote Kugel gezogen werden kann, zueinander komplementäre Ereignisse, d.h. es gilt* $\overline{R1} = G1$ *und* $\overline{G1} = R1$. *Man kann also auch schreiben* $\mathbf{P}(G2 \mid \overline{G1}) = \frac{3}{7}$ *und* $\mathbf{P}(G2 \mid G1) = \frac{2}{7}$.

Die Wahrscheinlichkeit, im zweiten Zug eine grüne Kugel zu ziehen, hängt davon ab, ob beim ersten Zug eine grüne Kugel entnommen wurde oder nicht. Das bedeutet: Die Ereignisse G2 *und* G1 *sind voneinander abhängig.*

Es wird nun vor dem Ziehen der zweiten Kugel die erste gezogene Kugel wieder zurückgelegt. Vor dem Ziehen der zweiten Kugel befinden sich dadurch wieder 8 *Kugeln, und zwar* 3 *grüne und* 5 *rote in der Urne.*

Für die Wahrscheinlichkeit, beim zweiten Zug eine grüne Kugel zu ziehen ergibt sich jetzt:

$$\mathbf{P}(G2 \mid G1) = \mathbf{P}(G2 \mid \overline{G1}) = \frac{3}{8}.$$

Die Wahrscheinlichkeit, beim zweiten Zug eine grüne Kugel zu ziehen, hängt beim Ziehen mit Zurücklegen nicht mehr davon ab, welche Farbe die beim ersten Zug gezogene Kugel hatte. Die beiden Ereignisse G2 *und* G1 *sind jetzt voneinander unabhängig. Diese Unabhängigkeit ist in dem Sinne zu verstehen, dass die Wahrscheinlichkeit für das Eintreffen des Ereignisses* G2 *nicht davon abhängt, ob das Ereignis* G1 *eingetreten ist oder nicht.*[9]

Aus B 7.5.6 ergibt sich, dass zwei Ereignisse A und B genau dann voneinander abhängig sind, wenn die Wahrscheinlichkeit für das Auftreten des Ereignisses B davon abhängt, ob das Ereignis A eingetreten ist oder nicht. Ist das nicht der Fall, sind die Ereignisse voneinander unabhängig.

D 7.5.7

Stochastisch unabhängige bzw. abhängige Ereignisse

Die Ereignisse A und B sind genau dann stochastisch unabhängig, wenn gilt:

$$\mathbf{P}(B \mid A) = \mathbf{P}(B \mid \overline{A}) \text{ oder } \mathbf{P}(A \mid B) = \mathbf{P}(A \mid \overline{B}).$$

Gilt

$$\mathbf{P}(B \mid A) \neq \mathbf{P}(B \mid \overline{A}) \text{ oder } \mathbf{P}(A \mid B) \neq \mathbf{P}(A \mid \overline{B}),$$

so sind die Ereignisse stochastisch abhängig.

Für unabhängige Ereignisse folgt aus den in der Definition der Unabhängigkeit angegebenen Gleichungen

$$\mathbf{P}(B \mid A) = \mathbf{P}(B) \text{ bzw. } \mathbf{P}(A \mid B) = \mathbf{P}(A).$$

9 In diesem Beispiel wird die Abhängigkeit bzw. Unabhängigkeit der beiden Ereignisse G2 und G1 dadurch beeinflusst, dass einmal „ohne Zurücklegen“ und das andere Mal „mit Zurücklegen“ aus der Urne gezogen wird.

Ü 7.5.8 *Die Geburtswahrscheinlichkeiten für Knaben und Mädchen seien gleich groß (je 0,5) und die Geburten von Kindern (auch innerhalb einer Familie) seien stochastisch unabhängige Ereignisse. Jemand hat zwei Kinder. Wie groß ist die Wahrscheinlichkeit dafür, dass beide Kinder Jungen sind, wenn*

a) *keine sonstigen Angaben vorliegen;*
b) *bekannt ist, dass ein Kind ein Junge ist;*
c) *bekannt ist, dass das ältere Kind ein Junge ist?*

Die stochastische Abhängigkeit bzw. Unabhängigkeit zweier Ereignisse und der zugehörigen Komplementärereignisse kann man sich mitunter sehr leicht mit Hilfe einer so genannten **Vierfeldertafel** veranschaulichen.

B 7.5.9 *In einer Urne befinden sich 20 rote und 30 grüne Kugeln. 5 rote und 10 grüne Kugeln sind mit einer 1 beschriftet. Mit R, G bzw. E werden die Ereignisse „rote Kugel", „grüne Kugel" bzw. „Kugel mit 1" bezeichnet. Die Tabelle enthält alle wichtigen Angaben über die Anzahlen der Kugeln, wobei die hervorgehobenen Zahlen vorgegeben sind und die übrigen aus den vorgegebenen Zahlen berechnet werden können.*

	E	$\overline{E}$	
R	**5**	15	**20**
$G=\overline{R}$	**10**	20	**30**
gesamt	15	35	50

Nach der Definition der bedingten Wahrscheinlichkeit gilt:

$$\mathbf{P}(E|R) = \frac{\mathbf{P}(E \cap R)}{\mathbf{P}(R)} = \frac{5/50}{20/50} = \frac{1}{4} \text{ und } \mathbf{P}(E|\overline{R}) = \frac{\mathbf{P}(E \cap \overline{R})}{\mathbf{P}(\overline{R})} = \frac{10/50}{30/50} = \frac{1}{3}.$$

Daraus ergibt sich $\mathbf{P}(E \mid R) \neq \mathbf{P}(E \mid \overline{R})$.
Definitionsgemäß sind damit die beiden Ereignisse E und R stochastisch abhängig.

In B 7.5.9 enthält die **Vierfeldertafel** Anzahlen. Wird durch die Gesamtzahl der Kugeln dividiert, erhält man Wahrscheinlichkeiten nach LAPLACE. In der letzten Zeile stehen in beiden Fällen die Spaltensummen und in der letzten Spalte die Zeilensummen.

Mit den Ereignissen A, $\overline{A}$, B und $\overline{B}$ hat die Vierfeldertafel folgende allgemeine Gestalt:

	A	$\overline{A}$	
B	$\mathbf{P}(A \cap B)$	$\mathbf{P}(\overline{A} \cap B)$	$\mathbf{P}(B)$
$\overline{B}$	$\mathbf{P}(A \cap \overline{B})$	$\mathbf{P}(\overline{A} \cap \overline{B})$	$\mathbf{P}(\overline{B})$
	$\mathbf{P}(A)$	$\mathbf{P}(\overline{A})$	1

Sofern nicht drei Werte in einer Spalte oder einer Zeile stehen, reicht es bei Unabhängigkeit aus, wenn von den 9 Wahrscheinlichkeiten 3 gegeben sind, um die übrigen zu bestimmen[10].

10 Sind absolute Häufigkeiten gegeben, wie in B 7.5.9, müssen vier Zahlen bekannt sein.

Bei allen Aufgabenstellungen, bei denen zwei Ereignisse und die zugehörigen Komplementärereignisse betrachtet werden, ist die Vierfeldertafel ein einfaches Darstellungsmittel und erleichtert die Lösung von Aufgaben.

Ü 7.5.10 *Ein Student besteht die Klausur in Statistik mit der Wahrscheinlichkeit* 0,7 *und in Finanzmathematik mit der Wahrscheinlichkeit* 0,8. *Die Wahrscheinlichkeit für das Bestehen beider Klausuren beträgt* 0,6.

a) *Sind die Ereignisse „Bestehen der Klausur im Fach Statistik." und „Bestehen der Klausur im Fach Finanzmathematik." stochastisch unabhängig?*

b) *Wie groß ist die Wahrscheinlichkeit dafür, dass wenigstens eine Klausur bestanden wird?*

Unabhängigkeit bzw. Abhängigkeit von Ereignissen spielt in der Statistik häufig eine Rolle, da bei zahlreichen statistischen Verfahren stochastische Unabhängigkeit vorausgesetzt wird.

7.6 Multiplikationssätze

Nach D 7.5.2 gilt $\mathbf{P}(B \mid A) = \frac{\mathbf{P}(A \cap B)}{\mathbf{P}(A)}$ mit $\mathbf{P}(A) > 0$. Wegen $A \cap B = B \cap A$ gilt $\mathbf{P}(A \mid B) = \frac{\mathbf{P}(A \cap B)}{\mathbf{P}(B)}$, mit $\mathbf{P}(B) > 0$.

R 7.6.1

> **Multiplikationssatz für beliebige Ereignisse**
> Gegeben seien die Ereignisse A und B sowie die Wahrscheinlichkeiten $\mathbf{P}(A) > 0$, $\mathbf{P}(B) > 0$, $\mathbf{P}(A \mid B)$ und $\mathbf{P}(B \mid A)$. Für die Wahrscheinlichkeit von $A \cap B$ gilt dann:
> $\mathbf{P}(A \cap B) = \mathbf{P}(A)\mathbf{P}(B \mid A) = \mathbf{P}(B)\mathbf{P}(A \mid B)$.

B 7.6.2 *Nach* B 7.5.1 *ist* $\mathbf{P}(G2 \mid G1) = \frac{2}{7}$ *und* $\mathbf{P}(G1) = \frac{3}{8}$.

Die Wahrscheinlichkeit, sowohl beim ersten als auch beim zweiten Zug eine grüne Kugel zu ziehen, beträgt dann:

$$\mathbf{P}(G2 \cap G1) = \mathbf{P}(G1)\mathbf{P}(G2 \mid G1) = \frac{3}{8} \cdot \frac{2}{7} = \frac{3}{28}.$$

Ü 7.6.3 *In einer Stadt erscheinen zwei Zeitungen. Zeitung* 1 *wird von* 50% *der Erwachsenen gelesen.* 15% *der Erwachsenen lesen Zeitung* 1, *aber nicht Zeitung* 2. 20% *lesen Zeitung* 2, *aber nicht Zeitung* 1. *Mit welcher Wahrscheinlichkeit liest ein zufällig ausgewählter Erwachsener*

a) *wenigstens eine Zeitung,* **b)** *beide Zeitungen,*

c) *höchstens eine Zeitung,* **d)** *keine Zeitung?*

Da für unabhängige Ereignisse $\mathbf{P}(A \mid B) = \mathbf{P}(A)$ bzw. $\mathbf{P}(B \mid A) = \mathbf{P}(B)$ gilt, vereinfacht sich in diesem Fall der Multiplikationssatz wie folgt:

R 7.6.4

> **Multiplikationssatz für stochastisch unabhängige Ereignisse**
> Gegeben seien die stochastisch unabhängigen Ereignisse A und B. Dann gilt:
> $\mathbf{P}(A \cap B) = \mathbf{P}(A)\mathbf{P}(B)$.

Der Multiplikationssatz für unabhängige Ereignisse findet häufig Anwendung, da man in vielen Anwendungsfällen die Wahrscheinlichkeit für das gemeinsame Auftreten stochastisch unabhängiger Ereignisse sucht.

B 7.6.5 a) *Beim Werfen von zwei idealen Würfeln sind die Ergebnisse der beiden Würfel unabhängig voneinander. Die Wahrscheinlichkeit, mit dem ersten Würfel eine* 2 *und mit dem zweiten Würfel eine* 6 *zu werfen, beträgt dann:*

$$\mathbf{P}(\{2\}\cap\{6\}) = \mathbf{P}(2)\mathbf{P}(6) = \frac{1}{6}\cdot\frac{1}{6} = \frac{1}{36}\,.$$

b) *Beim zufälligen Werfen einer Münze sind die einzelnen Würfe unabhängig voneinander. Die Wahrscheinlichkeit, viermal hintereinander Zahl zu werfen, beträgt dann:*

$$\mathbf{P}(Z1\cap Z2\cap Z3\cap Z4) = \mathbf{P}(Z1)\mathbf{P}(Z2)\mathbf{P}(Z3)\mathbf{P}(Z4) = \frac{1}{2}\cdot\frac{1}{2}\cdot\frac{1}{2}\cdot\frac{1}{2} = \frac{1}{16}$$

Das in B 7.6.5 b) angesprochene Problem wird häufig in völlig missverständlicher Weise gedeutet. Es wird nämlich immer wieder die folgende Ansicht vertreten: Ist beim Werfen einer Münze fünfmal oder achtmal hintereinander Zahl gekommen, dann meint man, dass nun mit einer sehr hohen Wahrscheinlichkeit Kopf kommen müsse, denn dass so häufig hintereinander Zahl kommt, sei ja beinahe unmöglich. In dieser Überlegung steckt folgender Trugschluss:

Wenn man mit einer Münze wirft, dann ist in der Tat die Wahrscheinlichkeit, dass sechs- oder zehnmal hintereinander nur Zahl kommt, sehr klein, nämlich $\frac{1}{64}$ bzw. $\frac{1}{512}$. Wenn man aber bereits fünf- bzw. achtmal Zahl hintereinander geworfen hat und die Würfe unabhängig voneinander erfolgen, dann ist bei dem jeweils nächsten Wurf die Wahrscheinlichkeit, dass Zahl oben liegt, ebenso $\frac{1}{2}$ wie bei jedem anderen Wurf auch.

Ein ähnlicher Trugschluss findet sich unter Spielern, die gern Roulette spielen. Hier wird immer wieder geglaubt, wenn acht- oder zehnmal hintereinander rot bzw. schwarz aufgetreten ist, müsse mit sehr hoher Wahrscheinlichkeit die andere Farbe kommen. Dieser Trugschluss beruht auf dem gleichen Irrtum wie der eben für den Münzwurf erläuterte.

Ü 7.6.6 *Es wird mit einem Würfel zweimal geworfen.*
Wie groß ist die Wahrscheinlichkeit für die Augensumme **a)** 12 *und* **b)** 10*?*

Ü 7.6.7 *Ein Fußballspieler soll mit der Wahrscheinlichkeit von* 0,5 *bei jedem Schuss auf das gegnerische Tor Erfolg haben, d.h. für seine Mannschaft ein Tor erzielen. Weiterhin soll angenommen werden, dass die Ergebnisse der einzelnen Schüsse voneinander unabhängig sind.*
Wie oft muss der betreffende Spieler mindestens auf das gegnerische Tor schießen, um mit der Wahrscheinlichkeit von 0,99 *wenigstens ein Tor zu erzielen?*

Ü 7.6.8 *Eine Maschine besteht aus den drei Aggregaten* A, B *und* C, *die unabhängig voneinander mit den Wahrscheinlichkeiten* $\mathbf{P}(A) = 0{,}3$; $\mathbf{P}(B) = 0{,}2$ *und* $\mathbf{P}(C) = 0{,}1$ *ausfallen. Die Maschine kann nur genutzt werden, wenn kein Einzelaggregat ausfällt.*
Wie hoch ist die Wahrscheinlichkeit für den Ausfall der Maschine?

Zum Abschluss dieses Abschnittes wird noch ein Beispiel betrachtet, das besonders deutlich zeigt, dass man mit der Anschauung und mit Vermutungen Wahrscheinlichkeiten leicht falsch abschätzt. Es ist bekannt als so genanntes **Geburtstagsproblem**.

B 7.6.9 *In einem Raum befinden sich* n *Personen. Gesucht ist die Wahrscheinlichkeit dafür, dass wenigstens zwei Personen am gleichen Tag Geburtstag haben* (*Ereignis* A). *Diese Frage wird unter folgenden Voraussetzungen untersucht:*

- *Das Geburtsjahr bleibt unberücksichtigt.*
- *Es werden nur normale Jahre zu* 365 *Tagen betrachtet.*
- *Jeder Tag kommt als Geburtstag mit der gleichen Wahrscheinlichkeit in Frage.*

Zur Lösung des Problems bestimmt man zunächst die Wahrscheinlichkeit dafür, dass alle Personen an verschiedenen Tagen Geburtstag haben (Ereignis $\overline{A}$ *). Da das Jahr* 365 *Tage hat, gibt es insgesamt* 365^n *Möglichkeiten der Geburtstagezusammenstellung (Kombinationen mit Berücksichtigung der Anordnung (Personen) und mit Wiederholung).*

Davon sind bei $\frac{365!}{(365-n)!} = 365 \cdot 364 \cdot \ldots \cdot (365-n+1)$ *Möglichkeiten die Geburtstage verschieden (ohne Wiederholung).*

Also gilt:

$$\mathbf{P}(\overline{A}) = \frac{365 \cdot 364 \cdot \ldots \cdot (365-n+1)}{365^n} \quad \text{und} \quad \mathbf{P}(A) = 1 - \mathbf{P}(\overline{A}) = 1 - \frac{365 \cdot 364 \cdot \ldots \cdot (365-n+1)}{365^n}.$$

Für $n = 1,2,\ldots,96$ *sind die Wahrscheinlichkeiten in der folgenden Tabelle zusammengestellt. Man beachte, dass bereits bei* 23 *Personen* **P**(A) > 0,5 *gilt.*

n	**P**(A)	n	**P**(A)	n	**P**(A)	n	**P**(A)
1	0,00000000	26	0,59824082	51	0,97443199	76	0,99977744
2	0,00273973	27	0,62685928	52	0,97800451	77	0,99982378
3	0,00820417	28	0,65446147	53	0,98113811	78	0,99986095
4	0,01635591	29	0,68096854	54	0,98387696	79	0,99989067
5	0,02713557	30	0,70631624	55	0,98626229	80	0,99991433
6	0,04046248	31	0,73045463	56	0,98833235	81	0,99993311
7	0,05623570	32	0,75334753	57	0,99012246	82	0,99994795
8	0,07433529	33	0,77497185	58	0,99166498	83	0,99995965
9	0,09462383	34	0,79531686	59	0,99298945	84	0,99996882
10	0,11694818	35	0,81438324	60	0,99412266	85	0,99997600
11	0,14114138	36	0,83218211	61	0,99508880	86	0,99998159
12	0,16702479	37	0,84873401	62	0,99590957	87	0,99998593
13	0,19441028	38	0,86406782	63	0,99660439	88	0,99998928
14	0,22310251	39	0,87821966	64	0,99719048	89	0,99999186
15	0,25290132	40	0,89123181	65	0,99768311	90	0,99999385
16	0,28360401	41	0,90315161	66	0,99809570	91	0,99999537
17	0,31500767	42	0,91403047	67	0,99844004	92	0,99999652
18	0,34691142	43	0,92392286	68	0,99872639	93	0,99999740
19	0,37911853	44	0,93288537	69	0,99896367	94	0,99999806
20	0,41143838	45	0,94097590	70	0,99915958	95	0,99999856
21	0,44368834	46	0,94825284	71	0,99932075	96	0,99999893
22	0,47569531	47	0,95477440	72	0,99945288	97	0,99999922
23	0,50729723	48	0,96059797	73	0,99956081	98	0,99999942
24	0,53834426	49	0,96577961	74	0,99964864	99	0,99999958
25	0,56869970	50	0,97037358	75	0,99971988	100	0,99999969

7.7 Behandlung zusammengesetzter Aufgaben

Bei zusammengesetzten Ereignissen kommen häufig sowohl Durchschnitt als auch Vereinigung von Ereignissen, deren Wahrscheinlichkeiten bekannt sind, vor. Bei der Bestimmung der Wahrscheinlichkeit des zusammengesetzten Ereignisses sind dann R 7.7.1 und R 7.7.4 zu beachten.

R 7.7.1

Wahrscheinlichkeiten für zusammengesetzte Ereignisse, die durch ein **logisches „und"**, also über die Operation „Durchschnitt", verknüpft werden, berechnet man nach dem **Multiplikationssatz**.

B 7.7.2 *Das System in* F 7.7.3 *arbeitet nur, wenn* A ***und*** B *funktionsfähig sind. Beide Teile fallen* ***unabhängig*** *voneinander aus. In einem bestimmten Zeitraum bleibt* A *mit* **P**(A) = 0,9 *und* B *mit* **P**(B) = 0,8 *funktionsfähig. Für die Funktionsfähigkeit des Systems gilt dann*

$$\mathbf{P}(A \cap B) = \mathbf{P}(A)\mathbf{P}(B) = 0{,}72.$$

F 7.7.3 System mit zwei in Serie liegenden Elementen (zu B 7.7.2)

R 7.7.4

Wahrscheinlichkeiten für zusammengesetzte Ereignisse, die durch ein **logisches „oder"**, also über die Operation „Vereinigung" verknüpft werden, werden nach dem **Additionssatz** berechnet.

B 7.7.5 *In* F 7.7.6 *ist ein System dargestellt, bei dem zwei gleichwertige Teile* ***parallel*** *und unabhängig arbeiten. Das System ist funktionsfähig, wenn* A *oder* B (*oder beide Teile*) *arbeiten. Mit* **P**(A) = 0,9 *und* **P**(B) = 0,8 *gilt nach* R 7.4.8:

$$\mathbf{P}(A \cup B) = \mathbf{P}(A) + \mathbf{P}(B) - \mathbf{P}(A \cap B) = 0{,}9 + 0{,}8 - 0{,}72 = 0{,}98.$$

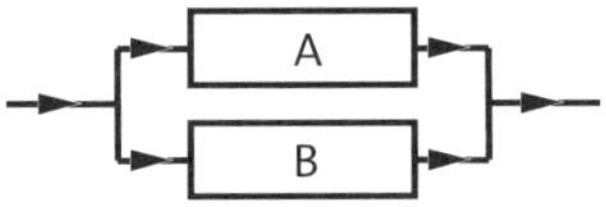

F 7.7.6 System mit zwei parallel liegenden Elementen (zu B 7.7.5)

Für die praktische Bearbeitung größerer Aufgabenstellungen empfiehlt sich folgende Vorgehensweise: Die Wahrscheinlichkeiten werden schrittweise durch Zusammenfassungen der Ereignisse, die über die gleiche Operation („und" oder „oder") verknüpft werden, ermittelt.

Für die Behandlung komplexer Aufgabenstellungen ist es außerdem empfehlenswert, die Struktur zusammengesetzter Ereignisse als „Blockdiagramm" grafisch darzustellen, so wie es in F 7.7.3 und F 7.7.6 bereits gezeigt wurde und in F 7.7.8 an einem etwas größeren Beispiel zu sehen ist.

B 7.7.7 *Es soll die Wahrscheinlichkeit bestimmt werden, dass ein Radio mit Mittelwellen-, Kurzwellen- und UKW-Empfang nach einem Jahr Dauerbetrieb noch auf wenigstens einem Wellenbereich funktionsfähig ist. Dazu ist in* F 7.7.8 *eine stark vereinfachte Darstellung gegeben, aus der die Funktionsweise des Radios deutlich wird, und in dem auch die Wahrscheinlichkeiten dafür angegeben sind, dass das jeweilige Teil nach einem Jahr noch funktionsfähig ist. Es wird angenommen, dass* ***alle Bauteile unabhängig voneinander ausfallen*** *können.*

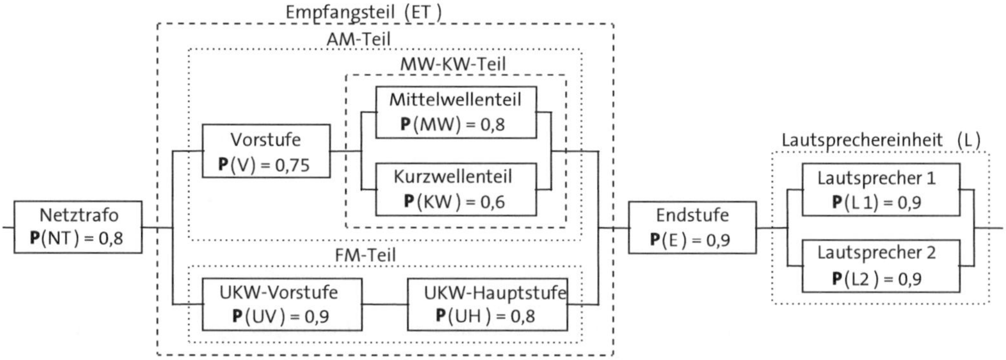

F 7.7.8 Blockdiagramm zu B 7.7.7

Gesucht ist die Wahrscheinlichkeit, dass das Radio nach einem Jahr über wenigstens einen Wellenbereich noch mit wenigstens einem Lautsprecher funktionsfähig ist.

Durch schrittweise Zusammenfassung paralleler oder in Serie geschalteter Bauteile und die Berechnung der entsprechenden Funktionswahrscheinlichkeiten wird die gesuchte Wahrscheinlichkeit ermittelt. Das schrittweise Zusammenfassen ist in der Zeichnung durch punktierte oder gestrichelte Linien dargestellt. Im Einzelnen wird folgendermaßen vorgegangen:

1. Schritt:

Die Wahrscheinlichkeit für das Überleben des Mittelwellenteils (MW) ***oder*** *des Kurzwellenteils* (KW) *ergibt sich aus dem Additionsgesetz:*

$$\mathbf{P}(MW \cup KW) = \mathbf{P}(MW) + \mathbf{P}(KW) - \mathbf{P}(MW \cap KW)$$
$$= 0{,}8 + 0{,}6 - 0{,}8 \cdot 0{,}6 = 0{,}92.$$

2. Schritt:

a) *Die Wahrscheinlichkeit, dass der* MW-KW-*Teil* ***und*** *die Vorstufe* (V), *d.h. der gesamte* AM-*Teil, überleben, wird mit dem Multiplikationssatz bestimmt:*

$$\mathbf{P}(AM) = \mathbf{P}(MW \cup KW)\mathbf{P}(V) = 0{,}92 \cdot 0{,}75 = 0{,}69.$$

b) *Die Wahrscheinlichkeit, dass die* UKW-*Vorstufe und die* UKW-*Hauptstufe überleben, d.h. der gesamte* FM-*Teil überlebt, wird ebenfalls mit dem Multiplikationssatz bestimmt:*

$$\mathbf{P}(FM) = \mathbf{P}(UV)\mathbf{P}(UH) = 0{,}9 \cdot 0{,}8 = 0{,}72.$$

3. Schritt:

a) *Die Wahrscheinlichkeit, dass der Empfangsteil* (ET) *zumindest in einem Wellenbereich funktionsfähig bleibt, also der* AM-*Teil* ***oder*** *der* FM-*Teil überlebt, wird mit Hilfe des Additionsgesetzes bestimmt:*

$$\mathbf{P}(ET) = \mathbf{P}(AM) + \mathbf{P}(FM) - \mathbf{P}(AM)\mathbf{P}(FM) = 0{,}69 + 0{,}72 - 0{,}69 \cdot 0{,}72 = 0{,}9132.$$

b) *Die Wahrscheinlichkeit, dass die Lautsprechereinheit* (L) *überlebt, also der Lautsprecher* L1 ***oder*** *der Lautsprecher* L2 *noch funktioniert, ist:*

$$\mathbf{P}(L) = \mathbf{P}(L1) + \mathbf{P}(L2) - \mathbf{P}(L1)\mathbf{P}(L2) = 0{,}9 + 0{,}9 - 0{,}9 \cdot 0{,}9 = 0{,}99.$$

4. Schritt:

Die Wahrscheinlichkeit, dass der Netztrafo (NT) ***und*** *der Empfangsteil* (ET) ***und*** *die Endstufe* (E) ***und*** *die Lautsprechereinheit* (L) *funktionsfähig bleiben, d.h. das Radio auf mindestens einem Wellenbereich und mindestens einem Lautsprecher überlebt, wird mit dem Multiplikationssatz bestimmt:*

$$\mathbf{P}(N)\mathbf{P}(ET)\mathbf{P}(E)\mathbf{P}(L) = 0{,}8 \cdot 0{,}9132 \cdot 0{,}9 \cdot 0{,}99 = 0{,}6509.$$

7.8 Das Theorem von BAYES

Bei manchen Anwendungen der Wahrscheinlichkeitsrechnung spielt eine Regel eine Rolle, die nach dem englischen Pastor, Mathematiker und Statistiker Thomas BAYES (1702-1761) benannt ist. Dazu wird zunächst der Satz von der totalen Wahrscheinlichkeit hergeleitet (vgl. dazu auch F 7.8.1).

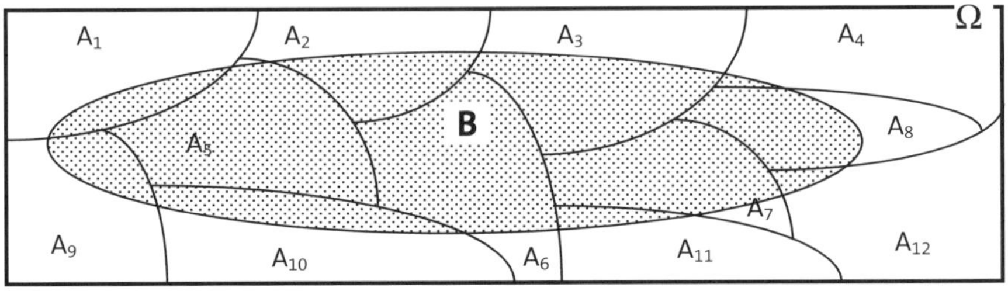

F 7.8.1 Zum Satz von der totalen Wahrscheinlichkeit

Gegeben sei ein Ereignisraum Ω und sich paarweise ausschließende Ereignisse $A_1, A_2, ..., A_n$ aus Ω, d.h. $A_i \cap A_j = \varnothing$ für $i \neq j$. Ferner gelte $\bigcup_{i=1}^{n} A_i = \Omega$.

Es sei B ein beliebiges Ereignis aus Ω mit $\mathbf{P}(B) > 0$. Dann gilt:

$$B = (A_1 \cap B) \cup (A_2 \cap B) \cup ... \cup (A_n \cap B).$$

Da die Ereignisse A_i $(i = 1,...,12)$ sich paarweise ausschließen, gilt das auch für die Ereignisse $A_i \cap B$, und damit

$$\mathbf{P}(B) = \mathbf{P}(A_1 \cap B) + \mathbf{P}(A_2 \cap B) + ... + \mathbf{P}(A_n \cap B) = \sum_{i=1}^{n} \mathbf{P}(A_i \cap B).$$

Aus dem Multiplikationssatz für beliebige Ereignisse (R 7.6.1) folgt

$$\mathbf{P}(A_i \cap B) = \mathbf{P}(B \mid A_i)\mathbf{P}(A_i).$$

Setzt man in die obige Summe ein, so ergibt sich:

$$\mathbf{P}(B) = \sum_{i=1}^{n} \mathbf{P}(B \mid A_i)\mathbf{P}(A_i).$$

Zusammengefasst gilt:

R 7.8.2

Satz von der totalen Wahrscheinlichkeit

Gegeben seien die Ereignisse $B, A_1, A_2, ..., A_i, ..., A_n$ aus einem Ereignisraum Ω und es gelte

(1) $\mathbf{P}(B) > 0$; (2) $\bigcup_{i=1}^{n} A_i = \Omega$; (3) $A_i \cap A_j = \varnothing$ für $i \neq j$.

Dann kann $\mathbf{P}(B)$ wie folgt bestimmt werden:

$$\mathbf{P}(B) = \sum_{i=1}^{n} \mathbf{P}(B \mid A_i)\mathbf{P}(A_i).$$

B 7.8.3 *Es werden Studenten der Wirtschaftswissenschaften aus den ersten* 4 *Semestern betrachtet, von denen ein Teil an der Vorlesung Statistik teilnimmt. Die folgende Tabelle enthält die Verteilung der Studenten auf die Semester und für jedes Semester den Anteil der Studenten, die in die Statistikvorlesung gehen. Außerdem sind die einer zufälligen Auswahl eines Studenten entsprechenden Ereignisse eingetragen.*

Semester	*Ereignis*	*Anteil Studenten*	*Ereignis*	*Anteil der Studenten, die Statistik hören*
1	A1	0,4	B | A1	0,8
2	A2	0,25	B | A2	0,2
3	A3	0,15	B | A3	0,1
4	A4	0,2	B | A4	0,1

B *ist das Ereignis „Der Student hört die Statistikvorlesung." Die Zahlen der* 2. *Zeile der Tabelle bedeuten dann:* 0,25 *bzw.* 25% *der Studenten sind im* 2. *Semester. Von diesen besuchen* 0,2 *bzw.* 20% *die Statistikvorlesung.*

Aus den Angaben soll nun die Wahrscheinlichkeit dafür berechnet werden, dass ein aus allen Studenten der ersten vier Semester zufällig ausgewählter Student die Statistikvorlesung besucht, also $\mathbf{P}(B)$.

Da nur Studenten aus den ersten vier Semestern betrachtet werden, ist

$A1 \cup A2 \cup A3 \cup A4 = \Omega$ *und* $A_i \cap A_j = \varnothing$ für $i \neq j$.

Aus dem Satz über die totale Wahrscheinlichkeit ergibt sich:

$$\begin{aligned}\mathbf{P}(B) &= \sum \mathbf{P}(B \mid A_i)\mathbf{P}(A_i) = 0{,}8 \cdot 0{,}4 + 0{,}2 \cdot 0{,}25 + 0{,}1 \cdot 0{,}15 + 0{,}1 \cdot 0{,}2 \\ &= 0{,}32 + 0{,}05 + 0{,}015 + 0{,}02 = 0{,}405.\end{aligned}$$

Mit einer Wahrscheinlichkeit von 0,405 *ist ein zufällig ausgewählter Student der ersten vier Semester Wirtschaftswissenschaften Hörer der Statistikvorlesung.*

Aus der Definition der bedingten Wahrscheinlichkeit (vgl. D 7.5.2) ergibt sich

$$\mathbf{P}(A_j \mid B) = \frac{\mathbf{P}(A_j \cap B)}{\mathbf{P}(B)} \quad \text{sowie } \mathbf{P}(A_j \cap B) = \mathbf{P}(B \mid A_j)\mathbf{P}(A_j).$$

Setzt man in den Bruch für $\mathbf{P}(B)$ den Ausdruck aus dem Satz der totalen Wahrscheinlichkeit (vgl. R 7.8.2) und für $\mathbf{P}(A_j \cap B)$ den rechts stehenden Ausdruck, so ergibt sich das Theorem von Bayes.

R 7.8.4

Theorem von Bayes

Es seien $B, A_1, A_2, \ldots, A_n$ Ereignisse aus dem Ereignisraum Ω und es gelte

(1) $\mathbf{P}(B) > 0$;

(2) $\bigcup_{i=1}^{n} A_i = \Omega$;

(3) $A_i \cap A_j = \varnothing$ für $i \neq j$.

Dann gilt:

$$\mathbf{P}(A_j \mid B) = \frac{\mathbf{P}(A_j)\mathbf{P}(B \mid A_j)}{\sum_{i=1}^{n} \mathbf{P}(A_i)\mathbf{P}(A_i \mid B)}.$$

B 7.8.5 *Es wird an* B 7.8.3 *zur totalen Wahrscheinlichkeit angeknüpft. Es wird nach der Wahrscheinlichkeit* $\mathbf{P}(A_1 | B)$ *gefragt, dass ein zufällig ausgewählter Hörer der Statistikvorlesung aus dem ersten Semester ist. Aus dem Theorem von* BAYES *ergibt sich:*

$$\mathbf{P}(A_1 | B) = \frac{\mathbf{P}(A_1)\mathbf{P}(B | A_1)}{\sum_{i=1}^{4} \mathbf{P}(A_i)\mathbf{P}(A_i | B)}.$$

Es ist $\mathbf{P}(A_1) = 0{,}4$ *und* $\mathbf{P}(B | A_1) = 0{,}8$. *Mit* $\sum_{i=1}^{4} \mathbf{P}(B | A_i)\mathbf{P}(A_i) = 0{,}405$ *aus* B 7.8.3 *ergibt sich dann*

$$\mathbf{P}(A_1 | B) = \frac{0{,}8 \cdot 0{,}4}{0{,}405} = 0{,}79.$$

Das Theorem von BAYES findet bei Entscheidungen unter Unsicherheit bzw. in Risikosituationen Anwendung, und zwar speziell zur Abschätzung von Wahrscheinlichkeiten.

Für das Theorem von BAYES liegt dann folgende Situation vor:
Es gibt mehrere sich gegenseitig ausschließende Zustände oder Alternativen $A_1, A_2, \ldots, A_n$ und Schätzungen der Wahrscheinlichkeiten $\mathbf{P}(A_i)$ über das Eintreten der Zustände bzw. Alternativen. Die $\mathbf{P}(A_i)$ heißen **a priori Wahrscheinlichkeiten**. Es werden dann über Realisationen von Zufallsexperimenten Wahrscheinlichkeiten $\mathbf{P}(B | A_i)$ ermittelt. Das Eintreten des Ereignisses B oder des Komplementärereignisses $\overline{B}$ dient unter Verwendung des Theorems von BAYES zur Berechnung der **a posteriori Wahrscheinlichkeiten** $\mathbf{P}(A_i | B)$. Aufgrund der Zusatzinformation erzielt man eine Verbesserung gegenüber den a priori Wahrscheinlichkeiten.

B 7.8.6 *Das Angelrevier des Studenten Paul besteht aus den drei Seen* S1, S2 *und* S3. *Die Wahrscheinlichkeit dafür, dass er innerhalb einer Stunde einen Fisch fängt, beträgt für die drei Seen* $\mathbf{P}(F | S1) = 0{,}6$, $\mathbf{P}(F | S2) = 0{,}5$ *sowie* $\mathbf{P}(F | S3) = 0{,}8$. *Paul geht mit der Wahrscheinlichkeit* $\mathbf{P}(Si) = \frac{1}{3}$ $(i = 1,2,3)$ *an einen der drei Seen. Er ruft nach einer Stunde Angelzeit bei seiner Freundin Agathe an und meldet den Fang eines Fisches. Mit welcher Wahrscheinlichkeit angelt er an* S2?

Si= {*Paul angelt an* Si}, i=1, 2, 3;
F = {*Paul fängt einen Fisch*}
$\mathbf{P}(S1) = \mathbf{P}(S2) = \mathbf{P}(S3) = \frac{1}{3}$

$$\mathbf{P}(S2 | F) = \frac{\mathbf{P}(F | S2)\mathbf{P}(S2)}{\mathbf{P}(F | S1)\mathbf{P}(S1) + \mathbf{P}(F | S2)\mathbf{P}(S2) + \mathbf{P}(F | S3)\mathbf{P}(S3)} = \frac{0{,}5 \cdot 1/3}{0{,}6 \cdot 1/3 + 0{,}5 \cdot 1/3 + 0{,}8 \cdot 1/3} = \frac{5}{19} = 0{,}263$$

Ü 7.8.7 *Drei Maschinen* A, B *und* C *produzieren* 50%, 30% *bzw.* 20% *der gesamten Produktion eines Betriebes. Die Ausschussanteile bei den Maschinen betragen* 3%, 4% *bzw.* 5%.

a) *Wie groß ist die Wahrscheinlichkeit für das Ereignis* X *„Ein zufällig ausgewähltes Stück ist defekt.“?*

b) *Wie groß ist die Wahrscheinlichkeit für das Ereignis „Ein zufällig ausgewähltes defektes Stück stammt von Maschine* A.*“?*

8 Zufallsvariablen und Wahrscheinlichkeitsverteilungen

8.1 Zufallsvariablen

Je nach Situation sind Ergebnisse von Zufallsexperimenten qualitative (also nominal oder ordinal messbare) oder quantitative (d.h. metrisch messbare) Größen. Bei quantitativen Größen werden die Ergebnisse durch reelle Zahlen ausgedrückt.

B 8.1.1 a) *Beim Werfen einer Münze („Kopf" oder „Zahl") oder beim Ziehen einer Karte aus einem Kartenspiel („Kreuz As", „Pik König", „Karo Sieben" usw.) sind die Ergebnisse qualitative Größen.*
b) *Beim Würfeln sind die Ergebnisse „1", „2" usw. quantitative Größen.*

In diesem und dem nächsten Kapitel werden nur solche Zufallsexperimente betrachtet, deren Ergebnisse durch reelle Zahlen beschrieben werden können. Dabei sind zwei Fälle denkbar:

- Die Ergebnisse des Zufallsexperiments sind metrisch messbare Größen und werden unmittelbar durch reelle Zahlen gegeben.
- Die Ergebnisse des Zufallsexperiments sind qualitative Größen und werden nicht durch reelle Zahlen gegeben. In solchen Fällen benötigt man, um Ergebnisse durch reelle Zahlen ausdrücken zu können, eine Vorschrift, die jedem Ergebnis des Zufallsexperiments eine reelle Zahl zuordnet.

D 8.1.2

Zufallsvariable
Eine messbare Funktion X, die jedem Elementarereignis $\omega \in \Omega$ eine reelle Zahl $X(\omega)$ zuordnet, also $X: \omega \rightarrow x(\omega) \in \mathbb{R}$, heißt Zufallsvariable.

Eine Zufallsvariable X ist also mit anderen Worten eine Größe, die beim zufälligen Auftreten eines Elementarereignisses ω einen davon abhängigen reellen Wert $x(\omega)$ annimmt.

Anmerkung: In D 8.1.2 ist die Zufallsvariable als Abbildung vom Ereignisraum Ω in die Menge der reellen Zahlen definiert. Mitunter definiert man sie auch als Abbildung vom BOOLEschen Mengenring $\mathfrak{R}$ bzw. der σ-Algebra (vgl. dazu die Ausführungen in Kapitel 7) in $\mathbb{R}$. Dann wird jedem beliebigen Ereignis durch X eine reelle Zahl zugeordnet. Auf Einzelheiten dazu wird nicht eingegangen. Der Leser sei dazu auf Literatur zur mathematischen Wahrscheinlichkeitstheorie verwiesen. Hier ist Folgendes wichtig:
Mit Zufallsvariablen ist man in der Lage, die **Ergebnisse von Zufallsexperimenten durch reelle Zahlen auszudrücken**.

Statt **Zufallsvariable** benutzt man auch die Begriffe **zufällige Variable**, **Zufallsveränderliche** oder **zufällige Veränderliche**. Zufallsvariablen werden mit großen lateinischen Buchstaben (im Regelfall vom Ende des Alphabets) bezeichnet: X, Y, Z, U usw. Die Werte, die von einer Zufallsvariablen bei Durchführung eines Zufallsexperiments angenommen werden können, werden mit den entsprechenden kleinen lateinischen Buchstaben bezeichnet: x, y, z, u usw. Um verschiedene mögliche Werte unterscheiden zu können, werden die Buchstaben mit einem Index versehen: x_i, x_j usw.

D 8.1.3

Stetige und diskrete Zufallsvariablen

a) Eine Zufallsvariable, die abzählbar viele Werte annehmen kann, heißt diskret.

b) Eine Zufallsvariable, die überabzählbar viele Werte annehmen kann, heißt stetig.

Die Unterscheidung entspricht der in diskrete und stetige Merkmale[11]. Eine diskrete Zufallsvariable kann nur einzelne Werte annehmen, während eine stetige Zufallsvariable aus der Menge der reellen Zahlen oder in einem Intervall der reellen Zahlen **jeden Wert** annehmen kann.

B 8.1.4 a) *Eine diskrete Zufallsvariable ist die Augenzahl beim Würfeln mit einem Würfel. Die Zufallsvariable* X *kann nur die Werte* 1, 2, 3, 4, 5 *oder* 6 *annehmen.*

b) *Die als reelle Zahl gemessene Lebensdauer von Glühlampen ist eine stetige Zufallsvariable. Die Lebensdauer kann in einem Intervall der reellen Zahlen jeden beliebigen Wert annehmen.*

Bei Verwendung von Zufallsvariablen werden die Ergebnisse eines Zufallsexperiments durch reelle Zahlen beschrieben. Die den Ereignissen zugeordneten Wahrscheinlichkeiten werden dann den entsprechenden Werten der Zufallsvariablen zugeordnet. Bei diskreten Zufallsvariablen bedeutet das:

Für $\omega \rightarrow X(\omega)$ gilt $\mathbf{P}(X(\omega)) = \mathbf{P}(\omega)$.

Die geordneten Werte einer Zufallsvariablen und die ihnen zugeordneten Wahrscheinlichkeiten ergeben zusammen die **Wahrscheinlichkeitsverteilung** der Zufallsvariablen. Bei stetigen Zufallsvariablen kann man allerdings, wie weiter unten gezeigt wird, Wahrscheinlichkeiten nur für Intervalle der Zufallsvariablen angeben.

Für das Verständnis der folgenden Ausführungen über Wahrscheinlichkeitsverteilungen und Parameter von Wahrscheinlichkeitsverteilungen ist es häufig hilfreich, wenn man sich Folgendes klarmacht:
Es bestehen Ähnlichkeiten zwischen den Eigenschaften metrisch messbarer diskreter bzw. stetiger Merkmale der deskriptiven Statistik und den Eigenschaften diskreter bzw. stetiger Zufallsvariablen. Die möglichen Ausprägungen eines Merkmals entsprechen den möglichen Werten einer Zufallsvariablen und die den Ausprägungen zugeordneten relativen Häufigkeiten den Wahrscheinlichkeiten.

8.2 Wahrscheinlichkeitsverteilungen diskreter Zufallsvariablen

In diesem Abschnitt werden diskrete Zufallsvariablen betrachtet.

D 8.2.1

Wahrscheinlichkeitsfunktion

Gegeben sei eine diskrete Zufallsvariable X, die die Werte $x_1, \ldots, x_i, \ldots, x_n$ mit von Null verschiedenen Wahrscheinlichkeiten $\mathbf{P}(X = x_i) = \mathbf{P}(x_i)$ annehmen kann.

Die Funktion $f_X(x_i) = \mathbf{P}(X = x_i)$, die jedem x_i die Wahrscheinlichkeit $f_X(x_i)$ zuordnet, heißt Wahrscheinlichkeitsfunktion.

11 Vgl. dazu Band I dieser Grundlagen der Statistik.

Können keine Missverständnisse auftreten, darf der Index X bei f entfallen.

Aus der Definition der Wahrscheinlichkeit folgt, dass die Wahrscheinlichkeitsfunktion die folgenden beiden Eigenschaften besitzt:

$$0 \le f_X(x_i) \le 1 \text{ und } \sum_i f_X(x_i) = 1$$

Nimmt die Zufallsvariable nur **endlich** viele Werte $x_1,...,x_n$ mit von Null verschiedenen Wahrscheinlichkeiten $f_X(x_i) = \mathbf{P}(x_i)$ (i = 1,...,n) an, so kann man die **Wahrscheinlichkeitsverteilung** in tabellarischer Form angeben:

x_i	x_1	x_2	...	x_n
$f_X(x_i)$	$f_X(x_1)$	$f_X(x_2)$	...	$f_X(x_n)$

B 8.2.2 *Beim Werfen von zwei Münzen ergibt sich für die Anzahl X der Münzen, bei denen „Zahl" oben liegt, folgende Wahrscheinlichkeitsverteilung:*

x_i	0	1	2
$f_X(x_i)$	0,25	0,5	0,25

Manchmal kann die Wahrscheinlichkeitsfunktion $f_X(x_i)$ auch allgemein angegeben werden, so dass auf eine tabellarische Beschreibung verzichtet werden kann.

B 8.2.3 a) *In einer Urne befinden sich* 100 *Kugeln, die mit den ganzen Zahlen von* 1 *bis* 100 *beschriftet sind. Wird eine Kugel zufällig gezogen, dann beträgt die Wahrscheinlichkeit, eine Kugel mit der Zahl* i (i = 1,...,100) *zu ziehen* $\frac{1}{100}$. *Die Wahrscheinlichkeitsfunktion lautet dann:*

$$f_X(x_i) = \frac{1}{100} \text{ mit } x_i = i;\ i = 1,...,100.$$

b) *Wird eine Münze* n*-mal geworfen, dann ist die Wahrscheinlichkeit, dabei* x*-mal Zahl zu werfen, gegeben durch:*

$$f_X(x) = \binom{n}{x} 0{,}5^n,\ x = 0,...,n, \text{ mit } \binom{n}{x} = \frac{n!}{x!(n-x)!}$$

Auf die Herleitung dieses Ausdrucks wird später bei der Behandlung der ***Binomialverteilung*** *eingegangen (vgl. Abschnitt* 9.3).

Eine Wahrscheinlichkeitsfunktion kann durch ein **Stabdiagramm** oder ein **Säulendiagramm** grafisch dargestellt werden (vgl. F 8.2.4). Die Säulenflächen zeichnet man sinnvollerweise symmetrisch um den jeweiligen Wert der Zufallsvariablen.

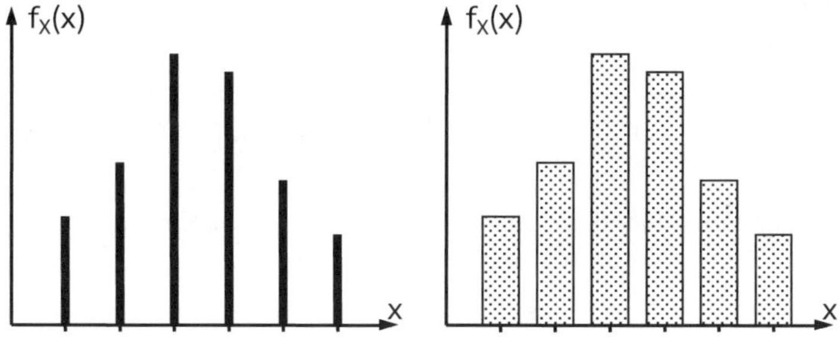

F 8.2.4 Grafische Darstellungen einer Wahrscheinlichkeitsfunktion

Der Summenhäufigkeitsverteilung eines Merkmals in der deskriptiven Statistik entspricht in der Wahrscheinlichkeitsrechnung die Verteilungsfunktion einer Zufallsvariablen.

D 8.2.5

Verteilungsfunktion einer diskreten Zufallsvariablen

Gegeben sei eine diskrete Zufallsvariable X mit der Wahrscheinlichkeitsfunktion $f_X(x_i)$. Die Funktion

$$F_X(x) = \mathbf{P}(X \le x) = \sum_{x_i \le x} f_X(x_i)$$

heißt Verteilungsfunktion der Zufallsvariablen.

Die Verteilungsfunktion gibt die Wahrscheinlichkeit dafür an, dass die Zufallsvariable X höchstens den Wert x annimmt. Auf den Index X bei F_X kann verzichtet werden, sofern keine Missverständnisse auftauchen können.

R 8.2.6

Eigenschaften einer Verteilungsfunktion

Die Verteilungsfunktion F_X einer Zufallsvariablen X besitzt die folgenden Eigenschaften:

(1) F_X ist monoton steigend.

(2) F_X ist rechtsseitig stetig.

(3) $\lim_{x \to -\infty} F_X(x) = 0.$

(4) $\lim_{x \to \infty} F_X(x) = 1.$

Diese Eigenschaften kann man sich leicht plausibel machen:

Die Verteilungsfunktion entsteht durch sukzessives Addieren der Wahrscheinlichkeiten (vgl. D 8.2.5). Da Wahrscheinlichkeiten niemals negativ sind, kann die Verteilungsfunktion nicht fallen (Eigenschaft (1)).

Eigenschaft (2) ergibt sich aus der Definition $F_X(x) := \mathbf{P}(X \le x)$. Definiert man die Verteilungsfunktion durch $\mathbf{P}(X < x)$, dann wird sie linksseitig stetig. Anschaulich bedeutet die rechtsseitige Stetigkeit Folgendes:
Hat die Verteilungsfunktion an einer Stelle x einen Sprung (Unstetigkeitsstelle), dann nimmt die Verteilungsfunktion an dieser Stelle den Wert an, der zu der oberen Sprunggrenze gehört. In grafischen Darstellungen verdeutlicht man dies dadurch, dass man die entsprechende Sprunggrenze hervorhebt (vgl. beispielsweise F 8.2.8).

Eigenschaft (3) bedeutet, dass die Verteilungsfunktion gegen Null geht, wenn x immer kleiner wird. Wird x dagegen immer größer, geht der Wert der Verteilungsfunktion schließlich gegen 1 (Eigenschaft (4)).

Die in R 8.2.6 angegebenen Eigenschaften einer Verteilungsfunktion gelten auch bei stetigen Zufallsvariablen, auf die im nächsten Abschnitt eingegangen wird.

Es ist zu beachten, dass die Verteilungsfunktion grundsätzlich für die ganze Menge der reellen Zahlen $\mathbb{R}$ definiert ist. Zu einer korrekten Beschreibung einer Verteilungsfunktion gehört deshalb die Angabe der Funktion für den gesamten Definitionsbereich $\mathbb{R}$

B 8.2.7 *Beim zufälligen Werfen eines Würfels hat man folgende Wahrscheinlichkeitsverteilung:*

x_i	$x_1 = 1$	$x_2 = 2$	$x_3 = 3$	$x_4 = 4$	$x_5 = 5$	$x_6 = 6$
$f(x_i)$	$f(x_1)=\frac{1}{6}$	$f(x_2)=\frac{1}{6}$	$f(x_3)=\frac{1}{6}$	$f(x_4)=\frac{1}{6}$	$f(x_5)=\frac{1}{6}$	$f(x_6)=\frac{1}{6}$

Da die Verteilungsfunktion für einzelne Intervalle verschiedene Werte annimmt, muss eine intervallweise Beschreibung erfolgen. Man erhält:

$$F_X(x) = \begin{cases} 0 & \text{für} \quad x<1 \\ \frac{1}{6} & \text{für} \quad 1 \le x < 2 \\ \frac{2}{6} & \text{für} \quad 2 \le x < 3 \\ \frac{3}{6} & \text{für} \quad 3 \le x < 4 \\ \frac{4}{6} & \text{für} \quad 4 \le x < 5 \\ \frac{5}{6} & \text{für} \quad 5 \le x < 6 \\ 1 & \text{für} \quad 6 \le x \end{cases}$$

Man kann die Verteilungsfunktion auch tabellarisch schreiben, ähnlich wie bei der Beschreibung der Wahrscheinlichkeitsfunktion. In F 8.2.8 *sind Wahrscheinlichkeitsfunktion und Verteilungsfunktion grafisch dargestellt.*

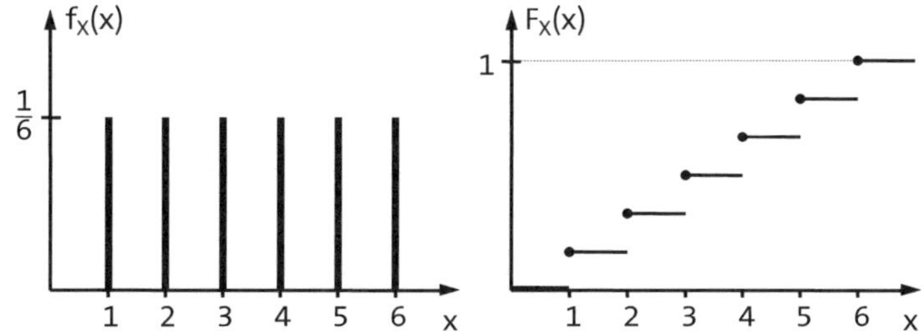

F 8.2.8 Wahrscheinlichkeitsfunktion und Verteilungsfunktion zu B 8.2.7

Die grafische Darstellung der Verteilungsfunktion einer diskreten Zufallsvariablen ergibt immer eine **Treppenfunktion**, so wie in F 8.2.8.

Ü 8.2.9 *Gegeben ist folgende diskrete Wahrscheinlichkeitsverteilung:*

x_i	1	2	4	5
$f_X(x_i)$	$\frac{1}{3}$	$\frac{1}{6}$	$\frac{1}{4}$	$\frac{1}{4}$

a) *Bestimmen Sie und zeichnen Sie die Verteilungsfunktion.*

b) *Bestimmen Sie:* $\mathbf{P}(0 < X < 4)$, $\mathbf{P}(1 < X < 4)$, $\mathbf{P}(1 \le X \le 4)$ *und* $\mathbf{P}(2 < X \le 5)$.

Ü 8.2.10 *Gegeben ist folgende Verteilungsfunktion einer diskreten Zufallsvariablen.*

$$F_X(x) = \begin{cases} 0 & \text{für} \quad x<2 \\ 0{,}1 & \text{für} \quad 2 \le x < 3 \\ 0{,}3 & \text{für} \quad 3 \le x < 5 \\ 0{,}7 & \text{für} \quad 5 \le x < 8 \\ 0{,}9 & \text{für} \quad 8 \le x < 9 \\ 1 & \text{für} \quad 9 \le x \end{cases}$$

Wie lautet die Wahrscheinlichkeitsfunktion?

8.3 Wahrscheinlichkeitsverteilungen stetiger Zufallsvariablen

Bei einer stetigen Zufallsvariablen tritt an die Stelle der Wahrscheinlichkeitsfunktion die so genannte Dichtefunktion.

D 8.3.1

> **Dichtefunktion**
> Die Dichtefunktion $f_X(x)$ einer stetigen Zufallsvariablen X ist eine intervallweise stetige Funktion mit den Eigenschaften
>
> (1) $\int\limits_{-\infty}^{\infty} f_X(x) = 1$
>
> und
>
> (2) $f_X(x) \geq 0$.

Die beiden Eigenschaften bedeuten Folgendes:

(1) Die Fläche zwischen der Dichtefunktion und der x-Achse ergibt immer genau den Wert 1.

(2) Die Dichtefunktion kann nicht negativ werden.

Ist die Dichtefunktion nur in einem endlichen Intervall positiv, d.h.

$$f_X(x) = f_X^*(x) > 0 \text{ für } x_u < x < x_o \text{ und } f_X(x) = 0 \text{ für } x \leq x_u \text{ oder } x \geq x_o,$$

so schreibt man:

$$f_X(x) = \begin{cases} f_X^*(x) & \text{für } x_u < x < x_o \\ 0 & \text{sonst} \end{cases}$$

Es ist dann

$$\int\limits_{x_u}^{x_o} f_X^*(x)dx = 1 .$$

B 8.3.2 a) *Rechteckverteilung*

$$f_X(x) = \begin{cases} 0{,}5 & \text{für } 3 < x < 5 \\ 0 & \text{sonst} \end{cases}$$

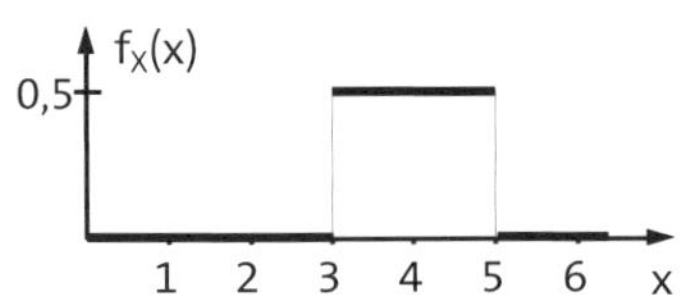

b) *Dreieckverteilung*

$$f_X(x) = \begin{cases} 0{,}25x - 0{,}5 & \text{für } 2 < x \leq 4 \\ -0{,}25x + 1{,}5 & \text{für } 4 < x \leq 6 \\ 0 & \text{sonst} \end{cases}$$

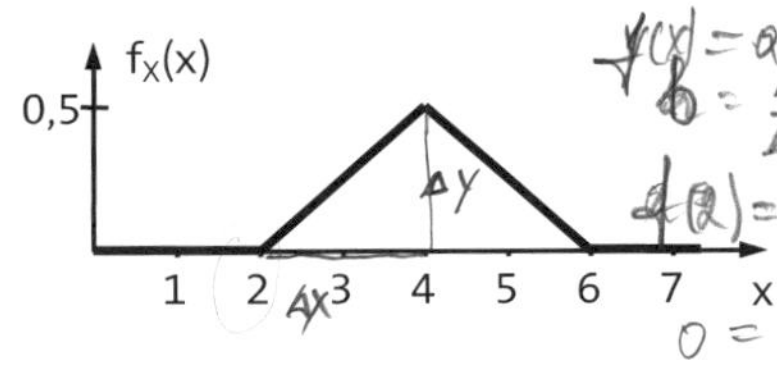

F 8.3.3 Dichtefunktionen zu B 8.3.2

Ü 8.3.4 *Welche der folgenden Funktionen ist eine Dichtefunktion?*

a) $f_X(x) = \begin{cases} \sin x & \text{für } 0 < x < 1{,}5\pi \\ 0 & \text{sonst} \end{cases}$

b) $f_X(x) = \begin{cases} \frac{1}{3} & \text{für } 1 < x < 4 \\ 0 & \text{sonst} \end{cases}$

c) $f_X(x) = \begin{cases} 2x & \text{für } 0 < x < 1 \\ 0 & \text{sonst} \end{cases}$

d) $f_X(x) = \begin{cases} 2e^{-2x} & \text{für } x \geq 0 \\ 0 & \text{sonst} \end{cases}$

Die Dichtefunktion einer stetigen Zufallsvariablen gibt **nicht** die Wahrscheinlichkeit dafür an, dass die Zufallsvariable den Wert x annimmt. Mit Hilfe der Dichtefunktion einer stetigen Zufallsvariablen kann nur die Wahrscheinlichkeit bestimmt werden, dass die Zufallsvariable X einen Wert in einem gegebenen Intervall annimmt. Die Fläche unterhalb der Dichtefunktion über einem Intervall $a < X \leq b$ gibt die Wahrscheinlichkeit dafür an, dass die Zufallsvariable einen Wert aus diesem Intervall annimmt (vgl. auch F 8.3.6). Diese Fläche kann als bestimmtes Integral der Dichtefunktion mit den Integrationsgrenzen a und b bestimmt werden.

R 8.3.5

Wahrscheinlichkeitsintervall einer stetigen Zufallsvariablen
Gegeben sei eine stetige Zufallsvariable X mit der Dichtefunktion $f_X(x)$.
Dann gilt:

$$\mathbf{P}(a < X \leq b) = \int_a^b f_X(x)dx.$$

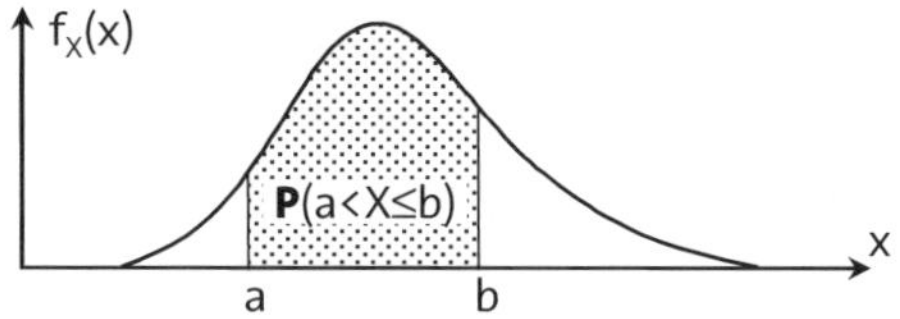

F 8.3.6 Wahrscheinlichkeit eines Intervalls als Fläche

B 8.3.7 *Gegeben sei die Dichtefunktion* $f_X(x) = \begin{cases} 0{,}08x & \text{für } 0 < x < 5 \\ 0 & \text{sonst} \end{cases}$

Für $\mathbf{P}(1 < X \leq 4)$ *ergibt sich:*

$$\mathbf{P}(1 < X \leq 4) = \int_1^4 0{,}08x dx = 0{,}04x^2\Big|_1^4 = 0{,}04 \cdot 16 - 0{,}04 \cdot 1 = 0{,}6.$$

Ü 8.3.8 *Bestimmen Sie zu den folgenden Dichtefunktionen die angegebenen Wahrscheinlichkeiten.*

a) $f_X(x) = \begin{cases} 2x & \text{für } 0 < x < 1 \\ 0 & \text{sonst} \end{cases}$; $\mathbf{P}(0{,}25 < X \leq 0{,}5)$

b) $f_X(x) = \begin{cases} 0{,}02x - 0{,}04 & \text{für } 2 < x < 12 \\ 0 & \text{sonst} \end{cases}$; $\mathbf{P}(3 < X \leq 10)$

Der Leser möge Folgendes beachten: Nach D 8.3.1 gilt $\int_{-\infty}^{\infty} f_X(x) = 1$. Die Dichtefunktion selbst kann aber durchaus Werte über 1 annehmen, wie in dem folgenden Beispiel.

B 8.3.9 $f_X(x) = \begin{cases} 2x - 2 & \text{für } 1 < x < 2 \\ 0 & \text{sonst} \end{cases}$

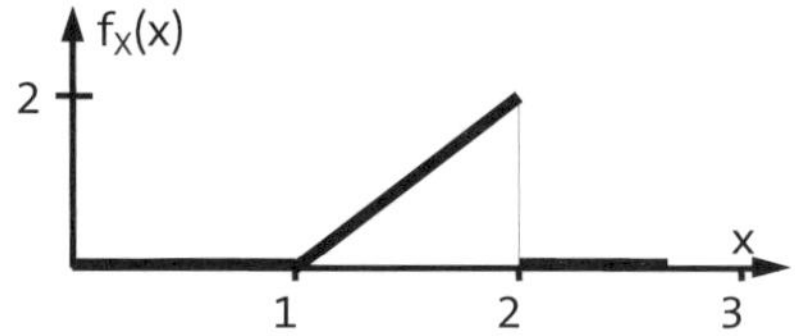

F 8.3.10 Dichtefunktion zu B 8.3.9

Mit Hilfe der Interpretation der Wahrscheinlichkeit als Fläche unterhalb der Dichtefunktion über einem Intervall kann man sich verdeutlichen, dass die Wahrscheinlichkeit dafür, dass eine stetige Zufallsvariable einen bestimmten, vorgegebenen Wert x_0 annimmt, gleich Null ist, also $\mathbf{P}(X = x_0) = 0$. Ein einzelner Wert stellt nämlich ein „Intervall der Länge 0" dar, und die Fläche über einem solchen „Intervall" hat die Größe 0.

B 8.3.11 *Fasst man die Geschwindigkeit eines PKW im Stadtverkehr als Zufallsvariable auf, so ist die Wahrscheinlichkeit, dass der Tachometer eine Geschwindigkeit von* ***exakt****, d.h. auf beliebig viele Nachkommastellen genau,* 30,0 km/h *anzeigt, gleich Null. Dennoch ist das Ereignis „Die Geschwindigkeitsmessung ergibt* 30,0 km/h*" nicht unmöglich. Beispielsweise muss jeder PKW, der schneller als* 30,0 km/h *fährt, beim Beschleunigen diese Geschwindigkeit irgendwann erreicht und überschritten haben.* (*Bei praktischen Messungen kann durch Rundung bzw. unzureichende Genauigkeit des Messinstruments* (*z.B. nur* 1 *Nachkommastelle in der Anzeige*) *der Wert* 30,0 *hin und wieder vorkommen.*)

> Grundsätzlich gilt:
> Aus der Tatsache, dass die Wahrscheinlichkeit für ein bestimmtes Ereignis gleich Null ist, kann nicht auf die Unmöglichkeit dieses Ereignisses geschlossen werden. Dessen ungeachtet gilt **immer** $\mathbf{P}(\emptyset) = 0$.

D 8.3.12

> **Verteilungsfunktion einer stetigen Zufallsvariablen**
> Gegeben sei eine stetige Zufallsvariable X mit der Dichtefunktion $f_X(x)$.
>
> $$F_X(x) = \mathbf{P}(X \le x) = \int_{-\infty}^{x} f_X(\xi)d\xi$$
>
> heißt Verteilungsfunktion von X.[12]

Die Verteilungsfunktion einer stetigen Zufallsvariablen ist stetig. Sonst hat sie genau die gleichen Eigenschaften wie die einer diskreten Zufallsvariablen, so dass hier auf die weiter oben erläuterten Eigenschaften einer Verteilungsfunktion verwiesen werden kann (vgl. D 8.2.6 und die Erläuterungen dazu).

Ü 8.3.13 *Welche der folgenden Funktionen erfüllen die Eigenschaften einer Verteilungsfunktion?*

a) $F_X(x) = \begin{cases} 0 & \text{für} \quad x < 0 \\ 0{,}5x & \text{für} \quad 0 \le x < 2 \\ 1 & \text{für} \quad 2 \le x \end{cases}$

b) $F_Y(y) = \begin{cases} 0 & \text{für} \quad y \le 0{,}5 \\ y^2 & \text{für} \quad 0{,}5 < y < 1 \\ 1 & \text{für} \quad 1 \le y \end{cases}$

c) $F_Z(z) = \begin{cases} 0 & \text{für} \quad z < 0 \\ 0{,}25z & \text{für} \quad 0 \le z < 1 \\ 0{,}25z^2 & \text{für} \quad 1 \le z < 2 \\ 1 & \text{für} \quad 2 \le z \end{cases}$

12 Der griechische Buchstabe ξ (sprich: xi) entspricht dem x des lateinischen Alphabets.

Der Wert $F_X(x) = \mathbf{P}(X \leq x)$ der Verteilungsfunktion an der Stelle x entspricht der Fläche unter der Dichtefunktion bis zur Stelle x (siehe F 8.3.14).

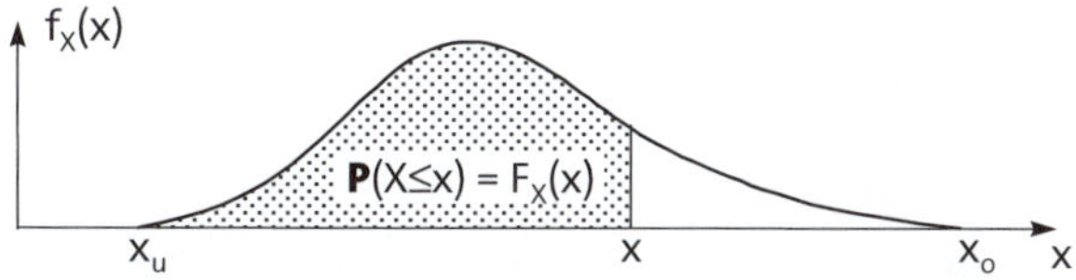

F 8.3.14 Zusammenhang zwischen Verteilungsfunktion und Dichtefunktion

In F 8.3.14 ist die Dichte nur für $x_u < x < x_o$ positiv:

$$f_X(x) = \begin{cases} f_X^*(x) & \text{für} \quad x_u < x < x_o \\ 0 & \text{sonst} \end{cases}$$

Es gilt daher für die Verteilungsfunktion:

$$x < x_u: \quad F_X(x) = \int_{-\infty}^{x} f_X(\xi)d\xi = \int_{-\infty}^{x} 0 d\xi = 0$$

$$x_u \leq x < x_o: \quad F_X(x) = \int_{-\infty}^{x} f_X(\xi)d\xi = \int_{-\infty}^{x_u} 0 d\xi + \int_{x_u}^{x} f_X^*(\xi)d\xi = \int_{x_u}^{x} f_X^*(\xi)d\xi$$

$$x \geq x_o: \quad F_X(x) = \int_{-\infty}^{x} f_X(\xi)d\xi = \int_{-\infty}^{\infty} f_X(\xi)d\xi - \int_{x}^{\infty} 0 d\xi = 1 - 0 = 1$$

Diese Überlegungen bedeuten Folgendes:
Ist eine Dichtefunktion nur zwischen x_u und x_o von 0 verschieden und im übrigen Bereich 0, so gilt:

- Für $x < x_u$ nimmt die Verteilungsfunktion den Wert 0 an.
- Für das Intervall mit den Grenzen x_u und x_o wird die Verteilungsfunktion als Integral der Dichtefunktion bestimmt, und zwar mit x_u als unterer Grenze und x als variabler oberer Grenze.
- Ist $x > x_o$, so nimmt die Verteilungsfunktion den Wert 1 an.

B 8.3.15 *Gegeben sei die Dichtefunktion*

$$f_X(x) = \begin{cases} 0{,}5 & \text{für} \quad 3 < x < 5 \\ 0 & \text{sonst} \end{cases}$$

Als Verteilungsfunktion erhält man dazu für $3 \leq x < 5$*:*

$$F_X(x) = \int_{-\infty}^{x} f_X(\xi)d\xi = \int_{3}^{x} 0{,}5 d\xi = \left. 0{,}5\xi \right|_3^x = 0{,}5x - 1{,}5.$$

Für $x < 3$ *ist* $F_X(x)=0$ *und für* $x \geq 5$ *ist* $F_X(x)=1$.
Die Verteilungsfunktion lautet somit:

$$F_X(x) = \begin{cases} 0 & \text{für} \quad x < 3 \\ 0{,}5x - 1{,}5 & \text{für} \quad 3 \leq x < 5 \\ 1 & \text{für} \quad 5 \leq x \end{cases}$$

In F 8.3.16 *ist die Verteilungsfunktion grafisch dargestellt.*

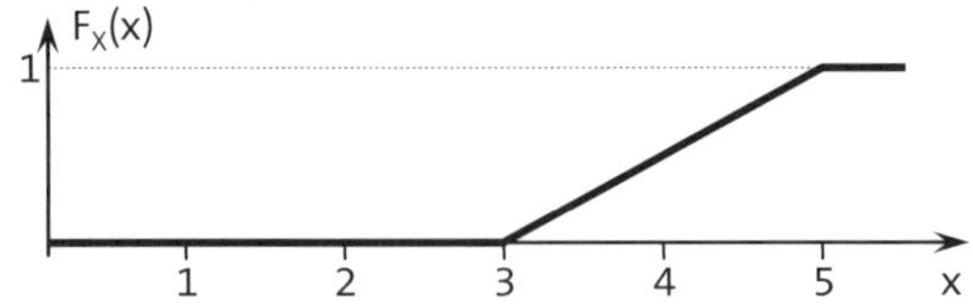

F 8.3.16 Verteilungsfunktion zu B 8.3.15

Ü 8.3.17 *Bestimmen Sie zu folgenden Dichtefunktionen die jeweilige Verteilungsfunktion:*

a) $f_X(x) = \begin{cases} 0{,}2 & \text{für} \quad 2 < x < 7 \\ 0 & \text{sonst} \end{cases}$ **b)** $f_X(x) = \begin{cases} 2e^{-2x} & \text{für} \quad x > 0 \\ 0 & \text{sonst} \end{cases}$

c) $f_X(x) = \begin{cases} 0{,}02x - 0{,}04 & \text{für} \quad 2 < x < 12 \\ 0 & \text{sonst.} \end{cases}$

Zu einer gegebenen Verteilungsfunktion erhält man die dazugehörige Dichtefunktion, indem man die 1. Ableitung der Verteilungsfunktion bestimmt.

Die Verteilungsfunktion ist eine Stammfunktion der Dichtefunktion. In Verbindung mit R 8.3.5 ergibt sich daraus folgende Beziehung für die Bestimmung der Wahrscheinlichkeit eines Intervalls:

R 8.3.18

$$\mathbf{P}(a < X \leq b) = \int_a^b f_X(x)dx = F_X(b) - F_X(a).$$

Ü 8.3.19 *Gegeben sind die folgenden Verteilungsfunktionen:*

a) $F_X(x) = \begin{cases} 0 & \text{für} \quad x < 0 \\ x^2 & \text{für} \quad 0 \leq x < 1 \\ 1 & \text{für} \quad 1 \leq x \end{cases}$ **b)** $F_X(x) = \begin{cases} 0 & \text{für} \quad x < 0 \\ x^4 & \text{für} \quad 0 \leq x < 1 \\ 1 & \text{für} \quad 1 \leq x \end{cases}$

Bestimmen Sie für beide die Dichtefunktion sowie $\mathbf{P}(-1 < X \leq 0{,}5)$ *und* $\mathbf{P}(0{,}25 < X \leq 0{,}75)$.

Ü 8.3.20 *Gegeben sind die folgenden Dichtefunktionen:*

a) $f_X(x) = \begin{cases} \frac{1}{3} & \text{für} \quad 1 < x < 4 \\ 0 & \text{sonst} \end{cases}$ **b)** $f_X(x) = \begin{cases} 3e^{-3x} & \text{für} \quad 1 < x < 4 \\ 0 & \text{sonst} \end{cases}$

Bestimmen Sie die Verteilungsfunktionen sowie $\mathbf{P}(0 < X \leq 2)$ *und* $\mathbf{P}(1 < X \leq 2)$.

Anmerkung: Auf den Index X in der Bezeichnungsweise für Dichte-, Wahrscheinlichkeits- bzw. Verteilungsfunktionen kann, falls Irrtümer ausgeschlossen sind, verzichtet werden. Man schreibt dann $f(x)$, $f(x_i)$ bzw. $F(x)$.

8.4 Parameter von Wahrscheinlichkeitsverteilungen

a) Erwartungswert

Zur kurzen Charakterisierung von Häufigkeitsverteilungen werden in der deskriptiven Statistik Lage- und Streuungsparameter bestimmt. Entsprechende Parameter existieren auch für Wahrscheinlichkeitsverteilungen. In diesem Abschnitt wird zunächst der Erwartungswert behandelt, den man sich (zumindest für diskrete Zufallsvariablen) am arithmetischen Mittel aus der deskriptiven Statistik veranschaulichen kann.

D 8.4.1

> **Erwartungswert**
> Der Erwartungswert **E**(X) einer Zufallsvariablen X ist wie folgt definiert:
> Erwartungswert einer **diskreten** Zufallsvariablen
> $$\mathbf{E}(X) = \sum_i x_i f_X(x_i)$$
> Erwartungswert einer **stetigen** Zufallsvariablen
> $$\mathbf{E}(X) = \int_{-\infty}^{\infty} x f_X(x)dx$$

Anstelle von **E**(X) bezeichnet man den Erwartungswert der Zufallsvariablen X oft auch mit μ_X oder, sofern Missverständnisse ausgeschlossen sind, mit μ.

B 8.4.2 *Die Wahrscheinlichkeit für die Augenzahl* i *beim Werfen eines Würfels beträgt* $f_X(i) = \frac{1}{6}$ *für* i = 1,...,6. *Für den Erwartungswert ergibt sich:*

$$\mathbf{E}(X) = \sum_{i=1}^{6} i f_X(i) = 1 \cdot \tfrac{1}{6} + 2 \cdot \tfrac{1}{6} + 3 \cdot \tfrac{1}{6} + 4 \cdot \tfrac{1}{6} + 5 \cdot \tfrac{1}{6} + 6 \cdot \tfrac{1}{6} = 3{,}5.$$

Ist die Dichtefunktion einer stetigen Zufallsvariablen nur in einem beschränkten Intervall $x_u < x < x_o$ von Null verschieden, reicht es für die Bestimmung des Erwartungswertes aus, wenn nur über dieses Intervall integriert wird, da für $x < x_u$ und $x > x_o$ das jeweilige Teilintegral verschwindet.

B 8.4.3 *Die stetige Zufallsvariable* Y *hat die Dichtefunktion*

$$f_Y(y) = \begin{cases} 0{,}125y - 0{,}25 & \text{für} \quad 2 < y < 6 \\ 0 & \text{sonst} \end{cases}$$

Für den Erwartungswert erhält man:

$$\mathbf{E}(Y) = \int_{-\infty}^{\infty} y f_Y(y)dy = \int_2^6 y(0{,}125y - 0{,}25)dy = \int_2^6 (0{,}125y^2 - 0{,}25y)dy = \left| 0{,}125 \tfrac{1}{3} y^3 - 0{,}25 \tfrac{1}{2} y^2 \right|_2^6$$
$$= 9 - 4{,}5 - \tfrac{1}{3} + 0{,}5 = 4\tfrac{2}{3} = 4{,}\overline{6}$$

Ü 8.4.4 *Die Zufallsvariable* X *hat folgende Wahrscheinlichkeitsverteilung:*

x_i	2	3	5	8	9
$f_X(x_i)$	0,1	0,4	0,2	0,1	0,2

Berechnen Sie den Erwartungswert.

Ü 8.4.5 *Gegeben sind folgende Dichtefunktionen:*

a) $f_X(x) = \begin{cases} 2x & \text{für} \quad 0 < x < 1 \\ 0 & \text{sonst} \end{cases}$; **b)** $f_X(x) = \begin{cases} 4x^3 & \text{für} \quad 0 < x < 1 \\ 0 & \text{sonst} \end{cases}$

Bestimmen Sie für beide Zufallsvariablen **E**(X).

Erwartungswerte spielen in den Anwendungen der Wahrscheinlichkeitsrechnung innerhalb der Wirtschaftswissenschaften eine wichtige Rolle. Wenn bei Entscheidungsproblemen die Zielgröße eine Zufallsvariable ist, dann entsteht grundsätzlich das Problem der Festlegung eines eindeutigen Entscheidungskriteriums. Können beispielsweise bei einem Entscheidungsproblem der Gewinn oder die Kosten in eine eindeutige Beziehung zu den Entscheidungsvariablen (Entscheidungsparametern) gebracht werden, ist es möglich, diejenige Entscheidung zu bestimmen, die zu einem maximalen Gewinn oder zu minimalen Kosten führt. Wie aber soll man entscheiden, wenn der Gewinn oder die Kosten Zufallsvariablen sind? Da man zum Zeitpunkt der Entscheidung nicht weiß, welchen Wert die Zufallsvariable „Gewinn" bzw. „Kosten" annimmt, kann man nicht in der üblichen Weise die Entscheidung festlegen, die den Gewinn maximiert bzw. die Kosten minimiert. Die einfachste Möglichkeit zur Lösung dieses Problems ist es, anstelle der Zufallsvariablen „Gewinn" bzw. „Kosten" für das Entscheidungsmodell den Erwartungswert des Gewinns bzw. der Kosten zu verwenden.

Die Verwendung des Erwartungswertes einer Zufallsvariablen bei Entscheidungsproblemen birgt allerdings auch einige Probleme, die hier jedoch nicht ausführlich diskutiert werden können. Es wird dazu auf die Literatur zur statistischen und zur betriebswirtschaftlichen Entscheidungstheorie bzw. Entscheidungslehre verwiesen.
Im Folgenden werden nur ein Beispiel und eine Aufgabe behandelt, die an einfachen Fällen die Verwendung des Erwartungswertes bei Entscheidungsproblemen zeigen.

B 8.4.6 *Der Besitzer eines Zeitschriftenladens hat aus Werten der Vergangenheit folgende Verteilung der täglichen Nachfrage nach einer bestimmten Tageszeitung ermittelt:*

pro Tag nachgefragte Exemplare	0	1	2	3	4	> 4
Nachfragewahrscheinlichkeit	0,20	0,30	0,20	0,20	0,10	0

Er rechnet für die Zukunft mit keiner Änderung der Nachfrageverteilung. Der Einkaufspreis eines Exemplars beträgt 1,- €, *der Verkaufspreis* 3,- €. *Unverkaufte Exemplare können nicht zurückgegeben werden. Für einen längeren Zeitraum muss er eine feste Anzahl von Exemplaren pro Tag bestellen. Wie viel Exemplare pro Tag sollte er bestellen, um seinen erwarteten Gewinn zu maximieren?*
Da der Zeitschriftenhändler unverkaufte Exemplare nicht zurückgeben kann, wird er auf keinen Fall mehr Exemplare einkaufen, als er maximal verkaufen kann, d.h. er wird höchstens 4 *Stück bestellen. Andererseits kann die verkaufte Menge nicht größer sein als die eingekaufte Menge.*
Zur Bestimmung der optimalen Einkaufsmenge ist zunächst zu ermitteln, welche alternativen Gewinne g_{ik} *der Zeitschriftenhändler bei Einkauf von* k *Zeitungen und Absatz von* i *Exemplaren erzielt.*
Die Gewinne ergeben sich aus der Differenz zwischen Erlös und Kosten: $G = i \cdot 3\ € - k \cdot 1\ €$ *und sind in der folgenden Tabelle zusammengestellt:*

		Eingekaufte Menge k				
		0	1	2	3	4
Nachgefragte Menge i	0	0	-1	-2	-3	-4
	1	0	2	1	0	-1
	2	0	2	4	3	2
	3	0	2	4	6	5
	4	0	2	4	6	8

Es ist nun die Einkaufsmenge zu bestimmen, bei der der Erwartungswert des Gewinns am größten ist.

Bei Einkauf von k *Exemplaren bestimmt man den Erwartungswert des Gewinns* **E**(G_k) *nach der Formel:*

$$\mathbf{E}(G_k) = \sum_{i=0}^{4} p_i g_{ik}$$

wobei p_i *die Wahrscheinlichkeit für eine Nachfrage von* i *Exemplaren bezeichnet. Die folgende Tabelle enthält die Erwartungswerte:*

Eingekaufte Menge k	0	1	2	3	4
E(G_k)	0	1,4	1,9	1,8	1,1

Der größte Erwartungswert ergibt sich bei einer Einkaufsmenge von 2 *Exemplaren. Der Zeitungshändler maximiert also seinen erwarteten Gewinn, wenn er täglich* ***zwei Exemplare*** *bestellt. Dass diese Verhaltensweise sinnvoll ist, kann man sich folgendermaßen plausibel machen:*
Der Erwartungswert des Gewinns ist vergleichbar mit dem gewogenen arithmetischen Mittel. Die Gewichte sind die Wahrscheinlichkeiten. Der Zeitschriftenhändler kann davon ausgehen, dass er bei einem genügend langen Zeitraum durchschnittlich pro Tag den erwarteten Gewinn erzielt.

Ü 8.4.7 *Zwei Spieler* A *und* B *würfeln abwechselnd mit je zwei Würfeln. Dabei ist folgende Regel vereinbart:* A *gewinnt von* B 3,- €, *wenn* B *eine Augenzahl von zehn und mehr würfelt,* B *gewinnt von* A 1,- €, *wenn* A *eine Augenzahl von weniger als zehn würfelt. Untersuchen Sie, ob diese Spielregel beiden Spielern gleiche Gewinnchancen gewährt.*

Zum Abschluss dieses Abschnitts muss noch darauf hingewiesen werden, dass es ähnlich wie im Bereich der deskriptiven Statistik möglich ist, neben dem Erwartungswert auch andere Lageparameter für Wahrscheinlichkeitsverteilungen zu bestimmen. Hier wird nur kurz auf den Zentralwert eingegangen.

D 8.4.8

Zentralwert
Gegeben sei eine stetige Zufallsvariable X mit der Verteilungsfunktion $F_X(x)$. Der Wert $\bar{x}_z$ der Zufallsvariablen, für den gilt

$$F_X(\bar{x}_z) = 0{,}5\,,$$

heißt Zentralwert.

Bei einer diskreten Zufallsvariablen liegt der Zentralwert an der Stelle, an der die Verteilungsfunktion den Wert 0,5 erreicht oder überspringt.

B 8.4.9 *Für die Zufallsvariable aus* B 8.3.15 *ergibt sich:*

$$F_X(\bar{x}_z) = 0{,}5\bar{x}_z - 1{,}5 = 0{,}5 \text{ bzw. } \bar{x}_z = 4\,.$$

b) Standardabweichung und Varianz

Die beiden wichtigsten Streuungsmaße für die Häufigkeitsverteilung eines quantitativen Merkmals in der deskriptiven Statistik sind **Varianz** und **Standardabweichung**. Diese beiden Parameter werden auch in der Wahrscheinlichkeitsrechnung als Maß für die Streuung der Wahrscheinlichkeitsverteilung einer Zufallsvariablen verwendet. Sie sind hier ähnlich definiert wie in der deskriptiven Statistik.

D 8.4.10

Varianz

Varianz einer **diskreten** Zufallsvariablen:

$$\mathbf{VAR}(X) = \sum_i (x_i - \mathbf{E}(X))^2 f_X(x_i) = \sum_i x_i^2 f_X(x_i) - (\mathbf{E}(X))^2$$

Varianz einer **stetigen** Zufallsvariablen:

$$\mathbf{VAR}(X) = \int_{-\infty}^{\infty} (x - \mathbf{E}(X))^2 f_X(x)dx = \int_{-\infty}^{\infty} x^2 f_X(x)dx - (\mathbf{E}(X))^2$$

Statt mit **VAR**(X) bezeichnet man die Varianz einer Zufallsvariablen X auch mit σ_X^2 oder, sofern Verwechslungen ausgeschlossen sind, mit σ^2.

Sofern bei einer stetigen Zufallsvariablen die Dichte nur in einem beschränkten Intervall mit den Grenzen x_u und x_o von Null verschieden ist, braucht für die Varianz (wie beim Erwartungswert) nur von x_u bis x_o integriert zu werden.

D 8.4.11

Standardabweichung

Die Quadratwurzel aus der Varianz heißt Standardabweichung:

$$\sigma_X = \sqrt{\mathbf{VAR}(X)}$$

B 8.4.12 *Für das Würfelbeispiel (vgl.* B 8.4.2) *ergibt sich:*

$$\begin{aligned}\mathbf{VAR}(X) &= \sum_{i=1}^{6} (i - 3{,}5)^2 \cdot \tfrac{1}{6} \\ &= (-2{,}5)^2 \cdot \tfrac{1}{6} + (-1{,}5)^2 \cdot \tfrac{1}{6} + (-0{,}5)^2 \cdot \tfrac{1}{6} + 0{,}5^2 \cdot \tfrac{1}{6} + 1{,}5^2 \cdot \tfrac{1}{6} + 2{,}5^2 \cdot \tfrac{1}{6} \\ &= \tfrac{1}{6} \cdot 17{,}5 = 2{,}91\overline{6}\end{aligned}$$

$$\sigma_X \approx \sqrt{2{,}917} \approx 1{,}708$$

B 8.4.13 *Für die Dichtefunktion*

$$f_X(x) = \begin{cases} 0{,}5 & \text{für} \quad 3 < x < 5 \\ 0 & \text{sonst} \end{cases}$$

mit **E**(X) = 4 *erhält man als Varianz:*

$$\begin{aligned}\mathbf{VAR}(X) &= \int_3^5 (x-4)^2 0{,}5dx = 0{,}5\int_3^5 (x^2 - 8x + 16)dx \\ &= 0{,}5 \cdot \left| \tfrac{1}{3}x^3 - 4x^2 + 16x \right|_3^5 \\ &= 0{,}5 \cdot \left[\tfrac{1}{3} \cdot 125 - 4 \cdot 25 + 16 \cdot 5 - \tfrac{1}{3} \cdot 27 + 4 \cdot 9 - 16 \cdot 3 \right] = \tfrac{1}{3}\end{aligned}$$

und als Standardabweichung $\sigma_X = 0{,}58$.

Ü 8.4.14 *Berechnen Sie Varianz und Standardabweichung für die Zufallsvariable aus Übungsaufgabe* 8.4.4.

Ü 8.4.15 *Berechnen Sie die Varianz für die beiden Zufallsvariablen aus Übungsaufgabe* 8.4.5.

c) Momente

Erwartungswert und Varianz sind spezielle Parameter zur Charakterisierung von Wahrscheinlichkeitsverteilungen. Allgemeine Parameter dazu sind die so genannten **Momente** einer Zufallsvariablen. Bei diesen Momenten unterscheidet man

- **Momente um Null** und
- Momente in Bezug auf einen Parameter a, wobei vor allem die **zentralen Momente**, die auf den Erwartungswert der Zufallsvariablen bezogen werden, interessieren.

D 8.4.16

Moment um Null

Das **n-te Moment um Null** einer Zufallsvariablen X ist definiert als:

$$\mathbf{E}(X^n) = \sum_i x_i^n f_X(x_i) \quad \text{im } \textbf{diskreten} \text{ Fall und}$$

$$\mathbf{E}(X^n) = \int_{-\infty}^{\infty} x^n f_X(x)dx \quad \text{im } \textbf{stetigen} \text{ Fall.}$$

Der Erwartungswert einer Zufallsvariablen ist das erste Moment um Null.

D 8.4.17

Zentrales Moment n-ter Ordnung

Das zentrale Moment n-ter Ordnung einer Zufallsvariablen X mit dem Erwartungswert **E**(X) ist definiert als:

$$\mathbf{E}((X-\mathbf{E}(X))^n) = \sum_i (x_i - \mathbf{E}(X))^n f_X(x_i) \quad \text{im } \textbf{diskreten} \text{ Fall,}$$

$$\mathbf{E}((X-\mathbf{E}(X))^n) = \int_{-\infty}^{\infty} (x - \mathbf{E}(X))^n f_X(x)dx \quad \text{im } \textbf{stetigen} \text{ Fall.}$$

Die Varianz einer Zufallsvariablen ist das zentrale Moment zweiter Ordnung. Für die Varianz gilt:

$$\begin{aligned}\mathbf{VAR}(X) &= \mathbf{E}((X-\mathbf{E}(X))^2) = \mathbf{E}(X^2 - 2X\mathbf{E}(X) + (\mathbf{E}(X))^2) \\ &= \mathbf{E}(X^2) - 2\mathbf{E}(X)\mathbf{E}(X) + (\mathbf{E}(X))^2 = \mathbf{E}(X^2) - (\mathbf{E}(X))^2.\end{aligned}$$

Die Varianz kann also mit Hilfe des 1. und des 2. Moments um Null dargestellt werden.

8.5 Die Ungleichung von TSCHEBYSCHEFF

Bei vielen Fragestellungen der Wahrscheinlichkeitsrechnung und angewandten Statistik ist die Wahrscheinlichkeit dafür zu bestimmen, dass die Zufallsvariable einen Wert in einem symmetrisch um den Erwartungswert μ gelegenen Intervall annimmt. Die Intervallbreite kann man dabei durch $c\sigma$, also ein Vielfaches der Standardabweichung, ausdrücken. Gesucht wird also die Wahrscheinlichkeit

$$\mathbf{P}(\mu - c\sigma < X < \mu + c\sigma) \text{ bzw. } \mathbf{P}(|X-\mu| < c\sigma).$$

Diese Wahrscheinlichkeit kann man nur dann **genau** bestimmen, wenn die Wahrscheinlichkeitsverteilung der Zufallsvariablen bekannt ist. Das ist allerdings bei vielen Anwendungsproblemen nicht der Fall.

Bei unbekannter Wahrscheinlichkeitsverteilung liefert die so genannte Ungleichung von TSCHEBYSCHEFF[13] eine Möglichkeit, die Wahrscheinlichkeit **abzuschätzen**.

Für diskrete Zufallsvariablen kann die Ungleichung von TSCHEBYSCHEFF wie folgt hergeleitet werden:

$$\sigma^2 = \sum_i (x_i - \mu)^2 f_X(x_i) = \sum_{|x_i - \mu| < c\sigma} (x_i - \mu)^2 f_X(x_i) + \sum_{|x_i - \mu| \geq c\sigma} (x_i - \mu)^2 f_X(x_i)$$

$$\geq \sum_{|x_i - \mu| \geq c\sigma} (x_i - \mu)^2 f_X(x_i) \geq c^2\sigma^2 \sum_{|x_i - \mu| \geq c\sigma} f_X(x_i).$$

Es gilt: $\sum_{|x_i - \mu| \geq c\sigma} f_X(x_i) = \mathbf{P}(|X - \mu| \geq c\sigma)$.

Damit folgt:

$$\sigma^2 \geq c^2\sigma^2 \mathbf{P}(|X - \mu| \geq c\sigma) \text{ bzw. } \mathbf{P}(|X - \mu| \geq c\sigma) \leq \frac{1}{c^2}.$$

Eine entsprechende Herleitung ergibt sich im stetigen Fall.

Allgemein gilt:

R 8.5.1

Ungleichung von TSCHEBYSCHEFF

Gegeben sei eine Zufallsvariable X mit dem Erwartungswert μ und der Varianz σ^2. Für die Wahrscheinlichkeit, dass sich X um wenigstens $c\sigma$ von μ unterscheidet, gilt:

a) $\mathbf{P}(|X - \mu| \geq c\sigma) \leq \frac{1}{c^2}$.

Für die Wahrscheinlichkeit, dass sich X um höchstens $c\sigma$ von μ unterscheidet, gilt:

b) $\mathbf{P}(|X - \mu| < c\sigma) > 1 - \frac{1}{c^2}$.

Wichtig bei der Ungleichung von TSCHEBYSCHEFF ist, dass sie für **beliebige** Verteilungen gilt. Man benötigt nur Erwartungswert μ und Varianz σ^2 bzw. Standardabweichung σ, um für einzelne Bereiche die Wahrscheinlichkeit abschätzen zu können. Für diese Allgemeinheit muss man jedoch in Kauf nehmen, dass in konkreten Fällen die TSCHEBYSCHEFFsche Ungleichung oft nur eine sehr grobe Abschätzung liefert.

B 8.5.2 *Die Zufallsvariable* X *hat den Erwartungswert* $\mu = 6$ *und die Standardabweichung* $\sigma = 2$. *Die Wahrscheinlichkeit, dass die Zufallsvariable um mehr als die zweifache Standardabweichung vom Erwartungswert abweicht, beträgt dann:*

$$\mathbf{P}(|X - \mu| \geq 2\sigma) \leq \frac{1}{2^2} \text{ bzw. } \mathbf{P}(|X - 6| \geq 4) \leq 0{,}25.$$

13 Pafnuti Lwowitsch TSCHEBYSCHEFF (1821-1894), russischer Mathematiker, war maßgeblich an der Entwicklung der Wahrscheinlichkeitsrechnung beteiligt.

Ü 8.5.3 *Bei der Herstellung von Wellen sind alle Wellen Ausschuss, deren Länge um* 1 mm *oder mehr vom Sollmaß* 100 mm *abweicht. Die* ***zufällig schwankende*** *Länge hat den Erwartungswert* 100 mm *und die Standardabweichung* 0,1 mm. *Wie groß ist der Ausschussanteil höchstens?*

Man benutzt die Ungleichung von TSCHEBYSCHEFF nicht nur zur Abschätzung der Wahrscheinlichkeit für ein vorgegebenes Intervall, sondern auch zur Abschätzung von Bereichen, in die eine Zufallsvariable mit vorgegebener Wahrscheinlichkeit fällt.

B 8.5.4 *Eine Zufallsvariable* X *hat den Erwartungswert* $\mu = 6$ *und die Standardabweichung* $\sigma = 2$. *In welchem um* μ *symmetrischen Bereich liegt der Wert der Zufallsvariablen mit einer Wahrscheinlichkeit von mindestens* 0,96?

Es ist $1-\frac{1}{c^2}=0{,}96$ *oder* $0{,}04=\frac{1}{c^2}$ *oder* $c^2=\frac{1}{0{,}04}=25$. *Daraus ergibt sich* $c = 5$. *Es gilt also*

$$\mathbf{P}(|X-\mu| < 5 \cdot 2) > 0{,}96.$$

Für den Bereich ergibt sich:

$6-5\cdot 2 < X < 6+5\cdot 2$ bzw. $-4 < X < 16$.

Ü 8.5.5 *Zucker wird in Tüten zu je* 1 kg *abgefüllt. Die tatsächlichen Gewichte schwanken zufällig mit* $\mu = 1000$ g *und* $\sigma = 4$ g. *Abgepackte Tüten mit einem Gewicht von* 990 g bis 1010 g *gelten als einwandfrei. Wie groß ist die Wahrscheinlichkeit mindestens, dass eine Zuckertüte die Sollvorschrift erfüllt?*

8.6 Funktionen von Zufallsvariablen

a) Wahrscheinlichkeitsverteilung einer Funktion einer Zufallsvariablen

In vielen Anwendungsfällen der Wahrscheinlichkeitsrechnung treten Zufallsvariablen als Argumente von Funktionen auf. Das ist z.B. immer dann der Fall, wenn eine Größe Y eine Funktion einer anderen Größe X ist und X eine Zufallsvariable ist.

B 8.6.1 *In einer Unternehmung hängt der in einer Periode erzielte Gewinn davon ab, wie viel Mengeneinheiten eines produzierten Gutes in dieser Periode verkauft werden. Der Absatz eines Gutes ist aber in sehr vielen Fällen eine Zufallsvariable. Der Gewinn ist also eine Funktion der Menge, die selbst wiederum eine Zufallsvariable ist.*

Wenn bei einer Funktion $Y = g(X)$ die unabhängige Variable X eine Zufallsvariable ist, dann ist auch die abhängige Variable Y eine Zufallsvariable. Die Wahrscheinlichkeitsverteilung der Zufallsvariablen X bestimmt dann über die Funktion $Y = g(X)$ die Wahrscheinlichkeitsverteilung der Zufallsvariablen Y. Dazu wird zunächst ein einfaches Beispiel betrachtet:

B 8.6.2 *Gegeben sei eine diskrete Zufallsvariable* X *mit der folgenden Wahrscheinlichkeitsverteilung:*

x_i	-1	0	1	2	3
$f_X(x_i)$	0,2	0,2	0,2	0,2	0,2

Die Größe Y *hängt von der Zufallsvariablen* X *in folgender Weise ab:*

$Y = X^2 - 2X + 3.$

Für die Wahrscheinlichkeitsverteilung von Y *ergibt sich dann:*

y_i	$f_Y(y_i)$
$y_1 = 1 + 2 + 3 = 6$	0,2
$y_2 = 0 + 0 + 3 = 3$	0,2
$y_3 = 1 - 2 + 3 = 2$	0,2
$y_4 = 4 - 4 + 3 = 3$	0,2
$y_5 = 9 - 6 + 3 = 6$	0,2

Fasst man gleiche y_i-Werte zusammen, dann erhält man schließlich die folgende Wahrscheinlichkeitsverteilung für Y:

y_i	2	3	6
$f_Y(y_i)$	0,2	0,4	0,4

Ü 8.6.3 *Die diskrete Zufallsvariable X hat folgende Wahrscheinlichkeitsverteilung:*

x_i	1	2	3	4	5	6
$f_X(x_i)$	0,1	0,2	0,3	0,2	0,1	0,1

Bestimmen Sie die Wahrscheinlichkeitsverteilung der Zufallsvariablen $Y = X^2 - 6X + 10$.

Ist X eine stetige Zufallsvariable, dann kann die Wahrscheinlichkeitsverteilung von Y nicht in so einfacher Weise wie in B 8.6.2 ermittelt werden. Es wird deshalb darauf verzichtet, diesen Fall hier weiter zu diskutieren. Es sei jedoch erwähnt, dass eine lineare Funktion einer Zufallsvariablen, also $Y = aX + b$, als **lineare Transformation** der Zufallsvariablen X bezeichnet wird. Hat man eine lineare Funktion von mehreren Zufallsvariablen, dann spricht man auch von einer **Linearkombination** der Zufallsvariablen. Sind z.B. X_1, X_2 und X_3 Zufallsvariablen, dann ist

$$Y = a_1X_1 + a_2X_2 + a_3X_3 + b$$

eine Linearkombination dieser Zufallsvariablen.

b) Erwartungswert und Varianz einer Funktion von Zufallsvariablen

Für manche Probleme der Wahrscheinlichkeitsrechnung spielen Erwartungswert und Varianz linear transformierter Zufallsvariablen eine Rolle. Im diskreten Fall gilt: Es sei X eine diskrete Zufallsvariable mit Erwartungswert $\mathbf{E}(X)$ und Varianz σ_X^2. Für $Y = aX + b$ gilt dann:

$$\mathbf{E}(Y) = \mathbf{E}(aX + b) = \sum_i (ax_i + b)f_X(x_i) = a\sum_i x_i f_X(x_i) + b\sum_i f_X(x_i) = a\mathbf{E}(X) + b$$

und

$$\sigma_Y^2 = \sigma_{aX+b}^2 = \sum_i ((ax_i + b) - \mathbf{E}(aX + b))^2 = \sum_i (ax_i + b - a\mathbf{E}(X) - b)^2 = a^2\sum_i (x_i - \mathbf{E}(X))^2 = a^2\sigma_X^2$$

Die gleichen Beziehungen ergeben sich im stetigen Fall, so dass allgemein gilt:

R 8.6.4

> **Erwartungswert und Varianz einer linear transformierten Zufallsvariablen**
> Gegeben sei eine Zufallsvariable X mit Erwartungswert $\mathbf{E}(X)$ und Varianz σ_X^2. Für die Zufallsvariable $Y = aX + b$ gilt:
> $\mathbf{E}(Y) = a\mathbf{E}(X) + b$ und $\sigma_Y^2 = a^2\sigma_X^2$

B 8.6.5 *Die Zufallsvariable* X *hat den Erwartungswert* $\mathbf{E}(X) = 5$ *und die Varianz* $\mathbf{VAR}(X) = 4$. *Die Zufallsvariable* $Y = 3X + 7$ *hat dann den Erwartungswert* $\mathbf{E}(Y) = 3 \cdot 5 + 7 = 22$ *und die Varianz* $\mathbf{VAR}(Y) = 3^2 \cdot 4 = 9 \cdot 4 = 36$.

Ü 8.6.6 *Eine Unternehmung sieht sich auf dem Absatzmarkt zufällig schwankender Nachfrage gegenüber. Für die tägliche Nachfragemenge* X *existiert folgende Dichtefunktion:*

$$f_X(x) = \begin{cases} \frac{1}{12} & \text{für} \quad 0 < x < 12 \\ 0 & \text{sonst} \end{cases}$$

Die Produktion der Unternehmung wird unmittelbar abgesetzt, d.h. es existieren keine Absatzlager. Die Kostenfunktion lautet $K = 2X + 10$.
Bestimmen Sie Erwartungswert $\mathbf{E}(K)$ *und Varianz* $\mathbf{VAR}(K)$ *der Kosten.*

Es werden jetzt Linearkombinationen mehrerer Zufallsvariablen $X_1, X_2, X_3, \ldots, X_k$ betrachtet, die folgende allgemeine Form haben:

$$Y = a_1X_1 + a_2X_2 + a_3X_3 + \ldots + a_kX_k + b$$

Alle X_i $(i = 1,\ldots,k)$ sind Zufallsvariablen, deren Erwartungswerte $\mathbf{E}(X_i)$ und Varianzen $\mathbf{VAR}(X_i)$ bekannt sind.

R 8.6.7

Erwartungswert und Varianz einer Linearkombination von Zufallsvariablen
Gegeben sind k Zufallsvariablen X_i $(i = 1,\ldots,k)$ mit Erwartungswerten $\mathbf{E}(X_i)$ und Varianzen $\mathbf{VAR}(X_i)$.
Für die Zufallsvariable $Y = a_1X_1 + a_2X_2 + \ldots + a_kX_k + b$ gilt:

$$\mathbf{E}(Y) = a_1\mathbf{E}(X_1) + a_2\mathbf{E}(X_2) + \ldots + a_k\mathbf{E}(X_k) + b.$$

Sind die X_i paarweise **stochastisch unabhängig**, gilt außerdem:

$$\mathbf{VAR}(Y) = a_1^2\mathbf{VAR}(X_1) + a_2^2\mathbf{VAR}(X_2) + \ldots + a_k^2\mathbf{VAR}(X_k)$$

B 8.6.8 *Kisten bestehen aus* 6 *Teilen, deren Gewichte zufällig und stochastisch unabhängig schwanken mit*

$\mathbf{E}(X_1) = \mathbf{E}(X_2) = 200\text{g}$, $\mathbf{E}(X_3) = \mathbf{E}(X_4) = \mathbf{E}(X_5) = \mathbf{E}(X_6) = 150\text{g}$,
$\mathbf{VAR}(X_1) = \mathbf{VAR}(X_2) = 25$, $\mathbf{VAR}(X_3) = \mathbf{VAR}(X_4) = \mathbf{VAR}(X_5) = \mathbf{VAR}(X_6) = 20$.

Die zum Zusammenbau verwendeten Nägel wiegen 30g. *Für den Erwartungswert des Kistengewichts* Y *erhält man dann:*

$$\mathbf{E}(Y) = 200 + 200 + 150 + 150 + 150 + 150 + 30 = 1.030\text{g}.$$

Bei stochastischer Unabhängigkeit erhält man für die Varianz:

$$\mathbf{VAR}(Y) = 25 + 25 + 20 + 20 + 20 + 20 = 130.$$

Ü 8.6.9 *Auf eine Kreuzung münden* 4 *Straßen. Die Anzahlen der innerhalb einer Stunde aus den Straßen auf die Kreuzung fahrenden Kraftfahrzeuge sind paarweise stochastisch unabhängige Zufallsvariablen* X_1, X_2, X_3 *und* X_4. *Es gilt* $\mathbf{E}(X_1) = 18$, $\mathbf{E}(X_2) = 12$, $\mathbf{E}(X_3) = 5$, $\mathbf{E}(X_4) = 28$, $\mathbf{VAR}(X_1) = 6$, $\mathbf{VAR}(X_2) = 4$, $\mathbf{VAR}(X_3) = 2$, $\mathbf{VAR}(X_4) = 15$. *Bestimmen Sie Erwartungswert und Varianz für die Gesamtzahl der die Kreuzung innerhalb einer Stunde passierenden Kraftfahrzeuge.*

Für die Behandlung der folgenden Aufgabe ist zu beachten, dass in der Formel für die Varianz einer Linearkombination von Zufallsvariablen bzw. einer linear transformierten Zufallsvariablen a_i^2 bzw. a^2 steht. Dadurch werden evtl. negative Vorzeichen in jedem Fall aufgehoben.

Ü 8.6.10 *Ein Röhrenwerk produziert Stahlröhren, deren Durchmesser produktionsbedingten zufälligen Schwankungen unterliegen. Für den Innendurchmesser* X_1 *hat man* $\mathbf{E}(X_1) = 800$ mm *und* $\mathbf{VAR}(X_1) = 0{,}01$ *und für den Außendurchmesser* X_2 *gilt* $\mathbf{E}(X_2) = 810$ mm *und* $\mathbf{VAR}(X_2) = 0{,}02$. *Bestimmen Sie Erwartungswert und Varianz für die Wandstärke der Röhren, wenn angenommen werden kann, dass Innen- und Außendurchmesser voneinander unabhängig schwanken.*

c) Zentrierte und standardisierte Zufallsvariablen

Mitunter interessieren spezielle Formen linear transformierter Zufallsvariablen.

D 8.6.11

> **Zentrierte Zufallsvariable**
> Gegeben sei eine Zufallsvariable X mit dem Erwartungswert μ.
> $Y = X - \mu$ heißt zentrierte Zufallsvariable.

Nach R 8.6.4 gilt für eine zentrierte Zufallsvariable

$$\mathbf{E}(Y) = \mathbf{E}(X - \mu) = \mathbf{E}(X) - \mu = \mu - \mu = 0.$$

R 8.6.12

> **Erwartungswert einer zentrierten Zufallsvariablen**
> Gegeben sei eine Zufallsvariable X mit $\mathbf{E}(X) = \mu$. Für die zentrierte Zufallsvariable $Y = X - \mu$ gilt:
> $\mathbf{E}(Y) = 0.$

D 8.6.13

> **Standardisierte Zufallsvariable**
> Gegeben sei eine Zufallsvariable X mit dem Erwartungswert μ und der Standardabweichung σ.
> $Z = \frac{X-\mu}{\sigma}$ heißt standardisierte Zufallsvariable.

Nach R 8.6.4 ergibt sich für Erwartungswert und Varianz einer standardisierten Zufallsvariablen

$$\mathbf{E}(Z) = \mathbf{E}\left(\frac{X-\mu}{\sigma}\right) = \frac{1}{\sigma}\mathbf{E}(X) - \frac{\mu}{\sigma} = \frac{\mu}{\sigma} - \frac{\mu}{\sigma} = 0 \text{ und}$$

$$\mathbf{VAR}(Z) = \mathbf{VAR}\left(\frac{X-\mu}{\sigma}\right) = \frac{1}{\sigma^2}\mathbf{VAR}(X) = \frac{\sigma^2}{\sigma^2} = 1.$$

R 8.6.14

> **Erwartungswert und Varianz einer standardisierten Zufallsvariablen**
> Gegeben sei eine Zufallsvariable X mit $\mathbf{E}(X) = \mu$ und Standardabweichung σ.
> Für die standardisierte Zufallsvariable $Z = \frac{X-\mu}{\sigma}$ gilt:
> $\mathbf{E}(Z) = 0$ und $\mathbf{VAR}(Z) = 1.$

8.7 Mehrdimensionale Wahrscheinlichkeitsverteilungen

In den vorhergehenden Abschnitten dieses Kapitels wurden einzelne Zufallsvariablen sowie deren Wahrscheinlichkeitsverteilungen und Parameter betrachtet. Es handelt sich dabei um so genannte eindimensionale Zufallsvariablen. Mitunter interessiert man sich auch für die gemeinsame Verteilung mehrerer Zufallsvariablen. Man spricht dann von einer **mehrdimensionalen**

Zufallsvariablen oder einem **Zufallsvektor**. Die Betrachtung und Untersuchung mehrdimensionaler Wahrscheinlichkeitsverteilungen ist aufwändig und anspruchsvoll. Es werden deshalb in diesem Abschnitt nur einige Grundzüge zweidimensionaler Wahrscheinlichkeitsverteilungen behandelt. Zur Veranschaulichung der folgenden Ausführungen kann man - insbesondere für diskrete Zufallsvariablen - die Ausführungen über mehrdimensionale Häufigkeitsverteilungen in der deskriptiven Statistik heranziehen. Viele der dort gemachten Ausführungen lassen sich sinngemäß auf mehrdimensionale Wahrscheinlichkeitsverteilungen übertragen.

a) Wahrscheinlichkeits- und Dichtefunktion zweidimensionaler Zufallsvariablen

Ein Paar von Zufallsvariablen (X;Y) bezeichnet man auch als **zweidimensionale Zufallsvariable**.

D 8.7.1

Zweidimensionale Wahrscheinlichkeitsfunktion

Gegeben sei die diskrete zweidimensionale Zufallsvariable (X;Y). Die Funktion

$$f_{XY}(x_i; y_j) = \mathbf{P}(X = x_i; Y = y_j)\ ;\ i = 1,...,m;\ j = 1,...,r$$

heißt zweidimensionale Wahrscheinlichkeitsfunktion.

Die Wahrscheinlichkeitsfunktion wird meistens in Tabellenform dargestellt.

B 8.7.2

	y_1	y_2	y_3	y_4
x_1	0,05	0,1	0,15	0,05
x_2	0,1	0,1	0,2	0,1
x_3	0,02	0,06	0,02	0,05

In F 8.7.3 *ist diese Wahrscheinlichkeitsfunktion grafisch dargestellt.*

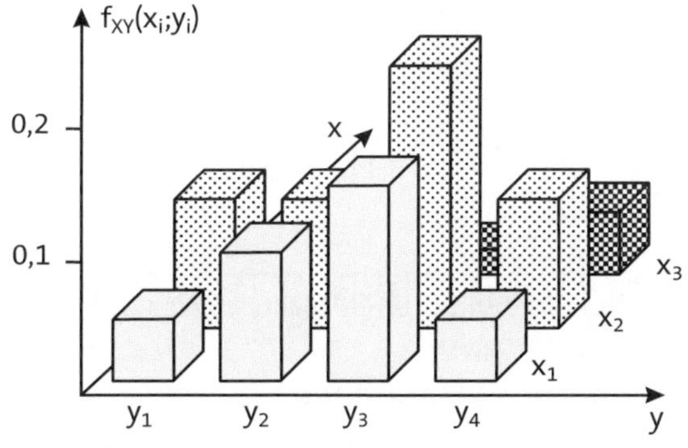

F 8.7.3 Zweidimensionale Wahrscheinlichkeitsfunktion (zu B 8.7.2)

Für die Wahrscheinlichkeitsfunktion gilt:

$$f_{XY}(x_i; y_j) \geq 0$$

und

$$\sum_{i=1}^{m} \sum_{j=1}^{r} f_{XY}(x_i; y_j) = 1\ .$$

Bei einer **stetigen zweidimensionalen** Zufallsvariablen ist die **Dichtefunktion** $f_{XY}(x;y)$ eine Funktion von zwei Veränderlichen, für die gilt

$$f_{XY}(x;y) \geq 0$$

und

$$\int_{-\infty}^{\infty}\int_{-\infty}^{\infty} f_{XY}(x;y)dxdy = 1 .$$

Im eindimensionalen Fall wurde die Wahrscheinlichkeit, dass die Zufallsvariable X in das Intervall $a < x \leq b$ fällt, anschaulich von der Fläche zwischen der Dichtefunktion und der x-Achse über dem Intervall dargestellt, also durch:

$$\mathbf{P}(a < X \leq b) = \int_a^b f_X(x)dx$$

Im zweidimensionalen Fall wird aus dem Intervall ein Rechteck $a < X \leq b$ und $c < Y \leq d$ bzw. ein zweidimensionales Intervall.

R 8.7.4

Wahrscheinlichkeitsintervall einer stetigen zweidimensionalen Zufallsvariablen

Gegeben sei eine stetige zweidimensionale Zufallsvariable (X;Y) mit der Dichtefunktion $f_{XY}(x;y)$.

Für die Wahrscheinlichkeit, dass (X;Y) in das Intervall ($a < X \leq b$ **und** $c < Y \leq d$) fällt, gilt:

$$\mathbf{P}(a < X \leq b; c < Y \leq d) = \int_c^d\int_a^b f_{XY}(x;y)dxdy$$

B 8.7.5 *Für die Dichtefunktion*

$$f_{XY}(x;y) = \begin{cases} \frac{1}{9} & \text{für} \quad 1<x<4 \quad \text{und} \quad 0<y<3 \\ 0 & \text{sonst} \end{cases}$$

gilt:

$$\int_{-\infty}^{\infty}\int_{-\infty}^{\infty} f_{XY}(x;y)dxdy = \int_0^3\int_1^4 \tfrac{1}{9}dxdy = \int_0^3\left[\tfrac{1}{9}x\right]_1^4 dy = \int_0^3 \tfrac{1}{3}dy = \left[\tfrac{1}{3}y\right]_0^3 = 1$$

Es ist weiterhin

$$\mathbf{P}(1 < x \leq 3; 1 < y \leq 2{,}5) = \int_1^{2{,}5}\int_1^3 \tfrac{1}{9}dxdy = \int_1^{2{,}5}\left[\tfrac{1}{9}x\right]_1^3 dy = \int_1^{2{,}5} \tfrac{2}{9}dy = \left[\tfrac{2}{9}y\right]_1^{2{,}5} = \tfrac{1}{3}$$

b) Marginale und bedingte Verteilungen

Bei der Diskussion zweidimensionaler Wahrscheinlichkeitsverteilungen interessiert man sich oft für die Verteilung nur einer der beiden Zufallsvariablen. Die jeweils andere Zufallsvariable bleibt dann unberücksichtigt.

D 8.7.6

Marginale Verteilung oder Randverteilung

Bei einer zweidimensionalen Zufallsvariablen (X;Y) heißen die Verteilungen von X bzw. Y, die die jeweils andere Zufallsvariable unberücksichtigt lassen, marginale Verteilungen oder Randverteilungen.

Die Randverteilungen einer diskreten zweidimensionalen Zufallsvariablen ergeben sich als Zeilensummen bzw. Spaltensummen der zweidimensionalen tabellarischen Wahrscheinlichkeitsverteilung.

R 8.7.7

Wahrscheinlichkeitsfunktion diskreter Randverteilungen

Gegeben sei eine **diskrete** zweidimensionale Zufallsvariable (X;Y) mit der Wahrscheinlichkeitsfunktion $f_{XY}(x_i;y_j)$ (für i = 1,...,m; j = 1,...,r).

Für die Wahrscheinlichkeitsfunktionen der Randverteilungen gilt:

$$f_X(x_i) = \sum_{j=1}^{r} f_{XY}(x_i;y_j) \text{ für } i = 1,...,m$$

und

$$f_Y(y_j) = \sum_{i=1}^{m} f_{XY}(x_i;y_j) \text{ für } j = 1,...,r.$$

B 8.7.8 *Zu der zweidimensionalen Verteilung aus* B 8.7.2 *ergeben sich die folgenden Randverteilungen:*

	y_1	y_2	y_3	y_4	$f_X(x_i)$
x_1	0,05	0,1	0,15	0,05	**0,35**
x_2	0,1	0,1	0,2	0,1	**0,5**
x_3	0,02	0,06	0,02	0,05	**0,15**
$f_Y(y_j)$	**0,17**	**0,26**	**0,37**	**0,2**	**1**

Für stetige Zufallsvariablen erhält man die Randverteilungen durch Integration.

R 8.7.9

Dichtefunktion stetiger Randverteilungen

Gegeben sei eine **stetige** zweidimensionale Zufallsvariable (X;Y) mit der Dichtefunktion $f_{XY}(x;y)$. Für die Dichtefunktionen der Randverteilungen gilt:

$$f_X(x) = \int_{-\infty}^{\infty} f_{XY}(x;y)dy$$

und

$$f_Y(y) = \int_{-\infty}^{\infty} f_{XY}(x;y)dx$$

B 8.7.10 *Gegeben sei die Dichtefunktion*

$$f_{XY}(x;y)=\begin{cases}\frac{x+3y}{2} & \text{für} \quad 0<x<1 \text{ und } 0<y<1\\ 0 & \text{sonst}\end{cases}$$

Als Randverteilungen erhält man dafür:

$$f_X(x)=\int_{-\infty}^{\infty} f_{XY}(x;y)dy=\int_0^1 \frac{x+3y}{2}dy=\left[\frac{xy}{2}+\frac{3y^2}{4}\right]_0^1$$

$$f_X(x)=\begin{cases}\frac{x}{2}+\frac{3}{4} & \text{für} \quad 0<x<1\\ 0 & \text{sonst}\end{cases}$$

$$f_Y(y)=\int_{-\infty}^{\infty} f_{XY}(x;y)dx=\int_0^1 \frac{x+3y}{2}dx=\left[\frac{x^2}{4}+\frac{3xy}{2}\right]_0^1$$

$$f_Y(y)=\begin{cases}\frac{3}{2}y+\frac{1}{4} & \text{für} \quad 0<y<1\\ 0 & \text{sonst}\end{cases}$$

Betrachtet man zu einer zweidimensionalen Verteilung die Verteilung einer Zufallsvariablen, die man erhält, wenn man für die andere Zufallsvariable einen bestimmten Wert vorgibt, so erhält man die bedingte Verteilung von X für gegebenes Y bzw. von Y für gegebenes X. Manchmal spricht man auch von der konditionalen Verteilung.

D 8.7.11

Bedingte Verteilungen

Für die bedingten Verteilungen einer zweidimensionalen **diskreten** Zufallsvariablen gilt:

$$f_X(x_i|Y=y_j)=\frac{f_{XY}(x_i;y_j)}{f_Y(y_j)}$$

bzw.

$$f_Y(y_j|X=x_i)=\frac{f_{XY}(x_i;y_j)}{f_X(x_i)}$$

Zur Bestimmung der Wahrscheinlichkeiten einer bedingten Verteilung werden also die Wahrscheinlichkeiten der zweidimensionalen Verteilung durch die zugehörige Wahrscheinlichkeit der Randverteilung dividiert.

B 8.7.12 *Zu der zweidimensionalen Verteilung aus* B 8.7.2 *und* B 8.7.8 *ergeben sich z.B. die folgenden bedingten Verteilungen.*

a) *Für* y_4*:*

$$f_X(x_1|y_4)=\frac{0{,}05}{0{,}2}=0{,}25\ ; \qquad f_X(x_2|y_4)=\frac{0{,}1}{0{,}2}=0{,}5\ ; \qquad f_X(x_3|y_4)=\frac{0{,}05}{0{,}2}=0{,}25$$

b) *Für* x_2*:*

$$f_Y(y_1|x_2)=\frac{0{,}1}{0{,}5}=0{,}2\ ; \qquad f_Y(y_2|x_2)=0{,}2\ ; \qquad f_Y(y_3|x_2)=0{,}4\ ; \qquad f_Y(y_4|x_2)=0{,}2$$

Die Formeln für die bedingten Verteilungen lassen sich auf den **stetigen** Fall übertragen. Man erhält dann allerdings keine bedingten Wahrscheinlichkeiten, sondern bedingte Dichtefunktionen:

$$f_X(x|Y=c)=\frac{f_{XY}(x;y=c)}{f_Y(y=c)},\quad f_Y(y=c)>0,\quad \int_{-\infty}^{\infty} f_X(x|Y=c)dx=1$$

bzw.

$$f_Y(y|X=c)=\frac{f_{XY}(x=c;y)}{f_X(x=c)},\quad f_X(x=c)>0,\quad \int_{-\infty}^{\infty} f_Y(y|X=c)dy=1$$

c) Parameter zweidimensionaler Verteilungen

Für zweidimensionale Verteilungen können Erwartungswerte und Varianzen bzw. Standardabweichungen der Randverteilungen und der bedingten Verteilungen bestimmt werden. Zur Bestimmung dieser Parameter kann, da es sich um Parameter eindimensionaler Wahrscheinlichkeitsverteilungen handelt, auf Abschnitt 8.4 verwiesen werden.

Ein spezieller Parameter für zweidimensionale Wahrscheinlichkeitsverteilungen ist die so genannte Kovarianz.

D 8.7.13

Kovarianz

Die Kovarianz einer zweidimensionalen Zufallsvariablen (X;Y) ist allgemein wie folgt definiert:

$$\mathbf{COV}(X;Y)=\sigma_{XY}=\mathbf{E}((X-\mathbf{E}(X))(Y-\mathbf{E}(Y)))$$

Für **diskrete Zufallsvariablen** gilt:

$$\mathbf{COV}(X;Y)=\sum_{i=1}^{m}\sum_{j=1}^{r}(x_i-\mathbf{E}(X))(y_j-\mathbf{E}(Y))f_{XY}(x_i;y_j)$$

$$=\sum_{i=1}^{m}\sum_{j=1}^{r}x_iy_jf_{XY}(x_i;y_j)-\mathbf{E}(X)\mathbf{E}(Y)$$

Für **stetige Zufallsvariablen** gilt:

$$\mathbf{COV}(X;Y)=\int_{-\infty}^{\infty}\int_{-\infty}^{\infty}(x-\mathbf{E}(X))(y-\mathbf{E}(Y))f_{XY}(x;y)dxdy$$

$$=\int_{-\infty}^{\infty}\int_{-\infty}^{\infty}xyf_{XY}(x;y)dxdy-\mathbf{E}(X)\mathbf{E}(Y)$$

B 8.7.14 *Gegeben sei die in der folgenden Tabelle dargestellte zweidimensionale Wahrscheinlichkeitsverteilung mit den zugehörigen Randverteilungen.*

	$x_1 = 1$	$x_2 = 2$	
$y_1 = 2$	$f_{XY}(x_1;y_1) = 0{,}4$	$f_{XY}(x_2;y_1) = 0{,}3$	$f_Y(y_1) = 0{,}7$
$y_2 = 4$	$f_{XY}(x_1;y_2) = 0{,}2$	$f_{XY}(x_2;y_2) = 0{,}1$	$f_Y(y_2) = 0{,}3$
	$f_X(x_1) = 0{,}6$	$f_X(x_2) = 0{,}4$	

Es ist $\mathbf{E}(X) = 0{,}6\cdot 1 + 0{,}4\cdot 2 = 1{,}4$ *und* $\mathbf{E}(Y) = 0{,}7\cdot 2 + 0{,}3\cdot 4 = 2{,}6$.

Für die Kovarianz erhält man dann

$$\mathbf{COV}(X;Y)=(1-1{,}4)\cdot(2-2{,}6)\cdot 0{,}4+(2-1{,}4)\cdot(2-2{,}6)\cdot 0{,}3+(1-1{,}4)\cdot(4-2{,}6)\cdot 0{,}2+(2-1{,}4)\cdot(4-2{,}6)\cdot 0{,}1$$

$$=0{,}096-0{,}108-0{,}112+0{,}084=-0{,}04\ .$$

B 8.7.15 *Es sei*

$$f_{XY}(x;y)=\begin{cases}\frac{x+3y}{2} & \text{für} \quad 0<x<1 \quad \text{und} \quad 0<y<1\\ 0 & \text{sonst}\end{cases}$$

Dann ist unter Verwendung der Ergebnisse aus B 8.7.10:

$$\mathbf{E}(X)=\int_0^1 x(\tfrac{x}{2}+\tfrac{3}{4})dx=\left|\tfrac{x^3}{6}+\tfrac{3}{8}x^2\right|_0^1=\tfrac{1}{6}+\tfrac{3}{8}=\tfrac{13}{24}$$

und

$$\mathbf{E}(Y)=\int_0^1 y(\tfrac{3}{2}y+\tfrac{1}{4})dy=\left|\tfrac{1}{2}y^3+\tfrac{1}{8}y^2\right|_0^1=\tfrac{1}{2}+\tfrac{1}{8}=\tfrac{5}{8}$$

Für die Kovarianz erhält man:

$$\mathbf{COV}(X;Y)=\int_0^1\int_0^1(x-\tfrac{13}{24})(y-\tfrac{5}{8})(\tfrac{x+3y}{2})dx\,dy$$

$$=\tfrac{1}{2}\int_0^1\int_0^1(3xy^2+x^2y-\tfrac{29}{12}xy-\tfrac{5}{8}x^2-\tfrac{13}{8}y^2+\tfrac{65}{192}x+\tfrac{65}{64}y)dx\,dy$$

$$=\tfrac{1}{2}\int_0^1\left[xy^3+\tfrac{1}{2}x^2y^2-\tfrac{29}{24}xy^2-\tfrac{5}{8}x^2y-\tfrac{13}{24}y^3+\tfrac{65}{192}xy+\tfrac{65}{128}y^2\right]_0^1dx$$

$$=\tfrac{1}{2}\int_0^1(x+\tfrac{1}{2}x^2-\tfrac{29}{24}x-\tfrac{5}{8}x^2-\tfrac{13}{24}+\tfrac{65}{192}x+\tfrac{65}{128})dx$$

$$=\tfrac{1}{2}\int_0^1(-\tfrac{1}{8}x^2+\tfrac{25}{192}x-\tfrac{13}{384})dx=\tfrac{1}{2}\left[-\tfrac{1}{24}x^3+\tfrac{25}{384}x^2-\tfrac{13}{384}x\right]_0^1$$

$$=\tfrac{1}{2}(-\tfrac{1}{24}+\tfrac{25}{384}-\tfrac{13}{384})=\tfrac{1}{2}(-\tfrac{1}{24}+\tfrac{1}{32})=-\tfrac{1}{192}$$

8.8 Abhängigkeit von Zufallsvariablen

In Anlehnung an die stochastische Unabhängigkeit von Ereignissen (vgl. D 7.5.7) kann die Unabhängigkeit von Zufallsvariablen definiert werden.

D 8.8.1

Stochastische Unabhängigkeit von Zufallsvariablen
Zwei Zufallsvariablen X und Y heißen stochastisch unabhängig, wenn für ihre gemeinsame Verteilung Folgendes gilt:
im **diskreten** Fall

$$f_{XY}(x_i;y_j) = f_X(x_i)f_Y(y_j)$$

und im **stetigen** Fall

$$f_{XY}(x;y) = f_X(x)f_Y(y)$$

Andernfalls heißen die Zufallsvariablen stochastisch abhängig.

Stochastische Unabhängigkeit liegt also vor, wenn die zweidimensionale Wahrscheinlichkeitsverteilung mit dem Produkt der beiden Randverteilungen übereinstimmt.

Bei der Untersuchung der stochastischen Abhängigkeit bzw. Unabhängigkeit von Zufallsvariablen bestimmt man zunächst aus der zweidimensionalen Verteilung die Randverteilungen und multipliziert diese Randverteilungen dann miteinander. Ergibt sich dabei die ursprüngliche Verteilung, liegt Unabhängigkeit vor.

B 8.8.2 **a)** *Für die Verteilung aus* B 8.7.14 *erhält man:*
$f_{XY}(x_1;y_1) = 0{,}4$ *und* $f_X(x_1)f_Y(y_1) = 0{,}7 \cdot 0{,}6 = 0{,}42$.
Die Zufallsvariablen X *und* Y *sind stochastisch abhängig.*
b) *Für die stetige Verteilung aus* B 8.7.10 *erhält man für* $0 < x < 1$ *und* $0 < y < 1$:

$$f_X(x)f_Y(y) = \left(\frac{x}{2} + \frac{3}{4}\right)\left(\frac{3}{2}y + \frac{1}{4}\right) = \frac{3}{4}xy + \frac{9}{8}y + \frac{1}{8}x + \frac{3}{16} \neq \frac{x+3y}{2} = f_{XY}(x;y)$$

Die beiden Zufallsvariablen sind stochastisch abhängig.

Sinngemäß entsprechen diese Ausführungen denen über die Abhängigkeit und Unabhängigkeit von Merkmalen in der deskriptiven Statistik. Der Unabhängigkeit von Merkmalen entspricht die stochastische Unabhängigkeit von Zufallsvariablen.

9 Spezielle Wahrscheinlichkeitsverteilungen

9.1 Vorbemerkungen

In diesem Kapitel werden einige spezielle Wahrscheinlichkeitsverteilungen behandelt, die für Anwendungen der Statistik eine Rolle spielen. Auf ausführliche Herleitungen und Begründungen wird dabei verzichtet. Die zur Bestimmung von Wahrscheinlichkeiten bzw. für die Anwendung der Verteilungen benötigten Tabellen sind im Anhang zusammengestellt.

In manchen Fällen wird die Anwendung bestimmter Wahrscheinlichkeitsverteilungen außerordentlich aufwendig. Es empfiehlt sich dann, sie durch einfacher anzuwendende Verteilungen zu **approximieren**. Deshalb ist in den folgenden Abschnitten bei den einzelnen Wahrscheinlichkeitsverteilungen jeweils angegeben, ob und unter welchen Voraussetzungen sie durch eine andere Verteilung approximiert werden können und es wird die jeweilige Approximationsverteilung mit ihren Parametern angegeben.

9.2 Gleichverteilung

Eine der einfachsten Wahrscheinlichkeitsverteilungen ist die so genannte Gleichverteilung.

D 9.2.1

Diskrete Gleichverteilung
Ist X eine diskrete Zufallsvariable, die die Werte x_i (i = 1,...,n) mit identischen Wahrscheinlichkeiten von $\mathbf{P}(X=x_i) = \frac{1}{n}$ und sonst den Wert 0 annimmt, dann heißt X gleichverteilt.

Die **Wahrscheinlichkeitsfunktion** lautet:

$$f_X(x_i) = \frac{1}{n} \text{ für } i=1,2,\dots,n,$$

und die **Verteilungsfunktion**:

$$F_X(x) = \begin{cases} 0 & \text{für } x < x_1 \\ \frac{i}{n} & \text{für } x_i \leq x < x_{i+1} \qquad \text{für } i=1,\dots,n-1 \\ 1 & \text{für } x_n \leq x \end{cases}$$

Für die zeichnerische Darstellung der Wahrscheinlichkeitsfunktion einer diskreten Gleichverteilung eignet sich am besten ein Stab- oder Liniendiagramm (vgl. F 9.2.3 a). Die Verteilungsfunktion ergibt graphisch immer eine Treppenfunktion (vgl. F 9.2.3 b).

B 9.2.2 *Beim Würfeln mit einem Würfel liegt für die Augenzahl eine diskrete Gleichverteilung vor:*

$$f_X(x_i) = \frac{1}{6}, \quad x_i = i, \quad i = 1,\dots,6.$$

Die grafische Darstellung von Wahrscheinlichkeits- und Verteilungsfunktion zeigt F 9.2.3.

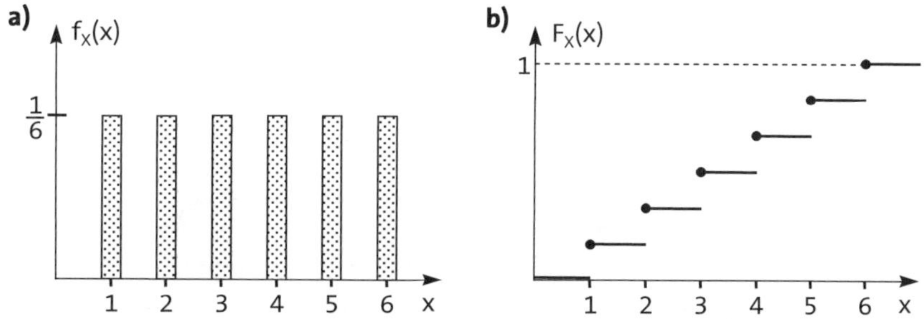

F 9.2.3 Wahrscheinlichkeits- und Verteilungsfunktion einer diskreten Gleichverteilung

D 9.2.4

Stetige Gleichverteilung
Ist X eine stetige Zufallsvariable, deren Dichtefunktion im Intervall (a,b) positiv und konstant und sonst Null ist, dann heißt X gleichverteilt und hat die **Dichtefunktion**:

$$f_X(x)=\begin{cases}\frac{1}{b-a} & \text{für} \quad a<x<b\\ 0 & \text{sonst}\end{cases}$$

sowie die **Verteilungsfunktion**:

$$F_X(x)=\begin{cases}0 & \text{für} \quad x<a\\ \frac{x-a}{b-a} & \text{für} \quad a\le x<b\\ 1 & \text{für} \quad b\le x\end{cases}$$

Für die Dichtefunktion der stetigen Gleichverteilung gilt:

$$\int_{-\infty}^{\infty} f_X(x)dx=\int_a^b \frac{1}{b-a}dx=\left|\frac{x}{b-a}\right|_a^b=\frac{b-a}{b-a}=1$$

Die Verteilungsfunktion der stetigen Gleichverteilung erhält man auf folgende Weise: Für $a\le x<b$ gilt mit t als Integrationsvariable:

$$F_X(x)=\int_{-\infty}^{x} f_X(t)dt=\int_a^x \frac{1}{b-a}dt=\left|\frac{t}{b-a}\right|_a^x=\frac{x}{b-a}-\frac{a}{b-a}=\frac{x-a}{b-a}.$$

Mit $F_X(x)=0$ für $x<a$ und $F_X(x)=1$ für $x\ge b$ ergibt sich dann die in D 9.2.4 angegebene Verteilungsfunktion

$$F_X(x)=\begin{cases}0 & \text{für} \quad x<a\\ \frac{x-a}{b-a} & \text{für} \quad a\le x<b\\ 1 & \text{für} \quad b\le x\end{cases}$$

F 9.2.5 zeigt die graphische Darstellung einer stetigen Gleichverteilung[14].

14 Wegen der grafischen Form der Dichtefunktion bezeichnet man die stetige Gleichverteilung manchmal auch als **Rechteckverteilung**.

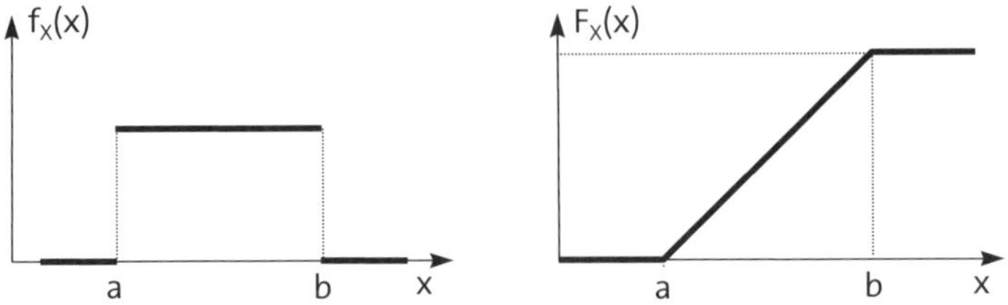

F 9.2.5 Dichte- und Verteilungsfunktion einer stetigen Gleichverteilung

Für die Parameter der stetigen Gleichverteilung ergibt sich:

$$\mathbf{E}(X) = \int_a^b \frac{1}{b-a} x\,dx = \frac{1}{b-a}\left|\frac{1}{2}x^2\right|_a^b = \frac{b^2-a^2}{2(b-a)} = \frac{b+a}{2}$$

und

$$\mathbf{VAR}(X) = \int_a^b \frac{1}{b-a} x^2 dx - \left(\frac{b+a}{2}\right)^2 = \frac{1}{b-a}\left|\frac{1}{3}x^3\right|_a^b - \left(\frac{b+a}{2}\right)^2 = \frac{b^3-a^3}{3(b-a)} - \frac{(b+a)^2}{4} = \frac{(b-a)^2}{12}.$$

R 9.2.6

> **Erwartungswert und Varianz einer stetigen Gleichverteilung**
> Für eine stetige gleichverteilte Zufallsvariable X gilt:
>
> $$\mathbf{E}(X) = \frac{b+a}{2}$$
>
> und
>
> $$\mathbf{VAR}(X) = \frac{(b-a)^2}{12}$$

9.3 Binomialverteilung

Die in diesem Abschnitt behandelte diskrete Wahrscheinlichkeitsverteilung spielt eine wichtige Rolle bei verschiedenen Anwendungen.

Es wird ein Zufallsexperiment betrachtet, das lediglich zwei mögliche Ergebnisse hat, die Ereignisse A und $\overline{A}$, die mit den Wahrscheinlichkeiten $\mathbf{P}(A) = \Theta$ und $\mathbf{P}(\overline{A}) = 1-\mathbf{P}(A) = 1-\Theta$ auftreten[15]. Dieses Zufallsexperiment wird n-mal unabhängig wiederholt. Man spricht dann von einem **Bernoulli-Experiment**.

B 9.3.1 a) *Beim Werfen mit einer Münze können die Ergebnisse „Kopf" oder „Zahl" auftreten. Ist* A *das Ergebnis „Zahl", so gilt bei einer idealen Münze* **P**(A) = 0,5.

b) *Aus einer Warenlieferung werden zufällig Stücke entnommen. Es können die beiden Ergebnisse „Das Stück ist einwandfrei." oder „Das Stück ist Ausschuss." auftreten.*

Es soll nun die Wahrscheinlichkeit dafür bestimmt werden, dass bei n **unabhängigen** Wiederholungen des Zufallsexperiments mit den Ereignissen A und $\overline{A}$ genau x-mal das Ereignis A und damit (n–x)-mal das Ereignis $\overline{A}$ eintritt. Schreibt man zunächst die Ereignisse A und dann die Ereignisse $\overline{A}$ auf, dann ergibt sich die nachstehende Folge von Ereignissen:

$$\underbrace{A, A, \ldots, A, A}_{x-\text{mal}}, \underbrace{\overline{A}, \overline{A}, \ldots, \overline{A}, \overline{A}}_{(n-x)-\text{mal}}$$

15 Θ (lies Teta) ist das große T des griechischen Alphabets.

Die Wahrscheinlichkeit für x-maliges Auftreten von A kann wegen der Unabhängigkeit der Ereignisse (s.o.) mit dem Multiplikationssatz für stochastisch unabhängige Ereignisse (vgl. R 7.6.4) bestimmt werden:

$$\mathbf{P}(\text{x-mal A}) = \mathbf{P}(A)\,\mathbf{P}(A) \dots \mathbf{P}(A) = (\mathbf{P}(A))^x = \Theta^x$$

Die Wahrscheinlichkeit für das Auftreten von (n–x)-mal $\overline{A}$ ist entsprechend:

$$\mathbf{P}((\text{n–x})\text{-mal } \overline{A}) = \mathbf{P}(\overline{A})\,\mathbf{P}(\overline{A}) \dots \mathbf{P}(\overline{A}) = (\mathbf{P}(\overline{A}))^{n-x} = (1-\Theta)^{n-x}$$

In der Ereignisfolge tritt erst x-mal A und dann (n–x)-mal $\overline{A}$ auf. Auch dafür gilt der Multiplikationssatz für stochastisch unabhängige Ereignisse. Die Wahrscheinlichkeit für das Auftreten von x-mal A und (n–x)-mal $\overline{A}$ ist somit

$$\mathbf{P}((\text{x-mal A}) \cap ((\text{n–x})\text{-mal } \overline{A})) = (\mathbf{P}(A))^x(\mathbf{P}(\overline{A}))^{n-x} = \Theta^x(1-\Theta)^{n-x}$$

Bei n unabhängigen Wiederholungen des Zufallsexperiments gibt es viele unterschiedliche Ergebnisfolgen, bei denen genau x-mal A auftritt. Jede dieser Ergebnisfolgen des BERNOULLI-Experiments tritt mit der Wahrscheinlichkeit $\Theta^x(1-\Theta)^{n-x}$ auf. Um die Wahrscheinlichkeit dafür zu bestimmen, dass genau x-mal A auftritt (gleichgültig in welcher Anordnung), sind die Wahrscheinlichkeiten für diese verschiedenen Fälle zu addieren. Dazu wird zunächst ein Beispiel betrachtet.

B 9.3.2 *Bei viermaligem Werfen einer Münze gibt es* 6 *verschiedene Ergebnisfolgen, die zweimal das Ergebnis „Zahl“ aufweisen, nämlich*

(K,K,Z,Z); (K,Z,K,Z); (Z,K,K,Z); (K,Z,Z,K); (Z,K,Z,K); (Z,Z,K,K).

Es gilt **P**(Z) = **P**(K) = 0,5. *Erfolgen die Münzwürfe unabhängig voneinander, dann tritt jede der angegebenen Ergebnisfolgen mit der Wahrscheinlichkeit:*

$$0{,}5^2 \cdot 0{,}5^2 = 0{,}5^4 = 0{,}0625 = \frac{1}{16}$$

auf. Da es 6 *verschiedene Ergebnisfolgen gibt, bei denen zweimal „Zahl“ oben liegt, gilt dann:*

$$\mathbf{P}(\textit{zweimal Zahl}) = 6 \cdot \frac{1}{16} = \frac{3}{8}\,.$$

Ü 9.3.3 *Es werden* 5 *Münzen geworfen. Geben Sie alle Anordnungen an, bei denen genau zweimal Zahl* (Z) *oben liegt.*

Die Bestimmung der Anzahl der Ergebnisfolgen eines BERNOULLI-Experiments, bei denen bei n-maliger Wiederholung genau x-mal A auftritt, ist ein Problem der Kombinatorik. Es handelt sich hier um Kombinationen ohne Berücksichtigung der Anordnung und ohne Wiederholungen[16]. Es gilt:

R 9.3.4

> Bei einem Zufallsexperiment sind nur die Ereignisse A und $\overline{A}$ möglich. Das Zufallsexperiment wird n-mal unabhängig wiederholt.
>
> Dann gibt es $\binom{n}{x}$ Ergebnisfolgen, bei denen genau x-mal das Ereignis A eintritt.

Die Wahrscheinlichkeit für das x-malige Auftreten des Ereignisses A bei n unabhängigen Wiederholungen des Zufallsexperiments ergibt sich als Produkt aus der Wahrscheinlichkeit

16 Zu Einzelheiten zur Kombinatorik vgl. z.B. SCHWARZE, J.: Mathematik für Wirtschaftswissenschaftler. Band 1: Grundlagen. Herne/Berlin, NWB-Verlag.

$\Theta^x(1-\Theta)^{n-x}$ und der Anzahl $\binom{n}{x}$ verschiedener Ergebnisfolgen, bei denen genau x-mal A eintritt.

Das Ergebnis ist die Wahrscheinlichkeitsfunktion der Binomialverteilung.

D 9.3.5

Binomialverteilung

Bei einem Zufallsexperiment sind nur die Ereignisse A und $\overline{A}$ möglich.

Mit Wahrscheinlichkeit $\mathbf{P}(A) = \Theta$ tritt A ein und mit Wahrscheinlichkeit $\mathbf{P}(\overline{A}) = 1-\Theta$ tritt $\overline{A}$ ein. Das Zufallsexperiment wird n-mal unabhängig wiederholt (BERNOULLI-Experiment).

Für die Zufallsvariable X, die die Anzahl der Ausführungen des Zufallsexperiments mit dem Ergebnis A angibt, erhält man dann eine Binomialverteilung. Diese hat die Wahrscheinlichkeitsfunktion

$$f_X(x) = \binom{n}{x}\Theta^x(1-\Theta)^{n-x} \quad \text{für } x = 0,1,\dots,n.$$

Die Binomialverteilung besitzt die Parameter n und Θ. Man nennt X deshalb auch $\mathbf{B}(n;\Theta)$-verteilt und bezeichnet eine Binomialverteilung mit den Parametern n und Θ mit $\mathbf{B}(n;\Theta)$ oder $\mathbf{B}(x \mid n;\Theta)$.

Aus D 9.3.5 geht hervor, dass zur Binomialverteilung in Abhängigkeit von n und Θ eine ganze Klasse von Verteilungen gehört.

Anhang B1 enthält Tabellen der Binomialverteilung für verschiedene Werte von n und Θ.

In F 9.3.6 sind die Wahrscheinlichkeitsfunktionen für zwei Binomialverteilungen dargestellt.

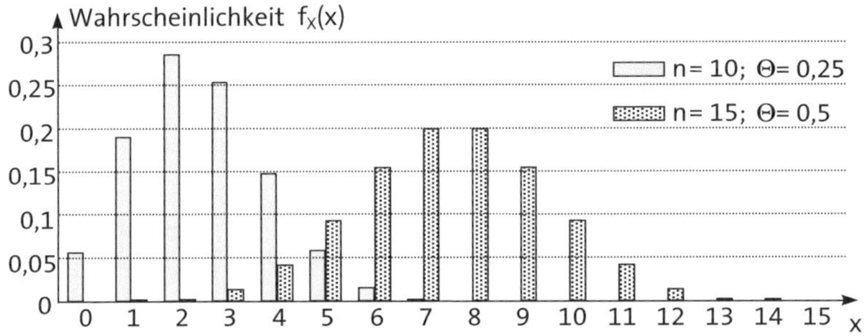

F 9.3.6 Beispiele für Binomialverteilungen

Die Binomialverteilung hat ihren Namen durch den engen Zusammenhang zum Binomischen Lehrsatz. Nach dem Binomischen Lehrsatz gilt folgende Beziehung:

$$(\Theta + (1-\Theta))^n = \sum_{x=0}^{n}\binom{n}{x}\Theta^x(1-\Theta)^{n-x}.$$

Die Summanden auf der rechten Seite dieses Spezialfalls des Binomischen Lehrsatzes sind die Werte der Wahrscheinlichkeitsfunktion der Binomialverteilung. Wegen $(\Theta+(1-\Theta))^n = 1^n = 1$ folgt damit für die Binomialverteilung: $\sum_{x=0}^{n} f_X(x) = 1$.

B 9.3.7 *Es wird mit 4 Münzen, deren Vorderseiten eine 1 und deren Rückseiten eine 0 aufweisen, zufällig geworfen. Für die Wahrscheinlichkeitsverteilung der Ergebnissumme (Summe der jeweils* *oben liegenden Zahlen) erhält man dann aus der Binomialverteilung folgende Wahrscheinlichkeitsfunktion:*

x_i	0	1	2	3	4
$f_X(x_i)$	$\frac{1}{16}=0{,}0625$	$\frac{4}{16}=0{,}25$	$\frac{6}{16}=0{,}375$	$\frac{4}{16}=0{,}25$	$\frac{1}{16}=0{,}0625$

Für die Verteilungsfunktion erhält man:

$$F_X(x)=\begin{cases}0 & \text{für} \quad x<0\\ 0{,}0625 & \text{für} \quad 0\le x<1\\ 0{,}3125 & \text{für} \quad 1\le x<2\\ 0{,}6875 & \text{für} \quad 2\le x<3\\ 0{,}9375 & \text{für} \quad 3\le x<4\\ 1 & \text{für} \quad 4\le x\end{cases}$$

Ü 9.3.8 *In einer Urne befinden sich* 25 *rote und* 50 *grüne Kugeln. Es werden* 4 *Kugeln mit Zurücklegen gezogen. Bestimmen Sie die Wahrscheinlichkeitsfunktion für die Anzahl der roten Kugeln unter den gezogenen Kugeln tabellarisch.*

Den Erwartungswert einer binomialverteilten Zufallsvariablen kann man folgendermaßen bestimmen:

Die i-te Durchführung des Zufallsexperiments kann durch eine Zufallsvariable X_i mit den beiden möglichen Werten 1 (Ereignis A tritt ein) und 0 (Ereignis A tritt nicht ein) beschrieben werden. Es ist $\mathbf{P}(1)=\Theta$ und $\mathbf{P}(0)=1-\Theta$ sowie $\mathbf{E}(X_i)=1\cdot\Theta+0\cdot(1-\Theta)=\Theta$. Wird ein BERNOULLI-Experiment durchgeführt, erhält man die Zufallsvariable X durch Addition der Zufallsvariablen X_i der einzelnen unabhängigen Durchführungen des Experiments, da dadurch die Anzahl der Fälle, in denen A eingetreten ist, gezählt wird:

$$X=\sum_{i=1}^{n}X_i$$

Es gilt also:

$$\mathbf{E}(X)=\sum_{i=1}^{n}\mathbf{E}(X_i)=n\Theta$$

Durch eine entsprechende Überlegung ist auch die Varianz verhältnismäßig leicht zu ermitteln. Für das einzelne Experiment gilt:

$$\mathbf{VAR}(X_i)=(0-\Theta)^2(1-\Theta)+(1-\Theta)^2\Theta=\Theta-\Theta^2=\Theta(1-\Theta)$$

Wegen der stochastischen Unabhängigkeit der X_i gilt dann für die **Varianz der Binomialverteilung**:

$$\mathbf{VAR}(X)=\sum_{i=1}^{n}\mathbf{VAR}(X_i)=n\Theta(1-\Theta)$$

R 9.3.9

Erwartungswert und Varianz der Binomialverteilung

Für eine $\mathbf{B}(n;\Theta)$-verteilte Zufallsvariable gilt:

$$\mathbf{E}(X)=n\Theta$$

und

$$\mathbf{VAR}(X)=n\Theta(1-\Theta).$$

B 9.3.10 *Für die Binomialverteilung aus* B 9.3.7 *mit* $\Theta = 0{,}5$ *und* $n = 4$ *ergibt sich* $\mathbf{E}(X) = n\Theta = 4 \cdot 0{,}5 = 2$ *und* $\mathbf{VAR}(X) = n\Theta(1-\Theta) = 4 \cdot 0{,}5 \cdot 0{,}5 = 1$.

Die Binomialverteilung besitzt eine wichtige Eigenschaft, die man häufig als **Reproduktivität** bezeichnet.

R 9.3.11

> **Reproduktivität der Binomialverteilung**
> Gegeben seien eine $\mathbf{B}(n;\Theta)$-verteilte Zufallsvariable X und eine $\mathbf{B}(m;\Theta)$-verteilte Zufallsvariable Y, die stochastisch unabhängig sind.
> Die Zufallsvariable X+Y ist dann ebenfalls binomialverteilt und hat die Parameter n+m und Θ, d.h. X+Y ist $\mathbf{B}(n+m;\Theta)$-verteilt.

Man beachte, dass die ursprünglichen Binomialverteilungen beide denselben Parameter Θ haben müssen.

B 9.3.12 *Mit einer idealen Münze werden* 3 *Wurfserien zu je* 4 *Würfen durchgeführt. Um die Wahrscheinlichkeit dafür zu bestimmen, dass bei den* 3 *Serien insgesamt viermal das Ergebnis „Zahl" erscheint, kann eine Binomialverteilung mit dem Parametern* n=12 *und* $\Theta = 0{,}5$ *benutzt werden, und man erhält:*

$$f_X(4) = \binom{12}{4} \cdot (\tfrac{1}{2})^4 \cdot (\tfrac{1}{2})^8 = \binom{12}{4} \cdot \tfrac{1}{2^{12}} = \tfrac{495}{4096} = 0{,}12085\,.$$

R 9.3.13

> **Approximation der Binomialverteilung**
> Für die Binomialverteilung gibt es folgende Approximationsmöglichkeiten.
> **a)** Für $n\Theta \le 10$ und $n \ge 1500\Theta$ ist eine $\mathbf{B}(n;\Theta)$-verteilte Zufallsvariable näherungsweise **poissonverteilt** mit dem Parameter $\mu = n\Theta$, also $\mathbf{Ps}(n\Theta)$-verteilt[17].
> **b)** Für $n\Theta(1-\Theta) > 9$ ist eine $\mathbf{B}(n;\Theta)$-verteilte Zufallsvariable näherungsweise **normalverteilt** mit den Parametern $\mu = n\Theta$ und $\sigma^2 = n\Theta(1-\Theta)$, also $\mathbf{N}\left(n\Theta;\sqrt{n\Theta(1-\Theta)}\right)$-verteilt[18].

Bei der Approximation durch die stetige Normalverteilung ist die so genannte **Stetigkeitskorrektur**[19] zu berücksichtigen.

Bei allen Approximationen[20] ist grundsätzlich zu beachten, dass die Verabredung der Kriterien willkürlich ist bzw. vom zulässigen Approximationsfehler abhängt.

Die **Tabelle der Binomialverteilung** in Anhang B1 enthält für n = 1 bis n = 20 die Werte der Wahrscheinlichkeitsfunktion für $\Theta = 0{,}05$; $\Theta = 0{,}1$; $\Theta = 0{,}15$; ...; $\Theta = 0{,}95$. Für Werte $\Theta > 0{,}5$ erhält man die Werte der Wahrscheinlichkeitsfunktion aus der Tabelle, indem man anstelle von x die Zufallsvariable $x^* = n-x$ für $\Theta^* = 1-\Theta$ verwendet.

B 9.3.14 *In einer Urne befinden sich* 70% *rote Kugeln.* 12 *Kugeln werden nacheinander so herausgegriffen, dass vor jedem Zug die vorher gezogene Kugel wieder zurückgelegt wird. Die Wahr-*

---

17 Zur Poissonverteilung vgl. Abschnitt 9.6 (S. 10ff.).
18 Zur Normalverteilung vgl. Abschnitt 9.7 (S. 10ff.).
19 Zur Stetigkeitskorrektur vgl. Abschnitt 9.13 (S. 10f.), insbesondere R 9.13.2 (S. 10).
20 Eine zusammenfassende Übersicht zu Approximationsmöglichkeiten enthält Abschnitt 9.13 (S. 10ff.).

scheinlichkeit, x = 8 *rote Kugeln zu ziehen, wird für* n = 12, $x^* = n-x = 4$ *und* $\Theta^* = 1-\Theta = 0{,}3$ *in der Tabelle nachgeschlagen, und man erhält* **B**(4 | 12;0,7) = 0,2311.

Ü 9.3.15 *Aus einer Produktionsserie mit einem Anteil* Θ *fehlerhafter Produkte werden zufällig* 4 *Stücke entnommen. Wie groß ist die Wahrscheinlichkeit, darunter* 0, 1, 2, 3 *oder* 4 *fehlerhafte Stücke zu finden, wenn*

a) Θ = 0,2; **b)** Θ = 0,5; **c)** Θ = 0,6 *beträgt?*

d) *Wie groß sind für den Fall* **a)** *die Wahrscheinlichkeiten, unter den* 4 *zufällig entnommenen Stücken* 0, 1, 2, 3 *oder* 4 *einwandfreie Stücke zu finden?*

9.4 Hypergeometrische Verteilung

Während bei der Binomialverteilung die Wahrscheinlichkeit Θ für das Auftreten des Ereignisses A bei jeder Durchführung des Zufallsexperiments gleich ist, d.h. nicht davon abhängt, wie oft das Experiment bereits ausgeführt worden ist, ist das bei dem folgenden Urnenmodell nicht der Fall:

In einer Urne mit N Kugeln sind M Kugeln rot und N–M Kugeln grün. Es wird die Wahrscheinlichkeit gesucht, dass bei zufälliger Entnahme von n Kugeln genau x rote Kugeln sind. Die Kugeln werden ohne Zurücklegen gezogen. Beim Ziehen der ersten Kugel beträgt die Wahrscheinlichkeit für das Ziehen einer roten Kugel $\frac{M}{N}$. Da die gezogenen Kugeln nicht wieder zurückgelegt werden, verändert sich die Wahrscheinlichkeit für das Ziehen einer roten Kugel nach jedem Zug. Deshalb darf in diesem Fall die Binomialverteilung nicht angewendet werden, um die Wahrscheinlichkeit für x rote unter den n gezogenen Kugeln zu bestimmen.

Die folgenden Überlegungen skizzieren, wie man die Wahrscheinlichkeiten bestimmen kann.

Zieht man n Kugeln, gibt es insgesamt $\binom{N}{n}$ Möglichkeiten (Ergebnisfolgen), n Kugeln aus N herauszugreifen. Jede Ergebnisfolge hat die Wahrscheinlichkeit $\frac{1}{\binom{N}{n}}$.

Es muss nun bestimmt werden, wie viel Ergebnisfolgen gerade x rote Kugeln enthalten. Die x roten Kugeln können aus den insgesamt M roten Kugeln auf $\binom{M}{x}$ verschiedene Arten herausgegriffen werden und die übrigen n–x grünen Kugeln aus den insgesamt N–M grünen Kugeln auf $\binom{N-M}{n-x}$ verschiedene Arten. Von den $\binom{N}{n}$ möglichen Ergebnisfolgen enthalten also

$$\binom{M}{x}\binom{N-M}{n-x}$$

Ergebnisfolgen genau x rote Kugeln.

Die Wahrscheinlichkeit, beim zufälligen Ziehen von n Kugeln ohne Zurücklegen aus einer Urne mit M roten Kugeln und insgesamt N Kugeln genau x rote zu ziehen, beträgt somit:

$$f_X(x) = \frac{\binom{M}{x}\binom{N-M}{n-x}}{\binom{N}{n}}$$

Dies ist die Wahrscheinlichkeitsfunktion der so genannten Hypergeometrischen Verteilung.

D 9.4.1

Hypergeometrische Verteilung

Aus N Elementen, von denen M die Eigenschaft A besitzen, werden zufällig n Elemente ohne Zurücklegen entnommen. Für die Wahrscheinlichkeit $f_X(x)$, x Elemente mit der Eigenschaft A auszuwählen, gilt:

$$f_X(x) = \frac{\binom{M}{x}\binom{N-M}{n-x}}{\binom{N}{n}}$$

Das ist die Wahrscheinlichkeitsfunktion der Hypergeometrischen Verteilung. Sie besitzt 3 Parameter: N, M und n.

Man schreibt häufig verkürzt **H**(N;M;n) bzw. **H**(x|N;M;n) oder spricht von einer **H**(N;M;n)-verteilten Zufallsvariablen.

Auch bei der Hypergeometrischen Verteilung handelt es sich um eine ganze Klasse von Verteilungen. F 9.4.2 enthält zwei Beispiele.

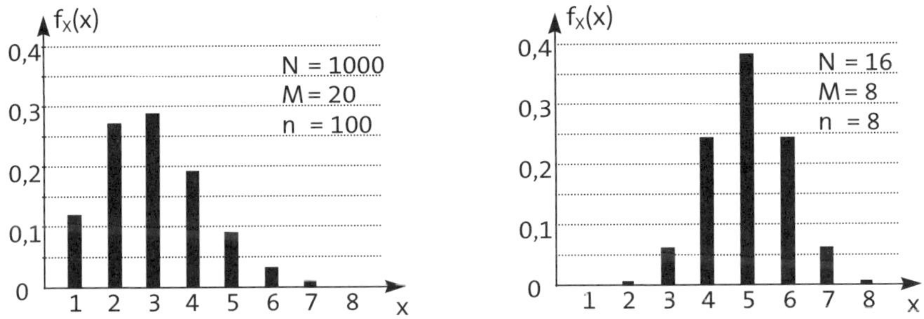

F 9.4.2 Beispiele Hypergeometrischer Verteilungen

R 9.4.3

Erwartungswert und Varianz der Hypergeometrischen Verteilung

Für eine **H**(N;M;n)-verteilte Zufallsvariable X gilt:

$$\mathbf{E}(X) = n\frac{M}{N}$$

und

$$\mathbf{VAR}(X) = \frac{n(N-n)}{N-1}\frac{M}{N}\left(1-\frac{M}{N}\right).$$

Die Hypergeometrische Verteilung findet in der Stichprobentheorie dann Anwendung, wenn man Stichproben aus einer endlichen Grundgesamtheit zieht und die zufällig gezogenen Stichprobenelemente vor dem Ziehen des nächsten Elements nicht wieder zurücklegt (so genanntes **Ziehen ohne Zurücklegen**). Wird ein gezogenes Stichprobenelement vor dem Ziehen des nächsten Elements wieder zurückgelegt (**Ziehen mit Zurücklegen**), wird die Binomialverteilung verwendet.

B 9.4.4 *Beim Zahlenlotto „6 aus 49“ werden Zahlen ohne Zurücklegen gezogen. Die Wahrscheinlichkeit für* 3, 4, 5 *bzw.* 6 *Richtige erhält man durch die Hypergeometrische Verteilung mit den Parametern* N = 49, M = 6 *und* n = 6 (*„Zusatzzahl“ und „Superzahl“ wurden nicht berücksichtigt.*):

$$\mathbf{H}(3|49;6;6) = \frac{\binom{6}{3}\binom{49-6}{6-3}}{\binom{49}{6}} = \frac{20 \cdot 12341}{13.983.816} = 0{,}0176504038$$

$$\mathbf{H}(4|49;6;6) = \frac{\binom{6}{4}\binom{49-6}{6-4}}{\binom{49}{6}} = \frac{15 \cdot 903}{13.983.816} = 0{,}0009686197$$

$$\mathbf{H}(5|49;6;6) = \frac{\binom{6}{5}\binom{49-6}{6-5}}{\binom{49}{6}} = \frac{6 \cdot 43}{13.983.816} = 0{,}0000184499$$

$$\mathbf{H}(6|49;6;6) = \frac{\binom{6}{6}\binom{49-6}{6-6}}{\binom{49}{6}} = \frac{1 \cdot 1}{13.983.816} = 0{,}0000000715$$

Ü 9.4.5 *Wie groß sind die Wahrscheinlichkeiten für* 4, 5, 6 *und* 7 *Richtige bei einem Lotto „*7 *aus* 38*"?*

R 9.4.6

Approximationsmöglichkeiten der Hypergeometrischen Verteilung

a) Für $0{,}1 < \frac{M}{N} < 0{,}9$ **und** $n > 10$ **und** $\frac{n}{N} < 0{,}05$ kann eine **H**(N;M;n)-verteilte Zufallsvariable durch eine $\mathbf{B}(n; \frac{M}{N})$-verteilte Zufallsvariable approximiert werden[21].

b) Für $\frac{M}{N} \le 0{,}1$ oder $\frac{M}{N} \ge 0{,}9$ **und** $n > 30$ **und** $\frac{n}{N} < 0{,}05$ kann eine **H**(N;M;n)-verteilte Zufallsvariable durch eine **poissonverteilte** Zufallsvariable mit dem Parameter $\mu = n\frac{M}{N}$ approximiert werden[22].

c) Für $0{,}1 < \frac{M}{N} < 0{,}9$ **und** $n > 30$ **und** $\frac{n}{N} < 0{,}05$ kann eine **H**(N;M;n)-verteilte Zufallsvariable approximiert werden durch eine $\mathbf{N}\left(n\frac{M}{N}; \sqrt{n\frac{M}{N}\left(1-\frac{M}{N}\right)\frac{N-n}{N-1}}\right)$-verteilte Zufallsvariable[23], wobei auf die Berücksichtigung der Stetigkeitskorrektur[24] zu achten ist.

B 9.4.7 *Einer Urne mit* 30 *roten und* 40 *weißen Kugeln werden zufällig* 12 *Kugeln auf einmal entnommen. Zur Bestimmung der Wahrscheinlichkeit, darunter* 0, 1, 2, 3 *usw. rote Kugel(n) zu finden, ist die Hypergeometrische Verteilung anzuwenden mit* N = 70, M = 30, n = 12.
Sollen die Wahrscheinlichkeiten bestimmt werden für den Fall, dass die gezogenen Kugeln jeweils wieder zurückgelegt werden, ist eine Binomialverteilung mit $\Theta = \frac{M}{N} = \frac{30}{70} = \frac{3}{7}$ *und* n = 12 *zu verwenden.*
Die Wahrscheinlichkeiten sind in der folgenden Tabelle und in F 9.4.8 *gegenübergestellt.*

21 Zur Binomialverteilung vgl. Abschnitt 9.3. (S. 10ff.)
22 Zur Poissonverteilung vgl. Abschnitt 9.6 (S. 10ff.).
23 Zur Normalverteilung vgl. Abschnitt 9.7 (S. 10ff.).
24 Zur Stetigkeitskorrektur vgl. Abschnitt 9.13 (S. 10f.), insbesondere R 9.13.2 (S. 10).

x	0	1	2	3	4	5	6	7	8	9	10
H(x | 70;30;12)	0,0005	0,0065	0,0347	0,1043	0,1981	0,2497	0,2142	0,1259	0,0503	0,0133	0,0022
B(x | 12; $\frac{3}{7}$)	0,0012	0,0109	0,045	0,1125	0,1898	0,2278	0,1993	0,1281	0,0601	0,02	0,0045

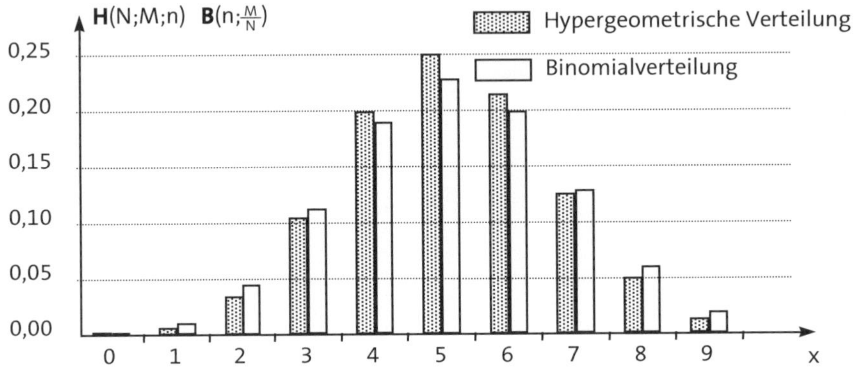

F 9.4.8 Vergleich von Hypergeometrischer und Binomialverteilung

Ü 9.4.9 *Einer Urne mit* 2 *roten und* 5 *weißen Kugeln werden zufällig* 4 *Kugeln entnommen.*

a) *Wie groß ist die Wahrscheinlichkeit, darunter* 0, 1, 2, 3 *oder* 4 *rote Kugel(n) zu finden, wenn die Kugeln auf einmal gezogen werden?*

b) *Wie groß sind die unter* a) *zu bestimmenden Wahrscheinlichkeiten, wenn die gezogenen Kugeln jeweils vor dem Ziehen der nächsten Kugel wieder zurückgelegt werden?*

9.5 Geometrische Verteilung

Es wird, wie bei der Binomialverteilung, ein BERNOULLI-Experiment betrachtet (vgl. den Anfang von Abschnitt 9.3). Das dem BERNOULLI-Experiment zugrunde liegende einzelne Zufallsexperiment mit den Ergebnissen A oder $\overline{A}$ möge beliebig oft wiederholbar sein. Betrachtet wird die Zufallsvariable X, die die Anzahl der unabhängigen Versuche bis zum ersten Auftreten des Ereignisses A angibt.

B 9.5.1 *Es wird eine Münze geworfen.* A *sei das Ereignis „Zahl liegt oben".* X *gibt dann an, wie oft die Münze geworfen werden muss bis zum ersten Mal das Ereignis „Zahl liegt oben" eintritt.*

Für die Wahrscheinlichkeit, dass nach genau x Versuchen zum ersten Mal das Ereignis Zahl eintritt, ergibt sich nach dem Multiplikationssatz für unabhängige Ereignisse (R 7.6.4)

$$\mathbf{P}(X = x) = \mathbf{P}(((x-1)\text{-mal } \overline{A}) \cap A) = (\mathbf{P}(\overline{A}))^{x-1}\mathbf{P}(A) = \Theta(1-\Theta)^{x-1}$$

Die Verteilungsfunktion erhält man als n-te Partialsumme einer geometrischen Reihe[25], da die Wahrscheinlichkeiten eine geometrische Folge bilden. Daraus ergibt sich auch der Name „Geometrische Verteilung".

25 Zur n-ten Partialsumme einer geometrischen Reihe vgl. Abschnitt 8.1 in SCHWARZE, J.: Mathematik für Wirtschaftswissenschaftler. Band 1: Grundlagen. Herne/Berlin, NWB-Verlag.

D 9.5.2

Geometrische Verteilung

Ein Zufallsexperiment, bei dem entweder A mit Wahrscheinlichkeit **P**(A) = Θ oder $\overline{A}$ mit **P**($\overline{A}$) = 1–Θ eintritt, wird solange unabhängig wiederholt, bis zum ersten Mal A eintritt.

Die Anzahl X der unabhängigen Wiederholungen bis zum ersten Auftreten von A ist **geometrisch verteilt**.

Die geometrische Verteilung hat die Wahrscheinlichkeitsfunktion

$$f_X(x) = \Theta(1-\Theta)^{x-1}, \; x = 1, 2, \ldots$$

und die Verteilungsfunktion

$$F_X(x) = \begin{cases} 0 & \text{für} \quad x < 1 \\ 1-(1-\Theta)^m & \text{für} \quad m \le x < m+1; \quad m = 1,2,\ldots \end{cases}$$

Θ ist der Parameter der geometrischen Verteilung.

R 9.5.3

Erwartungswert und Varianz der geometrischen Verteilung

Für eine mit dem Parameter Θ geometrisch verteilte Zufallsvariable X gilt:

$$\mathbf{E}(X) = \frac{1}{\Theta}$$

und

$$\mathbf{VAR}(X) = \frac{1-\Theta}{\Theta^2}\,.$$

B 9.5.4 *Beim Roulette tritt die Farbe „Rot" mit der Wahrscheinlichkeit* $\mathbf{P}(R) = \Theta = \frac{18}{37}$ *auf. Dafür, dass beim* 10. *Spiel zum ersten Mal „Rot" eintritt, gilt:*

$$f_X(10) = \tfrac{18}{37} \cdot (\tfrac{19}{37})^9 = 0{,}001208\,.$$

Für Erwartungswert und Varianz gilt:

$$\mathbf{E}(X) = \tfrac{37}{18} = 2{,}05556 \;\; \textit{und} \;\; \mathbf{VAR}(X) = \frac{19/37}{(18/37)^2} = 2{,}16975\,.$$

R 9.5.5

Approximation der geometrischen Verteilung

Für Θ ≤ 0,1 ist die geometrisch verteilte Zufallsvariable X näherungsweise **exponentialverteilt**[26] mit dem Parameter λ = Θ.

9.6 Poissonverteilung

Bei Anwendungen, die sich formal auf Bernoulli-Experimente zurückführen lassen und daher durch Anwendung der Binomialverteilung behandelt werden können, liegt manchmal folgende Situation vor:

Die Wahrscheinlichkeit Θ für das Eintreffen des Ereignisses A, die so genannte Erfolgswahrscheinlichkeit beim einzelnen Experiment, ist sehr klein und gleichzeitig ist die Anzahl n der Ausführungen des Zufallsexperiments sehr groß.

26 Zur Exponentialverteilung vgl. Abschnitt 9.9 (S. 88f.).

B 9.6.1 *Bei der Produktion eines Gutes tritt zufällig Ausschuss auf. Die Wahrscheinlichkeit für das Auftreten von Ausschuss ist klein, die produzierte Menge, also die Anzahl der „Zufallsexperimente", sehr groß.*

Bei BERNOULLI-Experimenten mit sehr kleinem Θ und sehr großem n kann es vorteilhaft sein, die Binomialverteilung mit ihren für große n unbequemen Binomialkoeffizienten durch die Verteilung zu approximieren, die sich ergibt, wenn $\Theta \to 0$ und $n \to \infty$ gehen, und zwar derart, dass der Erwartungswert $\mu = n\Theta$ konstant bleibt, d.h. sich nicht verändert.

Es gilt[27]:

R 9.6.2

$$\lim_{\substack{\Theta\to 0\\ n\Theta=\text{const.}}} \binom{n}{x}\Theta^x(1-\Theta)^{n-x} = \frac{(n\Theta)^x}{x!}e^{-n\Theta}$$

Mit $n\Theta = \mu$ stellt der Grenzwert in R 9.6.2 die Wahrscheinlichkeitsfunktion der Poissonverteilung dar.

D 9.6.3

Poissonverteilung

Eine diskrete Zufallsvariable X mit der Wahrscheinlichkeitsfunktion

$$f_X(x) = \frac{\mu^x}{x!}e^{-\mu}, \; x = 0,1,2,...$$

heißt **poissonverteilt** mit dem Parameter μ.
Man spricht auch von einer **Ps**(μ)-verteilten Zufallsvariablen und schreibt für die Wahrscheinlichkeitsfunktion **Ps**($x \mid \mu$).

Bei einer Poissonverteilung kann x **alle** Werte aus $\mathbb{N} \cup \{0\}$ annehmen.

R 9.6.4

Erwartungswert und Varianz der Poissonverteilung

Für eine **Ps**(μ)-verteilte Zufallsvariable X gilt:

E(X) = **VAR**(X) = μ.

In der in Anhang B2 enthaltenen Tabelle der Poissonverteilung sind Werte der Wahrscheinlichkeitsfunktion und der Verteilungsfunktion für unterschiedliche μ tabelliert.

Anwendung findet die Poissonverteilung u.a. bei Untersuchungen über

- Anzahl von Druckfehlern pro Seite in Büchern;
- Anzahl der Fadenbrüche pro Zeitraum in einer Spinnerei;
- Anzahl der pro Minute ankommenden Telefongespräche in einer Telefonvermittlung;
- Anzahl der Kraftfahrzeuge, die pro Minute an einem Beobachtungspunkt vorbeifahren.

B 9.6.5 *Bei einer Verkehrszählung wurde die Anzahl der pro Zeitintervall von einer Minute an einem Beobachtungspunkt an einer Straße vorbeifahrenden Kraftfahrzeuge festgestellt. Es ergab sich für eine Beobachtungsdauer von* 200 *Minuten folgendes Resultat:*

27 Zu der Herleitung der Beziehung in R 9.6.2 vgl. Abschnitt 9.8, insbesondere R 9.8.3 (S. 87) und den Beweis dazu.

Anzahl der Kfz pro Intervall	0	1	2	3	4	5
Häufigkeit	110	65	21	3	1	0

Zum Vergleich werden die sich bei einer Poissonverteilung ergebenden Häufigkeiten bestimmt. Da bei der Poissonverteilung Varianz σ^2 *und Erwartungswert* μ *übereinstimmen, bestimmt man zunächst zweckmäßigerweise beide Parameter für die empirische Verteilung. Gilt* $\sigma^2 = \mu$, *könnte die Poissonverteilung in Frage kommen. Weichen dagegen* σ^2 *und* μ *sehr stark voneinander ab, so darf man annehmen, dass keine Poissonverteilung zugrunde gelegt werden kann.*
Für die Ergebnisse der Verkehrszählung ergibt sich: $\mu = 0{,}6$ *und* $\sigma^2 = 0{,}6$. *Es wird also von einer Poissonverteilung mit* $\mu = 0{,}6$ *ausgegangen.*
Für das Eintreffen von x Fahrzeugen pro Minute erhält man dabei folgende Wahrscheinlichkeiten und daraus die angegebenen absoluten Häufigkeiten, denen die beobachteten Häufigkeiten zum Vergleich gegenübergestellt sind. Durch Rundungsdifferenzen beträgt die Summe der „theoretischen Häufigkeiten“ 201.

x_i	0	1	2	3	4	5
$\mathbf{Ps}(x_i \mid 0{,}6)$	0,5488	0,3293	0,0988	0,0198	0,0030	0,0004
$200 \cdot \mathbf{Ps}(x_i \mid 0{,}6)$	110	66	20	4	1	–
beobachtete Häufigkeit	110	65	21	3	1	0

Ü 9.6.6 *Die Anzahl der Telefonanrufe, die in einer Telefonvermittlung innerhalb einer Minute ankommen, sei poissonverteilt mit dem Parameter* $\mu = 1$.
Wie groß ist die Wahrscheinlichkeit, dass in einer Minute

a) *genau ein,*
b) *höchstens ein,*
c) *mindestens ein,*
d) *zwei oder drei und dass*
e) *in fünf Minuten sechs Anrufe ankommen?*

(*Verwendet werden kann die im Anhang* B2 *angegebene Tabelle der Poissonverteilung.*)

Ü 9.6.7 *In einem Skript mit* 500 *Seiten sind* 300 *Druckfehler zufällig verteilt. Wie groß ist die Wahrscheinlichkeit für*

a) *genau zwei,*
b) *mindestens zwei*

Druckfehler auf einer bestimmten, zufällig herausgegriffenen Seite?

Die Poissonverteilung ist, wie die Binomialverteilung, auch **reproduktiv**.

R 9.6.8

Reproduktivität der Poissonverteilung
Die paarweise stochastisch unabhängigen Zufallsvariablen $X_1, X_2, \ldots, X_n$ seien poissonverteilt mit den Parametern $\mu_1, \mu_2, \ldots, \mu_n$.

Dann ist $X = \sum_{i=1}^{n} X_i$ poissonverteilt mit dem Parameter $\mu = \sum_{i=1}^{n} \mu_i$.

B 9.6.9 *Auf eine Kreuzung münden vier Straßen. Die aus den einzelnen Straßen innerhalb einer Stunde eintreffenden Kraftfahrzeuge sind stochastisch unabhängig und poissonverteilt mit den* *folgenden Erwartungswerten:* 20, 16, 34, 30. *Wegen der Reproduktivität ist die Gesamtzahl der Kraftfahrzeuge ebenfalls poissonverteilt, und zwar mit*

E(X) = **VAR**(X) = 20 + 16 + 34 + 30 = 100.

Ü 9.6.10 *An einer Straße werden Kraftfahrzeuge gezählt. Es wird festgestellt, dass für beide Richtungen die Anzahl der pro Zeiteinheit passierenden Fahrzeuge poissonverteilt ist mit* $\mu = 1$ *bzw.* $\mu = 3$. *Beide Richtungen sind stochastisch unabhängig.*

a) *Wie groß sind die Wahrscheinlichkeiten, insgesamt (d.h. in beiden Richtungen zusammen) jeweils* 0, 1, 2 *oder* 3 *Fahrzeuge pro Zeiteinheit zu beobachten?*

b) *Wie groß ist die Wahrscheinlichkeit, insgesamt höchstens zwei Fahrzeuge pro Zeiteinheit zu beobachten?*

R 9.6.11

Approximation der Poissonverteilung

Für $\mu \geq 10$ ist eine **Ps**(μ)-verteilte Zufallsvariable näherungsweise normalverteilt mit den Parametern μ und $\sqrt{\mu}$, d.h.

$\mathbf{N}(\mu; \sqrt{\mu})$-verteilt[28], wobei auf die Berücksichtigung der Stetigkeitskorrektur[29] zu achten ist.

9.7 Normalverteilung

a) Definition der Normalverteilung

Die **Normalverteilung** ist die wichtigste stetige Verteilung[30]. Sie spielt bei nahezu allen Anwendungen der Statistik eine wichtige Rolle.

D 9.7.1

Normalverteilung

Eine stetige Zufallsvariable X mit der Dichtefunktion

$$f_X(x) = \frac{1}{\sigma\sqrt{2\pi}} \exp\left(-\frac{(x-\mu)^2}{2\sigma^2}\right)$$

heißt normalverteilt mit den Parametern μ und σ.

Eine Normalverteilung mit den Parametern μ und σ wird mit $\mathbf{N}(\mu;\sigma)$ bezeichnet. Die Zufallsvariable X heißt dann auch $\mathbf{N}(\mu;\sigma)$-verteilt[31].

Die **Verteilungsfunktion** der Normalverteilung ist mit Hilfe elementarer Funktionen nicht explizit darstellbar. Aus der Dichtefunktion ergibt sich, dass die Normalverteilung in einem konkreten Fall durch die Angabe von μ und σ jeweils spezifiziert werden muss. Es gibt also nicht nur eine Normalverteilung, sondern eine ganze Klasse von Normalverteilungen.

28 Zur Normalverteilung vgl. Abschnitt 9.7 (S. 80ff.)

29 Zur Stetigkeitskorrektur vgl. Abschnitt 9.13 (S. 92f.), insbesondere R 9.13.2 (S. 93).

30 Die Normalverteilung wird oft auch als **Gaußverteilung** bezeichnet, da sie auf Carl Friedrich Gauß (1777 - 1855) zurückgeht.

31 Manche Autoren nennen X auch $\mathbf{N}(\mu;\sigma^2)$-verteilt.

R 9.7.2

Erwartungswert und Varianz der Normalverteilung

Für eine normalverteilte Zufallsvariable X gilt

$$\mathbf{E}(X) = \mu$$

und

$$\mathbf{VAR}(X) = \sigma^2$$

Erwartungswert und Varianz bzw. Standardabweichung der Normalverteilung lassen sich also unmittelbar aus der Dichtefunktion ablesen.

Die typische Gestalt einer Dichtefunktion der Normalverteilung zeigt F 9.7.3. Sie ist **symmetrisch** um μ und hat ihr Maximum bei $x = \mu$.

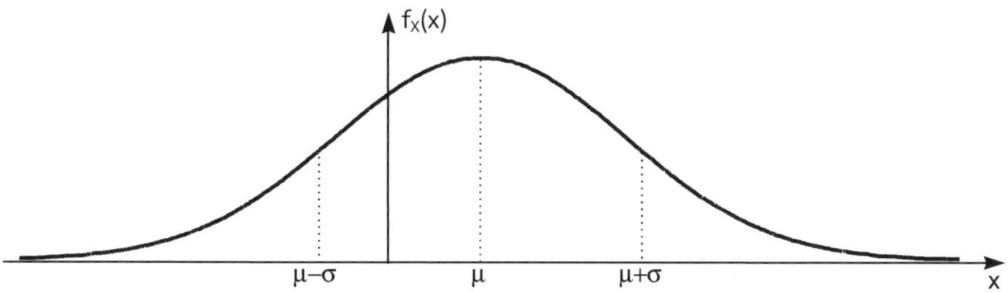

F 9.7.3 Dichtefunktion der Normalverteilung

F 9.7.4a zeigt verschiedene Normalverteilungen mit gleichem Erwartungswert μ und unterschiedlichen Standardabweichungen σ. In F 9.7.4b haben alle Normalverteilungen die gleiche Standardabweichung σ aber verschiedene Erwartungswerte μ.

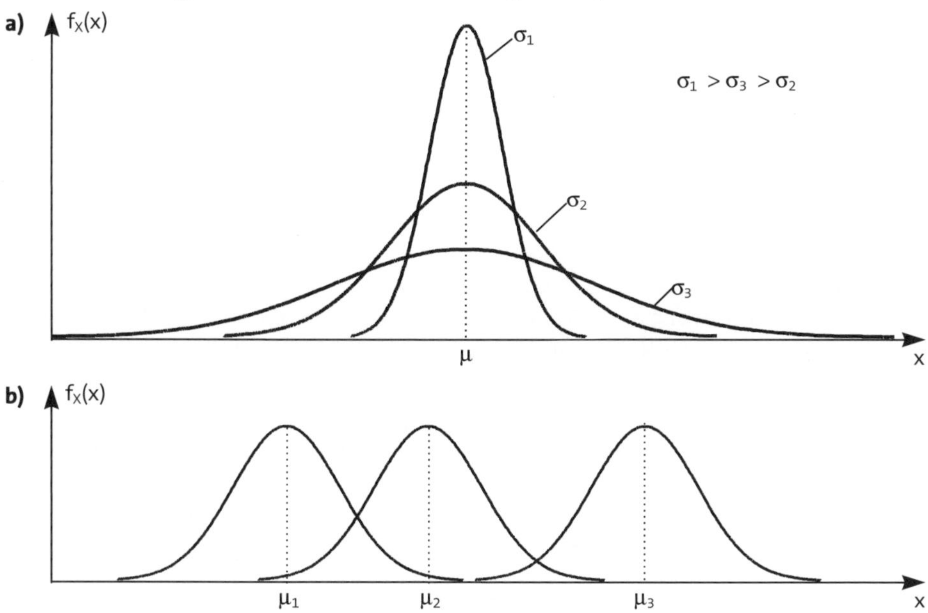

F 9.7.4 Normalverteilungen **a)** mit verschiedenem σ und übereinstimmendem μ sowie **b)** mit verschiedenem μ und übereinstimmendem σ

D 9.7.5

> **Standardnormalverteilung**
> Die Normalverteilung mit Erwartungswert 0 und Standardabweichung 1, also **N**(0;1), heißt Standardnormalverteilung.

Für die Wahrscheinlichkeit, dass eine normalverteilte Zufallsvariable X einen Wert im Intervall mit den Grenzen x_1 und x_2 annimmt, gilt:

$$\mathbf{P}(x_1 \leq X \leq x_2) = \int_{x_1}^{x_2} f_X(x)dx = \int_{x_1}^{x_2} \frac{1}{\sigma\sqrt{2\pi}} \exp(-\frac{(x-\mu)^2}{2\sigma^2})dx.$$

Dieses Integral ist mit Hilfe elementarer Funktionen ebenfalls nicht lösbar. Die Normalverteilung besitzt jedoch eine Eigenschaft, mit deren Hilfe man das Problem der Bestimmung von Wahrscheinlichkeiten in relativ einfacher Weise lösen kann. Darauf wird in den beiden folgenden Unterabschnitten eingegangen.

b) Lineare Transformation einer Normalverteilung

R 9.7.6

> **Lineare Transformation normalverteilter Zufallsvariablen**
> Ist X eine $\mathbf{N}(\mu;\sigma)$-verteilte Zufallsvariable, dann ist die lineare Transformation $Y = aX+b$, $a,b \in \mathbb{R}$, eine $\mathbf{N}(a\mu+b; |a|\sigma)$-verteilte Zufallsvariable[32].

Die Parameter **E**(Y) und **VAR**(Y) = σ_Y^2 ergeben sich nach R 8.6.4.

Durch eine geeignete Wahl von a und b kann man jede beliebige $\mathbf{N}(\mu;\sigma)$-verteilte Zufallsvariable X in eine **N**(0;1)-verteilte, d.h. standardnormalverteilte Zufallsvariable Z, transformieren. Es muss dann gelten:

$$\mathbf{E}(Z) = 0 = a\mu + b$$

und

$$\mathbf{VAR}(Z) = 1 = a^2\, \sigma^2.$$

Aus diesen Gleichungen erhält man

$$a = \frac{1}{\sigma} \text{ und } b = -\frac{\mu}{\sigma}.$$

Damit ergibt sich:

R 9.7.7

> **Standardisierung einer $\mathbf{N}(\mu;\sigma)$-verteilten Zufallsvariablen**
> Gegeben sei eine $\mathbf{N}(\mu;\sigma)$-verteilte Zufallsvariable X. Die Zufallsvariable
> $$Z = \frac{1}{\sigma}X - \frac{\mu}{\sigma} = \frac{X-\mu}{\sigma}$$
> ist **N**(0;1)-verteilt oder standardnormalverteilt.

32 |a| bedeutet „Betrag" von a, ist immer nicht negativ und wie folgt definiert:

$$|a| = \begin{cases} a & \text{falls } a > 0 \\ 0 & \text{falls } a = 0 \\ -a & \text{falls } a < 0 \end{cases}$$

c) Bestimmung von Wahrscheinlichkeiten für Normalverteilungen

Mit Hilfe linearer Transformationen ist es auch möglich, ein Intervall einer **N**($\mu;\sigma$)-verteilten Zufallsvariablen in ein entsprechendes gleichwahrscheinliches Intervall einer anderen normalverteilten, insbesondere einer standardnormalverteilten Zufallsvariablen zu transformieren.

Die Ungleichung

G 9.7.8 $x_1 \le X \le x_2$

kann umgeformt werden zu $x_1 - \mu \le X - \mu \le x_2 - \mu$ und schließlich zu

G 9.7.9 $\frac{x_1 - \mu}{\sigma} \le \frac{X - \mu}{\sigma} \le \frac{x_2 - \mu}{\sigma}$

Da die beiden Ungleichungen G 9.7.8 und G 9.7.9 äquivalent sind und $\frac{X-\mu}{\sigma}$ nach R 9.7.7 standardnormalverteilt ist, gilt:

R 9.7.10

Für eine **N**($\mu;\sigma$)-verteilte Zufallsvariable X und standardnormalverteiltes Z gilt:

$$\mathbf{P}(x_1 \le X \le x_2) = \mathbf{P}(\frac{x_1 - \mu}{\sigma} \le Z \le \frac{x_2 - \mu}{\sigma}).$$

Man kann also jedes Intervall einer beliebigen Normalverteilung in ein äquivalentes Intervall der Standardnormalverteilung überführen.

B 9.7.11 X *sei* **N**(3;4)-*verteilt. Es gilt dann z.B.*

$$\mathbf{P}(3 \le X \le 7) = \mathbf{P}(\frac{3-3}{4} \le Z \le \frac{7-3}{4}) = \mathbf{P}(0 \le Z \le 1)$$

und

$$\mathbf{P}(-2 \le X \le 11) = \mathbf{P}(\frac{-2-3}{4} \le Z \le \frac{11-3}{4}) = \mathbf{P}(-1{,}25 \le Z \le 2)\,.$$

Andererseits kann jedes Intervall einer standardnormalverteilten Zufallsvariablen in ein äquivalentes Intervall einer **N**($\mu;\sigma$)-verteilten Zufallsvariablen transformiert werden.

Aus $z_1 \le Z \le z_2$ folgt $z_1 \le \frac{X-\mu}{\sigma} \le z_2$ und daraus $\mu - z_1\sigma \le X \le \mu + z_2\sigma$.

R 9.7.12

Gegeben sind die standardnormalverteilte Zufallsvariable Z und eine **N**($\mu;\sigma$)-verteilte Zufallsvariable X. Dann gilt:

$$\mathbf{P}(z_1 \le Z \le z_2) = \mathbf{P}(\mu - z_1\sigma \le X \le \mu + z_2\sigma).$$

B 9.7.13 *Eine standardnormalverteilte Zufallsvariable* Z *fällt mit einer Wahrscheinlichkeit von* 0,9545 *in das Intervall* $-2 \le Z \le 2$. *Es ist also* $\mathbf{P}(-2 \le Z \le 2) = 0{,}9545$. *Daraus ergibt sich, dass für eine* **N**(3;4)-*verteilte Zufallsvariable gilt:* $\mathbf{P}(3 - 2\cdot 4 \le X \le 3 + 2\cdot 4) = \mathbf{P}(-5 \le X \le 11) = 0{,}9545$.

Die beschriebenen Zusammenhänge insbesondere R 9.7.10 und R 9.7.12 benutzt man zur Bestimmung von Wahrscheinlichkeiten für Intervalle beliebiger normalverteilter Zufallsvariablen mit Hilfe einer Tabelle der Standardnormalverteilung[33]. Zusätzlich benötigt man folgende Eigenschaften der Normalverteilung:

33 In Anhang B3 findet sich dazu eine Tabelle der Verteilungsfunktion der Standardnormalverteilung. Bei der Benutzung der Tabelle ist zu beachten, dass die Normalverteilung eine symmetrische Verteilung ist.

- Die Dichtefunktion der Normalverteilung ist symmetrisch.
  Die Wahrscheinlichkeit, dass die standardnormalverteilte Zufallsvariable Z zwischen –z und 0 liegt, ist also genauso groß wie die Wahrscheinlichkeit, dass sie zwischen 0 und z liegt.
- Wegen der Symmetrie gilt $\mathbf{P}(Z < 0) = \mathbf{P}(Z > 0) = 0{,}5$.
  Die Wahrscheinlichkeit, dass die Zufallsvariable größer als der Erwartungswert ist, ist gleich der Wahrscheinlichkeit, dass die Zufallsvariable einen Wert kleiner als der Erwartungswert annimmt, und zwar 0,5.
- Wahrscheinlichkeiten für Intervalle lassen sich gegebenenfalls durch Differenzbildung (Differenz zweier bekannter bzw. mit Hilfe der Tabelle zu ermittelnden Wahrscheinlichkeiten) bestimmen.

B 9.7.14 *Im Folgenden sind für verschiedene Intervalle einer Standardnormalverteilung Wahrscheinlichkeiten bestimmt. Die Zeichnungen verdeutlichen jeweils, welche Wahrscheinlichkeiten bzw. Flächen zu ermitteln sind. Dabei ist zu beachten, dass die gesuchten Wahrscheinlichkeiten nicht immer unmittelbar aus der Tabelle in Anhang* B3 *abgelesen werden können.*

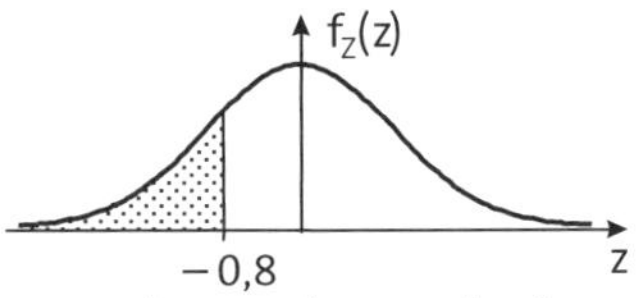

$\mathbf{P}(Z < -0{,}8) = 1 - F_Z(0{,}8)$
$= 1 - 0{,}78814 = 0{,}21186$

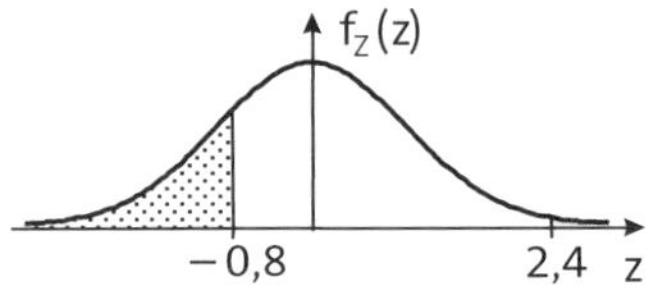

$\mathbf{P}(Z < 0{,}8 \text{ oder } Z > 2{,}4)$
$= \mathbf{P}(Z < 0{,}8) + P(Z > 2{,}4)$
$= 0{,}21186 + 0{,}00820 = 0{,}22006$

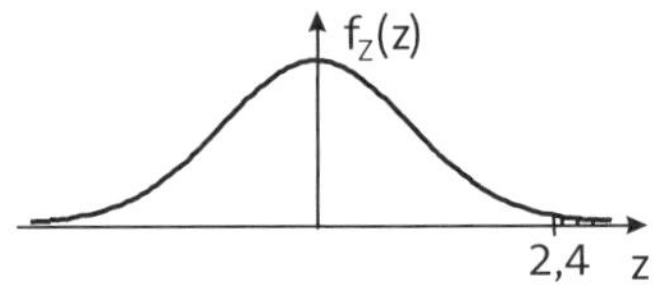

$\mathbf{P}(Z > 2{,}4) = 1 - F_Z(2{,}4)$
$= 1 - 0{,}99180 = 0{,}00820$

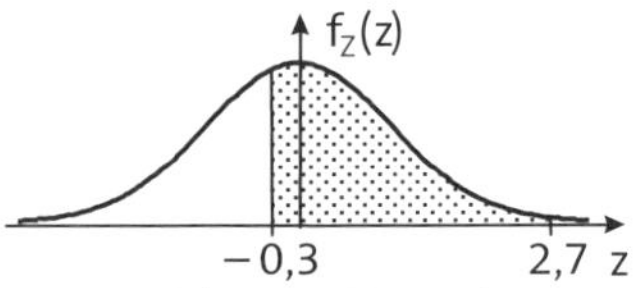

$\mathbf{P}(-0{,}3 < Z \leq 2{,}7)$
$= F_Z(2{,}7) - F_Z(-0{,}3)$
$= 0{,}99653 - 0{,}382094$
$= 0{,}61444$

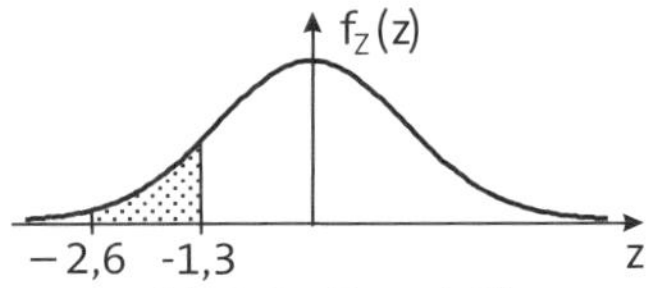

$\mathbf{P}(-2{,}6 < Z \leq -1{,}3)$
$= F_Z(2{,}6) - F_Z(1{,}3)$
$= 0{,}99534 - 0{,}90320$
$= 0{,}09214$

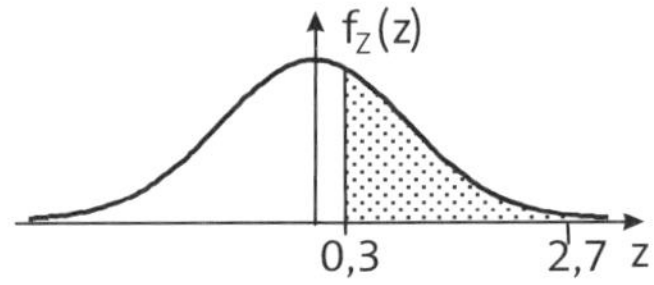

$\mathbf{P}(0{,}3 < Z \leq 2{,}7)$
$= F_Z(2{,}7) - F_Z(0{,}3)$
$= 0{,}99653 - 0{,}61791$
$= 0{,}37862$

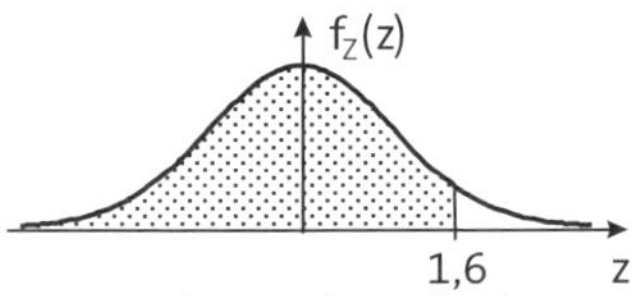

$\mathbf{P}(Z < 1{,}6) = F_Z(1{,}6)$
$= 0{,}94520$

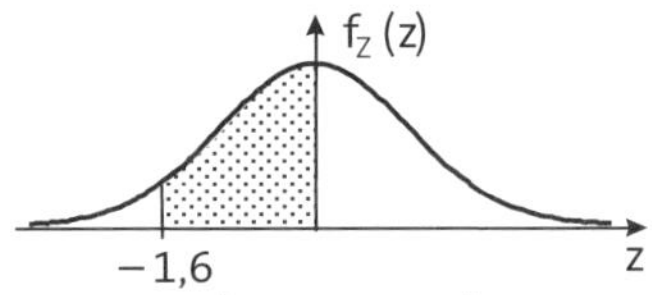

$\mathbf{P}(-1{,}6 < Z < 0)$
$= \mathbf{P}(0 < Z < 1{,}6)$
$= F_Z(1{,}6) - 0{,}5 = 0{,}44520$

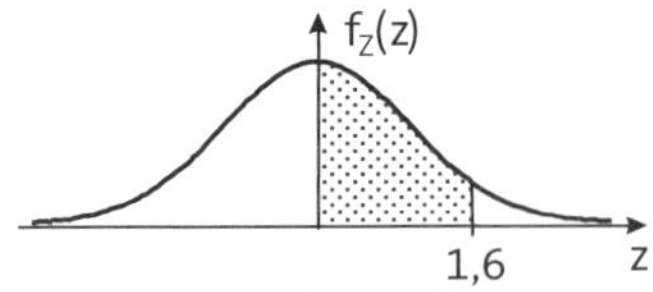

$\mathbf{P}(0 < Z < 1{,}6)$
$= F_Z(1{,}6) - 0{,}5 = 0{,}44520$

F 9.7.15 Bestimmung von Wahrscheinlichkeiten für verschiedene Intervalle einer standardnormalverteilten Zufallsvariablen

Ü 9.7.16 *Es sei Z standardnormalverteilt. Bestimmen Sie:*

a) $\mathbf{P}(0 < Z < 2{,}4)$; **b)** $\mathbf{P}(-1{,}3 < Z \leq 0)$; **c)** $\mathbf{P}(-0{,}8 < Z \leq 0{,}8)$;
d) $\mathbf{P}(Z < 2{,}1)$; **e)** $\mathbf{P}(Z < -0{,}4)$; **f)** $\mathbf{P}(Z < -0{,}1)$;
g) $\mathbf{P}(0{,}2 < Z < 1{,}6)$; **h)** $\mathbf{P}(-1{,}4 < Z < 1{,}2)$; **j)** $\mathbf{P}(-2 < Z < -1)$.

Ü 9.7.17 *Es sei* Z *standardnormalverteilt, und es gilt:*
a) $\mathbf{P}(Z < A) = 0{,}6$; **b)** $\mathbf{P}(Z < B) = 0{,}8$; **c)** $\mathbf{P}(|Z| < C) = 0{,}6$; **d)** $\mathbf{P}(|Z| > D) = 0{,}3$.
Bestimmen Sie A, B, C *und* D.

Ü 9.7.18 *Die Brenndauer von Glühlampen sei normalverteilt mit einem Mittelwert von* 900 *Stunden und einer Standardabweichung von* 100 *Stunden. Bestimmen Sie die Wahrscheinlichkeiten für eine Brenndauer*
a) *zwischen* 750 *und* 1050 *Stunden;*
b) *zwischen* 800 *und* 1050 *Stunden;*
c) *kleiner als* 650 *Stunden;*
d) *größer als* 1200 *Stunden;*
e) *kleiner als* 800 *oder größer als* 1200 *Stunden.*

Ü 9.7.19 X *sei* $\mathbf{N}(100;10)$*-verteilt, und es gilt:*
a) $\mathbf{P}(X < A) = 0{,}7$; **b)** $\mathbf{P}(X > B) = 0{,}65$; **c)** $\mathbf{P}(|X-100| < C) = 0{,}5$.
Bestimmen Sie A, B *und* C.

Ü 9.7.20 *Ein Unternehmen stellt Kondensatoren her, deren Kapazität normalverteilt ist mit* $\mu = 100$ (pF) *und* $\sigma = 0{,}2$. *Wie viel Prozent Ausschuss sind zu erwarten, wenn die Kapazität der Kondensatoren*
a) *mindestens* 99,8 pF;
b) *höchstens* 100,6 pF *betragen soll;*
c) *um maximal* 0,3 pF *vom Sollwert* 100 pF *abweichen darf?*
d) *Wie muss man die Toleranzgrenzen* 100+C *und* 100–C *wählen, damit man genau* 5% *Ausschuss erhält?*
e) *Wie ändert sich der Ausschussprozentsatz für die in Frage* d) *bestimmten Toleranzgrenzen, wenn sich* μ *nach* 100,1 *verschiebt?*

Ü 9.7.21 *Von einem Betrieb werden Metallfolien hergestellt, von denen nur Folien mit einer Dicke zwischen* 0,082 *und* 0,118 mm *zur Weiterverarbeitung verwendet werden können. Der Rest ist Ausschuss.*
Zur Herstellung werden dem Betrieb zwei Maschinen A *und* B *angeboten. Die Foliendicke der mit diesen Maschinen hergestellten Folien ist um den auf den Maschinen einstellbaren Sollwert (Erwartungswert) normalverteilt, und zwar bei Maschine* A *mit einer Standardabweichung von* 0,01 mm *und bei* B *von* 0,018 mm.
a) *Wie sollte der Sollwert eingestellt werden, um den Ausschussanteil zu minimieren?*
b) *Die Produktionskosten pro* 1000 *Folien betragen bei Maschine* A 20,- € *und bei* B 16,- €. *Für welche der beiden Maschinen sollte sich der Betrieb entscheiden, wenn einwandfreie Folien zu minimalen Stückkosten hergestellt werden sollen?*

In den folgenden Ausführungen wird der Wert der standardnormalverteilten Zufallsvariablen Z, bei dem die Verteilungsfunktion den Wert α annimmt, mit $z(\alpha)$ bezeichnet.
Es gilt also $F_Z(z(\alpha)) = \mathbf{P}(Z \leq z(\alpha)) = \alpha$.
Sofern Missverständnisse ausgeschlossen sind, wird kurz z geschrieben.

d) Ergänzende Bemerkungen

Auch die **Normalverteilung** ist reproduktiv.

R 9.7.22

> **Reproduktivität der Normalverteilung**
> Gegeben seien zwei unabhängige Zufallsvariablen X_1 und X_2, die $\mathbf{N}(\mu_1;\sigma_1)$- bzw. $\mathbf{N}(\mu_2;\sigma_2)$-verteilt sind.
> Die Zufallsvariable
> $$X = X_1 + X_2 \text{ ist } \mathbf{N}(\mu_1 + \mu_2; \sqrt{\sigma_1^2 + \sigma_2^2})\text{-verteilt.}$$

Ü **9.7.23** *Gegeben sei eine* $\mathbf{N}(12;4)$*-verteilte Zufallsvariable* X_1 *und eine* $\mathbf{N}(18;3)$*-verteilte Zufallsvariable* X_2. *Bestimmen Sie:*
a) $\mathbf{P}(X_1 + X_2 < 21)$; **b)** $\mathbf{P}(24 < X_1 + X_2 < 42)$.

Für die Bedeutung der Normalverteilung gibt es verschiedene Gründe. Die wichtigsten sind:

- Viele Zufallsvariablen, die bei Experimenten und Beobachtungen in der Praxis auftreten, sind näherungsweise normalverteilt.
- Unter bestimmten Voraussetzungen ist eine Transformation von nicht normalverteilten Zufallsvariablen in normalverteilte Zufallsvariablen möglich.
- Einige komplizierte und/oder schlecht handhabbare Verteilungen lassen sich in bestimmten Grenzsituationen durch die Normalverteilung gut approximieren.

9.8 Grenzwertsätze

Das häufige Vorkommen der Normalverteilung ergibt sich vor allem aus den so genannten **Grenzwertsätzen**. Diese geben an, unter welchen Bedingungen die Verteilungsfunktion einer Summe von Zufallsvariablen gegen eine andere (einfacher zu handhabende) Verteilungsfunktion konvergiert. Eine besondere Rolle spielen dabei die Grenzwertsätze, die sich auf Konvergenz gegen eine Normalverteilung, insbesondere die Standardnormalverteilung, beziehen.

Die Voraussetzungen der Grenzwertsätze sind häufig sehr allgemein und relativ schwach.

Die wohl einfachste Version eines Grenzwertsatzes ist Folgende:

R 9.8.1

> **Zentraler Grenzwertsatz**
> $X_1, X_2, \ldots, X_n$ seien paarweise stochastisch unabhängige Zufallsvariablen, die alle die gleiche Verteilung und damit auch den gleichen Erwartungswert μ und die gleiche Varianz σ^2 besitzen. Dann ist die Zufallsvariable
> $$Z_n = \frac{\sum_{i=1}^{n} X_i - n\mu}{\sigma\sqrt{n}} = \frac{\frac{1}{n}\sum_{i=1}^{n} X_i - \mu}{\frac{\sigma}{\sqrt{n}}}$$
> näherungsweise standardnormalverteilt, d.h. $\mathbf{N}(0;1)$-verteilt. Für $n \to \infty$ konvergiert die Verteilung von Z_n gegen die Standardnormalverteilung.

Die praktische Bedeutung dieses Grenzwertsatzes ergibt sich aus folgender, vereinfachter Überlegung:

In vielen experimentellen Fällen setzt sich die betrachtete Größe additiv aus einer großen Anzahl (annähernd) identischer, unabhängiger Zufallsvariablen zusammen, so dass man nach den Grenzwertsätzen auf eine näherungsweise Normalverteilung dieser Größe schließen kann. Ein typisches Beispiel dafür sind Messfehler. Der resultierende Fehler setzt sich hier aus vielen verschiedenen „kleinen" Fehlern zusammen.

Grenzwertsätze beziehen sich nicht immer nur auf die Konvergenz von Verteilungen gegen die Normalverteilung, sondern auch auf andere Grenzverteilungen. So ist z.B. (vgl. Abschnitt 9.6) die Poissonverteilung eine Grenzverteilung der Binomialverteilung. Generell liegen allen Approximationskriterien für Verteilungen spezielle Grenzwertsätze zugrunde. Auf Einzelheiten dazu kann in diesem einführenden Rahmen nicht eingegangen werden. Es werden hier jedoch zwei spezielle Grenzwertsätze angeführt, die sich auf schon behandelte Verteilungen beziehen.

R 9.8.2

Konvergenz der Hypergeometrischen Verteilung gegen die Binomialverteilung

$$\lim_{\substack{N\to\infty \\ \frac{M}{N}=\Theta=\text{const.}}} \frac{\binom{M}{x}\binom{N-M}{n-x}}{\binom{N}{n}} = \binom{n}{x}\left(\frac{M}{N}\right)^{x}\left(1-\frac{M}{N}\right)^{n-x}$$

Beweis:

Aus $\frac{M}{N}=\Theta$ ergibt sich $M = \Theta N$. Es gilt dann

$$f(x) = \frac{\binom{M}{x}\binom{N-M}{n-x}}{\binom{N}{n}} = \frac{\binom{\Theta N}{x}\binom{(1-\Theta)N}{n-x}}{\binom{N}{n}}$$

$$= \frac{\dfrac{\overbrace{(\Theta N-x+1)(\Theta N-x+2)\ldots\Theta N}^{x\,\text{Faktoren}}}{x!}\;\dfrac{\overbrace{((1-\Theta)N-(n-x)+1)\ldots(1-\Theta)N}^{(n-x)\,\text{Faktoren}}}{(n-x)!}}{\dfrac{(N-n+1)(N-n+2)\ldots N}{n!}}$$

$$= \frac{n!}{x!(n-x)!}\;\frac{(\Theta-\frac{x-1}{N})(\Theta-\frac{x-2}{N})\ldots\Theta((1-\Theta)-\frac{n-x-1}{N})\ldots(1-\Theta)}{(1-\frac{n-1}{N})(1-\frac{n-2}{N})\ldots 1}$$

Dann ist $\lim\limits_{N\to\infty} f(x) = \binom{n}{x}\Theta^{x}(1-\Theta)^{n-x}$.

R 9.8.3

Konvergenz der Binomialverteilung gegen die Poissonverteilung

$$\lim_{\substack{\Theta\to 0 \\ n\Theta=\text{const.}}} \binom{n}{x}\Theta^{x}(1-\Theta)^{n-x} = \frac{(n\Theta)^{x}}{x!}e^{-n\Theta}$$

Beweis:

Aus $n\Theta = \text{const.} = \mu$ folgt $\Theta = \frac{\mu}{n}$ und $\Theta^{x} = \frac{\mu^{x}}{n^{x}}$.

Für $n \to \infty$ geht dann $\Theta \to 0$.

$$(1-\Theta)^{n-x} = (1-\tfrac{\mu}{n})^{n-x} = (1-\tfrac{\mu}{n})^{n}(1-\tfrac{\mu}{n})^{-x}$$

Ersetzt man Θ^x und $(1-\Theta)^{n-x}$ in $\mathbf{B}(x \mid n;\Theta)$ entsprechend, so erhält man:

$$\binom{n}{x}\Theta^x(1-\Theta)^{n-x} = \frac{n!}{x!(n-x)!}\frac{\mu^x}{n^x}\left(1-\frac{\mu}{n}\right)^n\left(1-\frac{\mu}{n}\right)^{-x}$$

$$= \frac{n(n-1)(n-2)\ldots(n-x+1)\mu^x}{x!n^x}\left(1-\frac{\mu}{n}\right)^n\left(1-\frac{\mu}{n}\right)^{-x}$$

Es ist

$$\lim_{n\to\infty}\frac{n(n-1)\ldots(n-x+1)}{n^x} = \lim_{n\to\infty} 1\left(1-\frac{1}{n}\right)\left(1-\frac{2}{n}\right)\ldots\left(1-\frac{x-1}{n}\right) = 1$$

$$\lim_{n\to\infty}\left(1-\frac{\mu}{n}\right)^n = e^{-\mu} \quad \text{und} \quad \lim_{\substack{n\to\infty \\ x=\text{const.}}}\left(1-\frac{\mu}{n}\right)^{-x} = 1$$

Damit ergibt sich

$$\lim_{\substack{\Theta\to 0 \\ n\Theta=\text{const.}}}\binom{n}{x}\Theta^x(1-\Theta)^{n-x} = \frac{\mu^x}{x!}e^{-\mu} \quad \text{für } n\Theta = \mu = \text{const.}$$

9.9 Exponentialverteilung

Für manche Anwendungen, insbesondere in der Warteschlangentheorie, spielt die Exponentialverteilung eine Rolle.

D 9.9.1

Exponentialverteilung

Eine stetige Zufallsvariable X mit der Dichtefunktion

$$f_X(x) = \begin{cases} \lambda e^{-\lambda x} & \text{für} \quad x \geq 0;\ \lambda > 0 \\ 0 & \text{sonst} \end{cases}$$

und der Verteilungsfunktion

$$F_X(x) = \begin{cases} 1-e^{-\lambda x} & \text{für} \quad x \geq 0;\ \lambda > 0 \\ 0 & \text{sonst} \end{cases}$$

heißt exponentialverteilt.

Die Exponentialverteilung besitzt den Parameter λ.

R 9.9.2

Erwartungswert und Varianz einer Exponentialverteilung

Für eine exponentialverteilte Zufallsvariable mit dem Parameter λ gilt

$$\mathbf{E}(X) = \frac{1}{\lambda}$$

und

$$\mathbf{VAR}(X) = \frac{1}{\lambda^2}\,.$$

F 9.9.3 zeigt die typische Gestalt von Dichte- und Verteilungsfunktion einer Exponentialverteilung.

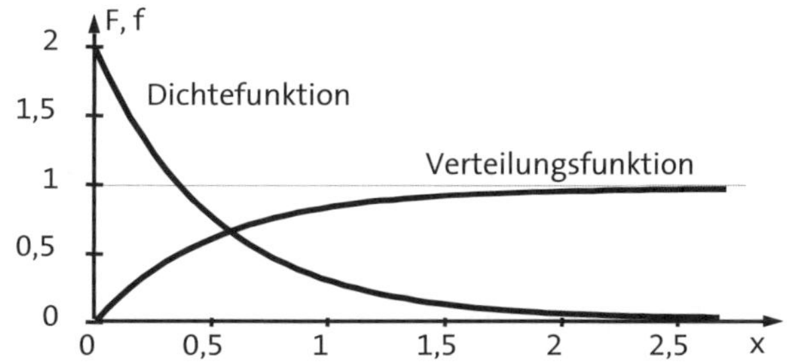

F 9.9.3 Exponentialverteilung mit $\lambda = 2$

9.10 Chiquadrat-Verteilung

Bei einigen der in den Kapiteln 11 bis 14 behandelten Schätz- und Testverfahren wird die so genannte Chiquadrat-Verteilung (χ^2-Verteilung) verwendet, in deren Dichtefunktion die EULERsche Gammafunktion $\Gamma(x)$ vorkommt, für die gilt:

$$\Gamma(x) = \int_0^\infty t^{x-1} e^{-t} dt, \; x > 0.$$

D 9.10.1

Chiquadrat-Verteilung

Eine Zufallsvariable Y mit der **Dichtefunktion**

$$f_Y(y) = \begin{cases} \dfrac{1}{2^{\frac{\nu}{2}}\Gamma(\frac{\nu}{2})} y^{\frac{\nu-2}{2}} e^{-\frac{y}{2}} & \text{für} \quad y > 0 \\ 0 & \text{sonst} \end{cases}$$

heißt Chiquadrat-verteilt (χ^2-verteilt) mit ν **Freiheitsgraden**.
Man spricht auch von einer $\chi^2(\nu)$-verteilten Zufallsvariablen.

Die Anzahl ν der Freiheitsgrade ist der Parameter der χ^2-Verteilung.

Der folgende Zusammenhang ist der Grund für die häufige Anwendung der χ^2-Verteilung.

R 9.10.2

Beziehung zwischen Standardnormalverteilung und Chiquadrat-Verteilung

Sind $X_1, X_2, ..., X_n$ standardnormalverteilte und paarweise stochastisch unabhängige Zufallsvariablen, dann gilt:

$$Y = \sum_{i=1}^{n} X_i^2 \text{ ist } \chi^2\text{-verteilt mit n Freiheitsgraden.}$$

Eine χ^2-verteilte Zufallsvariable ergibt sich also als Summe von Quadraten unabhängiger, standardnormalverteilter Zufallsgrößen.

R 9.10.3

Erwartungswert und Varianz einer χ^2-Verteilung

Für eine $\chi^2(\nu)$-verteilte Zufallsvariable Y gilt:

$$\mathbf{E}(Y) = \nu$$

und

$$\mathbf{VAR}(Y) = 2\nu.$$

R 9.10.4

Approximationsmöglichkeiten für die χ^2-Verteilung

Die Zufallsvariable Y sei $\chi^2(\nu)$-verteilt.

a) Für $\nu \geq 30$ ist $Z = \sqrt{2Y} - \sqrt{2\nu - 1}$ näherungsweise standardnormalverteilt.

b) Für $\nu \geq 100$ ist Y näherungsweise $\mathbf{N}(\nu, \sqrt{2\nu})$-verteilt.

Da sich Wahrscheinlichkeiten für Intervalle einer χ^2-verteilten Zufallsvariablen mit Hilfe von Dichte- bzw. Verteilungsfunktion nur mit großem Aufwand unmittelbar berechnen lassen, enthält Anhang B4 eine Tabelle der χ^2-Verteilung. Tabelliert sind zu den angegebenen Freiheitsgraden ν die y-Werte, bei denen $F_Y(y)$ die im Kopf angegebenen α-Werte erreicht. Sie werden später oft mit $\chi^2(\alpha;\nu)$ bezeichnet und heißen Quantile der Ordnung α oder α-Quantile[34] der χ^2-Verteilung mit ν Freiheitsgraden. Es gilt dafür $\mathbf{P}(Y \leq \chi^2(\alpha,\nu)) = \alpha$

Ü 9.10.5 a) X *sei* χ^2*-verteilt mit* $\nu = 25$ *Freiheitsgraden. Bestimmen Sie aus* $F_X(x_1)=0{,}95$; $F_X(x_2)=0{,}1$; $1-F_X(x_3)=0{,}1$; $1-F_X(x_4)=0{,}01$ *die Werte* x_1, x_2, x_3 *und* x_4.

b) Y *sei* χ^2*-verteilt mit* $\nu = 18$ *Freiheitsgraden. Bestimmen Sie*

(1) $\mathbf{P}(8{,}231 \leq Y \leq 37{,}156)$; (2) $\mathbf{P}(6{,}265 \leq Y \leq 31{,}526)$.

9.11 Studentverteilung

Eine weitere, später benötigte Verteilung ist die Studentverteilung oder t-Verteilung, für die ebenfalls die Gammafunktion benötigt wird.

D 9.11.1

Studentverteilung oder t-Verteilung

Eine Zufallsvariable T mit der Dichtefunktion

$$f_T(t) = \frac{\Gamma(\frac{\nu+1}{2})}{\sqrt{\nu\pi}\,\Gamma(\frac{\nu}{2})} \frac{1}{(1+\frac{t^2}{\nu})^{\frac{\nu+1}{2}}}$$

heißt studentverteilt mit ν Freiheitsgraden. T heißt auch $t(\nu)$-verteilt.

Die Studentverteilung hat die Anzahl ν der Freiheitsgrade als Parameter.

R 9.11.2

Ist Z eine $\mathbf{N}(0;1)$- und Y eine $\chi^2(\nu)$-verteilte Zufallsvariable und sind Z und Y stochastisch unabhängig, so ist

$$T = \frac{Z}{\sqrt{\frac{Y}{\nu}}}$$

studentverteilt mit ν Freiheitsgraden oder $t(\nu)$-verteilt.

Der Quotient aus einer standardnormalverteilten Zufallsvariablen Z und einer Zufallsvariablen $\sqrt{\frac{Y}{\nu}}$, bei der Y eine mit ν Freiheitsgraden χ^2-verteilte Zufallsvariable ist, ergibt eine Studentverteilung mit ν Freiheitsgraden. $t(\alpha;\nu)$ heißt auch Quantil der Ordnung α der Studentverteilung mit ν Freiheitsgraden.

34 Vgl. zu Quantilen Abschnitt 3.2, insbesondere Definition D 3.2.15, in SCHWARZE, J.: Grundlagen der Statistik I – Beschreibende Verfahren. Herne/Berlin, NWB-Verlag.

R 9.11.3

Erwartungswert und Varianz der Studentverteilung

Für eine t(ν)-verteilte Zufallsvariable T gilt:

$$\mathbf{E}(T) = 0 \text{ für } \nu \geq 2$$

und

$$\mathbf{VAR}(T) = \frac{\nu}{\nu-2} \text{ für } \nu \geq 3.$$

R 9.11.4

Approximationsmöglichkeit für die Studentverteilung

Für $\nu > 30$ ist eine studentverteilte Zufallsvariable näherungsweise standardnormalverteilt, d.h. **N**(0;1)-verteilt.

Für verschiedene Freiheitsgrade ν sind in Anhang B5 die Werte von t(ν)-verteilten Zufallsvariablen tabelliert, bei denen die Verteilungsfunktion bestimmte Werte annimmt. Bei Benutzung der Tabelle ist zu beachten, dass die Studentverteilung **symmetrisch** um ihren Erwartungswert ist.

Ü 9.11.5 T *sei studentverteilt mit* $\nu = 12$ *Freiheitsgraden.*
Bestimmen Sie t_1, t_2, t_3 *und* t_4 *aus*

a) $\mathbf{P}(-t_1 \leq T \leq t_1) = 0{,}9$;
b) $\mathbf{P}(T \leq t_2) = 0{,}99$;
c) $\mathbf{P}(T \geq t_3) = 0{,}9$;
d) $\mathbf{P}(T \geq t_4) = 0{,}1$.

9.12 F-Verteilung

Auch für die so genannte F-Verteilung wird die in Abschnitt 9.10 erwähnte Γ-Funktion benötigt. Die F-Verteilung hat zwei Parameter, die Anzahlen der Freiheitsgrade r_1 und r_2.

D 9.12.1

F-Verteilung

Eine stetige Zufallsvariable X mit der Dichtefunktion

$$f_X(x;r_1,r_2) = (r_1)^{\frac{r_1}{2}} (r_2)^{\frac{r_2}{2}} \cdot \frac{\Gamma(\frac{r_1}{2}+\frac{r_2}{2})}{\Gamma(\frac{r_1}{2})\Gamma(\frac{r_2}{2})} \frac{x^{(\frac{r_1}{2}-1)}}{(r_1 x + r_2)^{\frac{r_1+r_2}{2}}}$$

heißt F-verteilt mit r_1 und r_2 Freiheitsgraden.
X heißt auch $\mathbf{F}(r_1;r_2)$-verteilt.

R 9.12.2

Beziehung zwischen χ^2-Verteilung und F-Verteilung

Y_1 und Y_2 seien χ^2-verteilte, unabhängige Zufallsvariablen mit r_1 und r_2 Freiheitsgraden. Dann gilt:

$$X = \frac{\frac{Y_1}{r_1}}{\frac{Y_2}{r_2}} \text{ ist F-verteilt mit } r_1 \text{ und } r_2 \text{ Freiheitsgraden.}$$

Die F-Verteilung entsteht also als Quotient zweier unabhängiger χ^2-verteilter Zufallsvariablen.

R 9.12.3

Erwartungswert und Varianz der F-Verteilung
Für eine **F**(r_1,r_2)-verteilte Zufallsvariable X gilt:

$$\mathbf{E}(X) = \frac{r_2}{r_2-2};\ r_2 > 2$$

und

$$\mathbf{VAR}(X) = \frac{2r_2^2(r_1+r_2-2)}{r_1(r_2-2)^2(r_2-4)};\ r_2 > 4$$

Ist die erste Anzahl der Freiheitsgrade 1, d.h. $r_1 = 1$, wird aus der F-Verteilung eine Studentverteilung mit r_2 Freiheitsgraden.

R 9.12.4

X sei **F**(r_1,r_2)-verteilt. Für $r_1 = 1$ ist X studentverteilt mit r_2 Freiheitsgraden, d.h. $t(r_2)$-verteilt.

R 9.12.5

Approximationsmöglichkeiten für die F-Verteilung
X sei **F**(r_1,r_2)-verteilt

a) Für $r_1 = 1$ und $r_2 \geq 30$ ist $\sqrt{X}$ näherungsweise standardnormalverteilt.

b) Für $r_1 = v$ und $r_2 \geq 200$ ist vX näherungsweise $\chi^2(v)$-verteilt.

Für die Anwendung der F-Verteilung ist die folgende Beziehung wichtig.

R 9.12.6

Ist X $F(r_1,r_2)$-verteilt, so ist $\frac{1}{X}$ **F**(r_2,r_1)-verteilt.

In Anhang B6 finden sich Tabellen der F-Verteilung. In Abhängigkeit von r_1 und r_2 sind die Werte x der F-verteilten Zufallsvariablen tabelliert, bei denen die Verteilungsfunktion jeweils den Wert 0,9; 0,95; 0,975; 0,99 bzw. 0,995 annimmt. Diese x-Werte werden auch mit $\mathbf{F}(\alpha;r_1;r_2)$ bezeichnet $(\mathbf{P}(X < \mathbf{F}(\alpha;r_1;r_2)) = \alpha)$ und heißen **Quantile der Ordnung** α der F-Verteilung mit r_1 und r_2 Freiheitsgraden.

An dem folgenden Beispiel wird die Benutzung der Tabelle der F-Verteilung erläutert.

B 9.12.7 a) *Für* $r_1 = 50$ *und* $r_2 = 15$ *werden die Werte der* F-*verteilten Zufallsvariablen* X *gesucht, für die* $\mathbf{P}(X > x_1) = 0{,}05$ *und* $\mathbf{P}(X > x_2) = 0{,}01$ *gilt. In der zu* $r_1 = 50$ *gehörenden Spalte und zu* $r_2 = 15$ *gehörenden Zeile findet man* $x_1 = 2{,}178$ *und* $x_2 = 3{,}081$.

b) *Es sei* X **F**(50;14)*-verteilt. Gesucht wird* x_0, *so dass gilt:* $\mathbf{P}(X<x_0) = 0{,}05$. *Es gilt nach* R 9.12.6 $\mathbf{P}(X < x_0) = \mathbf{P}(\frac{1}{X} > \frac{1}{x_0})$. $\frac{1}{X}$ *ist* **F**(14;50)*-verteilt. Aus der Tabelle folgt für* $\delta = 1-0{,}05 = 0{,}95$ $\mathbf{P}(\frac{1}{X} > 1{,}895) = 0{,}05$. *Also gilt* $\frac{1}{x_0} = 1{,}895$ *bzw.* $x_0 = 0{,}528$ *und damit* $\mathbf{P}(X < 0{,}528) = 0{,}05$.

9.13 Zusammenfassung zur Approximation von Verteilungen

Wie bereits erwähnt wurde, kann man den Aufwand der Bestimmung von Wahrscheinlichkeiten einer Verteilung häufig dadurch reduzieren, dass man eine Verteilung durch eine einfacher zu handhabende Verteilung approximiert. Solchen Approximationen liegen Grenzwertsätze zugrunde, wie sie beispielhaft in Abschnitt 9.8 kurz behandelt wurden.

In der Übersicht in F 9.13.3 (S. 10) sind Approximationen für die meisten der in diesem Buch behandelten Verteilungen zusammengestellt. In den Feldern ist angegeben, welche Kriterien für eine Approximation jeweils erfüllt sein sollen und welche Werte für die Parameter der Approximationsverteilung zu verwenden sind. Man beachte dabei, dass die Kriterien auch anders gewählt werden können.

Die Approximationsmöglichkeiten sind nach dem in F 9.13.1 gezeigten Muster dargestellt.

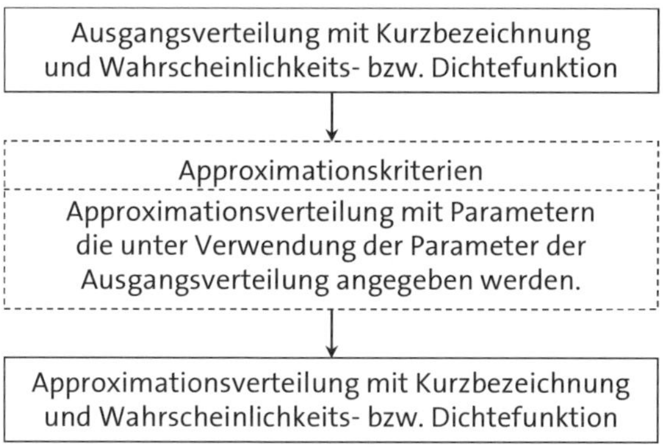

F 9.13.1 Legende zu F 9.13.3

Bei der Approximation einer diskreten Verteilung durch eine stetige Verteilung ist auf Folgendes zu achten: Die Wahrscheinlichkeit für einen bestimmten Wert x_i der Zufallsvariablen ist im diskreten Fall positiv ($f_X(x_i) > 0$), während sie bei der stetigen Verteilung Null ($\mathbf{P}(X = x_i) = 0$) ist. Um durch die Approximationsverteilung $\mathbf{P}(X = x_i)$ zu bestimmen, berechnet man deshalb bei ganzzahligem x_i:

$$F_X(x_i + 0{,}5) - F_X(x_i - 0{,}5).$$

Bei der Berechnung der Wahrscheinlichkeiten für Intervalle einer ganzzahligen Zufallsvariablen muss man die Intervallgrenzen entsprechend um 0,5 nach außen oder innen verlegen, abhängig davon, ob für die Intervallgrenze „$<$" oder „$\leq$" gilt. Man spricht in diesem Zusammenhang von der Stetigkeitskorrektur.

R 9.13.2

Stetigkeitskorrektur

Gegeben sei eine diskrete Zufallsvariable X, die nur ganzzahlige Werte mit von Null verschiedenen Wahrscheinlichkeiten annehmen kann.

Wird X durch die stetige Zufallsvariable X* approximiert, dann ist die Wahrscheinlichkeit, dass X in das Intervall mit den Grenzen x_i und x_j fällt, mit X*, je nach Typ der Intervallgrenzen, wie folgt zu bestimmen:

$$\mathbf{P}(x_i \leq X \leq x_j) = \mathbf{P}(x_i - 0{,}5 \leq X^* \leq x_j + 0{,}5)$$
$$\mathbf{P}(x_i < X \leq x_j) = \mathbf{P}(x_i + 0{,}5 < X^* \leq x_j + 0{,}5)$$
$$\mathbf{P}(x_i \leq X < x_j) = \mathbf{P}(x_i - 0{,}5 \leq X^* < x_j - 0{,}5)$$
$$\mathbf{P}(x_i < X < x_j) = \mathbf{P}(x_i + 0{,}5 < X^* < x_j - 0{,}5)$$

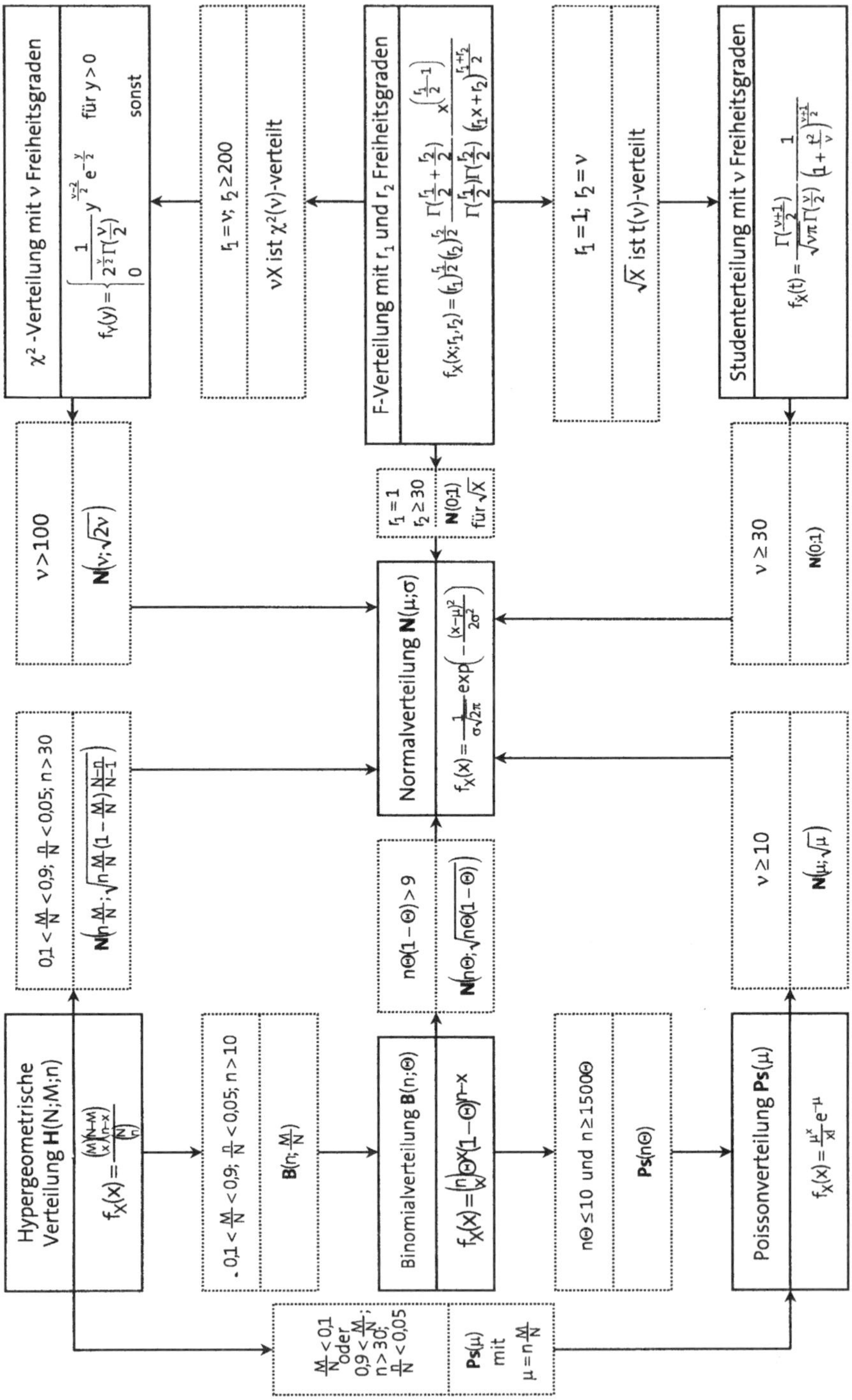

F 9.13.3 Approximation von Verteilungen

B 9.13.4 *Aus einer Urne mit einem Anteil von* $\Theta = 0{,}2$ *schwarzen Kugeln werden* 100 *Kugeln entnommen. Wie groß ist die Wahrscheinlichkeit, mindestens* 15 *und höchstens* 28 *schwarze Kugeln zu finden?*

Wegen $n\Theta(1-\Theta) = 100 \cdot 0{,}2 \cdot 0{,}8 = 16 > 9$ *ist die Zufallsvariable* X *(Anzahl der schwarzen Kugeln) näherungsweise normalverteilt mit den Parametern* $\mu = n\Theta = 20$ *und* $\sigma = \sqrt{n\Theta(1-\Theta)} = 4$.

Es gilt dann:

$$\mathbf{P}(15 \le X \le 28) \approx \mathbf{P}\left(\frac{15-0{,}5-20}{4} \le Z \le \frac{28+0{,}5-20}{4}\right) = \mathbf{P}(-1{,}375 \le Z \le 2{,}125) = 0{,}89864.$$

Die folgenden Ausführungen zeigen an ausgewählten Beispielen die Anwendung der Approximationsmöglichkeiten und -kriterien.

Approximation der χ^2-Verteilung

Gesucht ist $\chi^2(0{,}9;162)$, also die Stelle, an der die Verteilungsfunktion $F_Y(y)$ der χ^2-Verteilung mit 162 Freiheitsgraden den Wert 0,9 hat.

a) Wegen $\nu \ge 100$ ist Y näherungsweise $\mathbf{N}(162;\sqrt{2 \cdot 162})$-verteilt. Man schlägt daher in der Tabelle der Standardnormalverteilung den zu $\delta = 0{,}9$ gehörigen Wert $z(0{,}9) = 1{,}282$ nach. Es gilt dann:

$0{,}9 = \mathbf{P}(Z < 1{,}282) = \mathbf{P}(Y < \mu + 1{,}282\sigma) = \mathbf{P}(Y < 162 + 1{,}282 \cdot \sqrt{324}) = \mathbf{P}(Y < 185{,}076)$.

Daher gilt: $\chi^2(0{,}9;162) \approx 185{,}076$.

Allgemein gilt für $\nu \ge 100$: $\chi^2(\delta;\nu) \approx \nu + z(\delta) \cdot \sqrt{2\nu}$.

b) Eine genauere Approximation ergibt sich wie folgt:

Da $\nu \ge 30$ gilt, ist $Z = \sqrt{2Y} - \sqrt{2\nu - 1}$ näherungsweise $\mathbf{N}(0;1)$-verteilt. Löst man nach Y auf, so ergibt sich, dass Y dieselbe Verteilung hat wie $0{,}5(Z + \sqrt{2\nu - 1})^2$, wobei Z $\mathbf{N}(0;1)$-verteilt ist. Es gilt dann:

$$0{,}9 = \mathbf{P}(Z < 1{,}282) = \mathbf{P}\left(0{,}5 \cdot (Z + \sqrt{2\nu - 1})^2 < 0{,}5 \cdot (1{,}282 + \sqrt{2 \cdot 162 - 1})^2\right) = \mathbf{P}(Y < 0{,}5 \cdot (1{,}282 + \sqrt{323})^2)$$
$$= \mathbf{P}(Y < 185{,}36).$$

Daher ist $\chi^2(0{,}9;162) \approx 185{,}36$.

Allgemein gilt für $\nu \ge 30$: $\chi^2(\delta;\nu) \approx 0{,}5 \cdot (\sqrt{2\nu - 1} + z(\delta))^2$

Approximation der F-Verteilung

a) Gesucht ist $\mathbf{F}(0{,}9;1;5)$. Für $r_1 = 1$ und beliebiges r_2 ist $\pm\sqrt{X}$ studentverteilt mit r_2 Freiheitsgraden. Anders ausgedrückt hat X dieselbe Verteilung wie $|T|^2$. Die Betragsstriche sollen andeuten, dass im folgenden $\sqrt{X}$ nur als positive Größe aufgefasst werden soll. Es gilt dann für 5 Freiheitsgrade: $0{,}9 = \mathbf{P}(|T| < 2{,}015) = \mathbf{P}(|T|^2 < 2{,}015^2) \approx \mathbf{P}(X < 4{,}06)$.

Daher ist $\mathbf{F}(0{,}9;1;5) \approx 4{,}06$.

Allgemein gilt: $\mathbf{F}(\delta;1;r_2) \approx (t^*(\delta;r_2))^2$.

b) Gesucht ist **F**(0,9;1;50). Für $r_1 = 1$ und $r_2 \geq 30$ ist $\pm\sqrt{X}$ näherungsweise **N**(0;1)-verteilt. X ist daher näherungsweise so verteilt wie |Z|. Es gilt dann:

$0{,}9 = \mathbf{P}(|Z| < 1{,}65) = \mathbf{P}(|Z|^2 < 1{,}65^2) \approx \mathbf{P}(X < 2{,}72)$.

Daher ist **F**(0,9;1;50) ≈ 2,72.

Allgemein gilt: $\mathbf{F}(\delta;1;r_2) \approx (z^*(\delta))^2$

Approximation der Studentverteilung

Gesucht ist t(0,9;72). Für $\nu \geq 30$ ist T näherungsweise **N**(0;1)-verteilt. Es gilt dann:
$0{,}9 = \mathbf{P}(Z < 1{,}28) \approx \mathbf{P}(T < 1{,}28)$. Daher ist $t(0{,}9;72) \approx 1{,}28$.

Allgemein gilt: $t(\delta,\nu) \approx z(\delta)$.

10 Einführung in die schließende Statistik

10.1 Aufgabe von Stichprobenverfahren

In Band I der Grundlagen der Statistik, der sich mit beschreibenden Verfahren beschäftigt, werden statistische Methoden und Hilfsmittel behandelt, die bei der Erhebung, Aufbereitung und Analyse von Daten herangezogen werden können. Dabei wird jeweils von einer **gegebenen Datenmenge** (statistischen Masse) ausgegangen, die im Rahmen einer statistischen Untersuchung vollständig erfasst und analysiert werden soll. Alle Aussagen der beschreibenden Statistik über Verteilungen, Mittelwerte, Streuungsmaße usw. beziehen sich jeweils auf die gegebene, **vollständig erfasste Masse** und können nicht ohne weiteres verallgemeinert werden, weil statistische Massen häufig nur **Teilmassen** einer übergeordneten Gesamtheit sind. Methoden sowie Ergebnisse und Aussagen der beschreibenden Statistik beziehen sich dann nur auf diese **Teilmasse**. Der nicht erfasste Teil der Gesamtmasse wird nicht in die Untersuchung einbezogen. Über ihn besitzt man keinerlei konkrete Informationen.

Bei der Anwendung statistischer Methoden ist man nun manchmal aus verschiedenen Gründen gezwungen, eine Untersuchung auf einen Teil einer Gesamtheit zu beschränken, obwohl Aussagen über die Gesamtheit und nicht nur über den untersuchten Teil benötigt werden.

B 10.1.1 a) *Kettenglieder sollen auf Zugfestigkeit geprüft werden. Bei der Zugfestigkeitsprobe werden die Kettenglieder bis zum Zerreißen belastet und dadurch zerstört. Es können also nicht alle produzierten oder alle von einem Lieferanten bezogenen Kettenglieder geprüft werden. Mit Hilfe statistischer Stichprobenverfahren ist es nun möglich, durch Prüfung einer verhältnismäßig geringen Anzahl von Kettengliedern zu hinreichend zuverlässigen Aussagen über den Ausschussanteil zu gelangen. Dabei wird nicht nur der vermutliche Ausschussanteil geschätzt, sondern auch der mögliche Fehler einer solchen Schätzung bestimmt.*
Eine exakte Ermittlung des Ausschussanteils ist durch Prüfung nur eines Teils der Kettenglieder natürlich nicht möglich.
b) *In einer Zementfabrik werden durch einen Automaten Zementsäcke zu je* 25 *kg abgepackt. Um die Zuverlässigkeit des Automaten zu überprüfen, könnte man jeden Sack nachwiegen. Da dieses Verfahren jedoch mit hohen Kosten verbunden ist, wiegt man nur jeden* 20. *oder* 50. *Sack und bestimmt für mehrere nachgewogene Säcke das Durchschnittsgewicht. Erst wenn dieses Durchschnittsgewicht statistisch signifikant von der Sollvorgabe abweicht, kann auf Ungenauigkeit des Verpackungsautomaten geschlossen werden.*
c) *Nach politischen Wahlen (z.B. Bundestags-, Landtags- oder Kommunalwahlen) versucht man, nach Auszählung eines Teils der abgegebenen Stimmen, möglichst schnell zuverlässige Schätzungen des Endergebnisses zu erhalten.*

Den drei Beispielen ist Folgendes gemeinsam:

- Gegeben ist eine statistische Masse (alle produzierten oder gekauften Kettenglieder, alle abgepackten Zementsäcke, alle abgegebenen Wählerstimmen). Über diese Masse möchte man bestimmte Aussagen machen (Ausschussanteil, Gewicht, Stimmenanteile der Parteien).
- Eine vollständige Untersuchung der gesamten statistischen Masse ist nicht möglich, zu teuer oder zu langwierig. Man beschränkt sich deshalb auf die Untersuchung eines ausgewählten Teils der gesamten Masse.
- Aus den Ergebnissen der statistischen Untersuchung der ausgewählten Teilmenge soll auf die Gesamtmasse geschlossen werden.

Wie man aus den Ergebnissen der statistischen Untersuchung einer Teilmasse auf die übergeordnete Gesamtmasse schließen kann, ist Gegenstand der **induktiven** oder **schließenden Statistik**. Dabei spielen die beiden folgenden Begriffe eine grundlegende Rolle.

D 10.1.2

Grundgesamtheit
Eine statistische Masse, die für einen bestimmten Zweck zu untersuchen ist bzw. über die man bestimmte Aussagen machen möchte, heißt Grundgesamtheit.
Ist die Grundgesamtheit endlich, wird die Anzahl ihrer Elemente mit N bezeichnet.

Stichprobe
Der Teil einer statistischen Masse, der analysiert wird, um statistische Informationen über die Grundgesamtheit zu erhalten, heißt Stichprobe.
Die Anzahl n der Stichprobenelemente heißt **Stichprobenumfang**.

Die zu untersuchende Teilmasse (Stichprobe) wird nach bestimmten Kriterien ausgewählt, deren wichtigstes die Zufälligkeit ist. Man spricht deshalb auch von **Zufallsstichproben**. Aus den Ergebnissen der Untersuchung der Stichprobe werden dann Rückschlüsse auf die Grundgesamtheit gezogen.

Es gibt vor allem folgende **Gründe für Stichprobenuntersuchungen**:

- Die **Kosten** einer Vollerhebung sind zu hoch.
- Der **Zeitaufwand** einer Vollerhebung ist zu hoch oder man möchte sehr schnell Schätzungen von endgültigen Ergebnissen haben (wie z.B. bei Wahlhochrechnungen).
- Die Elemente werden bei der Prüfung **zerstört** (z.B. Prüfung der Zugfestigkeit von Kettengliedern).
- Für eine Vollerhebung steht nicht genügend qualifiziertes **Personal** zur Verfügung.
- Die Grundgesamtheit umfasst auch Elemente, die erst in der **Zukunft** auftreten (z.B. bei einer laufenden Produktion).
- Die (nur theoretisch existierende) Grundgesamtheit ist **unendlich** groß.

Prinzipiell gibt es für Stichprobenverfahren zwei Arten von Aufgabenstellungen, wie die beiden folgenden Beispiele zeigen.

B 10.1.3 a) *In einer Urne befinden sich rote und grüne Kugeln. Durch zufällige Entnahme eines Teils der Kugeln soll* ***geschätzt*** *werden, wie hoch der Anteil der roten Kugeln in der Urne ist.*
b) *Mit einem Automaten wird Zement in Säcke abgefüllt (siehe* B 10.1.1b). *Durch Nachwiegen eines Teils der abgepackten Säcke soll* ***geprüft*** *bzw. getestet werden, ob das vorgeschriebene Gewicht von* 25 kg *je Zementsack auch tatsächlich eingehalten wird.*

In B 10.1.3 a) ist ein wichtiger Teilbereich der schließenden Statistik angesprochen, nämlich die **Schätzverfahren**.

Bei den statistischen Schätzverfahren geht es darum, die

- Parameter (z.B. Erwartungswert oder Standardabweichung) oder die
- Verteilung

einer unbekannten Grundgesamtheit mittels einer Stichprobe zu schätzen.

Das Grundprinzip statistischer Schätzverfahren ist verhältnismäßig einfach.

B 10.1.4 *Um den Anteil der roten Kugeln in einer Urne mit roten und grünen Kugeln (siehe* B 10.1.3 a) *zu schätzen, wird der Urne zufällig eine bestimmte Anzahl von Kugeln entnommen. Sind z.B. unter* 50 *gezogenen Kugeln* 15 *bzw.* 30% *rot, so verwendet man diesen Anteil als Schätzwert für den Anteil roter Kugeln in der Grundgesamtheit (alle Kugeln in der Urne).*

Die Bestimmung eines Schätzwertes für einen Parameter einer Grundgesamtheit aufgrund einer Stichprobe, wie in B 10.1.4, nennt man **Punktschätzung**. Ein statistischer Schätzwert kann natürlich von dem tatsächlichen (aber unbekannten) Wert des Parameters abweichen. Daher führt man oft auch eine **Intervallschätzung** durch. Diese liefert ein Intervall, das den zu schätzenden unbekannten Parameter mit einer vorgegebenen Wahrscheinlichkeit überdeckt.

Das zweite wichtige Teilgebiet der schließenden Statistik, das in B 10.1.3 b) angesprochen wird, sind die **Testverfahren**.

Statistische Testverfahren werden dort angewendet, wo Annahmen bzw. Hypothesen über Parameter oder Verteilungen einer Grundgesamtheit durch eine Stichprobenuntersuchung zu überprüfen sind. Dabei ist für statistische Testverfahren typisch, dass die zu prüfende Größe gewissen zufälligen Schwankungen unterliegt[35].

B 10.1.5 *Es wird an* B 10.1.3 b) *angeknüpft.*
Der Automat für das Abfüllen der Zementsäcke wird nicht so genau arbeiten, dass er bis auf Bruchteile eines Gramms exakt 25 kg *abwiegt. Die Gewichte der abgepackten Zementsäcke werden also geringfügigen, zufälligen Schwankungen unterliegen. Für die Überprüfung des Sollgewichts entnimmt man der Produktion regelmäßig Stichproben eines gewissen Umfangs und ermittelt für die Stichproben das Durchschnittsgewicht der nachgewogenen Säcke. Aufgrund der zufälligen Schwankungen der Gewichte der abgefüllten Säcke muss man damit rechnen, dass geringfügige Abweichungen vom Sollwert „normal" sind und noch nicht auf einen fehlerhaft eingestellten Automaten schließen lassen. Bei großen Abweichungen zwischen Durchschnittsgewicht der Stichprobe und Sollwert muss jedoch eingegriffen werden.*
Mit Hilfe statistischer Testverfahren kann bestimmt werden, wie groß die Abweichung zwischen Durchschnittsgewicht der Stichprobe und vorgegebenem Sollwert mindestens sein muss, damit mit ausreichender Wahrscheinlichkeit auf einen falsch eingestellten bzw. defekten Automaten geschlossen werden kann.

Für statistische Testverfahren gibt es zahlreiche Aufgabenstellungen bzw. Anwendungsbereiche, z.B. die statistische Qualitätskontrolle oder die Überprüfung medizinischer, sozialwissenschaftlicher oder psychologischer Hypothesen. B 10.1.6 enthält typische Problemstellungen für Testverfahren.

B 10.1.6 a) *Durch wiederholtes Werfen eines Würfels soll geprüft werden, ob alle Zahlen mit der gleichen Wahrscheinlichkeit von* $\frac{1}{6}$ *auftreten.*

b) *Durch Feststellung der Intelligenzquotienten von Frauen und Männern in einer zufällig ausgewählten Stichprobe soll getestet werden, ob Frauen intelligenter sind als Männer.*

c) *Durch Entnahme und Prüfung einer bestimmten Anzahl von Widerständen aus einer Lieferung von* 2.000 *Widerständen soll getestet werden, ob die vom Hersteller garantierten Widerstandswerte eingehalten werden.*

35 Für die Überprüfung einer Größe, die nicht schwankt, genügt eine Stichprobe vom Umfang 1, da man bereits damit feststellen kann, ob ein vorgegebener Wert eingehalten wird oder nicht.

d) ***Ein Brückenbauwerk wird aus Beton hergestellt. Um festzustellen, ob die für den Beton geforderte Güte eingehalten wird, werden Probewürfel hergestellt und analysiert. Die Einhaltung der Güteforderungen für den Beton wird also aufgrund einer Stichprobe (Probewürfel) aus der Gesamtmenge Beton getestet.***

Bereits die wenigen Beispiele dieses Abschnitts machen Folgendes deutlich:

- Die Verfahren der schließenden Statistik haben eine wichtige Aufgabe bei der Untersuchung statistischer Grundgesamtheiten, da man aus Kosten-, Zeit- und anderen Gründen häufig nicht in der Lage ist, für eine statistische Untersuchung eine Vollerhebung durchzuführen und die Grundgesamtheit vollständig zu untersuchen.
- Rückschlüsse von Ergebnissen einer Stichprobenuntersuchung auf die übergeordnete Grundgesamtheit sind immer nur „mit einer bestimmten Wahrscheinlichkeit“ möglich. Sichere Aussagen sind, von trivialen Sonderfällen abgesehen, nicht möglich.
- Verfahren der schließenden Statistik machen von den Methoden und Ansätzen der Wahrscheinlichkeitsrechnung Gebrauch.

In den folgenden Abschnitten werden die Grundgedanken des Rückschlusses von der Stichprobe auf die Grundgesamtheit erläutert. Dazu muss man sich vor allem verdeutlichen, dass **Parameter** (Mittelwert, Varianz usw.), die man aus den in einer Stichprobe beobachteten Merkmalswerten berechnen kann[36], unter bestimmten Voraussetzungen **Zufallsvariablen** bzw. Realisationen von Zufallsvariablen sind.

10.2 Grundgedanken von Stichprobenverfahren

Für die Anwendung von Verfahren der schließenden Statistik und vor allem für eine richtige, problemgerechte Interpretation der Ergebnisse ist es notwendig, die wahrscheinlichkeitstheoretischen Grundlagen der schließenden Statistik zu verstehen. Dazu wird zunächst ein Beispiel betrachtet, an dem deutlich wird, dass beim zufälligen Ziehen einer Stichprobe aus einer Grundgesamtheit das Ergebnis eine Zufallsgröße ist.

B 10.2.1 *Eine Urne enthält* 200 *rote und* 800 *grüne Kugeln. Wird aus dieser Urne zufällig eine Kugel gezogen, erhält man mit der Wahrscheinlichkeit*

$\mathbf{P}(R) = \Theta = \frac{200}{1.000} = 0{,}2$ *eine rote Kugel*

und mit der Wahrscheinlichkeit

$\mathbf{P}(G) = 1 - \Theta = 0{,}8$ *eine grüne Kugel.*

Entnimmt man der Urne zufällig eine Stichprobe vom Umfang $n = 10$, *so kann diese Stichprobe* 0, 1, 2, ..., 9 *oder* 10 *rote Kugeln enthalten. Wird mit Zurücklegen gezogen, so ist der Anteil der roten Kugeln* (20%) *und der grünen Kugeln* (80%) *bei jedem Zug unverändert. Für die Anzahl* X *der roten Kugeln in der Stichprobe erhält man deshalb in diesem Fall eine Binomialverteilung mit den Parametern* $n = 10$ *und* $\Theta = 0{,}2$. *Aus der Tabelle der Binomialverteilung ergibt sich dann folgende Wahrscheinlichkeitsverteilung für die Anzahl* x *roter Kugeln in der Stichprobe.*

x	0	1	2	3	4	5	6	7	8	9	10
P(X = x)	0,1074	0,2684	0,3020	0,2013	0,0881	0,0264	0,0055	0,0008	0,0001	0,0000	0,0000

36 Man spricht auch von Stichprobenparametern.

Die Anzahl roter Kugeln in der Stichprobe stellt bei zufälliger Entnahme der Kugeln aus der Urne eine Zufallsvariable X *dar. Sie ist das Ergebnis des Zufallsexperiments „zehnmalige, zufällige Entnahme einer Kugel mit Zurücklegen". Findet man in einer ganz bestimmten Stichprobe* 3 *rote Kugeln, dann handelt es sich um eine spezielle Realisation dieser Zufallsvariablen* X.
Entsprechendes gilt für alle Stichproben, deren Elemente zufällig aus der Grundgesamtheit entnommen werden.

R 10.2.2

Parameterwerte (Anteilswerte, Mittelwerte, Streuungsmaße usw.), die man aus Werten einer Zufallsstichprobe bestimmen kann, sind **Realisationen von Zufallsvariablen**.

Die Zufälligkeit der Stichprobenentnahme ist für die meisten Stichprobenverfahren und ihre Anwendungen eine unverzichtbare Voraussetzung.

Das nachfolgende Beispiel soll deutlich machen, wie man von einer Stichprobe auf die Grundgesamtheit schließen kann.

B 10.2.3 *Gegeben sei, wie in* B 10.2.1, *eine Urne mit* 1.000 *Kugeln, die rot oder grün sind. Der Anteil roter Kugeln unter den* 1.000 *in der Urne befindlichen Kugeln sei unbekannt. Die Vermutung, dass es* 20% *sind, soll durch eine Stichprobe vom Umfang* n = 10 *geprüft werden. Ist die Hypothese richtig, dann hat die Zufallsvariable* X *„Anzahl der roten Kugeln in der mit Zurücklegen gezogenen Stichprobe" die in* B 10.2.1 *angegebene Verteilung.* 1, 2 *oder* 3 *rote Kugeln werden dann mit einer relativ großen Wahrscheinlichkeit in der Stichprobe vorkommen. Die Wahrscheinlichkeit für* 6 *oder mehr rote Kugeln in der Stichprobe ist dagegen, wie aus der Tabelle in* B 10.2.1 *zu entnehmen ist, klein, nämlich* 0,0064. *Bei* 6 *oder mehr roten Kugeln in der Stichprobe kann man also davon ausgehen, dass mit einer sehr hohen Wahrscheinlichkeit die Hypothese falsch ist. Bei* 1, 2 *oder* 3 *roten Kugeln in der Stichprobe wird die Hypothese dagegen statistisch nicht widerlegt.*
Wie man bei 0, 4 *oder* 5 *Kugeln entscheidet, hängt davon ab, welche Wahrscheinlichkeit für einen Irrtum man einzugehen bereit ist. Darauf wird bei Testverfahren im Einzelnen eingegangen.*

Das Beispiel verdeutlicht, dass bei zufälliger Entnahme der Stichprobenelemente sinnvolle Schlüsse von den Stichprobenergebnissen auf die Grundgesamtheit möglich sind. Es wird dabei aber auch deutlich, dass sichere Aussagen meistens nicht möglich sind. Das Risiko einer falschen Aussage bzw. eines falschen Schlusses ist beim Rückschluss von einer Stichprobe auf die Grundgesamtheit im Allgemeinen unvermeidbar. Dazu folgt wieder ein Urnenbeispiel.

B 10.2.4 *Sind in einer Urne mit insgesamt* 1.000 *Kugeln wenigstens* 10 *rote enthalten, dann sind bei zufälliger Entnahme von* 10 *Kugeln ohne Zurücklegen immer alle Ergebnisse von* 0 *bis* 10 *roten Kugeln in der Stichprobe möglich. Zieht man eine Stichprobe mit Zurücklegen, so reicht eine rote Kugel in der Grundgesamtheit aus, um* 0, 1, 2, ..., 9 *oder* 10 *rote Kugeln in der Stichprobe zu finden.* 10 *rote Kugeln unter insgesamt* 1.000 *Kugeln bzw.* 1% *rote Kugeln in der Grundgesamtheit schließen also z.B. nicht aus, dass* 7, 8 *oder* 9 *bzw.* 70%, 80% *oder* 90% *rote Kugeln in einer Stichprobe vom Umfang* n = 10 *gefunden werden. Die Wahrscheinlichkeit für ein solches Stichprobenergebnis ist allerdings außerordentlich klein.*
Bezogen auf das in B 10.2.3 *angesprochene Problem bedeutet das: Die Ablehnung oder Nichtablehnung einer statistisch zu prüfenden Hypothese aufgrund einer Stichprobe führt zu einer Entscheidung, die mit dem Risiko einer Fehlentscheidung verbunden ist. Wenn in einer mit Zurückgelegen gezogenen Stichprobe vom Umfang* 10 *beispielsweise* 6 *rote Kugeln gefunden werden, dann*

können in der Urne durchaus 1, 2, 3, 4 *oder* 998 *oder* 999 *rote Kugeln enthalten sein. Die Wahrscheinlichkeit für* 1, 2, 3 *oder* 998 *oder* 999 *rote Kugeln in der Urne, ist jedoch sehr klein, wenn die Stichprobe* 60% (6 *von* 10) *rote Kugeln enthält.*

Jede Entscheidung und jede Aussage auf der Grundlage einer Stichprobenerhebung ist also mit dem Risiko eines Fehlers behaftet. Bei Testverfahren kann man, wie später näher erläutert wird, dieses Risiko vorgeben. Bei Schätzverfahren kann man den möglichen Fehler abschätzen, wobei man auch hier das **Fehlerrisiko**, d.h. die Wahrscheinlichkeit für das Überschreiten des Fehlers, vorgeben muss.

Ü 10.2.5 *In einer Urne befinden sich* 100 *Kugeln. Davon sind* 30 *rot. Durch zufällige Entnahme werden aus der Urne Stichproben vom Umfang* $n = 8$ *gezogen. Welche Verteilung ergibt sich für die Anzahl der roten Kugeln in der Stichprobe, wenn*

a) *jede Kugel vor Entnahme der nächsten Kugel wieder zurückgelegt wird,*

b) *die Kugeln nicht zurückgelegt werden.*

10.3 Grundgesamtheiten und einfache Zufallsstichproben

Der **Rückschluss** von einer Stichprobe auf eine Grundgesamtheit liefert normalerweise nur **Wahrscheinlichkeitsaussagen**. Für die Anwendung der meisten Stichprobenverfahren ist dabei Voraussetzung, dass die Elemente der Stichprobe zufällig aus der Grundgesamtheit entnommen werden.

D 10.3.1

Zufallsstichprobe
Eine Stichprobe, bei der jedes in der Grundgesamtheit befindliche Element die gleiche Chance hat, in die Stichprobe zu gelangen, heißt Zufallsstichprobe.

Jede n-elementige Kombination aus den Elementen der Grundgesamtheit besitzt bei einer Zufallsstichprobe die gleiche Auswahlwahrscheinlichkeit.

D 10.3.2

Einfache Zufallsstichprobe
Eine Zufallsstichprobe, deren Elemente unabhängig voneinander der Grundgesamtheit entnommen werden, heißt einfache Zufallsstichprobe.

Sofern im Folgenden nichts anderes vermerkt ist, handelt es sich immer um einfache Zufallsstichproben.

Wie in einem konkreten Anwendungsfall eine einfache Zufallsstichprobe aus einer Grundgesamtheit entnommen werden kann, wird in Abschnitt 10.6 (Auswahlverfahren) behandelt.

D 10.3.3

Stichproben mit und ohne Zurücklegen
Wird beim Ziehen einer Stichprobe aus einer Grundgesamtheit jedes Element vor Entnahme des nächsten wieder zurückgelegt, so handelt es sich um eine **Stichprobe mit Zurücklegen**.
Andernfalls handelt es sich um eine **Stichprobe ohne Zurücklegen**.

Bei einer **endlichen Grundgesamtheit** - und nur für eine solche ist die Unterscheidung „mit" oder „ohne" Zurücklegen wichtig - liegt eine **einfache Zufallsstichprobe nur im Fall „mit Zurücklegen"** vor. Wird ohne Zurücklegen gezogen, so ändert sich mit der Entnahme jedes Elements in Abhängigkeit von den Eigenschaften der Merkmalsausprägungen dieses Elements die Grundgesamtheit. Die einzelnen Elemente werden also nicht mehr unabhängig voneinander gezogen.

Im Zusammenhang mit Grundgesamtheiten sind die nachfolgend erläuterten Begriffe und Unterscheidungen wichtig.

Die **Anzahl der Elemente einer endlichen Grundgesamtheit** wird mit N bezeichnet. Bei den Elementen der Grundgesamtheit interessiert man sich für ein Merkmal (manchmal auch für mehrere Merkmale), das wenigstens zwei voneinander verschiedene Ausprägungen haben kann. Die (geordneten) Merkmalsausprägungen der Grundgesamtheit und deren Häufigkeiten ergeben die **Verteilung der Grundgesamtheit**.

D 10.3.4

Dichotome Grundgesamtheit
Eine Grundgesamtheit, bei der das interessierende Merkmal nur zwei mögliche Ausprägungen haben kann, heißt dichotome Grundgesamtheit.

Eine dichotome Grundgesamtheit liegt z.B. vor, wenn man bei der Qualitätsprüfung von Produktionsprozessen oder von Lieferungen untersucht, ob die produzierten bzw. gelieferten Stücke einwandfrei sind oder nicht. Durch einen einfachen Kunstgriff kann man auch die Merkmalswerte einer dichotomen Grundgesamtheit numerisch erfassen. Dazu erhalten alle Elemente, die die interessierende Eigenschaft aufweisen, die Ausprägung „1" und die übrigen Elemente die Ausprägung „0".

Im Gegensatz zu endlichen Grundgesamtheiten stehen **unendliche Grundgesamtheiten**. Eine unendliche Grundgesamtheit enthält (zumindest gedanklich) unendlich viele Elemente. Sie kann mit den Mitteln der deskriptiven Statistik nicht mehr beschrieben werden.

Für die schließende Statistik ist Folgendes wichtig:

Grundgesamtheiten sind in fast allen Anwendungsfällen statistische Massen, die bei einer Vollerhebung mit den Mitteln der deskriptiven Statistik beschrieben und analysiert werden können.
Erst bei zufälliger Entnahme der Stichprobenelemente entstehen Zufallsexperimente, durch die die Grundlagen und Regeln der Wahrscheinlichkeitsrechnung Anwendung finden.

Sowohl für die Verteilung der Grundgesamtheit als auch für die Stichproben können Parameter bestimmt werden. Es werden dazu folgende Bezeichnungsweisen verwendet.

	Grundgesamtheit	Stichprobe
Erwartungswert bzw. Mittelwert	μ	$\overline{x}$
Varianz	σ^2	s^2
Standardabweichung	σ	s
Anteilswert bei dichotomer Grundgesamtheit	Θ	p
Anzahl der Elemente (Umfang)	N	n

Im Zusammenhang mit Stichproben interessiert zunächst die Frage, mit welcher Wahrscheinlichkeit bei der zufälligen Entnahme **eines einzelnen** Elements aus der Grundgesamtheit eine bestimmte Merkmalsausprägung registriert wird.

Für eine einfache Zufallsstichprobe aus einer endlichen Grundgesamtheit vom Umfang N beträgt die Entnahmewahrscheinlichkeit für jedes Element $\frac{1}{N}$. Somit ist die **Wahrscheinlichkeitsdefinition von LAPLACE** anwendbar.

Ist h(x) die Häufigkeit für das Auftreten der Merkmalsausprägung x in der Grundgesamtheit, dann gilt für die Wahrscheinlichkeit **P**(X = x), ein Element mit der Merkmalsausprägung x zu erhalten,

$$\mathbf{P}(X = x) = \frac{h(x)}{N} = f(x).$$

> Die **Wahrscheinlichkeitsverteilung für das Merkmal X** bei zufälliger Entnahme eines einzelnen Elements aus der Grundgesamtheit entspricht der **Verteilung der relativen Häufigkeiten in der Grundgesamtheit**.

B 10.3.5 *In einer Urne befinden sich* N = 7 *Kugeln, die mit den Zahlen* 10, 11, 11, 12, 12, 12, 16 *beschriftet sind. Für das Merkmal* X *„Zahl auf der Kugel" ergibt sich dann folgende Häufigkeitsverteilung:*

x	10	11	12	16
h(x)	1	2	3	1
$f(x) = \frac{h(x)}{N}$	$\frac{1}{7}$	$\frac{2}{7}$	$\frac{3}{7}$	$\frac{1}{7}$

Die relativen Häufigkeiten entsprechen den Wahrscheinlichkeiten, mit denen bei zufälliger Entnahme eine Kugel mit der Zahl 10, 11, 12 *oder* 16 *gezogen wird.*

Entnimmt man der Grundgesamtheit eine einfache Zufallsstichprobe vom Umfang n, dann entspricht das der n-fachen Wiederholung des Zufallsexperiments „Entnahme eines einzelnen Elements". Wird dabei **mit Zurücklegen** gezogen, dann bleibt die Verteilung der relativen Häufigkeiten in der Grundgesamtheit und damit auch die Wahrscheinlichkeitsverteilung für das Merkmal X bei den einzelnen Entnahmen unverändert.

Zieht man Stichproben **ohne Zurücklegen**, dann gelten prinzipiell die gleichen Überlegungen. Eine Änderung ergibt sich nur dadurch, dass sich mit der Entnahme jedes Elements die Grundgesamtheit hinsichtlich ihrer Häufigkeitsverteilung verändert. Damit ändern sich auch die Wahrscheinlichkeitsverteilungen für den beobachteten Merkmalswert bei Entnahme jedes weiteren Elements. Bei genügend großen Grundgesamtheiten kann dieser Unterschied vernachlässigt werden.

Aus jeder Grundgesamtheit können verschiedene Stichproben gleichen Umfangs gezogen werden, wie das folgende Beispiel deutlich macht.

B 10.3.6 *Es wird an* B 10.3.5 *angeknüpft. Die Grundgesamtheit umfasst* 7 *Kugeln mit den Zahlen* 10, 11, 11, 12, 12, 12, 16. *Es wird angenommen, dass auch die mit gleichen Zahlen beschrifteten Kugeln unterschieden werden können. Dann sind folgende Stichproben vom Umfang* $n = 2$ *möglich:*

1. Kugel \ 2. Kugel	10	11	11	12	12	12	16
10	[(10;10)]	(10;11)	(10;11)	(10;12)	(10;12)	(10;12)	(10;16)
11	(11;10)	[(11;11)]	(11;11)	(11;12)	(11;12)	(11;12)	(11;16)
11	(11;10)	(11;11)	[(11;11)]	(11;12)	(11;12)	(11;12)	(11;16)
12	(12;10)	(12;11)	(12;11)	[(12;12)]	(12;12)	(12;12)	(12;16)
12	(12;10)	(12;11)	(12;11)	(12;12)	[(12;12)]	(12;12)	(12;16)
12	(12;10)	(12;11)	(12;11)	(12;12)	(12;12)	[(12;12)]	(12;16)
16	(16;10)	(16;11)	(16;11)	(16;12)	(16;12)	(16;12)	[(16;16)]

Zieht man Stichproben mit Zurücklegen, dann gibt es $N^n = 7^2 = 49$ *verschiedene, gleichmögliche Stichproben. Jede der angegebenen Stichproben wird also mit der Wahrscheinlichkeit* $\frac{1}{49}$ *realisiert.*

Bei Stichproben ohne Zurücklegen sind es $\frac{N!}{(N-n)!} = 7 \cdot 6 = 42$ *Möglichkeiten. Jede Stichprobe wird mit der Wahrscheinlichkeit* $\frac{1}{42}$ *realisiert. Die in eckige Klammern gesetzten Wertepaare entfallen dann.*

Dieses Beispiel wird in B 10.4.2 (S. 107) *fortgesetzt.*

Als Ergebnis dieses Abschnitts ist festzuhalten:

R 10.3.7

> Bei zufälliger Entnahme einer Stichprobe aus einer Grundgesamtheit sind die an den Stichprobenelementen feststellbaren Werte des interessierenden Merkmals Realisationen von Zufallsvariablen.

Da die Stichprobenentnahme zufällig erfolgt, sind unterschiedliche Stichproben aus einer Grundgesamtheit möglich.

Ü 10.3.8 *In einer Urne liegen* 4 *Kugeln, die mit den Zahlen* 20, 22, 24 *und* 26 *beschriftet sind. Es werden einfache Zufallsstichproben vom Umfang* $n = 2$ *gezogen.*
Geben Sie alle möglichen Stichproben an, wenn
a) ***mit*** *Zurücklegen und*
b) ***ohne*** *Zurücklegen gezogen wird.*
c) *Wie groß ist die Wahrscheinlichkeit für die Realisation der einzelnen Stichproben?*

Abschließend ist noch eine Bemerkung zu normalverteilten Grundgesamtheiten zu machen.

Bei Anwendung der Statistik ist häufig von normalverteilten oder annähernd normalverteilten Grundgesamtheiten die Rede. In der Realität hat man es aber fast immer mit endlichen Grundgesamtheiten zu tun. Da die Normalverteilung stetig ist und ihre Dichte für alle reellen x positiv ist, kann eine exakte Normalverteilung in der Realität nicht beobachtet werden. Was man dagegen häufig findet, sind Grundgesamtheiten mit einer Häufigkeitsverteilung, die sich **näherungsweise** durch eine Normalverteilung beschreiben lässt.

Die Begründung dafür liefert der **Zentrale Grenzwertsatz**. Wird ein statistisches Merkmal von sehr vielen unabhängigen Einflussgrößen beeinflusst, von denen keine besonders dominiert, und können diese Einflussgrößen als Zufallsvariablen interpretiert werden, so ist der Zentrale Grenzwertsatz anwendbar (vgl. Abschnitt 9.8). Die Summation aller zufälligen Einflüsse ergibt dann näherungsweise eine Normalverteilung, gleichgültig wie die unabhängigen Einflussgrößen verteilt sind. Bei vielen Stichprobenverfahren wird deshalb davon ausgegangen, dass die Grundgesamtheit näherungsweise normalverteilt ist.

10.4 Stichprobenfunktionen

a) Begriff der Stichprobenfunktion

Eine Stichprobe vom Umfang n liefert Stichprobenwerte $x_1, x_2, ..., x_n$. Aus den Stichprobenwerten, d.h. aus den an den Stichprobenelementen beobachtete Merkmalsausprägungen, lassen sich für die Stichprobe Parameter berechnen, z.B. arithmetisches Mittel $\overline{x}$ oder Standardabweichung s. Die allgemeine Grundlage dazu liefert der Begriff der **Stichprobenfunktion**.

Es wird ausgegangen von einer Grundgesamtheit mit einem Merkmal X. Das Auftreten einer bestimmten Merkmalsausprägung an einem zufällig entnommenen Element kann durch die Zufallsvariable X beschrieben werden. Dann kann der mögliche Merkmalswert jedes der n Stichprobenelemente als Zufallsvariable X_i (i = 1,...,n) aufgefasst werden.

D 10.4.1

Stichprobenfunktion
Eine Funktion h, durch die den Stichprobenwerten $X_1, ..., X_n$ die Zufallsvariable $h(X_1,...,X_n)$ zugeordnet wird, heißt Stichprobenfunktion.

Wichtige Stichprobenfunktionen sind nachfolgend zusammengestellt.

Arithmetisches Mittel (Stichprobenmittelwert)

$$\overline{X} = \frac{1}{n}\sum_{i=1}^{n} X_i$$

Varianz (Stichprobenvarianz[37])

$$S^2 = \frac{1}{n}\sum_{i=1}^{n}(X_i - \overline{X})^2 = \frac{1}{n}\sum_{i=1}^{n} X_i^2 - \overline{X}^2$$

37 Die Varianz der Stichprobe wird häufig auch wie folgt definiert:

$$S^2 = \frac{1}{n-1}\sum_{i=1}^{n}(X_i - \overline{X})^2 \cdot$$

Beim Literaturstudium, bei der Verwendung von Taschenrechnern mit statistischen Funktionen und bei Statistik-Software ist hierauf zu achten, damit keine Missverständnisse entstehen.

Standardabweichung (Stichprobenstandardabweichung)

$$S = \sqrt{S^2} = \sqrt{\frac{1}{n}\sum_{i=1}^{n}(X_i - \overline{X})^2}$$

Anteilswert bei dichotomer Grundgesamtheit

Bei den Elementen einer dichotomen Grundgesamtheit interessiert man sich dafür, ob sie eine bestimmte Eigenschaft besitzen oder nicht. Dafür kann man, wie weiter oben bereits gesagt wurde, eine Zufallsvariable X einführen, die die Werte „1" (Eigenschaft vorhanden) oder „0" (Eigenschaft nicht vorhanden) annimmt. Die Stichprobenelemente nehmen die Werte „0" oder „1" an. Die Summe der Stichprobenwerte ergibt dann gerade die Anzahl der Elemente mit der interessierenden Eigenschaft in der Stichprobe[38]:

$$X = \sum_{i=1}^{n} X_i$$

Für den Stichprobenanteilswert erhält man dann:

$$P = \frac{X}{n} = \frac{1}{n}\sum_{i=1}^{n} X_i$$

bzw. als prozentualen Anteil

$$P[\%] = \frac{X}{n} \cdot 100[\%].$$

Jede Stichprobenfunktion ist eine Funktion von Zufallsvariablen und damit selbst eine Zufallsvariable. Es ist deshalb in manchen Fällen möglich, für Stichprobenfunktionen die zugehörige Wahrscheinlichkeitsverteilung anzugeben.

b) Verteilung der Stichprobenfunktion $\overline{X}$

Eine der wichtigsten Stichprobenfunktionen ist der Stichprobenmittelwert $\overline{X}$. Er wird u.a. zum Schätzen von μ oder zum Testen von Hypothesen über den Mittel- bzw. Erwartungswert der Grundgesamtheit verwendet.

Für die Verteilung der Zufallsvariablen $\overline{X}$ wird zunächst ein Beispiel betrachtet, welches an die Beispiele aus Abschnitt 10.3 anknüpft.

B 10.4.2 *Für die Grundgesamtheit mit den Merkmalswerten* 10, 11, 11, 12, 12, 12, 16 *wurden in* B 10.3.6 *alle möglichen Stichproben vom Umfang* n = 2 *angegeben. Für diese Stichproben sind in der folgenden Tabelle die Mittelwerte zusammengestellt.*

1. Kugel \ 2. Kugel	10	11	11	12	12	12	16
10	[10]	10,5	10,5	11	11	11	13
11	10,5	[11]	11	11,5	11,5	11,5	13,5
11	10,5	11	[11]	11,5	11,5	11,5	13,5
12	11	11,5	11,5	[12]	12	12	14
12	11	11,5	11,5	12	[12]	12	14
12	11	11,5	11,5	12	12	[12]	14
16	13	13,5	13,5	14	14	14	[16]

38 Die Anzahl von Elementen mit der interessierenden Eigenschaft in der Stichprobe wird mit X bezeichnet. Es ist darauf zu achten, dass das gleiche Symbol für das Merkmal bzw. die entsprechende Zufallsvariable verwendet wird.

Die eingeklammerten Werte sind nur für Stichproben mit Zurücklegen zu berücksichtigen.

Da jede Stichprobe mit der Wahrscheinlichkeit $\frac{1}{49}$ *beim Ziehen mit Zurücklegen und* $\frac{1}{42}$ *beim Ziehen ohne Zurücklegen eintritt, ergibt sich für die Wahrscheinlichkeitsverteilung des Stichprobenmittelwerts* $\overline{X}$ *Folgendes*[39]*:*

a) *mit Zurücklegen*

$\overline{x}$	10	10,5	11	11,5	12	13	13,5	14	16
$\mathbf{P}(\overline{X} = \overline{x})$	$\frac{1}{49}$	$\frac{4}{49}$	$\frac{10}{49}$	$\frac{12}{49}$	$\frac{9}{49}$	$\frac{2}{49}$	$\frac{4}{49}$	$\frac{6}{49}$	$\frac{1}{49}$

b) *ohne Zurücklegen*

$\overline{x}$	10,5	11	11,5	12	13	13,5	14
$\mathbf{P}(\overline{X} = \overline{x})$	$\frac{4}{42}$	$\frac{8}{42}$	$\frac{12}{42}$	$\frac{6}{42}$	$\frac{2}{42}$	$\frac{4}{42}$	$\frac{6}{42}$

Ü 10.4.3 *Bestimmen Sie für die Angaben aus* Ü 10.3.8 *die Verteilung des Stichprobenmittelwerts* $\overline{X}$ *für den Fall*

a) *mit und* **b)** *ohne Zurücklegen.*

Für die Grundgesamtheit ergibt sich $\mu = 23$.

c) *Berechnen Sie den Erwartungswert von* $\overline{X}$ *für* a) *und* b).

d) *Vergleichen Sie* $\mathbf{E}(\overline{X})$ *und* μ.

Das Ergebnis der Aufgabe lässt sich verallgemeinern (vgl. dazu R 8.6.7):

$$\mathbf{E}(\overline{X}) = \mathbf{E}\left(\frac{1}{n}\sum_{i=1}^{n} X_i\right) = \frac{1}{n}\sum_{i=1}^{n}\mu = \frac{1}{n}\cdot n\mu = \mu$$

Also gilt:

R 10.4.4

> **Erwartungswert der Stichprobenfunktion** $\overline{X}$
>
> $\mathbf{E}(\overline{X}) = \mu$

Für die **Varianz von** $\overline{X}$ erhält man:

$$\sigma_{\overline{X}}^2 = \mathbf{VAR}(\overline{X}) = \mathbf{VAR}\left(\frac{1}{n}\sum_{i=1}^{n} X_i\right) = \frac{1}{n^2}\sum_{i=1}^{n}\mathbf{VAR}(X_i) = \frac{1}{n^2}\sum_{i=1}^{n}\sigma^2 = \frac{1}{n^2}\cdot n\sigma^2 = \frac{\sigma^2}{n}$$

Für die **Standardabweichung** von $\overline{X}$ ergibt sich dann:

$$\sigma_{\overline{X}} = \frac{\sigma}{\sqrt{n}}$$

Wird eine einfache **Zufallsstichprobe ohne Zurücklegen** aus einer endlichen Grundgesamtheit gezogen, dann gilt ebenfalls $\mathbf{E}(\overline{X}) = \mu$, aber für die **Varianz von** $\overline{X}$ ergibt sich:

$$\sigma_{\overline{X}}^2 = \frac{\sigma^2}{n}\frac{N-n}{N-1}$$

Auf die Herleitung dieser Formel wird verzichtet.

39 Auf mögliche Kürzungen bei den Brüchen wird verzichtet.

> $\frac{N-n}{N-1}$ heißt **Endlichkeitskorrektur** und wird für $\frac{n}{N} < 0{,}05$ meistens vernachlässigt, wobei man dann natürlich nur einen angenäherten Wert von $\sigma^2_{\overline{X}}$ erhält.

Ist die Varianz der Grundgesamtheit σ^2 unbekannt, wird sie unter Verwendung der Stichprobenvarianz S^2 geschätzt. Allgemein kennzeichnet man Schätzwerte dadurch, dass man über das Symbol des betreffenden Parameters ein „Dach" setzt.

Als Schätzwert für die Varianz der Grundgesamtheit ergibt sich:

$$\hat{\sigma}^2 = s^2 \frac{n}{n-1} .$$

Damit ergeben sich als Schätzwerte von $\sigma^2_{\overline{X}}$:

Stichprobe mit Zurücklegen: $\hat{\sigma}^2_{\overline{X}} = \frac{S^2}{n-1}$

Stichprobe ohne Zurücklegen: $\hat{\sigma}^2_{\overline{X}} = \frac{S^2}{n-1} \frac{N-n}{N}$

Dabei kann auch hier die Endlichkeitskorrektur $\frac{N-n}{N}$ bei $\frac{n}{N} < 0{,}05$ vernachlässigt werden.

R 10.4.5

Formeln für die Varianz der Verteilung des Stichprobenmittelwerts $\overline{X}$			
	Stichprobe mit Zurücklegen	Stichprobe ohne Zurücklegen $\frac{n}{N} < 0{,}05$	Stichprobe ohne Zurücklegen $\frac{n}{N} \geq 0{,}05$
Varianz der Grundgesamtheit σ^2 bekannt	$\sigma^2_{\overline{X}} = \frac{\sigma^2}{n}$	$\sigma^2_{\overline{X}} \approx \frac{\sigma^2}{n}$	$\sigma^2_{\overline{X}} = \frac{\sigma^2}{n} \frac{N-n}{N-1}$
Varianz der Grundgesamtheit σ^2 unbekannt	$\hat{\sigma}^2_{\overline{X}} = \frac{S^2}{n-1}$	$\hat{\sigma}^2_{\overline{X}} \approx \frac{S^2}{n-1}$	$\hat{\sigma}^2_{\overline{X}} = \frac{S^2}{n-1} \frac{N-n}{N}$

B 10.4.6 *In* B 10.3.6 *und* B 10.4.2 *wurde die Verteilung von* $\overline{X}$ *für Stichproben mit und ohne Zurücklegen bestimmt. Aus den Verteilungen kann man Folgendes berechnen:*

(1) *Stichproben mit Zurücklegen:* $\mathbf{E}(\overline{X}) = 12,\ \sigma^2_{\overline{X}} = \frac{11}{7}$

(2) *Stichproben ohne Zurücklegen:* $\mathbf{E}(\overline{X}) = 12,\ \sigma^2_{\overline{X}} = \frac{55}{42}$

Für die Grundgesamtheit gilt (vgl. B 10.3.5) $\mu = 12$ *und* $\sigma^2 = \frac{22}{7}$.

Für die Varianz bestätigen sich damit die beiden Formeln

(1) $\sigma^2_{\overline{X}} = \frac{\sigma^2}{n} = \frac{22/7}{2} = \frac{11}{7}$

und

(2) $\sigma^2_{\overline{X}} = \frac{\sigma^2}{n} \frac{N-n}{N-1} = \frac{22/7}{2} \frac{7-2}{7-1} = \frac{22 \cdot 5}{7 \cdot 2 \cdot 6} = \frac{55}{42}$

Ü 10.4.7 *Bestimmen Sie für die Verteilung aus* Ü 10.4.3 *und* Ü 10.3.8 *die Varianz und überprüfen Sie die Formeln für die Varianz der Verteilung von* $\overline{X}$.

Die Wahrscheinlichkeitsverteilung von $\overline{X}$ kann nur unter bestimmten Voraussetzungen angegeben werden. Dabei ist vor allem die **Verwendung der Normalverteilung** wichtig:

Ist die Grundgesamtheit normalverteilt, so ist jedes X_i der Stichprobe eine normalverteilte Zufallsvariable. $\sum_{i=1}^{n} X_i$ als Summe unabhängiger normalverteilter Zufallsvariablen ist dann ebenfalls normalverteilt.

Es ergibt sich damit Folgendes:

R 10.4.8

> **Verteilung der Stichprobenfunktion $\overline{X}$ bei normalverteilter Grundgesamtheit**
> Ist das Merkmal X der Grundgesamtheit **N**$(\mu;\sigma)$-verteilt, so ist für einfache Zufallsstichproben die Stichprobenfunktion
> $$\overline{X} = \frac{1}{n}\sum_{i=1}^{n} X_i$$
> **N**$(\mu;\sigma_{\overline{X}})$ -verteilt.

Bei einer näherungsweise normalverteilten Grundgesamtheit kann man entsprechend auf eine näherungsweise Normalverteilung von $\overline{X}$ schließen.

R 10.4.9

> **Verteilung der Stichprobenfunktion $\overline{X}$ bei näherungsweise normalverteilter Grundgesamtheit**
> Ist das Merkmal X bei zufälliger Entnahme eines Elements aus der Grundgesamtheit näherungsweise **N**$(\mu;\sigma)$-verteilt, so ist die Stichprobenfunktion
> $$\overline{X} = \frac{1}{n}\sum_{i=1}^{n} X_i$$
> näherungsweise **N**$(\mu;\sigma_{\overline{X}})$ -verteilt.

Ist der Zentrale Grenzwertsatz[40] anwendbar, so gilt:

R 10.4.10

> Ist X nicht normalverteilt, aber der Zentrale Grenzwertsatz anwendbar, so ist für $n > 30$ die Stichprobenfunktion $\overline{X}$ näherungsweise **N**$(\mu;\sigma_{\overline{X}})$ -verteilt.

Ü 10.4.11 *Aus einer Grundgesamtheit vom Umfang* N = 1.200 *mit einem Mittelwert von* $\mu = 60$ *und einer Standardabweichung von* $\sigma = 6$ *werden Stichproben vom Umfang* n = 36 *und* n = 100 *ohne Zurücklegen gezogen.*

a) *Welcher Anteil der Stichproben wird in beiden Fällen Mittelwerte zwischen* 59 *und* 61 *liefern?*

b) *In welchem symmetrischen Bereich um* μ *liegen* 90% *aller Stichprobenmittelwerte?*

Wird $\sigma_{\overline{X}}$ mit Hilfe der Standardabweichung der Stichprobe geschätzt, so ist der Stichprobenmittelwert $\overline{X}$ **nicht N**$(\mu;\sigma_{\overline{X}})$ -verteilt, sondern es gilt:

40 Vgl. dazu Abschnitt 9.8, insbesondere R 9.8.1.

R 10.4.12

> Ist das Merkmal X der Grundgesamtheit **N**($\mu;\sigma$)-verteilt, so ist für einfache Zufallsstichproben die standardisierte Zufallsvariable $T=\frac{\overline{X}-\mu}{\hat{\sigma}_{\overline{X}}}$ studentverteilt mit n–1 Freiheitsgraden.
> Für n > 30 ist die Zufallsvariable T näherungsweise standardnormalverteilt, da die Studentverteilung für Freiheitsgrade $\nu \geq 30$ durch die Standardnormalverteilung approximiert werden kann.

Dass die Größe $T=\frac{\overline{X}-\mu}{\hat{\sigma}_{\overline{X}}}$ studentverteilt ist mit n–1 Freiheitsgraden, ergibt sich aus folgender Überlegung.

Es ist:

$$T=\frac{\overline{X}-\mu}{\hat{\sigma}_{\overline{X}}}=\frac{\overline{X}-\mu}{\frac{S}{\sqrt{n-1}}}=\frac{\frac{\overline{X}-\mu}{\sigma}}{\frac{S}{\sigma}}\sqrt{n-1}$$

$$=\frac{\frac{\overline{X}-\mu}{\sigma}\sqrt{n-1}}{\sqrt{\frac{\frac{\sum(X_i-\overline{X})^2}{n}}{\sigma^2}}}=\frac{\frac{\overline{X}-\mu}{\sigma}\sqrt{n}}{\sqrt{\frac{1}{n-1}\sum\limits_{i=1}^{n}\frac{(X_i-\overline{X})^2}{\sigma^2}}}=\frac{\frac{\overline{X}-\mu}{\frac{\sigma}{\sqrt{n}}}}{\sqrt{\frac{1}{n-1}\sum\limits_{i=1}^{n}\left(\frac{X_i-\overline{X}}{\sigma}\right)^2}}$$

Der Zähler dieses Bruches ist näherungsweise standardnormalverteilt.

Für den Nenner lässt sich zeigen, dass der Ausdruck $\sum\limits_{i=1}^{n}\left(\frac{X_i-\overline{X}}{\sigma}\right)^2$ als Summe von n–1 quadrierten unabhängigen standardnormalverteilten Zufallsvariablen $\frac{X_i-\overline{X}}{\sigma}$ dargestellt werden kann.[41]

Der Nenner ist damit χ^2-verteilt mit n–1 Freiheitsgraden. Der Quotient $T=\frac{\overline{X}-\mu}{\hat{\sigma}_{\overline{X}}}$ entspricht also der in Abschnitt 9.11 gegebenen Definition der Studentverteilung.

Die folgende Tabelle gibt eine Übersicht über die jeweilige Verteilung des Stichprobenmittelwerts $\overline{X}$ bzw. des standardisierten Stichprobenmittelwerts $\frac{\overline{X}-\mu}{\sigma_{\overline{X}}}$.

---

41 Dies ist plausibel, wenn man berücksichtigt, dass durch $\overline{X}=\frac{1}{n}\sum\limits_{i=1}^{n}X_i$ n Zufallsvariablen miteinander verknüpft werden. Gibt man n–1 Zufallsvariablen X_i (i = 1,...,n–1) und $\overline{X}$ vor, so ist durch die Gleichung für $\overline{X}$ die Zufallsvariable X_n schon eindeutig bestimmt, d.h. von den übrigen n–1 Variablen abhängig.

Übersicht zu den Möglichkeiten der Verteilung des Stichprobenmittelwertes $\overline{X}$		
Verteilung von X	σ	Verteilung von $\overline{X}$ bzw. $\frac{\overline{X}-\mu}{\hat{\sigma}_{\overline{X}}}$
N($\mu;\sigma$)	bekannt	$\overline{X}$ ist **N** ($\mu;\sigma_{\overline{X}}$) -verteilt
N($\mu;\sigma$)	unbekannt	$\frac{\overline{X}-\mu}{\hat{\sigma}_{\overline{X}}}$ ist studentverteilt mit n–1 Freiheitsgraden
unbekannt mit **E**(X) = μ; **VAR** (X) = σ^2	bekannt	für $n > 30$ ist $\overline{X}$ näherungsweise **N**($\mu;\sigma$)-verteilt
unbekannt mit **E**(X) = μ; **VAR** (X) = σ^2	unbekannt	für $n > 30$ ist $\frac{\overline{X}-\mu}{\hat{\sigma}_{\overline{X}}}$ näherungsweise standardnormalverteilt, da die Studentverteilung durch die Normalverteilung approximiert werden kann.

c) Verteilung des Stichprobenanteilswerts bei einer dichotomen Grundgesamtheit

In einer endlichen oder unendlichen dichotomen Grundgesamtheit besitzt ein Anteil Θ der Elemente die Eigenschaft A. Bei den übrigen Elementen (Anteil 1–Θ) ist sie nicht vorhanden ($\overline{A}$).

Die Entnahme einer **Stichprobe des Umfangs n mit Zurücklegen** aus einer dichotomen Grundgesamtheit entspricht der Durchführung eines BERNOULLI-Experiments. Damit gilt:

R 10.4.13 Die **Anzahl X** der Elemente **mit der Eigenschaft A** in einer **mit Zurücklegen** gezogenen Stichprobe aus einer dichotomen Grundgesamtheit ist **binomialverteilt** mit den Parametern n und Θ, d.h. **B**(n;Θ)-verteilt.

B 10.4.14 *In einer Urne befinden sich* 10 *Kugeln, von denen* 4 *rot sind. Es wird eine Zufallsstichprobe mit Zurücklegen vom Umfang* 3 *gezogen. Die Anzahl* X *der roten Kugeln in der Stichprobe ist dann* **B**(3;0,4)*-verteilt. Für die Wahrscheinlichkeit* 0, 1, 2 *oder* 3 *rote Kugeln in der Stichprobe zu haben, ergibt sich dann:*

B(0|3;0,4) = 0,216; **B**(1|3;0,4) = 0,432; **B**(2|3;0,4) = 0,288; **B**(3|3;0,4) = 0,064.

Die Wahrscheinlichkeiten der **Binomialverteilung** für die Verteilung von X gelten **auch für die Verteilung des Stichprobenanteils** $P = \frac{X}{n}$.

Die Entnahme einer Stichprobe **ohne Zurücklegen** des Umfangs n führt bei **endlicher Grundgesamtheit** des Umfangs N auf eine Hypergeometrische Verteilung. Dem Anteil Θ entspricht dann die Anzahl $M = N\Theta$ von Elementen mit der Eigenschaft A in der Grundgesamtheit.

R 10.4.15

Die Anzahl X der Elemente mit der Eigenschaft A in einer **ohne Zurücklegen** gezogenen Stichprobe aus einer endlichen dichotomen Grundgesamtheit ist **hypergeometrisch verteilt** mit den Parametern N, M = NΘ und n, d.h. **H**(N; NΘ;n)-verteilt.

B 10.4.16 *Es wird an Beispiel* B 10.4.14 *angeknüpft. Es wird jedoch nunmehr angenommen, dass die Stichproben ohne Zurücklegen gezogen werden. Es ergibt sich:*

$$H(0|10;4;3) = \frac{\binom{4}{0}\binom{6}{3}}{\binom{10}{3}} = \frac{1 \cdot 20}{120} = \frac{1}{6} = 0{,}1667;$$

$$H(1|10;4;3) = 0{,}5;\ \ H(2|10;4;3) = 0{,}3;\ \ H(3|10;4;3) = 0{,}0333.$$

Man beachte, dass bei einer **unendlich** großen Grundgesamtheit (N = •) auch bei Nicht-Zurücklegen der gezogenen Stichprobenelemente der Anteil Θ der Elemente mit der Eigenschaft A unverändert bleibt. Bei **Stichproben ohne Zurücklegen aus einer unendlichen Gesamtheit ist** deshalb anstelle der Hypergeometrischen Verteilung **die Binomialverteilung zu verwenden**. Im Übrigen ist hier auf die Möglichkeit der **Approximation** der Hypergeometrischen Verteilung durch die Binomial-, die Poisson- oder die Normalverteilung hinzuweisen (vgl. dazu die Ausführungen in Kapitel 9).

Ü 10.4.17 *In einem Produktionsprozess wurde in der Vergangenheit ein Ausschussanteil von* 2% *beobachtet. Die Einhaltung dieser Qualitätsnorm soll durch laufende Stichproben vom Umfang* n = 50 *überwacht werden.*

a) *Bestimmen Sie unter Verwendung der Poissonverteilung die Wahrscheinlichkeit dafür,* 0, 1, 2, 3, 4 *oder* 5 *defekte Stücke in der Stichprobe zu finden, wenn der Ausschussanteil tatsächlich* 2% *beträgt.*

b) *Bestimmen Sie eine natürliche Zahl* k*, die mit einer Wahrscheinlichkeit von* 95% *die obere Grenze für die Anzahl defekter Stücke in der Stichprobe bildet.*

c) *Welche Verteilung wäre theoretisch exakt zu verwenden?*

d) Verteilung der Stichprobenvarianz S² bei normalverteilter Grundgesamtheit

Bei der Verteilung der Stichprobenvarianz ist darauf zu achten, dass die Stichprobenvarianz auf zwei Arten definiert werden kann, nämlich als

$$S_*^2 = \frac{1}{n}\sum_{i=1}^{n}(X_i - \mu)^2 \quad \text{mit } \mu = \mathbf{E}(X_i)$$

oder als

$$S^2 = \frac{1}{n}\sum_{i=1}^{n}(X_i - \overline{X})^2$$

Die folgenden Ausführungen beschränken sich, wie in den vorhergehenden Abschnitten, auf die Betrachtung von S^2.

Die Verteilung der Stichprobenvarianz kann nicht direkt angegeben werden, sondern nur die Verteilung der Größe $U = \frac{nS^2}{\sigma^2}$.

Dafür gilt:

R 10.4.18

> Entnimmt man einer **N**($\mu;\sigma$)-verteilten Grundgesamtheit eine Zufallsstichprobe vom Umfang n, so ist die Größe
>
> $$U = \frac{nS^2}{\sigma^2}$$
>
> eine χ^2-verteilte Zufallsvariable mit n–1 Freiheitsgraden.

Auf einen Beweis dieses Satzes wird verzichtet. Der Grundgedanke dazu basiert auf folgender Überlegung.

Es ist

$$U = \frac{nS^2}{\sigma^2} = \frac{\sum_{i=1}^{n}(X_i - \overline{X})^2}{\sigma^2} = \sum_{i=1}^{n}(\frac{X_i - \overline{X}}{\sigma})^2.$$

Von den n Summanden sind wegen der Beziehung zwischen X_i (i = 1,...,n) und $\overline{X}$ nur n–1 unabhängig.
Man kann nun zeigen, dass sich die n Summanden als n–1 standardnormalverteilte, unabhängige Zufallsvariablen darstellen lassen, so dass man tatsächlich eine χ^2-Verteilung erhält. Mit Hilfe der Verteilung von $\frac{nS^2}{\sigma^2}$ kann man dann durch einfache Umformungen zu Aussagen über S^2 bzw. σ^2 gelangen. Dazu wird hier vor allem auf Abschnitt 11.6 über Konfidenzintervalle für σ^2 hingewiesen.

10.5 Schluss von der Stichprobe auf die Grundgesamtheit

Bei der Anwendung von Stichprobenverfahren versucht man mit Hilfe einer Stichprobenfunktion Rückschlüsse auf einen Parameter der Grundgesamtheit zu ziehen. Die Grundgedanken dieses Rückschlusses von der Stichprobe auf die Grundgesamtheit sollen jetzt am Beispiel des Parameters μ einer normalverteilten Grundgesamtheit erläutert werden.

Es wird von der in Abschnitt 10.4 b) behandelten Verteilung des Stichprobenmittelwerts $\overline{X}$ ausgegangen.

Allgemein ist der Stichprobenmittelwert $\overline{X}$ eine Zufallsvariable mit dem Erwartungswert **E**($\overline{X}$) = μ. Will man nun aufgrund einer Stichprobe den Mittelwert bzw. Erwartungswert μ der Grundgesamtheit schätzen, dann liegt es deshalb nahe, als Schätzwert für μ den Stichprobenmittelwert $\overline{X}$ zu verwenden. Auf diese Weise erhält man einen einzigen Schätzwert (eine Zahl) für den unbekannten Parameter μ der Grundgesamtheit. Man bezeichnet diesen Schätzwert als **Punktschätzung**:

$$\hat{\mu} = \overline{x}.$$

Diese Schätzung des Parameters μ der Grundgesamtheit besitzt die Eigenschaft, dass man damit „im Mittel richtig liegt“, d.h. wenn man über diesen Ansatz sehr viele Schätzungen durchführt, gleichen sich die möglichen Fehler aus.

Eine Punktschätzung kann naturgemäß fehlerhaft sein. Um auch eine Aussage über die Größe des möglichen Fehlers zu erhalten, führt man häufig zusätzlich oder alternativ eine **Intervallschätzung** durch. Der Begriff der Intervallschätzung wurde bereits in Abschnitt 10.1 erläutert. Die Grundgedanken einer Intervallschätzung werden nachfolgend skizziert. Dazu wird zunächst ein **Wahrscheinlichkeitsintervall für den Stichprobenmittelwert** betrachtet.

Gegeben sei eine Grundgesamtheit mit $\mathbf{N}(\mu;\sigma)$-verteiltem X. Der aus einer Stichprobe vom Umfang n berechnete Stichprobenmittelwert $\overline{X}$ ist dann $\mathbf{N}(\mu;\frac{\sigma}{\sqrt{n}})$-verteilt.

Man kann nun ein um μ symmetrisches Intervall angeben, in dem bei einer beliebigen Stichprobe mit einer Wahrscheinlichkeit von 1–α der Wert der Stichprobenfunktion $\overline{X}$ liegt.

Ist z der Wert der standardnormalverteilten Zufallsvariablen, bei dem die Verteilungsfunktion den Wert $1-\frac{\alpha}{2}$ annimmt, gilt für dieses Intervall:

G 10.5.1 $\mathbf{P}(\mu - z\sigma_{\overline{X}} \leq \overline{X} \leq \mu + z\sigma_{\overline{X}}) = 1 - \alpha$

In F 10.5.2 ist das Intervall grafisch veranschaulicht. Die schraffierte Fläche entspricht der Wahrscheinlichkeit 1–α.

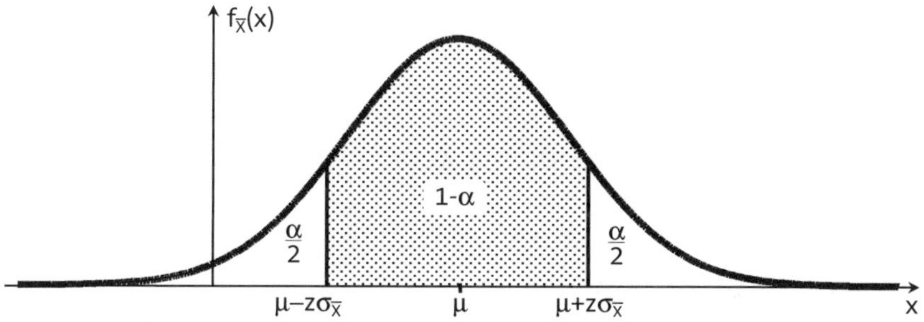

F 10.5.2 Wahrscheinlichkeitsintervall für $\overline{X}$

Die doppelte Ungleichung, die das Wahrscheinlichkeitsintervall beschreibt, wird nun schrittweise so umgeformt, dass anstelle von $\overline{X}$ der Erwartungswert μ in der Mitte steht.

$$\begin{aligned}\mathbf{P}(\mu - z\sigma_{\overline{X}} \leq \overline{X} \leq \mu + z\sigma_{\overline{X}}) &= \mathbf{P}(-z\sigma_{\overline{X}} \leq \overline{X} - \mu \leq z\sigma_{\overline{X}}) \\ &= \mathbf{P}(-\overline{X} - z\sigma_{\overline{X}} \leq -\mu \leq -\overline{X} + z\sigma_{\overline{X}}) \\ &= \mathbf{P}(\overline{X} + z\sigma_{\overline{X}} \geq \mu \geq \overline{X} - z\sigma_{\overline{X}}) = 1 - \alpha\end{aligned}$$

Es ergibt sich schließlich

G 10.5.3 $\mathbf{P}(\overline{X} - z\sigma_{\overline{X}} \leq \mu \leq \overline{X} + z\sigma_{\overline{X}}) = 1 - \alpha$

Wenn die Wahrscheinlichkeitsaussage in G 10.5.1 gilt, dann gilt auch die Aussage in G 10.5.3.

Damit ist ein Intervall bestimmt, dessen Grenzen $\overline{X}-z\sigma_{\overline{X}}$ und $\overline{X}+z\sigma_{\overline{X}}$ **Zufallsvariablen** sind, denn diese Grenzen werden mit der Stichprobenfunktion $\overline{X}$ bestimmt.

Das Intervall überdeckt den unbekannten Parameter μ mit vorgegebener Wahrscheinlichkeit $1-\alpha$.

Zusammenfassend kann mit G 10.5.1 und G 10.5.3 festgehalten werden:

R 10.5.4

> Das Intervall
>
> $$\mathbf{P}(\mu - z\sigma_{\overline{X}} \leq \overline{X} \leq \mu + z\sigma_{\overline{X}}) = 1 - \alpha$$
>
> hat feste Grenzen. Die Zufallsvariable $\overline{X}$ nimmt mit der Wahrscheinlichkeit $1-\alpha$ einen Wert aus diesem Intervall an.
> Das Intervall
>
> $$\mathbf{P}(\overline{X} - z\sigma_{\overline{X}} \leq \mu \leq \overline{X} + z\sigma_{\overline{X}}) = 1 - \alpha$$
>
> ist ein Intervall, dessen Grenzen Zufallsvariablen sind und das den unbekannten Parameter μ mit der Wahrscheinlichkeit $1-\alpha$ überdeckt.

Damit sind bereits die wichtigsten Grundgedanken des statistischen Schätzens behandelt. Es wurde gezeigt, wie man für einen Parameter einer Grundgesamtheit eine Punktschätzung durchführen kann und wie man eine Aussage über den dabei möglichen Fehler (Abweichung zwischen Schätzwert und tatsächlichem Wert des Parameters) durch eine Intervallschätzung ermitteln kann. Die halbe Länge des in G 10.5.3 enthaltenen Intervalls, also $z\sigma_{\overline{X}}$, bezeichnet man auch als **Schätzfehler**. Dieser Schätzfehler wird, wie aus dem Intervall in G 10.5.3 hervorgeht, mit der Wahrscheinlichkeit $1-\alpha$ nicht überschritten. Das bedeutet:
Die Abweichung zwischen der Punktschätzung $\overline{x}$ und dem tatsächlichen Parameterwert μ ist mit einer Wahrscheinlichkeit von $1-\alpha$ nicht größer als $z\sigma_{\overline{X}}$.

10.6 Auswahlverfahren

Der Schluss von einer Stichprobe auf die Grundgesamtheit liefert Wahrscheinlichkeitsaussagen. Für die Anwendung der meisten Stichprobenverfahren wird dabei die zufällige Entnahme der Stichprobenelemente aus der Grundgesamtheit vorausgesetzt. Andernfalls erhält man eine Verzerrung der Ergebnisse, da die wahrscheinlichkeitstheoretischen Voraussetzungen der Stichprobenverfahren nicht erfüllt sind. Für die **Auswahl der Stichprobenelemente** gibt es verschiedene Möglichkeiten, von denen hier die wichtigsten behandelt werden.

a) Uneingeschränkte Zufallsauswahl

Bei der uneingeschränkten Zufallsauswahl erfolgt die Auswahl der Stichprobenelemente aus der Grundgesamtheit vollkommen zufällig. Die uneingeschränkte Zufallsauswahl kann auf zwei Arten erfolgen:

(1) Die Elemente der Grundgesamtheit werden gemischt, und die Stichprobenelemente werden der Grundgesamtheit zufällig entnommen, so wie man aus einer Trommel mit gut gemischten Losen zufällig Lose zieht.

Das direkte zufällige Ziehen der Stichprobenelemente aus der Grundgesamtheit ist nur in seltenen Fällen der Anwendung möglich, z.B. bei den meisten Glücksspielen.

B 10.6.1 a) *Das Ausspielen der Zahlen im Zahlenlotto* (6 *aus* 49) *erfolgt über eine uneingeschränkte Zufallsauswahl.*

b) *Das Ausspielen der Zahlen beim Roulette ist eine uneingeschränkte Zufallsauswahl (sofern die Roulettemaschine nicht manipuliert ist).*

c) *Das nichtmanipulierte Werfen eines Würfels entspricht einer uneingeschränkten Zufallsauswahl der Augenzahl.*

(2) Sind die Elemente der Grundgesamtheit nummeriert, dann kann die Auswahl der Stichprobenelemente dadurch erfolgen, dass man aus dem Bereich der Nummern der Elemente der Grundgesamtheit zufällig Zahlen zieht und dann die diesen Zahlen zugeordneten Elemente der Grundgesamtheit in die Stichprobe nimmt. In der Anwendung werden diese Zahlen bzw. Nummern allerdings meistens nicht zufällig gezogen, sondern man verwendet so genannte Zufallszahlen.

Zufallszahlen sind Realisationen einer Zufallsvariablen. Sie sind in zwei Formen verfügbar:

- Die Zufallszahlen liegen als Zufallszahlentabelle vor. Eine Zufallszahlentabelle enthält im allgemeinen blockweise angeordnete Zufallsziffern, d.h. Zufallszahlen von 0 bis 9. Werden nun beispielsweise zwei-, drei- oder vierstellige Zufallszahlen benötigt, dann werden aus einer solchen Tabelle zwei, drei oder vier aufeinander folgende Ziffern abgelesen (s. u.).
- Die Zufallszahlen werden für die Stichprobenauswahl jeweils neu erzeugt. Das kann durch Würfeln oder einen würfelähnlichen Mechanismus geschehen oder mit Hilfe einer Rechenvorschrift.

  Die über eine Rechenvorschrift bestimmten Zufallszahlen sind allerdings keine echten Zufallszahlen, da ihnen ein Rechengesetz zugrunde liegt und sie im Regelfall exakt reproduzierbar sind. Man spricht in einem solchen Fall von **Pseudozufallszahlen**. Pseudozufallszahlen haben den großen Vorteil, dass sie mit Hilfe von Computern berechnet werden können.

  Entscheidend für die Verwendbarkeit von Pseudozufallszahlen ist, dass diese Pseudozufallszahlen Eigenschaften haben, die denen echter Zufallszahlen sehr nahe kommen. Zu diesen Eigenschaften gehören:
  - Die **Zufallszahlen müssen eine vorgegebene Verteilung erfüllen**. Für die Stichprobenauswahl muss Gleichverteilung verlangt werden, d.h. jede Zahl muss mit der gleichen Wahrscheinlichkeit gezogen werden können.
  - **Zufallszahlen müssen zufällig aufeinander folgen**, d.h. sie dürfen nicht in einer bestimmten Systematik hintereinander stehen.

Eine Tabelle mit Pseudozufallszahlen ist im Anhang B7 enthalten. Beim Ablesen von Zufallszahlen aus der Tabelle beginnt man an einer beliebigen Stelle. Diesen Anfang sollte man zufällig ermitteln. Ebenso sollte man die Ableserichtung durch Zufall ermitteln.

B 10.6.2 *Es sollen dreistellige Zufallszahlen aus der Tabelle im Anhang* B7 *entnommen werden. Es wird in Zeile* 24, *Kolonne* 3 *begonnen. Man erhält dann zeilenweise die Ziffern*

4597 2180 4167 3623 6762 0611 0851 3463 0719 *usw.*

Daraus erhält man die 3*stelligen Zufallszahlen*

459, 721, 804, 167, 362, 367, 620, 611, 085, 134, 630, 719 *usw.*

Nicht benötigte Zufallszahlen bleiben unberücksichtigt.

B 10.6.3 *Mit den in* B 10.6.2 *entnommenen Zahlen sollen gleichverteilte Zufallszahlen von* 0 *bis* 600 *erzeugt werden. Es werden dazu alle Zahlen über* 600 *weggelassen und man erhält:*
459, 167, 362, 367, 085, 134 *usw.*

Ü 10.6.4 *Ein Betrieb hat* 500 *Mitarbeiter, deren Personalstammkarten nummeriert sind. Es soll unter Benutzung der Zufallszahlentabelle im Anhang* B7 *eine Zufallsstichprobe vom Umfang* $n = 8$ *gezogen werden. Welche Mitarbeiter gehören dazu? Es ist in Zeile* 12, *Kolonne* 6 *zu beginnen und zeilenweise von links nach rechts abzulesen.*

b) Systematische Auswahlverfahren

Bei einer **systematischen Auswahl** erfolgt die Entnahme der Stichprobenelemente aus der Grundgesamtheit in einer bestimmten Regelmäßigkeit.

Bei der statistischen Qualitätskontrolle kann man z.B. jedes 100. oder 200. gefertigte Teil aus der Produktion herausnehmen und kontrollieren. Für eine Befragung von Personen kann man so vorgehen, dass man aus einer Kartei jede 50. oder 100. oder allgemein jede n-te Person auswählt.

Voraussetzung für die systematische Auswahl ist, dass die Elemente der Grundgesamtheit geordnet sind. Das erste auszuwählende Stichprobenelement wird dann zufällig (z.B. durch Verwendung von Zufallszahlen) aus den ersten k geordneten Elementen der Grundgesamtheit ausgewählt. Beginnend mit diesem zufällig ausgewählten Element wird dann jedes k-te Element in die Stichprobe einbezogen.

Für die Festlegung des Abstands zwischen den Elementen bei der systematischen Auswahl gilt Folgendes:

R 10.6.5

Systematisches Auswahlverfahren
Sind n Stichprobenelemente aus einer Grundgesamtheit vom Umfang N zu ziehen, so wird $\frac{N}{n}$ berechnet.
Ist $\frac{N}{n} = k$ ganzzahlig, so wird der Grundgesamtheit jedes k-te Element entnommen.
Ist $\frac{N}{n}$ nicht ganzzahlig, nimmt man für k die nächst kleinere ganze Zahl.

B 10.6.6 *Bei einer Umfrage unter Studenten sollen wenigstens* 700 *Studenten befragt werden. Zum Zeitpunkt der Umfrage sind* 11.000 *Studenten eingeschrieben. Es ist* 11.000 : 700 = 15,7. *Es muss also jeder* 15. *Student ausgewählt werden. Für den Anfang der Auswahl wurde mit einer Zufallszahlentabelle der Wert* 11 *bestimmt.*
Aus der geordneten Datei werden also der 11., *der* 26., *der* 41. *usw. Student ausgewählt.*
Bei 11.000 *Studenten ergibt sich dann ein tatsächlicher Stichprobenumfang von* $n = 733$.

Eine systematische Auswahl kann auch über einen längenmäßigen Abstand getroffen werden. Aus einer Personenkartei kann man z.B. Karteikarten im Abstand von 1 cm, 2 cm oder 3 cm (oder einem anderen Abstand) ziehen.

Die systematische Auswahl ist allerdings mit der Gefahr einer Verzerrung der Ergebnisse verbunden. Soll z.B. durch eine Stichprobe die Genauigkeit eines Abfüllautomaten mit mehreren Abfüllstutzen überprüft werden, so kann bei der systematischen Auswahl ein Fehlurteil dadurch hervorgerufen werden, dass man gerade immer die Pakete des einzigen fehlerhaften Abfüllstutzens entnimmt.

In den meisten Anwendungen, z.B. bei der Auswahl von Personen aus einer Personenkartei, führt jedoch die systematische Auswahl zu einer Stichprobe, die annähernd die gleichen Eigenschaften besitzt wie die Stichprobe einer uneingeschränkten Zufallsauswahl.

Spezielle systematische Auswahlverfahren sind:

Buchstaben- bzw. Geburtstagsverfahren
Bei diesen Auswahlverfahren werden alle Elemente (Personen), deren Name mit einem bestimmten Buchstaben bzw. mit einer bestimmten Buchstabenkombination beginnt oder die an einem bestimmten Tag (z.B. am 27.1. oder am 14.10.) Geburtstag haben, in die Stichprobe aufgenommen. Die Auswahl der Buchstaben bzw. Buchstabenkombinationen oder der Geburtstage erfolgt dabei zufällig.

Schlussziffernverfahren
Beim Schlussziffernverfahren enthält die Stichprobe alle Elemente mit bestimmten Schlussziffern, wie z.B. bei der Ziehung der Gewinne einer Lotterie. Die Schlussziffern selbst werden dabei zufällig ausgewählt (z.B. durch Verwendung von Zufallszahlen).

c) Geschichtete Stichproben

Bei einer Grundgesamtheit mit sehr großer Streuung der Merkmalsausprägungen können auch die Ergebnisse eines Stichprobenverfahrens sehr stark streuen. Eine Verbesserung der Schätz- oder Testergebnisse lässt sich dadurch erreichen, dass die Grundgesamtheit derart in so genannte Schichten eingeteilt wird, dass innerhalb der einzelnen Schichten eine möglichst geringe Streuung vorliegt.

B 10.6.7 *Die monatlichen Einkommen von Personen oder Haushalten in Deutschland sind sehr unterschiedlich. Bei einer statistischen Untersuchung der monatlichen Einkommen von Personen oder Haushalten muss man deshalb damit rechnen, dass die ermittelten Einkommensbeträge stark streuen bzw. die Einkommensverteilung eine sehr große Streuung (Varianz bzw. Standardabweichung) aufweist. Bei einer Stichprobenerhebung und der Anwendung von Verfahren der schließenden Statistik kann man eine Verbesserung der Ergebnisse dadurch erzielen, dass man die Gesamtheit der Einkommensbezieher Einkommensklassen zuordnet. Das kann beispielsweise wie folgt geschehen:*

unter € 1000; 1000 *bis unter* 2000; 2000 *bis unter* 3000 *usw.*

Diese Einteilung der Gesamtheit der Einkommensbezieher nach Einkommensklassen entspricht einer ***Schichtung*** *der Grundgesamtheit.*

> Bei einem **geschichteten Stichprobenverfahren** wird die Grundgesamtheit in Schichten aufgeteilt, die bezüglich des Untersuchungsmerkmals in sich möglichst homogen sein sollen.

Ist eine Grundgesamtheit vom Umfang N in r Schichten vom Umfang N_j ($j = 1,\ldots,r$) aufgeteilt, so gilt:

$$\sum_{j=1}^{r} N_j = N .$$

Aus jeder Schicht wird eine einfache Zufallsstichprobe vom Umfang n_j gezogen. Für den Gesamtumfang der Stichprobe gilt dann:

$$n = \sum_{j=1}^{r} n_j .$$

Für jede Teilstichprobe kann das arithmetische Mittel $\overline{x}_j$ und die Varianz s_j^2 berechnet werden. Für den Stichprobenmittelwert $\overline{x}$ der Gesamtstichprobe gilt dann:

$$\overline{x} = \frac{1}{N} \sum_{j=1}^{r} \overline{x}_j N_j .$$

Die Verteilung der Stichprobenfunktion $\overline{X}$ hat folgende Varianz:

$$\sigma_{\overline{X}}^2 = \sum_{j=1}^{r} \frac{\sigma_j^2}{n_j} Q_j^2 \text{ mit } Q_j = \frac{N_j}{N} .$$

Ist die Grundgesamtheit endlich, dann ist auch hier die Berücksichtigung der so genannten **Endlichkeitskorrektur** erforderlich. Man erhält dann für die Varianz der Verteilung von $\overline{X}$:

$$\sigma_{\overline{X}}^2 = \sum_{j=1}^{r} \frac{\sigma_j^2}{n_j} Q_j^2 \frac{N_j - n_j}{N_j - 1} .$$

Ist σ_j^2 nicht bekannt, dann ist folgende Schätzung möglich:

$$\hat{\sigma}_j^2 = s_j^2 \frac{n_j}{n_j - 1}$$

Entsprechend ändert sich dann auch die Formel für $\hat{\sigma}_{\overline{X}}^2$ gegenüber der für $\sigma_{\overline{X}}^2$. Bei der Endlichkeitskorrektur steht N_j anstelle von $N_j–1$ im Nenner.

Ist die Grundgesamtheit bzw. sind die Schichten normalverteilt, so ist auch $\overline{X}$ normalverteilt. Bei nicht normalverteilter Grundgesamtheit ist $\overline{X}$ bei genügend großem Stichprobenumfang aufgrund des Zentralen Grenzwertsatzes näherungsweise normalverteilt.

Ein besonderes Problem ist bei geschichteten Stichproben die **Aufteilung einer Stichprobe** vom Umfang n **auf die** einzelnen **Schichten**. Dafür werden vor allem zwei Ansätze verwendet.

Proportionale Aufteilung der Stichprobe

Die Stichprobe vom Umfang n wird auf die einzelnen Schichten proportional zum Anteil Q_j der Schichten an der Grundgesamtheit aufgeteilt:

$$n_j = nQ_j = n\frac{N_j}{N} \text{ für } j = 1,...,r$$

Optimale Aufteilung der Stichprobe

Die Schichtenbildung bei Stichprobenverfahren kann bei inhomogenen Grundgesamtheiten derart erfolgen, dass die Streuung der Verteilung der Stichprobenfunktion reduziert wird. Es liegt nahe, bei gegebenem Stichprobenumfang n die Aufteilung so zu wählen, dass $\sigma_{\overline{X}}^2$ möglichst klein ist. Die n_j (j = 1,...,r) sind dann so zu wählen, dass

$$\sigma_{\bar{X}}^2 = \sum_{j=1}^{r} \frac{\sigma_j^2}{n_j} Q_j$$

bzw.

$$\sigma_{\bar{X}}^2 = \sum_{j=1}^{r} \frac{\sigma_j^2}{n_j} Q_j^2 \frac{N_j - n_j}{N_j - 1}$$

unter der Bedingung $\sum n_j = n$ ein Minimum wird.

Mittels Differentiation erhält man in beiden Fällen folgende Formel für die optimale Aufteilung einer Stichprobe:

$$n_j^* = n \frac{Q_j \sigma_j}{\sum_{i=1}^{r} Q_i \sigma_i} = n \frac{N_j \sigma_j}{\sum_{i=1}^{r} N_i \sigma_i} \quad \text{für } j = 1,\dots,r$$

Für eine **dichotome Grundgesamtheit** erhält man:

$$p = \sum_{j=1}^{r} p_j Q_j$$

$$s_p^2 = \sum_{j=1}^{r} \frac{p_j(1-p_j)}{n_j} Q_j^2 \frac{N_j - n_j}{N_j - 1}$$

Auf die Endlichkeitskorrektur kann gegebenenfalls verzichtet werden. Für die optimale Aufteilung ergibt sich:

$$n_j^* = n \frac{N_j \sqrt{\Theta_j(1-\Theta_j)}}{\sum_{i=1}^{r} N_i \sqrt{\Theta_i(1-\Theta_i)}}$$

B 10.6.8 *Für die Untersuchung des monatlichen Einkommens von Erwerbstätigen in einer Stadt wurde die Gesamtheit der Erwerbstätigen in* 5 *Schichten* (I-V) *eingeteilt. Die Schichtenumfänge sowie die Standardabweichung in den Schichten sind in der folgenden Tabelle zusammengestellt.*

Schicht	I	II	III	IV	V
N_j	3000	5000	6000	4000	2000
σ_j	4000	6000	5000	4000	8000

Es soll eine Stichprobe vom Umfang $n = 600$ *gezogen werden.*
Bei proportionaler Aufteilung der Stichprobe ergibt sich:

$$n_1 = 600 \cdot \frac{3.000}{20.000} = 90;\ n_2 = 600 \cdot \frac{5.000}{20.000} = 150;\ n_3 = 180;\ n_4 = 120 \text{ und } n_5 = 60.$$

Bei optimaler Aufteilung ergibt sich mit den oben angeführten Formeln:

$$n_1^* = 600 \cdot \frac{3.000 \cdot 4.000}{104.000.000} = 69;\ n_2^* = 173;\ n_3^* = 173;\ n_4^* = 92;\ n_5^* = 92.$$

(*Die Anwendung der Formel für die optimale Aufteilung einer Stichprobe liefert keine ganzzahligen Werte, so dass durch Rundungsdifferenzen die Summe der Teilstichprobenumfänge in diesem Beispiel nur* 599 *ergibt.*)

Ü 10.6.9 *Bei einer Buchprüfung soll aus den Rechnungen eines Betriebes eine geschichtete Zufallsstichprobe vom Umfang* $n = 300$ *gezogen werden. Folgende Schichten wurden nach der Gesamtrechnungssumme gebildet:*

	Schichtgrenzen			
	unter 200	200 *bis unter* 500	500 *bis unter* 1.000	*über* 1.000
N_j	2.500	1.250	1.000	250
σ_j	4.000	10.000	40.000	50.000

Bestimmen Sie **a)** *proportionale und* **b)** *optimale Aufteilung der Stichprobe.*

Geschichtete Stichprobenverfahren spielen in der Anwendung eine große Rolle. Eine wichtige betriebswirtschaftliche Anwendung ergibt sich seit einigen Jahren durch die Möglichkeit zur Stichprobeninventur. Nach § 241 HGB wird jedem Kaufmann für das Ende eines Geschäftsjahres die Aufstellung eines Inventars vorgeschrieben. Dieses Bestandsverzeichnis aller Vermögensgegenstände und Schulden erhält der Kaufmann bei den Vermögensgegenständen durch eine körperliche Bestandsaufnahme, die seit Anfang 1977 unter bestimmten Voraussetzungen auch auf Stichprobenbasis vorgenommen werden darf. Ist eine Lagerbuchführung vorhanden, dann erfolgt die Inventur des Vorratsvermögens zweckmäßigerweise über ein geschichtetes Stichprobenverfahren. Die Schichten werden dabei nach den Werten der einzelnen Bestandspositionen gebildet. Eine solche Schichtung kann beispielsweise durch folgende Einteilung gegeben werden:

Schicht 1:	Bestandspositionen mit Werten von	0 bis 50
Schicht 2:	Bestandspositionen mit Werten von über	50 bis 100
Schicht 3:	Bestandspositionen mit Werten von über	100 bis 200
usw.		

Die Wertbreite der Schichten wird dabei sinnvollerweise mit großen Werten zunehmen.

d) Quotenauswahl

Mit geschichteten Stichproben eng verwandt ist die so genannte **Quotenauswahl**. Eine Quotenauswahl liegt vor, wenn die Grundgesamtheit nach einem bestimmten Gesichtspunkt gegliedert ist und diese Gliederung auch in der Stichprobe zu finden ist.

Für die Vorhersage von Wahlergebnissen werden beispielsweise die zu befragenden Personen so ausgewählt, dass die soziologische Struktur der Stichprobe derjenigen der Gesamtbevölkerung entspricht.

Die Quotenauswahl spielt generell bei allen Untersuchungen im Bereich der Markt- und Meinungsforschung eine Rolle sowie bei Stichprobenuntersuchungen des Statistischen Bundesamts. Zu letzterem ist als bekanntestes Beispiel auf den so genannten **Mikrozensus** zu verweisen. Dabei geht es um Folgendes:

Zur Ermittlung von Daten über die Bevölkerung werden in größeren Zeitabständen Volkszählungen durchgeführt. Dabei werden Alter, Schulabschluss, Religionszugehörigkeit, ausgeübter Beruf und andere Merkmale erfasst. In den Zeiten zwischen den Volkszählungen wird ein Teil der Angaben durch Fortschreibung ermittelt. Das ist z.B. beim Alter oder bei der Anzahl der in Deutschland lebenden Personen möglich. Bei der Erwerbstätigkeit oder dem Schulabschluss lässt sich das jedoch nicht praktizieren. Um auch hier aktuelle Informationen zu haben, wird im Rahmen des so genannten Mikrozensus jährlich auf Stichprobenbasis eine Befragung von 1%

aller Haushalte durchgeführt, bei der die interessierenden Merkmale (z.B. Erwerbstätigkeit und Schulabschluss) erfasst werden. Die Festlegung der Stichprobe erfolgt nach einem Quotenverfahren, damit die Bevölkerungsstruktur in dieser Stichprobe ausreichend repräsentiert wird.

e) Klumpenstichproben

In vielen Fällen ist eine problemlose Auswahl der Elemente aus einer Grundgesamtheit nicht möglich, weil eine exakte Bestimmung bzw. Festlegung aller Elemente nicht durchführbar ist. Das ist z.B. bei Reisenden in Autobussen oder Bahnen oder in Pkws der Fall oder bei den Besuchern einer Ausstellung. Bei der Planung einer Stichprobenuntersuchung kann man hier im Voraus nicht sagen, wie viel Elemente die Grundgesamtheit umfassen wird. In solchen Fällen, aber auch aus grundsätzlichen Erwägungen (z.B. Kostengründen), kann es sich empfehlen, der Grundgesamtheit statt einzelner Elemente so genannte Klumpen zu entnehmen.

Bei der Befragung von Reisenden können z.B. sämtliche Insassen eines Busses oder eines Pkws befragt werden. Die Zufallsauswahl erfolgt dann so, dass man aus allen in Frage kommenden Bussen oder Pkws zufällig Busse bzw. Pkws auswählt und dann sämtliche Insassen befragt.

Man nennt eine solche Stichprobenauswahl **Klumpenstichprobenverfahren** oder **Klumpenverfahren**.

Die Bildung der Klumpen ist in den meisten Fällen eine Aufteilung der Grundgesamtheit nach geographischen, soziologischen oder zeitlichen Gesichtspunkten.

Von den Klumpen wird eine bestimmte Anzahl zufällig ausgewählt. Sämtliche Elemente der ausgewählten Klumpen gelangen in die Stichprobe. Die Klumpenbildung erfolgt vor allem zur Kostensenkung. Der damit verbundene Verlust an Genauigkeit heißt **Klumpeneffekt**.

Erfolgt die Auswahl der Klumpen nach geographischen Gesichtspunkten, d.h. entsprechen die Klumpen geographischen Flächen, dann spricht man auch von **Flächenstichproben**.

f) Mehrstufige Stichprobenauswahl

Eine **Zufallsauswahl** von Stichprobenelementen kann auch **in mehreren Stufen** erfolgen.

B 10.6.10 *Auf Stichprobenbasis soll eine Befragung von Schülern an Gymnasien in der Bundesrepublik Deutschland vorgenommen werden. Dazu können zufällig Schüler aus allen Gymnasien ausgewählt werden. Man kann aber auch wie folgt vorgehen:*
In einem ersten Schritt werden Bundesländer zufällig ausgewählt. In einem zweiten Schritt werden Gemeinden zufällig ausgewählt. In einem dritten Schritt werden Schulen innerhalb der ausgewählten Gemeinden zufällig ausgewählt. In einem vierten Schritt werden an den ausgewählten Schulen einzelne Klassen zufällig ausgewählt.

In dem Beispiel erfolgt die Zufallsauswahl der Stichprobenelemente über vier Stufen. Werden nach der vierten Stufe alle Schüler einer Klasse befragt, dann liegt zugleich ein Klumpenauswahlverfahren vor. Mehrstufige Auswahlverfahren führen in vielen Fällen zu einer Reduzierung des Erhebungsaufwandes, weil nicht sämtliche Elemente der Grundgesamtheit für die Stichprobenauswahl berücksichtigt werden müssen. Das macht das oben angeführte Beispiel deutlich.

g) Probleme bei der Stichprobenauswahl

Bei der Stichprobenauswahl können mehrere Probleme auftreten. Grundsätzlich muss man für die in dieser Einführung behandelten Stichprobenverfahren verlangen, dass die Stichprobenelemente über eine uneingeschränkte Zufallsauswahl der Grundgesamtheit entnommen werden. Praktisch ist das nicht immer möglich, so dass man dann zu anderen Auswahlverfahren greift (z.B. systematische Auswahl). Es muss dann aber gewährleistet sein, dass dieses Auswahlverfahren annähernd die gleichen Eigenschaften besitzt wie die uneingeschränkte Zufallsauswahl.

Dabei ist die folgende Grundforderung zu beachten:

R 10.6.11 Für die Anwendung statistischer Schätz- und Testverfahren muss die Auswahl der Stichprobenelemente aus der Grundgesamtheit unabhängig vom Untersuchungsmerkmal sein.

B 10.6.12 *Unabhängigkeit der Stichprobenauswahl vom Untersuchungsmerkmal ist z.B. nicht gewährleistet, wenn man für eine Untersuchung des Wahlverhaltens der wahlberechtigten Bevölkerung eine Umfrage derart durchführt, dass an einem Werktag vormittags Passanten im Zentrum einer Großstadt befragt werden. Es werden dann vorwiegend Hausfrauen, Rentner, Arbeitslose, Schichtarbeiter und Studenten in die Stichprobe gelangen, während die Mehrzahl der Berufstätigen nicht erfasst wird.*

Ein besonders schwieriges Problem bei der Stichprobenauswahl ergibt sich aus der Tatsache, dass bei Befragungen vielfach **Antworten verweigert** werden. Bei über die Post versandten Fragebögen, die die Befragten wieder zurücksenden sollen, dokumentiert sich diese Antwortverweigerung darin, dass nur ein bestimmter Prozentsatz der versandten Fragebögen wieder zurückgeschickt wird. Bei mündlichen Befragungen erfolgt die Antwortverweigerung unmittelbar. Durch Antwortverweigerung besteht die Möglichkeit, dass in eine statistische Untersuchung ein systematischer Fehler gelangt, weil möglicherweise ganz bestimmte Gruppen von Personen die Antwort verweigern.

B 10.6.13 *Beispielsweise ist bei Befragungen von Studenten über ihre soziale Lage, die Wohnverhältnisse, ihr Wahlverhalten und ähnliche Merkmale festgestellt worden, dass unter den auf die Umfrage antwortenden Studenten kaum Studierende waren, die politisch extrem links oder extrem rechts orientiert waren, obwohl die Realität zeigt, dass durchaus ein, zwar nur kleiner, aber nicht verschwindend geringer Prozentsatz der Studenten zum politischen Extremismus neigt. Die Ursache dafür, dass unter den abgegebenen Fragebögen keine politisch extremen Angaben zu finden waren, liegt darin, dass diese Studenten dazu neigen, bei Umfragen und ähnlichem prinzipiell nicht zu reagieren.*

Ein weiteres Problem ist die Bestimmung des für eine Stichprobenuntersuchung erforderlichen Stichprobenumfangs. Je größer die Stichprobe ist, desto besser bzw. genauer werden tendenziell die Ergebnisse der Stichprobenuntersuchung sein. Auf der anderen Seite erhöhen sich die Kosten mit zunehmendem Stichprobenumfang. In einfachen Fällen kann man hier folgendermaßen vorgehen: Man bestimmt den notwendigen Stichprobenumfang so, dass der statistische Fehler (Schätzfehler) einen vorgegebenen Wert mit einer vorgegebenen Wahrscheinlichkeit nicht überschreitet. Dazu verwendet man den in Abschnitt 10.5 eingeführten Schätzfehler. Auf diesen Ansatz wird im Einzelnen am Ende des nächsten Kapitels eingegangen.

Schließlich ist der Begriff **Ausreißer** zu erwähnen. Es kann passieren, dass in eine Stichprobe auch einige Elemente der Grundgesamtheit gelangen, die sehr „unwahrscheinliche" Merkmalsausprägungen haben. Das ist z.B. der Fall, wenn bei einer Einkommensuntersuchung der ländlichen Bevölkerung in einem nach dem Klumpenverfahren ausgewählten Dorf zwei Multimillionäre ihren Wohnsitz haben. Solche Ausreißer können die Ergebnisse einer Stichprobenuntersuchung entsprechend verzerren. Um dies zu vermeiden, modifiziert man die Verfahren, indem z.B. bei metrisch messbaren Merkmalen ein gewisser (kleiner) Prozentsatz der kleinsten und der größten Werte unberücksichtigt bleibt. Es existieren auch statistische Testverfahren zur Erkennung von Ausreißern in einer Stichprobe.

11 Einfache statistische Schätzverfahren

11.1 Aufgabe von Schätzverfahren

Bereits in Kapitel 10 wurde auf die Aufgabenstellung von Schätzverfahren hingewiesen. Sie werden eingesetzt, um mit Hilfe der Untersuchung einer Stichprobe nicht bekannte Parameter oder eine nicht bekannte Verteilung einer Grundgesamtheit zu schätzen. Auf das Schätzen von Verteilungen wird hier nicht eingegangen, sondern nur auf Parameterschätzungen.

Zunächst ist noch einmal festzuhalten, welche Arten von Parameterschätzungen unterschieden werden:

- **Punktschätzungen**, durch die für einen zu schätzenden Parameter ein einzelner Wert bestimmt wird.
- **Intervallschätzungen**, die berücksichtigen, dass Punktschätzungen mit sehr hoher Wahrscheinlichkeit mit dem wahren Wert des Parameters nicht übereinstimmen. Bei einer Intervallschätzung bestimmt man ein Intervall, das den wahren, unbekannten Wert des Parameters mit einer vorgegebenen Wahrscheinlichkeit überdeckt.

Die folgenden Ausführungen beschäftigen sich zunächst mit Punktschätzungen. Anschließend werden die Grundlagen der **Intervallschätzung** behandelt. Die Ausführungen knüpfen unmittelbar an Kapitel 10, insbesondere die Abschnitte 10.4 und 10.5, an.

Hinweis: Um Missverständnisse bei den Symbolen auszuschließen, wird noch einmal auf die hier benutzten Bezeichnungsweisen hingewiesen:

- Große Buchstaben bezeichnen Zufallsvariablen: X, Y, S^2, ...
- Kleine Buchstaben bezeichnen Realisationen von Zufallsvariablen oder Konstanten: x, y, s^2, ...
- Der Merkmalswert des i-ten Stichprobenelements ist allgemein eine Zufallsvariable X_i.
- Der Beobachtungswert des i-ten Elements einer bestimmten Stichprobe ist eine Realisation x_i der Zufallsvariablen X_i.
- Schätzwerte für μ, Θ, σ^2 usw. werden mit einem Dach gekennzeichnet: $\hat{\mu}$, $\hat{\Theta}$, $\hat{\sigma}^2$.

11.2 Schätzfunktionen und Punktschätzung

a) Schätzfunktionen

Punktschätzungen bauen auf den folgenden Grundgedanken auf:

Es soll ein unbekannter Parameter (z.B. μ, Θ oder σ^2) der Grundgesamtheit geschätzt werden. Dieser unbekannte Parameter wird hier allgemein mit q bezeichnet. Für die Schätzung des Parameters wird der Grundgesamtheit eine Zufallsstichprobe entnommen. Ihre Elemente werden als Realisationen der Zufallsvariablen X_1, X_2, ..., X_n aufgefasst. Aus den Stichprobenwerten muss nun ein geeigneter Schätzwert $\hat{q}$ für den unbekannten Parameter q berechnet werden. Dieser Schätzwert $\hat{q}$ für den Parameter q wird mit Hilfe der Stichprobenfunktion $\hat{Q}_n = \hat{Q}_n(X_1,...,X_n)$ bestimmt, die vom Stichprobenumfang und den Elementen der Stichprobe abhängt.

D 11.2.1

Schätzfunktion und Punktschätzung

Eine zur Schätzung eines Parameters q verwendete Stichprobenfunktion

$$\hat{Q}_n = \hat{Q}_n(X_1,\ldots,X_n)$$

heißt auch Schätzfunktion.

Der sich für eine spezielle Stichprobenrealisation $x_1, x_2, \ldots, x_n$ ergebende Wert $\hat{q}$ der Schätzfunktion heißt **Schätzwert** oder Punktschätzung.

Als Schätzfunktion verwendet man in vielen Fällen den Stichprobenparameter, der dem zu schätzenden Parameter der Grundgesamtheit entspricht.

B 11.2.2 a) *Die Schätzfunktion*

$$\overline{X} = \frac{1}{n}\sum_{i=1}^{n} X_i$$

liefert einen Schätzwert $\hat{\mu}$ *für den Parameter* μ *der Grundgesamtheit:*

$$\hat{\mu} = \overline{X}$$

b) *Die Schätzfunktion*

$$P = \frac{X}{n} = \frac{1}{n}\sum_{i=1}^{n} X_i \quad \text{mit}\, X_i = \begin{cases} 0 & \text{falls } \overline{A} \text{ eintritt} \\ 1 & \text{falls } A \text{ eintritt} \end{cases}$$

liefert einen Schätzwert $\hat{\Theta}$ *für den Anteilswert* Θ *der Grundgesamtheit bzw. für die unbekannte Wahrscheinlichkeit* Θ *für das Auftreten des interessierenden Ereignisses* A:

$$\hat{\Theta} = P = \frac{X}{n}$$

Der aus den Stichprobenwerten $x_1, x_2, \ldots, x_n$ berechnete Wert der Schätzfunktion ist der Schätzwert für den unbekannten, wahren Wert des Parameters der Grundgesamtheit.

B 11.2.3 a) *Für eine einfache Zufallsstichprobe von* $n = 100$ *Studenten einer Hochschule wurde ein durchschnittlicher Bierkonsum der Studenten von* $\overline{x} = 1{,}54\,\ell$*/Tag ermittelt. Als Punktschätzung für den durchschnittlichen Bierkonsum* ***aller*** *Studenten der Hochschule erhält man* $\hat{\mu} = \overline{x} = 1{,}54\ \ell$*/Tag.*

b) *Aufgrund einer einfachen Zufallsstichprobe wird ermittelt, dass ein Anteil von* 24% (*oder* $p = 0{,}24$) *der Studenten einer Universität verheiratet ist. Damit erhält man eine Punktschätzung für den unbekannten Parameter* Θ *wie folgt:* $\hat{\Theta} = p = 0{,}24$.

Die Ausführungen zeigen, dass der Grundgedanke einer Punktschätzung verhältnismäßig einfach ist. Der unbekannte Parameter der Grundgesamtheit wird mit dem entsprechenden Parameter aus der Stichprobe geschätzt. Probleme ergeben sich aber u.a. dann, wenn für einen Parameter unterschiedliche Schätzfunktionen verfügbar sind und man zu entscheiden hat, welche Schätzfunktion verwendet werden soll. Um eine solche Auswahl zu erleichtern, kann man die statistischen Eigenschaften von Schätzfunktionen betrachten. Auch Gesichtspunkte wie Kosten oder die Einfachheit der Schätzfunktion können eine Rolle spielen.

B 11.2.4 *Als Schätzfunktion für den Mittelwert* μ *der Grundgesamtheit könnte man auch die Schätzfunktion* $\overline{X}_Z$ *benutzen. Geht man von einer normalverteilten Grundgesamtheit aus, gilt:*

$$\mathbf{E}(\overline{X}_Z) = \mu \quad \textit{und} \quad \sigma_{\overline{X}_Z} = \sqrt{\frac{\pi}{2n}}\,\sigma = \sqrt{\frac{\pi}{2}}\,\sigma_{\overline{X}} = 1{,}2533\,\sigma_{\overline{X}}$$

Die Standardabweichung der Verteilung des Stichprobenmedians ist also etwa 25% größer als die des arithmetischen Mittels $\overline{X}$. Wegen dieser geringeren Standardabweichung ist der Stichprobenmittelwert besser als Schätzfunktion geeignet, da der durchschnittliche Schätzfehler kleiner ist.

b) Eigenschaften von Schätzfunktionen

Schätzfunktionen sind durch bestimmte Eigenschaften charakterisiert, die Auskunft darüber geben, wie gut eine Schätzfunktion für bestimmte Zwecke geeignet ist. Im Rahmen dieser Einführung in die Statistik kann nur auf einige wichtige Eigenschaften kurz eingegangen werden.

D 11.2.5

Erwartungstreue
Eine Schätzfunktion $\hat{\underline{Q}}_n$ des Parameters q heißt **erwartungstreu oder unverzerrt** (engl.: „unbiased"), wenn die Beziehung $\mathbf{E}(\hat{\underline{Q}}_n) = q$ gilt, d.h. wenn der Erwartungswert der Zufallsvariablen $\hat{\underline{Q}}_n$ gleich dem wahren Wert des zu schätzenden Parameters ist.

B 11.2.6 *Wie in Abschnitt* 10.4 b) *gezeigt wurde, hat die Stichprobenfunktion* $\overline{X}$ *den Erwartungswert* $\mathbf{E}(\overline{X}) = \mu$. *Der Stichprobenmittelwert ist also eine erwartungstreue Schätzfunktion für den Erwartungswert der Grundgesamtheit.*

Eine nicht erwartungstreue Schätzfunktion hat man beispielsweise, wenn man $S^2 = \frac{1}{n}\sum_{i=1}^{n}(X_i - \overline{X})^2$ als Schätzfunktion für die Varianz σ^2 der Grundgesamtheit verwendet.

R 11.2.7

Erwartungswert der Stichprobenvarianz
Es gilt für einfache Zufallsstichproben:

$$\mathbf{E}(S^2) = \frac{n-1}{n}\sigma^2.$$

<u>Beweis:</u>

Es ist $\sigma^2 = \mathbf{E}(X_i^2) - (\mathbf{E}(X_i))^2 = \mathbf{E}(X_i^2) - \mu^2$ bzw. $\mathbf{E}(X_i^2) = \sigma^2 + \mu^2$.

Mit dieser Beziehung ergibt sich:

$$\begin{aligned}
\mathbf{E}(S^2) &= \mathbf{E}(\tfrac{1}{n}\sum(X_i - \overline{X})^2) = \mathbf{E}(\tfrac{1}{n}\sum X_i^2 - \tfrac{2}{n}\overline{X}\sum X_i + \tfrac{1}{n}\sum \overline{X}^2) \\
&= \mathbf{E}(\tfrac{1}{n}\sum X_i^2 - \tfrac{2}{n}\overline{X}\cdot n\overline{X} + \tfrac{1}{n}n\overline{X}^2) = \tfrac{1}{n}(\sum \mathbf{E}(X_i^2) - n\mathbf{E}(\overline{X}^2)) \\
&= \tfrac{1}{n}(n(\sigma^2 + \mu^2) - n(\sigma_{\overline{X}}^2 + \mu^2)) = \tfrac{1}{n}(n\sigma^2 + n\mu^2 - n\tfrac{\sigma^2}{n} - n\mu^2) \\
&= \tfrac{1}{n}(n-1)\sigma^2 = \tfrac{n-1}{n}\sigma^2
\end{aligned}$$

Damit ergibt sich die Richtigkeit der Behauptung in R 11.2.7.

R 11.2.8

Schätzung der Varianz der Grundgesamtheit
Mit R 11.2.7 erhält man eine erwartungstreue Schätzung für die Varianz der Grundgesamtheit mit

$$\hat{\sigma}^2 = S^2\frac{n}{n-1}.$$

Die folgende Formel für eine erwartungstreue Schätzung von σ^2 für eine Stichprobe **ohne** Zurücklegen aus einer **endlichen** Grundgesamtheit wird ohne Beweis angegeben.

R 11.2.9

Schätzung der Varianz der Grundgesamtheit
Bei einer endlichen Grundgesamtheit vom Umfang N und einer Stichprobe ohne Zurücklegen vom Umfang n erhält man eine erwartungstreue Schätzfunktion für σ^2 durch

$$\hat{\sigma}^2 = S^2 \frac{n}{n-1} \frac{N-1}{N}.$$

Anmerkung: Um unmittelbar einen erwartungstreuen Schätzwert für die Varianz der Grundgesamtheit zu erhalten, wird in vielen Fällen die Stichprobenvarianz auch wie folgt definiert:

$$S_*^2 = \frac{1}{n-1} \sum_{i=1}^{n} (X_i - \overline{X})^2$$

(Vgl. dazu auch Abschnitt 10.4 a). Diese Formel hat aber den Nachteil, dass die Varianz dann nicht mehr als mittlere quadratische Abweichung interpretierbar ist. Hinzu kommt, dass bei manchen Schätzverfahren auch S_*^2 keine erwartungstreue Schätzung liefert, da allgemein durch n–k dividiert werden muss. n–k ist dabei die Anzahl der Freiheitsgrade des Problems.

D 11.2.10

Effizienz oder Wirksamkeit
Eine erwartungstreue Schätzfunktion $\hat{Q}_n$ für den Parameter q einer Grundgesamtheit heißt **effizient oder wirksam**, wenn $\hat{Q}_n$ eine endliche Varianz hat und es für q keine andere erwartungstreue Schätzfunktion $\hat{Q}_n^*$ mit einer kleineren Varianz gibt.

Ist eine Schätzfunktion effizient, dann bedeutet das (s.o.), dass sie erwartungstreu ist und es unter allen möglichen erwartungstreuen Schätzfunktionen keine andere gibt, die eine kleinere Varianz besitzt. Die Effizienz ist also verbunden mit der Forderung nach minimaler Varianz oder **minimalem mittleren quadratischen Fehler** (MSE; engl.: mean squared error).

B 11.2.11 a) *Für normalverteiltes* X *ist die Schätzfunktion* $\overline{X}$ *effizient. Es gibt keine Schätzfunktion für den Mittel- bzw. Erwartungswert* μ *einer Grundgesamtheit, mit einer kleineren Varianz als* $\overline{X}$.
b) *Die Schätzfunktion* $\overline{X}_Z$ *ist für eine Schätzung von* μ *erwartungstreu, aber nicht effizient* (*vgl.* B 11.2.4). *Es gilt:*

$$\sigma_{\overline{X}_Z}^2 = \sigma^2 \frac{\pi}{2n} = \frac{\pi}{2} \frac{\sigma^2}{n} = \frac{\pi}{2} \sigma_{\overline{X}}^2 = 1{,}571 \sigma_{\overline{X}}^2 > \sigma_{\overline{X}}^2$$

Eine Schätzfunktion $\hat{Q}_n$ für einen Parameter q ist eine Zufallsvariable, die durch eine Dichtefunktion $f_{\hat{Q}}(\hat{q})$ beschrieben werden kann. In F 11.2.12 sind die Dichtefunktionen von drei Schätzfunktionen für denselben Parameter q eingezeichnet.

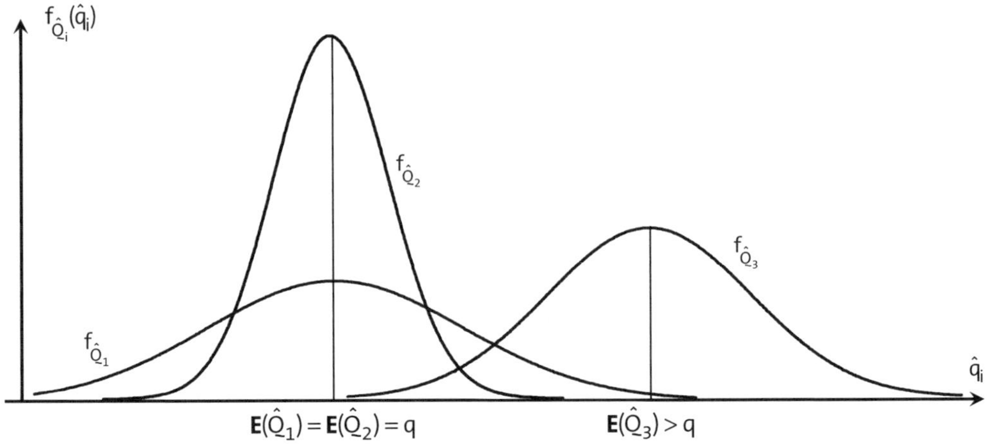

F 11.2.12 Dichtefunktion dreier Schätzfunktionen für denselben Parameter q

Es ist $\mathbf{E}(\hat{Q}_1) = \mathbf{E}(\hat{Q}_2) = q$, d.h. $\hat{Q}_1$ und $\hat{Q}_2$ sind erwartungstreue Schätzfunktionen. $\hat{Q}_3$ ist dagegen nicht erwartungstreu, denn $\mathbf{E}(\hat{Q}_3) > q$.

Von den beiden erwartungstreuen Schätzfunktionen $\hat{Q}_1$ und $\hat{Q}_2$ hat $\hat{Q}_2$ eine kleinere Varianz als $\hat{Q}_1$. Das bedeutet: $\hat{Q}_1$ ist nicht effizient.

Ist $\hat{Q}$ die Schätzfunktion für den Parameter q, dann wird der mittlere quadratische Fehler der Schätzfunktion gegeben durch:

$$\mathbf{E}(\hat{Q} - q)^2$$

Für diesen mittleren quadratischen Fehler gilt:

$$\mathbf{E}(\hat{Q} - q)^2 = \mathbf{VAR}\,\hat{Q} + (\mathbf{E}\hat{Q} - q)^2$$

Der mittlere quadratische Fehler setzt sich also aus zwei Komponenten zusammen, nämlich der Varianz der Schätzfunktion und dem Quadrat der Differenz aus Erwartungswert der Schätzfunktion und dem zu schätzenden Parameter. Die letztere Größe nennt man **Verzerrung oder Bias** der Schätzfunktion. Bei einer erwartungstreuen Schätzfunktion ist die Verzerrung Null und die Forderung nach minimalem mittlerem quadratischem Fehler ist identisch mit der Forderung nach einer effizienten Schätzfunktion.

D 11.2.13

Konsistenz

Es sei $\hat{Q}_n$ eine Schätzfunktion des Parameters q, wobei n den Stichprobenumfang bezeichnet.

$\hat{Q}_n$ heißt **konsistent oder passend** für q, falls für wachsenden Stichprobenumfang n die Folge $\{\hat{Q}_n\}$ stochastisch gegen q konvergiert, d.h. falls gilt:

$$\lim_{n \to \infty} \mathbf{P}(|\hat{Q}_n - q| < \varepsilon) = 1 \text{ (für beliebiges } \varepsilon > 0)$$

Mit wachsendem Stichprobenumfang n strebt also die Wahrscheinlichkeit, dass der Schätzwert $\hat{Q}_n$ nahe am tatsächlichen Parameterwert liegt, gegen den Wert 1. Vereinfacht ausgedrückt bedeutet die Konsistenz, dass eine konsistente Schätzfunktion um so bessere Schätzungen liefert, je größer der Stichprobenumfang ist.

D 11.2.14

Suffizienz

Eine Schätzfunktion $\hat{Q}$ für den Parameter q heißt **suffizient oder erschöpfend**, wenn unabhängig vom Stichprobenumfang keine andere Schätzfunktion einen zusätzlichen Aufschluss über den zu schätzenden Parameter liefern kann.

c) Konstruktion von Schätzfunktionen

Bislang wurde nichts darüber gesagt, wie geeignete Schätzfunktionen konstruiert werden können. Ohne auf Einzelheiten einzugehen, werden die wichtigsten Konstruktionsverfahren angegeben.

Momenten-Methode

Nach diesem ältesten Ansatz verwendet man das **k-te Stichprobenmoment um Null**

$$M_k^0 = \frac{1}{n}\sum_{i=1}^{n} X_i^k$$

als Schätzwert für das k-te Moment um Null in der Grundgesamtheit:

$$\widehat{m_k} = \widehat{\mathbf{E}(X^k)} = M_k^0$$

Damit gilt speziell:

$$\hat{\mu} = \overline{X}$$

und

$$\hat{\sigma}^2 = M_2^0 - M_1^0 = \frac{1}{n}\sum_{i=1}^{n} X_i^2 - \overline{X}^2 \quad .$$

Wie die Schätzung für σ^2 zeigt, liefert die Momenten-Methode nicht immer erwartungstreue Schätzwerte.

Positionsfunktionen

Hierbei werden Quantile der Stichprobenverteilung für die Konstruktion von Schätzfunktionen verwendet.

Maximum-Likelihood-Schätzung

Das wichtigste Prinzip zur Gewinnung von Schätzfunktionen für Parameter einer Verteilung ist die **Maximum-Likelihood-Methode** (Methode der maximalen Mutmaßlichkeit, ML-Prinzip). Die Grundgedanken der Maximum-Likelihood-Schätzung (ML-Schätzung) werden im Folgenden kurz skizziert.

Es wird von einer Zufallsvariablen X ausgegangen, deren Dichtefunktion bzw. Wahrscheinlichkeitsfunktion $f_X(x)$ von einem Parameter q abhängt: $f_X(x;q)$.
Bei einer einfachen Zufallsstichprobe liegen n unabhängige Realisationen der Zufallsvariablen $X_1, X_2, \ldots, X_n$ vor.

Diese n-dimensionale Zufallsvariable hat die Dichtefunktion bzw. Wahrscheinlichkeitsfunktion

$$L(x_1, x_2, ..., x_n; q) = \prod_{i=1}^{n} f_{X_i}(x_i; q).$$

Die Funktion L heißt **Likelihood-Funktion**.

Die Likelihood-Funktion mit den unabhängigen Variablen $x_1, x_2, ..., x_n$ und q hat unter gewissen Voraussetzungen, auf die hier nicht im Einzelnen eingegangen werden kann, bei gegebenen Werten $x_1, x_2, ..., x_n$ genau ein Maximum. Das Maximum von L bei gegebenen $x_1, x_2, ..., x_n$ in Abhängigkeit von q liefert die Maximum-Likelihood-Schätzung von q. Von allen möglichen Werten des Parameters q wird also derjenige als Maximum-Likelihood-Schätzung verwendet, bei dem der Stichprobenrealisation $x_1, x_2, ..., x_n$ die größte Dichte bzw. Wahrscheinlichkeit zukommt.

Mit einfachen Worten entspricht die Likelihood-Schätzung folgendem Vorgehen:
Man betrachtet jeden möglichen Wert, den der Parameter q haben könnte und bestimmt für jeden dieser Werte die Dichte bzw. Wahrscheinlichkeit, dass die jeweilige spezifische Stichprobe eintreten könnte. Von allen möglichen Werten des Parameters wird dann derjenige ausgewählt, für den die Wahrscheinlichkeit bzw. die Dichte für die beobachtete Stichprobe am größten ist.
Das Maximum der Likelihood-Funktion für gegebene $x_1, x_2, ..., x_n$ in Abhängigkeit von q erhält man, indem man die Likelihood-Funktion nach q differenziert, die 1. Ableitung Null setzt und nach dem Parameter q auflöst. Da das häufig sehr aufwändig ist, verwendet man vielfach die logarithmierte Likelihood-Funktion:

$$LL(x_1, x_2, ..., x_n; q) = \sum_{i=1}^{n} \ln(f_{X_i}(x_i; q))$$

B 11.2.15 *Aus einer normalverteilten Grundgesamtheit wird eine einfache Zufallsstichprobe vom Umfang* n *gezogen. Es soll der Parameter* μ *geschätzt werden. Es ist*

$$f_{X_i}(x_i; \mu) = \frac{1}{\sqrt{2\pi\sigma^2}} \exp\left(-\frac{1}{2}\left(\frac{x_i - \mu}{\sigma}\right)^2\right)$$

die Dichtefunktion der Normalverteilung für X_i (i = 1,...,n) *und*

$$L(x_1, x_2, ..., x_n; \mu) = \prod_{i=1}^{n} \frac{1}{\sqrt{2\pi\sigma^2}} \exp\left(-\frac{1}{2}\left(\frac{x_i - \mu}{\sigma}\right)^2\right)$$

die gemeinsame Dichte für die Stichprobe $(X_1, ..., X_n)$.
Als logarithmierte Likelihood-Funktion ergibt sich:

$$LL(x_1, x_2, ..., x_n; \mu) = \sum_{i=1}^{n}\left(-\frac{1}{2}\left(\frac{x_i - \mu}{\sigma}\right)^2 - \ln\sqrt{2\pi\sigma^2}\right)$$

Partielle Differentiation nach μ *ergibt:*

$$\frac{\partial LL}{\partial \mu} = \sum_{i=1}^{n}\left(\frac{x_i - \mu}{\sigma^2}\right) = \frac{1}{\sigma^2}\left(\sum_{i=1}^{n} x_i - n\mu\right)$$

Für ein Maximum muss gelten:

$$\frac{\partial LL}{\partial \mu} = 0.$$

Daraus folgt $\sum_{i=1}^{n} x_i = n\mu$ *und* $\hat{\mu} = \frac{1}{n}\sum_{i=1}^{n} x_i = \overline{x}$*, d.h. bei einer Normalverteilung ist der Stichprobenmittelwert* $\overline{X}$ *die Maximum-Likelihood-Schätzfunktion für* μ.

B 11.2.16 *Aus einer Grundgesamtheit, in der ein Anteil* Θ *der Elemente eine bestimmte Eigenschaft besitzt, wird eine Stichprobe vom Umfang* n *gezogen. In der Stichprobe befinden sich* x *Elemente der betreffenden Eigenschaft, also ein Anteil von* $p=\frac{x}{n}$. *Die Likelihood-Funktion zur Schätzung des Parameters* Θ *erhält man über die Binomialverteilung*

$$L(x;\Theta) = B(x|n;\Theta) = \binom{n}{x}\Theta^x(1-\Theta)^{n-x}$$

$$\frac{\partial L}{\partial \Theta} = \binom{n}{x}\left[x\Theta^{x-1}(1-\Theta)^{n-x} - \Theta^x(n-x)(1-\Theta)^{n-x-1}\right] = 0$$

Daraus folgt:

$$\begin{aligned}
x\Theta^{x-1}(1-\Theta)^{n-x} &= \Theta^x(n-x)(1-\Theta)^{n-x-1}\\
x(1-\Theta) &= (n-x)\Theta\\
x - x\Theta &= n\Theta - x\Theta\\
x &= n\Theta\\
\hat{\Theta} &= \frac{x}{n} = p
\end{aligned}$$

Der Stichprobenanteilswert p *ist ein ML-Schätzwert für* Θ.

Ü 11.2.17 *Aus einer poissonverteilten Grundgesamtheit wird eine einfache Zufallsstichprobe vom Umfang* n *gezogen* $(x_1, x_2, ..., x_n)$. *Ermitteln Sie mit Hilfe der Maximum-Likelihood-Methode einen Schätzwert für den Verteilungsparameter* μ.

d) Kleinste-Quadrate-Schätzung

Ein anderes Prinzip zur Bestimmung einer Schätzfunktion wurde bereits in der deskriptiven Statistik bei der Regressionsrechnung verwendet. Die Koeffizienten der Regressionsfunktion wurden nach dem **Kriterium der kleinsten Quadrate** bestimmt[42].

Das Kriterium der kleinsten Quadrate wird nachfolgend am Beispiel der Schätzung des Parameters μ einer Grundgesamtheit dargestellt.

B 11.2.18 *Es wird ausgegangen von einer Zufallsstichprobe vom Umfang* n *mit den Stichprobenwerten* $X_1, X_2, ..., X_n$. *Das Kriterium der kleinsten Quadrate verlangt, dass der Parameter* μ *so geschätzt wird, dass die Summe der Quadrate der Abweichungen der Stichprobenwerte vom Schätzwert zu einem Minimum wird.* $\hat{\mu}$ *ist also so zu bestimmen, dass folgende Summe minimal wird:*

$$\sum_{i=1}^{n}(X_i - \hat{\mu})^2$$

Differentiation nach $\hat{\mu}$ *und Nullsetzen der ersten Ableitung ergibt*

$$\sum_{i=1}^{n}2(X_i - \hat{\mu})\cdot(-1) = 0.$$

Daraus folgt:

$$\sum_{i=1}^{n}X_i - n\hat{\mu} = 0 \textit{ bzw. } \hat{\mu} = \frac{\sum_{i=1}^{n}X_i}{n} = \overline{X}.$$

Als Schätzwert für den Parameter μ *der Grundgesamtheit ergibt sich nach dem Prinzip der kleinsten Quadrate also der Stichprobenmittelwert* $\overline{X}$.

42 Vgl. dazu auch Abschnitt 4.3. b) in SCHWARZE, J.: Grundlagen der Statistik I: Beschreibende Verfahren. Herne/Berlin, NWB-Verlag.

11.3 Begriff des Konfidenzintervalls

Auf die Grundgedanken der Intervallschätzung wurde bereits in Kapitel 10, insbesondere in Abschnitt 10.5, eingegangen. Das dort aus einem Wahrscheinlichkeitsintervall der Verteilung der Stichprobenfunktion hergeleitete Zufallsintervall überdeckt den unbekannten Parameter μ mit einer vorgegebenen Wahrscheinlichkeit. Die Grenzen dieses Intervalls sind Zufallsvariablen, da sie von der Zufallsvariablen $\overline{X}$ abhängen. Das in Abschnitt 10.5 hergeleitete Intervall liefert eine **Intervallschätzung** für μ und heißt Konfidenzintervall.

D 11.3.1

Konfidenzintervall
Gegeben sind zwei Stichprobenfunktionen $Q_1 = h(X_1,\dots,X_n)$ und $Q_2 = h^*(X_1,\dots,X_n)$ mit $Q_1 \le Q_2$, die die Grenzen eines Zufallsintervalls $[Q_1;Q_2]$ bilden.
Gilt für einen bestimmten Parameter q die Beziehung $\mathbf{P}(Q_1 \le q \le Q_2) = 1-\alpha$, d.h. überdeckt das Intervall den (unbekannten) Parameter q mit einer vorgegebenen Wahrscheinlichkeit $1-\alpha$, dann heißt $[Q_1;Q_2]$ Konfidenzintervall für q zur **Konfidenzzahl** $1-\alpha$.
$1-\alpha$ nennt man auch **Konfidenzniveau**.
Die Bestimmung des Intervalls bei vorgegebener **Irrtumswahrscheinlichkeit** α heißt auch **Intervallschätzung** für den Parameter q.
Q_1 und Q_2 sind die **Konfidenz-** oder **Vertrauensgrenzen**.

B 11.3.2 *Das in Abschnitt* 10.5 *bestimmte Intervall* G 10.5.3 *mit den Grenzen* $\overline{X} - z\sigma_{\overline{X}}$ *und* $\overline{X} + z\sigma_{\overline{X}}$ *ist ein Konfidenzintervall für* μ. *Dabei bezeichnet* z *den Wert der standardnormalverteilten Zufallsvariablen Z, an dem die Verteilungsfunktion der Standardnormalverteilung den Wert* $1-\frac{\alpha}{2}$ *annimmt. Wenn für* B 11.2.3a (*Bierkonsum von Studenten*) *ein Konfidenzintervall zur Konfidenzzahl* 0,95 (*d.h.* $z(1-\frac{\alpha}{2}) = 1{,}96$) *bestimmt werden soll, so erhält man mit* $\sigma = 0{,}6$ *und* $n = 100$ *als Grenzen des Konfidenzintervalls*

$$\overline{x} \pm z\sigma_{\overline{X}} = 1{,}54 \pm 1{,}96\,\frac{0{,}6}{\sqrt{100}} = 1{,}54 \pm 0{,}12\text{, also } 1{,}42 \text{ und } 1{,}66.$$

Für die Interpretation der Grenzen eines Konfidenzintervalls ist Folgendes zu beachten:
Die Grenzen werden aus den Werten einer konkreten Stichprobe berechnet. Diese Werte sind Realisationen von Zufallsvariablen. Diese beiden Grenzen können den Parameter μ überdecken oder, sofern μ nicht mit einer Grenze zusammenfällt, nicht überdecken. Die Wahrscheinlichkeit $1-\alpha$ (bzw. die Irrtumswahrscheinlichkeit α), mit der ein Konfidenzintervall den unbekannten Parameter überdeckt, wird vorgegeben. Der zu schätzende Parameter ist fest. Das Konfidenzintervall ist eine Realisation eines Zufallsintervalls.

Dass ein Konfidenzintervall ein Zufallsintervall (Intervall, dessen Grenzen Zufallsvariablen sind) ist, veranschaulicht F 11.3.3. Der unbekannte, aber feste Parameterwert der Grundgesamtheit entspricht der waagerechten Geraden. Für verschiedene Stichproben sind die sich ergebenden Konfidenzintervalle eingezeichnet.

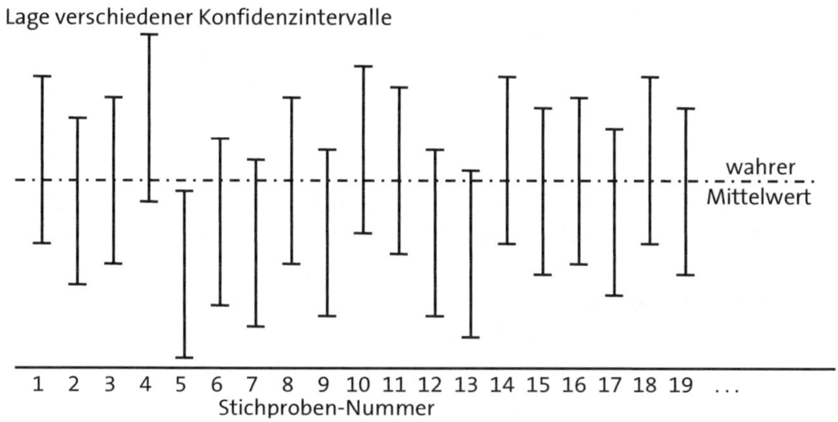

F 11.3.3 Konfidenzintervalle als Realisationen eines Zufallsintervalls

Zieht man sehr viele Stichproben, dann kann man erwarten, dass bei einem $(1-\alpha)\cdot 100\%$-Konfidenzintervall $(1-\alpha)\cdot 100\%$ der Intervalle den Parameterwert überdecken.

D 11.3.4

Symmetrisches Konfidenzintervall
Gegeben sei ein Konfidenzintervall $[Q_1;Q_2]$ zum Konfidenzniveau $1-\alpha$ zur Schätzung eines unbekannten Parameters q.
Gilt $\mathbf{P}(q < Q_1) = \mathbf{P}(q > Q_2) = \frac{\alpha}{2}$, so heißt das Konfidenzintervall symmetrisch.

Die Symmetrie bezieht sich also auf die Wahrscheinlichkeiten. Das in B 11.3.2 berechnete Konfidenzintervall besitzt noch eine andere Symmetrieeigenschaft: Die Grenzen des Konfidenzintervalls liegen symmetrisch zum Stichprobenparameter $\overline{X}$, den man auch als Punktschätzung für den Parameter μ der Grundgesamtheit verwendet.

D 11.3.5

Schätzfehler
Bei einem um die Punktschätzung $\hat{q}$ symmetrischen Konfidenzintervall, bei dem die beiden Grenzen des Intervalls den gleichen Abstand zu $\hat{q}$ haben, bezeichnet man die halbe Länge des Konfidenzintervalls auch als Schätzfehler.

Bei dem in B 11.3.2 berechneten Konfidenzintervall wird der Schätzfehler durch $z\sigma_{\overline{X}}$ gegeben. Liegen die beiden Grenzen eines Konfidenzintervalls nicht symmetrisch zu $\hat{q}$, dann bezeichnet der größte Abstand einer der beiden Grenzen von $\hat{q}$ den Schätzfehler.

Bisweilen führt man auch „einseitige" Intervallschätzungen durch, indem man Intervalle mit der Eigenschaft

$$\mathbf{P}(Q_1 \leq q) = 1 - \alpha$$

bzw.

$$\mathbf{P}(q \leq Q_1) = 1 - \alpha$$

bestimmt.

B 11.3.6 *Es soll geschätzt werden, wie hoch der durchschnittliche tägliche Bierkonsum von Studenten mit einer Wahrscheinlichkeit von* $1-\alpha = 0{,}99$ *höchstens ist. Mit den Zahlenangaben aus* B 11.2.3a) *und* B 11.3.2 *ergibt sich mit* z(0,99) = 2,33 (*einseitiges Intervall!*) *als Grenze eines einseitigen Konfidenzintervalls*

$$\overline{x} + z(1-\alpha)\sigma_{\overline{X}} = 1{,}54 + 2{,}33 \cdot 0{,}06 = 1{,}68\,.$$

Das in Abschnitt 10.5 besprochene Grundprinzip des Rückschlusses von der Stichprobe auf die Grundgesamtheit ist die wichtigste Grundlage für die Konstruktion von Konfidenzintervallen. Man benutzt für die Bestimmung solcher Intervalle im Allgemeinen die Verteilung der Stichprobenfunktion, die auch für die Punktschätzung des betreffenden Parameters geeignet ist.

In den folgenden Abschnitten, in denen Konfidenzintervalle für μ, Θ und σ^2 behandelt werden, wird auf die in Abschnitt 10.4 dargestellten Verteilungen der entsprechenden Stichprobenfunktionen ($\overline{X}$, P bzw. X und $\frac{nS^2}{\sigma^2}$) zurückgegriffen.

11.4 Konfidenzintervalle für den Erwartungswert bzw. Mittelwert

Für Intervallschätzungen des Parameters μ wird vorausgesetzt, dass $\overline{X}$ wenigstens näherungsweise normalverteilt ist. Das ist der Fall, wenn X wenigstens näherungsweise normalverteilt ist oder $\overline{X}$ wegen Anwendbarkeit des Zentralen Grenzwertsatzes bei nicht normalverteiltem X näherungsweise normalverteilt ist.

Die obere bzw. untere Grenze des Konfidenzintervalls für μ wird mit μ_o bzw. μ_u bezeichnet. Diese Grenzen bestimmt man allgemein wie folgt:

$$\mu_u = \overline{x} - a\sigma_{\overline{X}}\,;\ \mu_o = \overline{x} + a\sigma_{\overline{X}} \quad \text{mit } a \in \mathbb{R},\ a > 0.$$

a entnimmt man der Tabelle der Standardnormalverteilung (z-Werte) oder der Studentverteilung (t-Werte) zu der vorgegebenen Konfidenzzahl.

Auf die Angabe von $1-\alpha$ bzw. $1-\frac{\alpha}{2}$ als tiefgestellten Index bei z bzw. t wird im Folgenden aus Vereinfachungsgründen verzichtet.

Zur Bestimmung von Konfidenzintervallen für μ existieren für die Berechnung der Standardabweichung der Verteilung der Stichprobenfunktion unterschiedliche Formeln:

- Je nachdem, ob die Stichprobe ohne Zurücklegen aus einer endlichen Grundgesamtheit gezogen wird und $\frac{n}{N} \geq 0{,}05$ ist
- oder ob in einem solchen Fall $\frac{n}{N} < 0{,}05$ ist,
- oder ob eine Stichprobe mit Zurücklegen gezogen wird
- oder ob gegebenenfalls der Umfang der Grundgesamtheit als (annähernd) unendlich betrachtet werden kann.

Ist $\frac{n}{N} \geq 0{,}05$, dann muss nämlich bei einer Stichprobe ohne Zurücklegen bei der Berechnung von $\sigma_{\overline{X}}$ die so genannte Endlichkeitskorrektur berücksichtigt werden.

Je nach Verteilung der Stichprobenfunktion $\overline{X}$ bzw. $\frac{\overline{X}-\mu}{\hat{\sigma}_{\overline{X}}}$ sind verschiedene Fälle für Konfidenzintervalle für μ zu unterscheiden, die in R 11.4.1, 11.4.3, 11.4.7 und 11.4.9 zusammengestellt sind.

R 11.4.1

Konfidenzintervall für μ (Fall 1)

Bei (näherungsweise) normalverteilter Grundgesamtheit mit bekannter Standardabweichung σ und einer

Stichprobe mit Zurücklegen oder

Stichprobe ohne Zurücklegen mit $\frac{n}{N}<0{,}05$,

ergibt sich ein Konfidenzintervall für μ aus

$$\mathbf{P}\left[\overline{X} - z\frac{\sigma}{\sqrt{n}} \leq \mu \leq \overline{X} + z\frac{\sigma}{\sqrt{n}}\right] = 1 - \alpha$$

mit den Grenzen

$$\mu_u = \overline{X} - z\frac{\sigma}{\sqrt{n}} \quad \text{und} \quad \mu_o = \overline{X} + z\frac{\sigma}{\sqrt{n}}.$$

B 11.4.2 *Aus einer Grundgesamtheit mit* $\mathbf{N}(\mu;12)$*-verteiltem* X *wurde eine einfache Zufallsstichprobe vom Umfang* $n = 36$ *gezogen, die* $\overline{x} = 26$ *liefert. Für* $1-\alpha = 0{,}95$ *erhält man aus der Standardnormalverteilung* $z = 1{,}96$. *Als* 95%*-Konfidenzintervall für* μ *ergibt sich:*

$$\mu_u = 26 - 1{,}96\frac{12}{\sqrt{36}} = 22{,}08; \quad \mu_o = 26 + 1{,}96\frac{12}{\sqrt{36}} = 29{,}92.$$

Durch Vorgabe eines Konfidenzniveaus von 0,95 kann man erwarten, dass ein mit dem in R 11.4.1 beschriebenen Ansatz berechnetes Konfidenzintervall den Parameter μ mit einer Wahrscheinlichkeit von 0,95 überdeckt.

R 11.4.3

Konfidenzintervall für μ (Fall 2)

Bei (näherungsweise) normalverteilter Grundgesamtheit mit bekannter Standardabweichung σ und einer

Stichprobe ohne Zurücklegen mit $\frac{n}{N}\geq 0{,}05$

ergibt sich ein Konfidenzintervall für μ aus

$$\mathbf{P}\left[\overline{X} - z\frac{\sigma}{\sqrt{n}}\sqrt{\frac{N-n}{N-1}} \leq \mu \leq \overline{X} + z\frac{\sigma}{\sqrt{n}}\sqrt{\frac{N-n}{N-1}}\right] = 1 - \alpha$$

mit den Grenzen

$$\mu_u = \overline{X} - z\frac{\sigma}{\sqrt{n}}\sqrt{\frac{N-n}{N-1}} \quad \text{und} \quad \mu_o = \overline{X} + z\frac{\sigma}{\sqrt{n}}\sqrt{\frac{N-n}{N-1}}.$$

B 11.4.4 *Bei* 1500 *Erwerbstätigen eines Dorfes wurde in einer Zufallsstichprobe vom Umfang* $n = 250$ *ein Durchschnittseinkommen von* $\overline{x} = 2.350$ *bei* $\sigma = 320$ *gefunden. Für ein* 95%*-Konfidenzintervall für* μ *gilt dann*

$$\mu_{u/o} = 2.350 \pm 1{,}96\frac{320}{\sqrt{250}}\sqrt{\frac{1.500-250}{1.500-1}} = 2.350 \pm 1{,}96 \cdot 18{,}48 = 2.350 \pm 36{,}2$$

$\mu_u = 2.313{,}8$; $\mu_o = 2.386{,}2$.

„Einseitige" Konfidenzintervalle erhält man aus R 11.4.1 bzw. R 11.4.3 bei Verwendung jeweils einer Grenze (obere oder untere) und Verwendung eines entsprechenden z-Wertes.

B 11.4.5 *Eine Probeserie von* 100 *Autoreifen, von der angenommen werden kann, dass es sich um eine einfache Zufallsstichprobe handelt, liefert eine durchschnittliche Lebensdauer von* $\overline{x} = 40.000$ km *bei einer Standardabweichung von* $\sigma = 8.000$ km. *Es soll geschätzt werden, wie hoch die mittlere Lebensdauer der Grundgesamtheit mit einer Wahrscheinlichkeit von* 0,99 ***mindestens*** *ist. Es ist* $\sigma_{\overline{X}} = \frac{\sigma}{\sqrt{n}} = \frac{8.000}{\sqrt{100}} = 800$. *Für* $\alpha = 0{,}01$ *gilt bei einem einseitigen Intervall* $z = 2{,}33$.

Damit ergibt sich:

$$\mu_u = \overline{x} - z\sigma_{\overline{X}} = 40.000 - 2{,}33 \cdot 800 = 40.000 - 1.864 = 38.136.$$

In R 11.4.1 und R 11.4.3 wurde vorausgesetzt, dass die Grundgesamtheit näherungsweise normalverteilt sein muss. Diese Voraussetzung ist notwendig, da sonst die Verteilung der Stichprobenfunktion $\overline{X}$, die für die Berechnung der Grenzen des Konfidenzintervalls benötigt wird, nicht bekannt ist. $\overline{X}$ ist bei normalverteilter Grundgesamtheit ebenfalls normalverteilt. Auf die Voraussetzung einer normalverteilten Grundgesamtheit kann verzichtet werden, wenn der Stichprobenumfang über 30 liegt. Mit R 11.4.1 und R 11.4.3 können also Konfidenzintervalle auch für nicht normalverteilte Grundgesamtheiten bestimmt werden, sofern $n > 30$ gilt.

Ü 11.4.6 *Aus früheren Untersuchungen ist bekannt, dass das verfügbare Monatseinkommen von Studenten normalverteilt ist, mit einer Standardabweichung von* σ=150. *In einer Zufallsstichprobe vom Umfang* n=225 *aus den rund* 40.000 *Studierenden einer großen Hochschule, findet man ein durchschnittlich verfügbares Monatseinkommen der Studenten von* $\overline{x}$=710. *Bestimmen Sie ein* 95%-*Konfidenzintervall für das Durchschnittseinkommen aller Studierenden dieser Hochschule.*

Bei unbekannter Standardabweichung der Grundgesamtheit kann für σ mit Hilfe der Stichprobenstandardabweichung s ein Schätzwert bestimmt werden. Auf diese Schätzwerte wurde bereits bei der Behandlung der Verteilung der Stichprobenfunktion $\overline{X}$ in Abschnitt 10.4 b eingegangen. Es gilt:

Stichprobe mit Zurücklegen: $\hat{\sigma}_{\overline{X}} = \frac{s}{\sqrt{n-1}}$

Stichprobe ohne Zurücklegen: $\hat{\sigma}_{\overline{X}} = \frac{s}{\sqrt{n-1}} \sqrt{\frac{N-n}{N}}$

wobei auch hier die Endlichkeitskorrektur $\frac{N-n}{N}$ bei $\frac{n}{N}$<0,05 vernachlässigt werden kann.

Muss, weil σ^2 nicht bekannt ist, die Standardabweichung der Verteilung von $\overline{X}$ auf diese Weise geschätzt werden, dann ist $\overline{X}$ auch bei normalverteilter Grundgesamtheit nicht mehr normalverteilt und Konfidenzintervalle können nicht über die in R 11.4.1 und R 11.4.3 behandelten Ansätze bestimmt werden. Anstelle der z-Werte aus der Standardnormalverteilung sind jetzt t-Werte der Studentverteilung zu verwenden, und zwar für n–1 Freiheitsgrade.[43]

43 Vgl. dazu auch die besondere Tabelle auf S. 141.

R 11.4.7

Konfidenzintervall für μ (Fall 3)

Bei (näherungsweise) normalverteilter Grundgesamtheit, unbekannter Standardabweichung σ und einer

Stichprobe mit Zurücklegen oder
Stichprobe ohne Zurücklegen mit $\frac{n}{N}<0{,}05$

ergibt sich ein Konfidenzintervall für μ aus

$$\mathbf{P}\left[\overline{X}-t\frac{S}{\sqrt{n-1}}\le\mu\le\overline{X}+t\frac{S}{\sqrt{n-1}}\right]=1-\alpha$$

mit den Grenzen

$$\mu_u=\overline{X}-t\frac{S}{\sqrt{n-1}}\quad\text{und}\quad\mu_o=\overline{X}+t\frac{S}{\sqrt{n-1}}.$$

B 11.4.8 *Eine aus einer Grundgesamtheit mit normalverteiltem* X *gezogene einfache Zufallsstichprobe vom Umfang* $n=17$ *ergibt* $\overline{x}=5$ *und* $s^2=25$. *Aus der Tabelle der Studentverteilung erhält man bei* $n-1=16$ *Freiheitsgraden und für* $1-\alpha=0{,}99$: $t=2{,}921$.
Damit ergibt sich als 99%-Konfidenzintervall für μ

$$\mu_u=5-2{,}921\cdot\frac{5}{\sqrt{16}}=1{,}35;\quad\mu_o=5+2{,}921\cdot\frac{5}{\sqrt{16}}=8{,}65.$$

R 11.4.9

Konfidenzintervall für μ (Fall 4)

Bei (näherungsweise) normalverteilter Grundgesamtheit, unbekannter Standardabweichung σ und einer Stichprobe ohne Zurücklegen mit $\frac{n}{N}\ge 0{,}05$

ergibt sich ein Konfidenzintervall für μ aus

$$\mathbf{P}\left[\overline{X}-t\frac{S}{\sqrt{n-1}}\sqrt{\frac{N-n}{N}}\le\mu\le\overline{X}+t\frac{S}{\sqrt{n-1}}\sqrt{\frac{N-n}{N}}\right]=1-\alpha$$

mit den Grenzen

$$\mu_u=\overline{X}-t\frac{S}{\sqrt{n-1}}\sqrt{\frac{N-n}{N}}\quad\text{und}\quad\mu_o=\overline{X}+t\frac{S}{\sqrt{n-1}}\sqrt{\frac{N-n}{N}}.$$

B 11.4.10 *Aus einer Grundgesamtheit vom Umfang* $N=10.000$ *wird eine Stichprobe vom Umfang* $n=1.000$ *gezogen. Aus dieser Stichprobe wurden* $\overline{x}=120$ *und* $s^2=80$ *bestimmt. Es ergibt sich dann*

$$\sigma_{\overline{X}}=\frac{s}{\sqrt{n-1}}\sqrt{\frac{N-n}{N}}=\sqrt{\frac{80}{999}\cdot\frac{10.000-1.000}{10.000}}=\sqrt{\frac{80\cdot 9.000}{999\cdot 10.000}}=\sqrt{0{,}07207}=0{,}27.$$

Da $n-1=999>30$ *ist, kann näherungsweise die Normalverteilung anstelle der Studentverteilung angewendet werden. Zu* $1-\alpha=0{,}98$ *erhält man* $z=2{,}33$. *Für ein 98%-Konfidenzintervall für* μ *erhält man somit folgende Grenzen*

$$\mu_u=120-2{,}33\cdot 0{,}27=119{,}37;\ \mu_o=120+2{,}33\cdot 0{,}27=120{,}63.$$

Sollen **Konfidenzintervalle** für μ unter Verwendung einer **geschichteten Stichprobe** bestimmt werden, geht man prinzipiell genauso vor wie bei ungeschichteten Stichproben. $\overline{x}$ und $\sigma_{\overline{X}}$ bzw. $\hat{\sigma}_{\overline{X}}$ werden jedoch unter Benutzung der in Abschnitt 10.6 angegebenen Formeln bestimmt.

Das Entscheidungsdiagramm in F 11.4.11 berücksichtigt die in R 11.4.1, R 11.4.3, R 11.4.7 und R 11.4.9 angesprochenen Fälle und kann zur Bestimmung von Konfidenzintervallen für μ herangezogen werden.

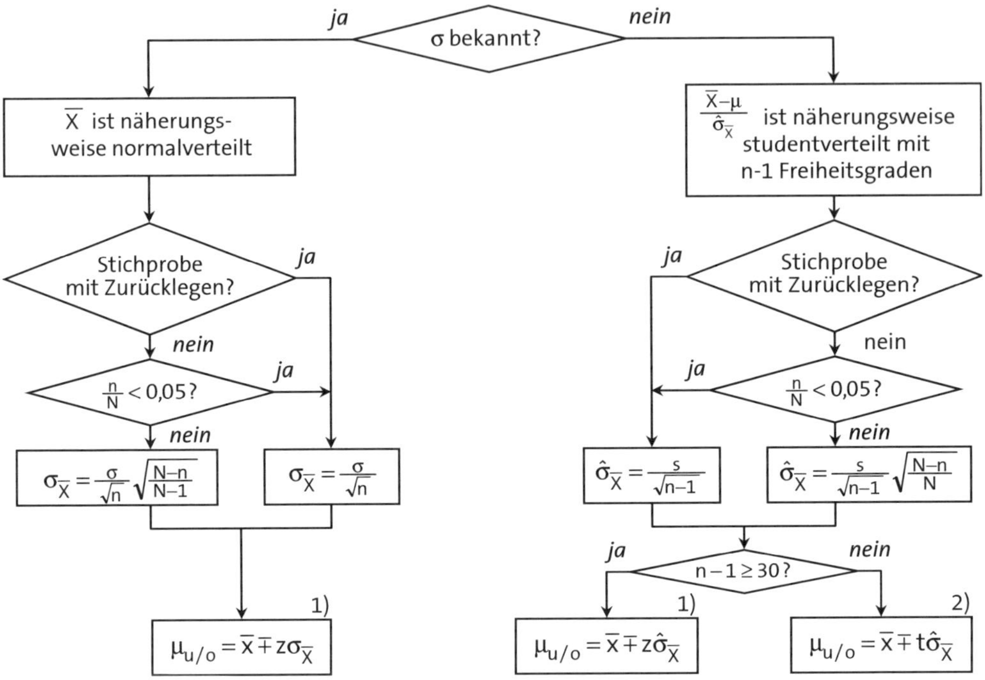

1) z entnimmt man der Standardnormalverteilung
2) t entnimmt man der Studentverteilung mit n-1 Freiheitsgraden

F 11.4.11 Diagramm zur Bestimmung von Konfidenzintervallen für den Erwartungswert eines näherungsweise normalverteilten Merkmals X

Ü 11.4.12 a) *Von* 1000 *Studenten werden* 37 *zufällig ausgewählt und nach ihrem Alter befragt. Es ergibt sich ein Durchschnittsalter von* $\bar{x} = 23$ *Jahren bei einer Standardabweichung von* 0,6 *Jahren. Bestimmen Sie ein* 90%- *und ein* 95%-*Konfidenzintervall für das Durchschnittsalter* (*es kann von einer näherungsweise normalverteilten Grundgesamtheit ausgegangen werden*).

b) *Welche Konfidenzintervalle erhält man, wenn aus* 250 *Studenten* 26 *befragt werden?*

Ü 11.4.13 *Ein landwirtschaftliches Unternehmen, das sich auf Schweinezucht spezialisiert hat, möchte das Durchschnittsgewicht von* 1000 *Ferkeln bestimmen. Dazu wird eine Stichprobe mit Zurücklegen vom Umfang* $n = 65$ *genommen. Es wird dabei ein Durchschnittsgewicht von* 30 kg *bei einer Standardabweichung von* 1,6 kg *festgestellt.*

a) *Bestimmen Sie ein* 95%-*Konfidenzintervall für das Durchschnittsgewicht sämtlicher Ferkel.*

b) *Angenommen, der Stichprobenumfang beträgt nur* $n = 37$ *Ferkel. Wie groß ist das gesuchte* 95%-*Konfidenzintervall?*

c) *Nach einem Jahr soll bei einer anderen Aufzucht von* 1.000 *Ferkeln wiederum das Durchschnittsgewicht durch eine Stichprobe mit Zurücklegen ermittelt werden. Aus früheren Messungen kann dabei jedoch von einer Standardabweichung der Grundgesamtheit von* 2,1 kg *ausgegangen werden. Die Stichprobe vom Umfang* $n = 49$ *ergibt ein Durchschnittsgewicht von* 28 kg. *Bestimmen Sie ein* 90%-*Konfidenzintervall für das Durchschnittsgewicht aller Ferkel.*

Für häufig vorkommende Konfidenzniveaus enthalten die Tabellen auf S. 10 z-Werte und t-Werte für ein- und zweiseitige Fragestellungen.

Häufig vorkommende z-Werte der Normalverteilung und t-Werte der Studentverteilung für die Bestimmung von Konfidenzintervallen

Z ist standardnormalverteilt		
	zweiseitiges Intervall	einseitiges Intervall
α = 0,01	z = 2,58	z = 2,33
α = 0,05	z = 1,96	z = 1,65
α = 0,1	z = 1,65	z = 1,28

T ist studentverteilt mit n–1 Freiheitsgraden						
	zweiseitiges Intervall			einseitiges Intervall		
n–1	α = 0,1	α = 0,05	α = 0,01	α = 0,1	α = 0,05	α = 0,01
1	6,314	12,706	63,657	3,078	6,314	31,821
2	2,920	4,303	9,925	1,886	2,920	6,965
3	2,353	3,182	5,841	1,638	2,353	4,541
4	2,132	2,776	4,604	1,533	2.132	3,747
5	2,015	2,571	4,032	1,476	2,015	3,365
6	1,943	2,447	3,707	1,440	1,943	3,143
7	1,895	2,365	3,499	1,415	1,895	2,998
8	1,860	2,306	3,355	1,397	1,860	2,896
9	1,833	2,262	3,250	1,383	1,833	2,821
10	1,812	2,228	3,169	1,372	1,812	2,764
11	1,796	2,201	3,106	1,363	1,796	2,718
12	1,782	2,179	3,055	1,356	1,782	2,681
13	1,771	2,160	3,012	1,350	1,771	2,650
14	1,761	2,145	2,977	1,345	1,761	2,624
15	1,753	2,131	2,947	1,341	1,753	2,602
16	1,746	2,120	2,921	1,337	1,746	2,583
17	1,740	2,110	2,898	1,333	1,740	2,567
18	1,734	2,101	2,878	1,330	1,734	2,552
19	1,729	2,093	2,861	1,328	1,729	2,539
20	1,725	2,086	2,845	1,325	1,725	2,528
21	1,721	2,080	2,831	1,323	1,721	2,518
22	1,717	2,074	2,819	1,321	1,717	2,508
23	1,714	2,069	2,807	1,319	1,714	2,500
24	1,711	2,064	2,797	1,318	1,711	2,492
25	1,708	2,060	2,787	1,316	1,708	2,485
26	1,706	2,056	2,779	1,315	1,706	2,479
27	1,703	2,052	2,771	1,314	1,703	2,473
28	1,701	2,048	2,763	1,313	1,701	2,467
29	1,699	2,045	2,756	1,311	1,699	2,462
30	1,697	2,042	2,750	1,310	1,697	2,457
40	1,684	2,021	2,704	1,303	1,684	2,423
50	1,676	2,009	2,678	1,299	1,676	2,403
100	1,660	1,984	2,626	1,290	1,660	2,364
200	1,652	1,972	2,601	1,286	1,652	2,345
∞	1,645	1,960	2,576	1,282	1,645	2,326

11.5 Konfidenzintervalle für den Anteilswert einer dichotomen Grundgesamtheit

a) Vorbemerkung

Es wird ausgegangen von einer Grundgesamtheit mit einem Anteil von Θ bzw. $\Theta \cdot 100\%$ Elementen, die eine interessierende Eigenschaft A aufweisen. Das Merkmal X_i hat also zwei Ausprägungen: „Eigenschaft A vorhanden“ ($x_i = 1$) und „Eigenschaft A nicht vorhanden“ ($x_i = 0$). Bei Entnahme eines einzelnen Elements aus der Grundgesamtheit erhält man für X_i folgende Wahrscheinlichkeitsverteilung:

x_i	0	1
$\mathbf{P}(X_i = x_i)$	$1-\Theta$	Θ

Es ist $\mathbf{E}(X_i) = \Theta$ und $\mathbf{VAR}(X_i) = \Theta\,(1-\Theta)$.

Eine geeignete Schätzfunktion für Θ aus einer Stichprobe vom Umfang n mit den Stichprobenwerten $X_1, \ldots, X_n$ ist die Stichprobenfunktion

$$P = \frac{1}{n}\sum_{i=1}^{n} X_i \,.$$

Für den Fall einer Stichprobe mit Zurücklegen bzw. bei unendlicher Grundgesamtheit haben alle X_i dieselbe Verteilung. Es gilt dann:

$$X = \sum_{i=1}^{n} X_i \text{ ist } \mathbf{B}(n;\Theta)\text{-verteilt mit } \mathbf{E}(X) = n\Theta \text{ und } \mathbf{VAR}(X) = n\Theta(1-\Theta) \text{ (siehe Abschnitt 10.4 c).}$$

Da zu jedem Wert x genau ein $p = \frac{x}{n}$ existiert, erhält man für $P = \frac{X}{n}$ eine Verteilung mit den Wahrscheinlichkeiten der entsprechenden Binomialverteilung. Die Parameter dieser Verteilung sind

$$\mathbf{E}(P) = \mathbf{E}(\tfrac{X}{n}) = \tfrac{1}{n}\mathbf{E}(X) = \tfrac{1}{n} n\Theta = \Theta$$

und

$$\sigma_P^2 = \mathbf{VAR}(\tfrac{X}{n}) = \tfrac{1}{n^2}\mathbf{VAR}(X) = \tfrac{1}{n^2} n\Theta(1-\Theta) = \frac{\Theta(1-\Theta)}{n}\,.$$

b) Konfidenzintervalle für Θ unter Verwendung der Normalverteilung

Für hinreichend großes n (Faustregel: $n\Theta(1-\Theta) > 9$ bzw. $np(1-p) > 9$) ist P näherungsweise $\mathbf{N}\left(\Theta; \sqrt{\frac{\Theta(1-\Theta)}{n}}\right)$-verteilt.

Damit erhält man ein Intervall für Θ zur Konfidenzzahl $1-\alpha$ durch

G 11.5.1 $$\mathbf{P}\left[P - \frac{1}{2n} - z\sqrt{\frac{\Theta(1-\Theta)}{n}} \le \Theta \le P + \frac{1}{2n} + z\sqrt{\frac{\Theta(1-\Theta)}{n}}\right] = 1-\alpha\,.$$

z ist hier und im Folgenden der zur Konfidenzzahl $1-\alpha$ gehörige Wert der Standardnormalverteilung.

In G 11.5.1 ist $\frac{1}{2n}$ eine **Stetigkeitskorrektur**. Diese ist aus folgendem Grund notwendig:

X_i ist eine diskrete Zufallsvariable, die die Werte 0 und 1 mit von Null verschiedenen Wahrscheinlichkeiten annimmt. Die Anzahl der Elemente in der Stichprobe mit der Eigenschaft A, also $\sum_{i=1}^{n} X_i$, ist dann ebenfalls eine diskrete Zufallsvariable und damit auch $P = \frac{1}{n}\sum_{i=1}^{n} X_i$. Die diskrete Zufallsvariable P nimmt gebrochene Werte zwischen 0 und 1 mit von Null verschiedenen Wahrscheinlichkeiten an. Diese diskrete Zufallsvariable wird hier durch eine stetige Verteilung, nämlich die Normalverteilung, approximiert, so dass die Stetigkeitskorrektur nötig wird[44].

Da in den Formeln für die Intervallgrenzen der unbekannte Anteilswert Θ enthalten ist, liefert G 11.5.1 noch kein geeignetes Konfidenzintervall für Θ. Man kann sich hier dadurch helfen, dass man wegen $\Theta(1-\Theta) \le \frac{1}{4}$ eine obere Schranke für die Standardabweichung verwendet: $\sqrt{\frac{\Theta(1-\Theta)}{n}} \le \frac{1}{2\sqrt{n}}$.

Man erhält damit ein (für $\Theta \neq \frac{1}{2}$ zu groß geschätztes) Konfidenzintervall, das in R 11.5.2 ohne Stetigkeitskorrektur angegeben ist.

R 11.5.2

Vereinfachtes Konfidenzintervall für Θ

Für $np(1-p) > 9$ erhält man eine obere Abschätzung des Konfidenzintervalls für Θ aus

$$\mathbf{P}\left[P - z\frac{1}{2\sqrt{n}} \le \Theta \le P + z\frac{1}{2\sqrt{n}}\right] \ge 1-\alpha$$

mit den Grenzen

$$\Theta_u = P - z\frac{1}{2\sqrt{n}} \quad \text{und} \quad \Theta_o = P + z\frac{1}{2\sqrt{n}}.$$

Eine genauere Intervallschätzung erhält man, wenn man die Stetigkeitskorrektur in G 11.5.1 vernachlässigt und dann das in G 11.5.1 enthaltene Intervall wie folgt schreibt:

$$\left|\frac{P-\Theta}{\sqrt{\frac{\Theta(1-\Theta)}{n}}}\right| \le z$$

Durch Quadrieren und Umformen dieser Ungleichung ergibt sich das in der folgenden Wahrscheinlichkeitsaussage enthaltene Konfidenzintervall:

R 11.5.3

Konfidenzintervall für Θ

Für $np(1-p) > 9$ erhält man ein **Konfidenzintervall für** Θ aus:

$$\mathbf{P}\left[\frac{1}{n+z^2}\left(nP + \frac{z^2}{2} - z\sqrt{nP(1-P) + \frac{z^2}{4}}\right) \le \Theta \le \frac{1}{n+z^2}\left(nP + \frac{z^2}{2} + z\sqrt{nP(1-P) + \frac{z^2}{4}}\right)\right] = 1-\alpha$$

Da der Rechenaufwand zur Bestimmung der Intervallgrenzen des Konfidenzintervalls in R 11.5.3 sehr hoch ist, begnügt man sich meistens mit der folgenden gröberen Intervallschätzung, wobei die in der Tabelle, die auch in dem auf S. 146 angegebenen Entscheidungsdiagramm enthalten ist, angeführten Kriterien erfüllt sein sollten[45].

---

44 Vgl. zur Stetigkeitskorrektur auch Abschnitt 9.13, insbesondere R 9.13.2.

45 In Anlehnung an SACHS, L.: Angewandte Statistik. Berlin: Springer 1984, S. 261.

R 11.5.4

Konfidenzintervall für Θ

Für $np(1-p) > 9$ und

falls p =	für $n \geq$
0,5	36
0,4 oder 0,6	50
0,3 oder 0,7	80
0,2 oder 0,8	200
0,1 oder 0,9	600
0,05 oder 0,95	1400

erhält man ein Konfidenzintervall für Θ

a) bei einer Stichprobe mit Zurücklegen aus

$$\mathbf{P}\left[P-\left(\frac{1}{2n}+z\sqrt{\frac{P(1-P)}{n}}\right)\leq\Theta\leq P+\left(\frac{1}{2n}+z\sqrt{\frac{P(1-P)}{n}}\right)\right]=1-\alpha$$

b) bei einer Stichprobe ohne Zurücklegen aus

$$\mathbf{P}\left[P-\left(\frac{1}{2n}+z\sqrt{\frac{P(1-P)}{n}\frac{N-n}{N-1}}\right)\leq\Theta\leq P+\left(\frac{1}{2n}+z\sqrt{\frac{P(1-P)}{n}\frac{N-n}{N-1}}\right)\right]=1-\alpha$$

$\frac{1}{2n}$ in R 11.5.4 a) und b) ist die Stetigkeitskorrektur, die für die Zufallsvariable $P=\frac{X}{n}$ den Wert $\frac{1}{2n}$ (statt $\frac{1}{2}$ für X) hat.

B 11.5.5 *Bei einer Umfrage sprachen sich in einer Zufallsstichprobe von* 225 *Studenten* 45 *für die sofortige Einstellung aller Statistikvorlesungen aus. Da die Grundgesamtheit etwa* 8000 *Studenten umfasst* ($\frac{n}{N}=0{,}028$), *liegt der zufälligen Entnahme* (*ohne Zurücklegen*) *näherungsweise eine Binomialverteilung mit dem Anteilswert* Θ *zugrunde. Wegen*

$p=\frac{45}{225}=0{,}2$ *und* $np(1-p)=225\cdot0{,}2\cdot0{,}8=36>9$

kann die Binomialverteilung durch die Normalverteilung approximiert werden. Außerdem ist die Forderung $n\geq200$ *für* $p=0{,}2$ *erfüllt. Daher erhält man als Grenzen eines Konfidenzintervalls für* Θ *mit* $\alpha=0{,}1$:

$$\Theta_{u/o}=p\pm\left(\frac{1}{2n}+z\sqrt{\frac{p(1-p)}{n}}\right)=0{,}2\pm\left(\frac{1}{450}+1{,}65\cdot\sqrt{\frac{0{,}16}{225}}\right)=0{,}2\pm(0{,}002+0{,}044)=0{,}2\pm0{,}046$$

Die Grenzen des Konfidenzintervalls lauten also:

$\Theta_u=0{,}154$ *und* $\Theta_o=0{,}246$.

Ü 11.5.6 *Aus einer Produktionsserie werden durch eine einfache Zufallsstichprobe mit Zurücklegen* 200 *Stück entnommen. Es wird festgestellt, dass* 80 *Stück den Anforderungen nicht entsprechen. Innerhalb welcher Grenzen kann der Anteil mangelhafter Stücke mit einer Wahrscheinlichkeit von* 0,9 *erwartet werden.*

Ü 11.5.7 *Ein Baustoffhändler bezieht Fliesen. Unter* 150 *Fliesen, die er der Lieferung zufällig entnimmt, finden sich* 30 *Fliesen* 2. *Wahl. Bestimmen Sie ein* 90%-*Konfidenzintervall für den Anteil der Fliesen* 2. *Wahl in der Lieferung.*

Für „einseitige“ Konfidenzintervalle (Angabe einer oberen bzw. unteren Schranke für das unbekannte Θ) gelten die Ausführungen entsprechend.

c) Konfidenzintervalle unter Verwendung der F-Verteilung

Ist eine Approximation der Binomialverteilung durch die Normalverteilung unmöglich, verfährt man wie folgt:

R 11.5.8

Konfidenzintervall für Θ

Falls P nicht näherungsweise normalverteilt ist, d.h. für $np(1-p) < 9$, erhält man die Grenzen eines Konfidenzintervalls für Θ zum Konfidenzniveau $1-\alpha$ folgendermaßen:

$$\Theta_u = \frac{x}{x+(n-x+1)F_1} \quad \text{und} \quad \Theta_o = \frac{(x+1)F_2}{(x+1)F_2+n-x}.$$

F_1 und F_2 sind Werte der F-Verteilung, und zwar gilt

$$F_1 = \mathbf{F}(1-\tfrac{\alpha}{2};2n-2x+2;2x); \quad F_2 = \mathbf{F}(1-\tfrac{\alpha}{2};2x+2;2n-2x).$$

Einseitige Konfidenzintervalle zum Konfidenzniveau $1-\alpha$ ergeben sich zu:

$$\Theta_u = 0 \text{ und } \Theta_o = \frac{(x+1)F_2}{(x+1)F_2+n-x}$$

bzw.

$$\Theta_u = \frac{x}{x+(n-x+1)F_1} \text{ und } \Theta_o = 1,$$

mit $F_1 = \mathbf{F}(1-\alpha;2n-2x+2;2x)$ und $F_2 = \mathbf{F}(1-\alpha;2x+2;2n-2x)$.

Für ein Konfidenzintervall zum Konfidenzniveau $1-\alpha$ entnimmt man F_1 und F_2 bei zweiseitiger Fragestellungen der Tabelle für $1-\frac{\alpha}{2}$ und bei einseitiger Fragestellungen der Tabelle für $1-\alpha$.

B 11.5.9 *Hätte man in* B 11.5.5 *nicht* 225, *sondern nur* 25 *Studenten befragt, von denen sich* 5 *im obigen Sinne ausgesprochen hätten, dann wäre die Approximation durch die Normalverteilung nicht möglich, denn es wäre* $np(1-p) = 25 \cdot 0{,}16 = 4 < 9$.

Als Konfidenzintervall für Θ *mit* $\alpha = 0{,}1$ *würde sich unter Verwendung der* F-*Verteilung mit* $F_1 = \mathbf{F}(0{,}95;42;10) = 2{,}66$ *und* $F_2 = \mathbf{F}(0{,}95;12;40) = 2{,}003$ *Folgendes ergeben:*

$$\Theta_u = \frac{5}{5+21 \cdot 2{,}66} = 0{,}082 \text{ und } \Theta_o = \frac{6 \cdot 2{,}003}{6 \cdot 2{,}003+20} = 0{,}375.$$

Das Entscheidungsdiagramm in F 11.5.11 kann bei der Ermittlung eines geeigneten Ansatzes für ein Konfidenzintervall herangezogen werden. Für Stichproben ohne Zurücklegen sind die angegebenen Intervalle außer denen in R 11.5.3 nicht brauchbar[46].

Ü 11.5.10 *Ein Baustoffhändler erhält eine Lieferung Klinker. Um festzustellen, wie große der Anteil von Klinkern* 2. *Wahl ist, entnimmt er der Lieferung eine Zufallsstichprobe vom Umfang* $n = 40$ *mit Zurücklegen, in der er* 8 *Klinker* 2. *Wahl findet. Schätzen sie den Anteil der Klinker* 2. *Wahl in der Lieferung* (α=0,1).

46 Man beachte die Approximationsmöglichkeiten der Hypergeometrischen Verteilung.

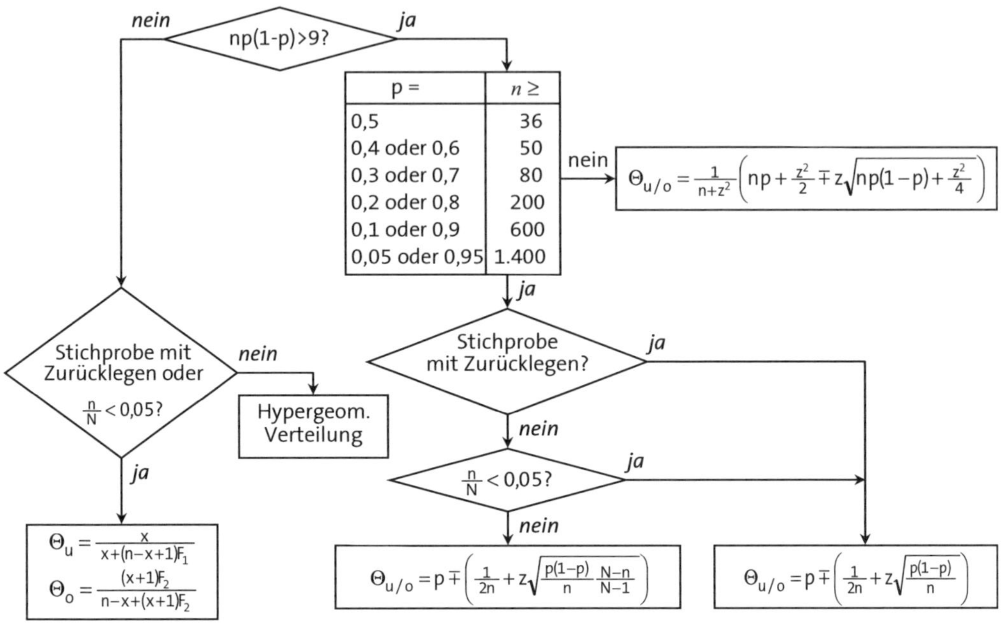

z entnimmt man der Standardnormalverteilung

$F_1 = \mathbf{F}(1-\alpha; 2n-2x+2; 2x)$, $F_2 = \mathbf{F}(1-\alpha; 2x+2; 2n-2x)$ } für ein einseitiges Intervall

$F_1 = \mathbf{F}(1-½\alpha; 2n-2x+2; 2x)$, $F_2 = \mathbf{F}(1-½\alpha; 2x+2; 2n-2x)$ } für ein zweiseitiges Intervall

F 11.5.11 Diagramm zur Bestimmung von Konfidenzintervallen für den Anteilswert einer dichotomen Grundgesamtheit

11.6 Konfidenzintervalle für die Varianz

Ist die Grundgesamtheit (näherungsweise) $\mathbf{N}(\mu;\sigma)$-verteilt, dann ist für eine einfache Zufallsstichprobe vom Umfang n der Quotient $\frac{nS^2}{\sigma^2}$ (näherungsweise) χ^2-verteilt mit n–1 Freiheitsgraden (vgl. Abschnitt 10.4d).

Entnimmt man für eine gegebene Konfidenzzahl 1–α der Tabelle der χ^2-Verteilung mit n–1 Freiheitsgraden die Werte

$$\chi_u^2 = \chi^2(\tfrac{\alpha}{2}; n-1) \text{ und } \chi_o^2 = \chi^2(1-\tfrac{\alpha}{2}; n-1),$$

so gilt:

$$\mathbf{P}(\chi_u^2 \le \frac{nS^2}{\sigma^2} \le \chi_o^2) = 1-\alpha\,.$$

Durch Umformung der Ungleichung in der Klammer erhält man

G 11.6.1 $$\mathbf{P}(\frac{nS^2}{\chi_o^2} \le \sigma^2 \le \frac{nS^2}{\chi_u^2}) = 1-\alpha\,.$$

R 11.6.2

Konfidenzintervall für σ

Für eine (näherungsweise) normalverteilte Grundgesamtheit erhält man die Grenzen eines $(1-\alpha)\cdot 100\%$-Konfidenzintervalls für σ^2 aus

$$\sigma_u^2 = \frac{nS^2}{\chi_o^2} \quad \text{und} \quad \sigma_o^2 = \frac{nS^2}{\chi_u^2}$$

mit $\chi_o^2 = \chi^2(1-\frac{\alpha}{2};n-1)$ und $\chi_u^2 = \chi^2(\frac{\alpha}{2};n-1)$.

Einseitige Konfidenzintervalle ergeben sich entsprechend. Es gilt dann:

$$\sigma_u^2 = 0 \text{ und } \sigma_o^2 = \frac{nS^2}{\chi_u^2} \text{ mit } \chi_u^2 = \chi^2(\alpha;n-1)$$

oder

$$\sigma_u^2 = \frac{nS^2}{\chi_o^2} \text{ und } \sigma_o^2 = \infty \text{ mit } \chi_o^2 = \chi^2(1-\alpha;n-1)\,.$$

B 11.6.3 *Aus einer normalverteilten Grundgesamtheit wird eine Stichprobe vom Umfang* $n = 20$ *gezogen. Man findet* $s^2 = 8$. *Es soll ein* 98%*-Konfidenzintervall für die Varianz der Grundgesamtheit bestimmt werden. Aus der Tabelle der* χ^2*-Verteilung mit* 19 *Freiheitsgraden erhält man* $\chi_u^2 = 7{,}633$ *und* $\chi_o^2 = 36{,}191$. *Für das Konfidenzintervall ergibt sich damit*

$$\sigma_u^2 = \frac{20\cdot 8}{36{,}191} = 4{,}42 \textit{ und } \sigma_o^2 = \frac{20\cdot 8}{7{,}633} = 20{,}96\,.$$

Ü 11.6.4 *Eine Stichprobe vom Umfang* $n = 25$ *aus einer normalverteilten Grundgesamtheit liefert* $s^2 = 12$. *Bestimmen Sie*

a) *ein* 95%*-Konfidenzintervall,*

b) *eine Grenze, über der* σ^2 *mit* 95% *Wahrscheinlichkeit nicht liegt.*

11.7 Die Bestimmung des notwendigen Stichprobenumfangs

Anwendungen von Stichprobenverfahren zur Schätzung des Parameters μ gehen in der Regel von einer gegebenen Konfidenzzahl $1-\alpha$ aus. Es erhebt sich dann die Frage, wie groß der Stichprobenumfang mindestens sein muss, um eine bestimmte Genauigkeit der Schätzung zu erreichen. Die Genauigkeit der Intervallschätzung wird dabei zur gegebenen Konfidenzzahl $1-\alpha$ durch $z\sigma_{\overline{X}}$ gegeben. Das ist gerade die halbe Länge des symmetrischen Konfidenzintervalls.

Gibt man den Fehler e als obere Schranke für $z\sigma_{\overline{X}}$ vor, so kann man den **notwendigen Stichprobenumfang** wie folgt bestimmen:

$$e \geq z\sigma_{\overline{X}} = \frac{\sigma}{\sqrt{n}}z$$

Die Auflösung dieser Ungleichung nach n ergibt:

R 11.7.1

Notwendiger Stichprobenumfang

Bei Anwendbarkeit der Normalverteilung ist für eine Intervallschätzung von μ mit der Genauigkeit $z\frac{\sigma}{\sqrt{n}} \leq e$ eine Stichprobe vom Umfang $n \geq \frac{\sigma^2}{e^2}z^2$ zu ziehen.

B 11.7.2 *Für eine Grundgesamtheit mit normalverteiltem* X *und* $\sigma = 6$ *ist* μ *bei einem Konfidenzniveau* $1-\alpha = 0{,}95$ *mit einer Genauigkeit von* $z\sigma_{\overline{X}} \leq e = 0{,}5$ *zu schätzen.*

Aus $1-\alpha = 0{,}95$, $z = 1{,}96$ *und* $n \geq \frac{\sigma^2}{e^2} z^2 = \frac{36}{0{,}25} \cdot 1{,}96^2 = 553{,}19$ *folgt, dass der Stichprobenumfang mindestens* 554 *betragen muss.*

Entsprechend geht man bei endlichen Grundgesamtheiten vor, für die noch die so genannte Endlichkeitskorrektur zu beachten ist. Mit Berücksichtigung der **Endlichkeitskorrektur** ergibt sich $e \geq z \frac{\sigma}{\sqrt{n}} \sqrt{\frac{N-n}{N-1}}$ und daraus:

R 11.7.3

Notwendiger Stichprobenumfang bei endlicher Grundgesamtheit

$$n \geq \frac{z^2\sigma^2 N}{e^2(N-1) + z^2\sigma^2}$$

Ü 11.7.4 *Das Durchschnittsalter der Bevölkerung einer Großstadt ist mit Hilfe einer einfachen Zufallsstichprobe zu schätzen. Aus den Erhebungen einer im Vorjahr durchgeführten Volkszählung ergab sich ein Durchschnittsalter von* 30 *Jahren mit einer Standardabweichung von* 8 *Jahren.*
Wie groß sollte die Stichprobe gewählt werden, um das Durchschnittsalter innerhalb eines Fehlerbereichs von ±3 *Jahren mit einer Sicherheit von*

a) 90% *und*
b) 95% *festzulegen?*

Bei einer Intervallschätzung von Θ wird, sofern eine Approximation durch die Normalverteilung möglich ist, für gegebenes α eine obere Abschätzung des Schätzfehlers durch $\frac{1}{2\sqrt{n}}$ gegeben, da stets $\sqrt{\Theta(1-\Theta)} \leq 0{,}5$ [47].

Mit dieser Schätzung erhält man für den notwendigen Stichprobenumfang:

$$e \geq z\frac{1}{2\sqrt{n}} \Rightarrow \sqrt{n} \geq \frac{z}{2e} \Rightarrow n \geq \frac{z^2}{4e^2}.$$

R 11.7.5

Notwendiger Stichprobenumfang bei Schätzung von Θ

$$n \geq \frac{z^2}{4e^2}$$

B 11.7.6 *Der Ausschussanteil bei der Produktion von Fliesen soll zum Konfidenzniveau* 0,95 *bei einem Fehler von höchstens* $e = 0{,}05$ *geschätzt werden. Als notwendiger Stichprobenumfang ergibt sich:*

$n \geq \frac{1{,}96^2}{4 \cdot 0{,}05^2} = 384{,}16$, *d.h.* n *muss wenigstens* 385 *betragen.*

Eine genauere Abschätzung ergibt sich unter der Voraussetzung einer näherungsweisen Normalverteilung von P, wenn der Wert von Θ zumindest näherungsweise bekannt ist.

47 Siehe hierzu S. 143 insbesondere R 11.5.2

Man erhält dann unter Vernachlässigung der Stetigkeitskorrektur:

R 11.7.7

Notwendiger Stichprobenumfang bei Schätzung von Θ ohne Berücksichtigung der Endlichkeitskorrektur

$$n \geq \frac{z^2\Theta(1-\Theta)}{e^2}$$

Unter Berücksichtigung der Endlichkeitskorrektur ergibt sich:

R 11.7.8

Notwendiger Stichprobenumfang bei Schätzung von Θ mit Berücksichtigung der Endlichkeitskorrektur

$$n \geq \frac{z^2\Theta(1-\Theta)N}{e^2(N-1)+z^2\Theta(1-\Theta)}$$

Anstelle des absoluten Fehlers e verwendet man häufig auch den **relativen** Fehler:

$e_r = \frac{e}{\mu}$ bzw. $e_r = \frac{e}{\Theta}$.

Für **geschichtete Stichproben** erhält man aus den in Abschnitt 10.6 angegebenen Formeln die folgenden Abschätzungen für den notwendigen Stichprobenumfang einer Intervallschätzung von μ:

Proportionale Aufteilung:

$$n \geq \frac{z^2}{e^2}\sum_{\rho=1}^{r}\sigma_\rho^2 Q_\rho$$

bzw. mit Endlichkeitskorrektur

$$n \geq \frac{z^2 N \sum_{\rho=1}^{r} \frac{\sigma_\rho^2}{N_\rho - 1} N_\rho^2}{N^2e^2 + z^2 \sum_{\rho=1}^{r} \frac{\sigma_\rho^2}{N_\rho - 1} N_\rho^2} \approx \frac{z^2 N \sum_{\rho=1}^{r} \sigma_\rho^2 N_\rho}{N^2e^2 + z^2 \sum_{\rho=1}^{r} \sigma_\rho^2 N_\rho}$$

Die Stichprobe ist hierbei folgendermaßen auf die Schichten aufzuteilen:

$$n_\rho = nQ_\rho = n\frac{N_\rho}{N};\ \rho = 1,\dots,r$$

Optimale Aufteilung:

$$n \geq \frac{z^2}{e^2}\left(\sum_{\rho=1}^{r}\sigma_\rho Q_\rho\right)^2$$

bzw. mit Endlichkeitskorrektur

$$n \geq \frac{z^2 \sum_{\rho=1}^{r} \sigma_\rho N_\rho \frac{N_\rho}{N_\rho - 1} \sum_{\rho=1}^{r} \sigma_\rho N_\rho}{N^2e^2 + z^2 \sum_{\rho=1}^{r} \frac{\sigma_\rho^2 N_\rho^2}{N_\rho - 1}} \approx \frac{z^2\left(\sum_{\rho=1}^{r} \sigma_\rho N_\rho\right)^2}{N^2e^2 + z^2 \sum_{\rho=1}^{r} \sigma_\rho^2 N_\rho}.$$

Die Stichprobe ist so auf die einzelnen Schichten aufzuteilen, dass gilt:

$$n_\rho^* = n\frac{Q_\rho \sigma_\rho}{\sum_{\nu=1}^{r} Q_\nu \sigma_\nu} = n\frac{N_\rho \sigma_\rho}{\sum_{\nu=1}^{r} N_\nu \sigma_\nu};\ \rho = 1,\dots,r.$$

Es sei abschließend darauf hingewiesen, dass bei den meisten Anwendungen die Bestimmung des Mindestumfangs einer Stichprobe nicht nur ein rein statistisches Problem ist, sondern dass hier auch zusätzlich **Kostenüberlegungen** angestellt werden müssen. Dabei sind auf der einen Seite die Kosten der Stichprobenerhebung und Stichprobenuntersuchung zu sehen, die mit dem Stichprobenumfang zunehmen, und auf der anderen Seite die Kosten, die durch einen zu großen „Schätzfehler" entstehen, die also mit zunehmendem Stichprobenumfang abnehmen. Dazu wird im Einzelnen auf die weiterführende Literatur verwiesen.

12 Grundgedanken des statistischen Testens

12.1 Einführung

Bei statistischen Schätzverfahren geht es um die Frage, wie man aus den Daten einer Zufallsstichprobe einen Parameter der Grundgesamtheit (z.B. den Erwartungswert, einen Anteilswert oder die Varianz) oder die Verteilung der Grundgesamtheit schätzen kann. Bei vielen statistischen Fragestellungen hat man es mit Problemen anderer Art zu tun:

Über die Verteilung eines Merkmals in der Grundgesamtheit bzw. die Parameter der Verteilung hat man eine ganz bestimmte **Vermutung** oder **Hypothese**. Die Hypothese über die Verteilung oder über einen Parameter der Grundgesamtheit ist mittels einer Stichprobe aus der Grundgesamtheit zu überprüfen. Das geschieht mit Hilfe **statistischer Testverfahren** (oft auch kurz als **Test** bezeichnet).

Die Grundgedanken statistischen Testens sollen an zwei ausführlichen Beispielen erläutert werden.

B 12.1.1 *Beim zufälligen Werfen einer Münze kann man erwarten, dass das Ergebnis „Zahl" mit der Wahrscheinlichkeit* **P**(*Zahl*) = 0,5 *auftritt. Das setzt aber voraus, dass das Werfen der Münze wirklich zufällig erfolgt und die Münze selbst nicht manipuliert ist. Um festzustellen, ob eine gegebene Münze in diesem Sinne ideal ist, wird*

$$\Theta = \Theta_0 = 0{,}5$$

als ***Hypothese*** *formuliert. Die Vermutung ist in der Hypothese so formuliert, dass sie mit einem statistischen Test überprüft werden kann. Man bezeichnet diese zu überprüfende Hypothese auch als* ***Nullhypothese*** H_0. *Um die Nullhypothese zu überprüfen, liegt es nahe, die Münze mehrmals* (n-*mal*) *zu werfen und die Anzahl* X *der Ergebnisse „Zahl" zu ermitteln. Diesem Zufallsexperiment liegt bei richtiger Nullhypothese eine Binomialverteilung mit dem Erwartungswert* $\mathbf{E}(X) = \frac{n}{2}$ (X *ist die Anzahl der Würfe mit dem Ergebnis „Zahl") zugrunde. Falls die Anzahl* X *nicht zu weit von* $\frac{n}{2}$ *abweicht, wird man keinen Grund sehen, an* H_0 *zu zweifeln.*

Sollte die Realisation x *der Stichprobenfunktion* X *einen Wert annehmen, der bei richtiger Nullhypothese nur mit einer sehr kleinen Wahrscheinlichkeit (z.B.* $\alpha \le 0{,}1$) *auftreten kann, so wird man vermuten, dass die Münze nicht ideal ist, d.h. man wird die Nullhypothese ablehnen.*

Diese Überlegungen sollen für eine Stichprobe vom Umfang n = 8 *konkretisiert werden.*

Bei einer idealen Münze ist die Anzahl X *der Würfe, bei denen Zahl oben liegt,* **B**(8;0,5)-*verteilt. Damit ergibt sich für* X *folgende Verteilung:*

x	0	1	2	3	4	5	6	7	8
P(x)	0,0039	0,0312	0,1094	0,2188	0,2734	0,2188	0,1094	0,0312	0,0039

Wird bei richtiger Nullhypothese zugelassen, dass X *um* 2 *nach oben oder unten von* $\frac{n}{2} = 4$ *abweichen darf, ergibt sich der in der Tabelle stark umrandete Bereich. Innerhalb dieses markierten Intervalls liegt* X *mit einer Wahrscheinlichkeit von* 0,9298. *Die Wahrscheinlichkeit, dass bei einer idealen Münze* X *die Werte* 0 *oder* 1 *oder* 7 *oder* 8 *annimmt, beträgt nur* 0,0702.

Es gilt: $\mathbf{P}(2 \le X \le 6) = 0{,}9298$ *und* $\mathbf{P}(X < 2 \text{ oder } X > 6) = 0{,}0702$.

Die Menge aller möglichen Ergebnisse ist damit in zwei Bereiche geteilt:

(1) *Gilt* X < 2 *oder* X > 6 (*die Wahrscheinlichkeit dafür ist* $\alpha = 0{,}0702$), *so wird die Nullhypothese* H_0 *abgelehnt.*

Liegt also bei n = 8 *Würfen weniger als zweimal oder mehr als sechsmal „Zahl" oben, so wird die Nullhypothese abgelehnt. Diese Ablehnung erfolgt mit folgender Begründung:*
Bei richtiger Nullhypothese ist die Wahrscheinlichkeit, die Augenzahl 0, 1, 7 *oder* 8 *zu erhalten, so klein* (*nämlich* 0,0702), *dass in einem solchen Fall mit ausreichender Sicherheit davon ausgegangen werden kann, dass die Nullhypothese nicht zutrifft. Es darf dann angenommen werden, dass die Münze nicht ideal ist.*
Die beiden Intervalle, für die gilt $X < 2$ *bzw.* $X > 6$ *ergeben den so genannten* ***Ablehnungsbereich*** *des Tests. Da das Ergebnis „0, 1, 7 oder 8mal Zahl" auch bei richtiger Nullhypothese auftreten kann, besteht die Möglichkeit der Ablehnung einer richtigen Nullhypothese. Die Wahrscheinlichkeit dafür ist im vorliegenden Fall* 0,0702 *und wird* ***Irrtumswahrscheinlichkeit*** *oder* ***Signifikanzniveau*** *genannt. Das Signifikanzniveau eines Testverfahrens gibt also die Wahrscheinlichkeit für die Ablehnung einer richtigen Nullhypothese an.*
(2) *Gilt* $2 \le X \le 6$ *so kann* H_0 *nicht abgelehnt werden. Damit ist allerdings nicht bewiesen, dass* H_0 *zutrifft. Es gibt jedoch keine ausreichenden Gründe, die gegen die Richtigkeit von* H_0 *sprechen.*
Der Bereich für den $2 \le X \le 6$ *gilt heißt auch* ***Annahmebereich***.

B 12.1.2 *Einem Reifenhersteller ist bekannt, dass seine Reifen eine durchschnittliche Lebensdauer von* $\mu = 40.000$ km *bei einer Standardabweichung von* $\sigma = 2.000$ km *haben. Aufgrund umfangreicher Forschungen wird nun das Material für die Autoreifen geändert. Um festzustellen, ob durch die Materialänderung eine Veränderung der Lebensdauer eingetreten ist, d.h. zur Überprüfung der Nullhypothese* H_0: $\mu = \mu_0 = 40.000$ *geht man folgendermaßen vor:*
Aus der Reifenproduktion wird eine einfache Zufallsstichprobe vom Umfang n *gezogen. Die Zufallsvariable* X_i *bezeichnet die Lebensdauer des* i*-ten Reifens. Für* $n > 30$ *ist die Stichprobenfunktion*

$$\overline{X} = \frac{1}{n}\sum_{i=1}^{n} X_i$$

näherungsweise $\mathbf{N}(\mu;\sigma_{\overline{X}})$ *-verteilt*[48] *mit* $\sigma_{\overline{X}} = \frac{\sigma}{\sqrt{n}}$.

Unter der Annahme, dass die Nullhypothese H_0 *zutrifft, kann man damit ein Wahrscheinlichkeitsintervall angeben, in das* $\overline{X}$ *mit einer vorgegebenen Wahrscheinlichkeit* $1-\alpha$ *fällt:*

G 12.1.3 $$\mathbf{P}(\mu_0 - z\sigma_{\overline{X}} \le \overline{X} \le \mu_0 + z\sigma_{\overline{X}}) = 1 - \alpha$$

Die Wahrscheinlichkeit, dass $\overline{X}$ *bei Gültigkeit von* H_0 *nicht in das in* G 12.1.3 *enthaltene Intervall fällt, beträgt* α. *Wählt man* α *entsprechend klein* (*meistens* 0,1; 0,05 *oder* 0,01), *so ist bei richtiger Nullhypothese ein Abweichen von* $\overline{X}$ *über die in* G 12.1.3 *gegebenen Intervallgrenzen hinaus allein durch Zufallseinflüsse sehr „unwahrscheinlich". Die Wahrscheinlichkeit dafür beträgt höchstens* α.
Die Stichprobenfunktion $\overline{X}$ *erscheint daher geeignet für eine Prüfung der Nullhypothese. Man bezeichnet* $\overline{X}$ *deshalb auch als* ***Prüfgröße*** *oder* ***Testgröße***.
Der Test wird nun in folgender Weise durchgeführt:
Die Nullhypothese H_0 *wird solange* ***nicht abgelehnt***, *wie* $\overline{X}$ *die in* G 12.1.3 *angegebenen Grenzen nicht überschreitet, die Schwankungen also durch Zufallseinflüsse erklärbar sind. Das in* G 12.1.3 *enthaltene Intervall*

G 12.1.4 $$[\mu_0 - z\sigma_{\overline{X}}\,;\mu_0 + z\sigma_{\overline{X}}]$$

48 Vgl. dazu Abschnitt 10.4 b.

*ist dann der so genannte **Annahmebereich** des Tests*[49]*. Der dazu komplementäre Bereich*

G 12.1.5 $]-\infty;\mu_0 - z\sigma_{\overline{X}}[\cup]\mu_0 + z\sigma_{\overline{X}};\infty[$

*ist der **Ablehnungsbereich** des Tests, für den bei richtiger Nullhypothese gilt:*

G 12.1.6 $\mathbf{P}(\overline{X} < \mu_0 - z\sigma_{\overline{X}} \text{ oder } \overline{X} > \mu_0 + z\sigma_{\overline{X}}) = \alpha$

Die Nullhypothese wird abgelehnt, wenn die Realisierung $\overline{x}$ *der Testgröße* $\overline{X}$ *in den Ablehnungsbereich* (G 12.1.5) *fällt. Die Nullhypothese wird nicht abgelehnt, wenn* $\overline{x}$ *in den Annahmebereich* (G 12.1.4) *fällt.*

Die linke bzw. rechte Grenze des Intervalls G 12.1.4 *nennt man **untere** bzw. **obere Annahmebereichsgrenze, Annahmegrenze** oder **Annahmekennzahl** und bezeichnet sie mit „*c_u*" bzw. „*c_o*".*

Angenommen, die gezogene Stichprobe hat den Umfang $n = 100$ *und es ist* $\alpha = 0{,}05$*, dann ergeben sich für die Annahmegrenzen folgende Werte:*

$$c_{o/u} = \mu_0 \pm z\sigma_{\overline{X}} = 40.000 \pm 1{,}96 \cdot 200 = 40.000 \pm 392,$$

Der Annahmebereich hat also die Grenzen $c_u = 39.608$ *und* $c_o = 40.392$.

Vereinfacht ausgedrückt steckt hinter den Überlegungen von B 12.1.2 folgende Argumentation: Die für die Überprüfung der Hypothese verwendete Testgröße ist eine Stichprobenfunktion und damit eine Zufallsvariable. Selbst bei richtiger Nullhypothese muss man deshalb gewisse Schwankungen dieser Größe in Kauf nehmen. Das bedeutet, dass geringfügige Abweichungen der Testgröße vom Wert der Nullhypothese zufällig sein können und nicht mit ausreichender Sicherheit auf eine falsche Hypothese schließen lassen. Weicht der Wert der Prüfgröße stark vom Wert der Nullhypothese ab[50], d.h. erhält man für die Prüfgröße einen Wert, der bei richtiger Hypothese nur mit einer sehr geringen Wahrscheinlichkeit zu erwarten ist, dann kann die Nullhypothese abgelehnt werden. Sie gilt in diesem Fall als statistisch widerlegt.

B 12.1.7 a) *Erhält man in* B 12.1.2 *zu der einfachen Zufallsstichprobe von* 100 *untersuchten Autoreifen einen Stichprobenmittelwert von* $\overline{x} = 40.200$, *so wird die Nullhypothese nicht abgelehnt, da dieser Wert in den Annahmebereich* [39.608;40.392] *fällt.*

b) *Bei einem Stichprobenmittelwert von* $\overline{x} = 39.500$ *wird die Nullhypothese abgelehnt, da der Wert in den Ablehnungsbereich fällt* (39.500 < 39.608). *Die Stichprobe liefert eine signifikante Abweichung von der Nullhypothese.*

Es ist darauf zu achten, dass jede Testentscheidung mit einem Risiko behaftet ist:

Selbst bei richtiger Nullhypothese ergibt sich für die Prüfgröße $\overline{X}$ mit der Wahrscheinlichkeit α ein Wert, der in den Ablehnungsbereich fällt (vgl. G 12.1.6).

Mit dieser Wahrscheinlichkeit α begeht man folgenden Fehler:

Ablehnung der Nullhypothese obwohl sie richtig ist.

49 Die eckigen Klammern geben ein abgeschlossenes Intervall an. [a;b] bedeutet also $a \le X \le b$. Nach außen geöffnete eckige Klammern bezeichnen offene Intervallgrenzen.]a;b[bedeutet also $a < X < b$.

50 Man spricht in einem solchen Fall meistens von einer **signifikanten Abweichung**.

D 12.1.8

Fehler 1. Art oder **α-Fehler**
Die Ablehnung einer richtigen Nullhypothese heißt Fehler 1. Art oder α-Fehler.

Signifikanzniveau
Die bei einem Test vorzugebende Wahrscheinlichkeit α mit der ein Fehler 1. Art begangen wird, heißt Irrtumswahrscheinlichkeit oder Signifikanzniveau des Tests.

Die Nichtablehnung der Nullhypothese bedeutet keineswegs, dass diese damit bewiesen oder richtig ist.

B 12.1.9 *Bei den Autoreifen lautet die Nullhypothese: Die durchschnittliche Lebensdauer der Autoreifen beträgt* $\mu = \mu_0 = 40.000$ km. *Erhält man, wie in* B 12.1.7a, *einen Wert von* $x = 40.200$ *für die Prüfgröße, so kann der tatsächliche Wert der durchschnittlichen Lebensdauer durchaus* 40.100, 40.250, 40.400 *oder ein anderer sein. Das Testverfahren widerlegt zwar die Nullhypothese nicht mit ausreichender Sicherheit, sie muss aber deshalb nicht zutreffen.*

Neben der Ablehnung einer richtigen Nullhypothese besteht also noch eine andere Fehlermöglichkeit, nämlich eine falsche bzw. nicht zutreffende Nullhypothese nicht abzulehnen, d.h.

Nichtablehnung der Nullhypothese, obwohl sie falsch ist.

D 12.1.10

Fehler 2. Art oder **β-Fehler**
Die Nichtablehnung einer falschen Nullhypothese heißt Fehler 2. Art oder β-Fehler.

Vor dem Trugschluss, aus der Nichtablehnung einer Nullhypothese auf ihre Richtigkeit schließen zu wollen, muss hier nachdrücklich gewarnt werden.

12.2 Arten des Hypothesentests

Mit statistischen Testverfahren können unterschiedliche Arten von Hypothesen getestet werden.

- Wird eine **Hypothese über den numerischen Wert eines unbekannten Parameters**, zum Beispiel einen Lage- oder Streuungsparameter, getestet, spricht man von einem **Parametertest**.
- Die Prüfung einer **Hypothese über den Typ der Verteilung** eines Merkmals bezeichnet man als **Anpassungstest**.
- Wird eine **Hypothese über die Abhängigkeit bzw. Unabhängigkeit** von zwei oder mehr Merkmalen geprüft, dann hat man es mit einem **Unabhängigkeitstest** zu tun.

Bei allen drei Arten von Tests wird geprüft, ob eine Zufallsstichprobe eine **signifikante Abweichung** von der Nullhypothese liefert oder nicht. Solche Testverfahren nennt man auch **Signifikanztests**.

Beim **Alternativentest** werden für einen zu überprüfenden Parameter zwei Werte oder zwei mögliche Wertebereiche gegeben. Mit Hilfe eines statistischen Testverfahrens soll dann überprüft werden, welcher der beiden Werte bzw. Bereiche zutrifft. Alternativentests spielen eine

Rolle unter anderem in der statistischen Qualitätskontrolle, wenn es um die Annahme oder Ablehnung einer Lieferung geht.

12.3 Beziehung zwischen Schätz- und Testverfahren

An den beiden Beispielen aus Abschnitt 12.1, vor allem an B 12.1.2, kann man sich verdeutlichen, dass Schätz- und Testverfahren eine gemeinsame Grundlage haben. Für die Überprüfung einer Nullhypothese über den Parameter μ einer Grundgesamtheit wurde in B 12.1.2 die Stichprobenfunktion $\overline{X}$, also der Stichprobenmittelwert, verwendet. Die Grenzen des Annahmebereichs, d.h. die Annahmekennzahlen c_u und c_o ergeben sich als Wahrscheinlichkeitsintervall aus der Verteilung der Stichprobenfunktion $\overline{X}$. Die Annahmekennzahlen können also nur bestimmt werden, wenn die Wahrscheinlichkeitsverteilung von $\overline{X}$ bekannt ist. Bei der Berechnung der Annahmekennzahlen eines statistischen Testverfahrens geht man dazu davon aus, dass die Nullhypothese zutrifft (siehe B 12.1.2).

Bei der Bestimmung einer Intervallschätzung, also der Grenzen eines Konfidenzintervalls, geht man ebenfalls davon aus, dass die Wahrscheinlichkeitsverteilung der verwendeten Stichprobenfunktion bekannt ist. Bei der Ermittlung eines Konfidenzintervalls für den Parameter μ einer Grundgesamtheit wurde in Abschnitt 10.5 von einem Wahrscheinlichkeitsintervall für die Stichprobenfunktion $\overline{X}$ ausgegangen, das übereinstimmt mit dem Wahrscheinlichkeitsintervall zur Bestimmung der Annahmekennzahlen. Das wird deutlich, wenn man G 10.5.1 und G 12.1.3 miteinander vergleicht.

Trotz dieser Gemeinsamkeit besteht zwischen den Intervallen bei Schätz- und Testverfahren ein wesentlicher Unterschied.

Bei **Testverfahren** verwendet man ein **Wahrscheinlichkeitsintervall** der Verteilung der Stichprobenfunktion, die als Testgröße verwendet wird.

Bei **Schätzverfahren** wird ein **Zufallsintervall** bestimmt, dessen Grenzen Zufallsvariablen sind, da sie von der Stichprobenfunktion $\overline{X}$ abhängen. Bei einer konkreten Intervallschätzung sind die **Intervallgrenzen Realisationen von Zufallsvariablen**.

12.4 Aufbau eines Parametertests

Die in Abschnitt 12.1 angegebenen Beispiele sind typisch für **Parametertests**. Sie sind meistens nach einem einfachen Schema aufgebaut. Dieses Schema soll hier in einzelnen Schritten behandelt werden.

Der Parameter der Grundgesamtheit, über den eine Hypothese aufgestellt wird, wird im Folgenden **allgemein** mit dem Buchstaben „u" bezeichnet. **Spezielle** Parameter sind beispielsweise μ und σ^2.

a) Grundgesamtheit und Verteilungstyp

Für jeden Test sind vorab folgende Fragen über die Grundgesamtheit zu beantworten:

a) Handelt es sich um ein **quantitatives** oder um ein **qualitatives** Merkmal?

b) Ist die Grundgesamtheit **endlich** oder nicht?

c) Welche **Verteilung** hat die **Zufallsvariable** X (Merkmalswert bei zufälliger Entnahme eines Elements der Grundgesamtheit)? Diese Angabe ist manchmal nicht oder nur angenähert möglich.

B 12.4.1 a) *Es soll geprüft werden, ob bei einem Würfel die „6" tatsächlich mit der Wahrscheinlichkeit $\Theta_0 = \frac{1}{6}$ auftritt.*

*Hierbei handelt es sich um ein **qualitatives** Merkmal (dichotome Grundgesamtheit). Die Grundgesamtheit besteht aus allen jemals durchgeführten oder noch durchzuführenden (unendlich vielen) Würfen mit diesem Würfel. X hat zwei mögliche Realisationen: „1" und „0". („1" entspricht „6 liegt oben" und „0" entspricht „6 liegt nicht oben"). Falls der Würfel „ideal" ist, gilt* $\mathbf{P}(X = 1) = \frac{1}{6}$ *und* $\mathbf{P}(X = 0) = \frac{5}{6}$.

b) *Es soll geprüft werden, ob für die mittlere Füllmenge μ von Bierflaschen in einer Lieferung von* 10.000 *Stück gilt* $\mu = 0{,}5\,\ell$.

*Es handelt sich um ein **quantitatives** (metrisch messbares) Merkmal. Die Grundgesamtheit hat einen Umfang von* N = 10.000. *Für die Zufallsvariable* X *(Füllmenge einer zufällig entnommenen Flasche) kann wegen des zentralen Grenzwertsatzes näherungsweise eine **Normalverteilung** angenommen werden.*

Ü 12.4.2 *Beantworten Sie die vor* B 12.4.1 *angeführten Fragen* a), b) *und* c) *für die folgenden Probleme:*

a) *Ein Händler will feststellen, ob das mittlere Gewicht einer Lieferung von* 3.000 *Eiern tatsächlich* $\mu_0 = 60$ g *beträgt.*

b) *Ein Schausteller betreibt ein Glücksrad. Ein Spieler behauptet, dass von den* 20 *Zahlen die „*13*" mit der Wahrscheinlichkeit* $\Theta_0 = 0{,}1$ *auftritt.*

b) Formulierung der Nullhypothese H_0

Ziel eines statistischen Tests ist die Überprüfung einer Hypothese (Behauptung, Vermutung), die sich z.B. ergeben kann aus

- einer Theorie,
- Erfahrungen oder Vergangenheitswerten,
- einer Qualitätsforderung oder Qualitätszusage.

In manchen Fällen ist eine Hypothese bereits so formuliert, dass sie als Nullhypothese für ein Testverfahren verwendet werden kann.

R 12.4.3

Nullhypothese Eine Nullhypothese ist die statistische Formulierung der zu prüfenden Hypothese.

Oft ist es notwendig, aus der gegebenen Problemstellung eine passende Nullhypothese zu formulieren. Von der Nullhypothese hängt nämlich ab, ob der statistische Test überhaupt ein sinnvolles Ergebnis liefern kann bzw. ob die Testentscheidung zu einer Lösung des gegebenen Problems führt.

B 12.4.4 *Wenn behauptet wird, durch eine Materialänderung habe sich die durchschnittliche Lebensdauer von Autoreifen verändert, so kann man über das eventuelle Ausmaß der vermuteten Änderungen nichts sagen. Als Nullhypothese formuliert man deshalb: „Die durchschnittliche*

Lebensdauer hat sich ***nicht*** *verändert." Für diesen Fall kann man die Verteilung der Testgröße* $\overline{X}$ *angeben. Weicht der Wert der Testgröße sehr stark vom Wert der Nullhypothese ab, so ist die Nullhypothese statistisch widerlegt und die Vermutung, dass sich die durchschnittliche Lebensdauer verändert hat, damit bestätigt.*

Man unterscheidet beim Test von Parametern zwei Typen von Nullhypothesen, nämlich

- **zweiseitige Nullhypothesen** oder **Punkthypothesen** und
- **einseitige Nullhypothesen** oder **Bereichshypothesen**.

R 12.4.5

> **Zweiseitige Nullhypothese**
> Eine zweiseitige Nullhypothese wird immer dann benutzt, wenn behauptet wird, der Parameter u einer Verteilung habe einen ganz bestimmten Wert u_0 (Punkthypothese), d.h. H_0: $u = u_0$.

Die **Alternative** zur zweiseitigen Nullhypothese ist $u \neq u_0$. Man kann daher zu H_0 eine so genannte **Alternativhypothese** H_1 formulieren: H_1: $u \neq u_0$. Allgemein ist die **Alternativhypothese** H_1 **das Gegenteil der Nullhypothese** H_0.

B 12.4.6 *Ein Ottomotor soll mit Kolben des Durchmessers* 70 mm *bestückt werden. Der Kolbenlieferant garantiert:* $\mu = \mu_0 = 70$ mm *bei einer Standardabweichung von* $\sigma = 0{,}01$ mm. *Da jede große Abweichung nach oben oder unten zur Gebrauchsunfähigkeit der Kolben führt, formuliert man für eine statistische Qualitätsprüfung:*

Nullhypothese H_0: $\mu = \mu_0 = 70$ mm
Alternativhypothese H_1: $\mu \neq \mu_0 = 70$ mm

R 12.4.7

> **Einseitige Nullhypothese**
> Eine einseitige Nullhypothese wird immer dann benutzt, wenn behauptet wird, dass der Parameter u einer Verteilung einen bestimmten Wert u_0 nicht unterschreitet bzw. nicht überschreitet, d.h.
> H_0: $u \geq u_0$ bzw. H_0: $u \leq u_0$
> Die **Alternativhypothese** lautet dann
> H_1: $u < u_0$ bzw. H_1: $u > u_0$

B 12.4.8 *In einer Lieferung von* 10.000 *Glühlampen soll der Ausschussanteil* Θ *den Wert* $\Theta_0 = 0{,}02$ *nicht überschreiten. Für den Abnehmer ist es nicht störend, wenn der tatsächliche Ausschussanteil noch niedriger liegt. Ihn interessiert nur, ob die Lieferung wegen zu viel Ausschuss reklamiert werden muss. Null- und Alternativhypothese lauten deshalb:*

H_0: $\Theta \leq \Theta_0 = 0{,}02$ *und* H_1: $\Theta > \Theta_0 = 0{,}02$.

In B 12.1.2 wurde erläutert, dass die **Testgröße** U eine Zufallsvariable ist. Deshalb wird die Nullhypothese H_0 erst dann abgelehnt, wenn man mit großer Wahrscheinlichkeit $(1-\alpha)$ ausschließen kann, dass U nur **zufällig** in einen Bereich gefallen ist, der „sehr weit von der Nullhypothese entfernt" ist. Der Fehler „Die Nullhypothese wird abgelehnt, obwohl sie richtig ist.", tritt dann nur mit der Wahrscheinlichkeit α auf.

D 12.4.9

Fehler 1. Art
Die Ablehnung einer richtigen Nullhypothese heißt Fehler 1. Art oder α-Fehler.[51]

Da α im Allgemeinen entsprechend klein gewählt wird (z.B. 0,05), darf man sagen: Das **Verwerfen der Nullhypothese H_0** ist gleichbedeutend mit dem **statistischen Nachweis der Alternativhypothese H_1**. „Statistischer" Nachweis bedeutet, dass der Nachweis nicht mit Sicherheit, sondern „nur" mit einer hohen Wahrscheinlichkeit erfolgt. Die Irrtumswahrscheinlichkeit beträgt dabei α.

Kann die Nullhypothese nicht verworfen werden, so beweist das nichts. Man weiß nämlich nicht, wie groß die Wahrscheinlichkeit für folgenden Fehler ist: „Die Nullhypothese wird nicht abgelehnt, obwohl sie falsch ist."

D 12.4.10

Fehler 2. Art
Die Nichtablehnung einer falschen Nullhypothese heißt Fehler 2. Art oder β-Fehler.[52]
Die **Wahrscheinlichkeit für das Auftreten des Fehlers 2. Art** wird mit β bezeichnet.

Die folgende Tabelle gibt einen Überblick über die beiden Fehlermöglichkeiten bei einem Parametertest.

Fehlermöglichkeiten bei einem Parametertest		
	tatsächlicher Zustand	
Testentscheidung	Nullhypothese richtig	Nullhypothese falsch
Nullhypothese nicht verworfen	richtige Entscheidung	β-Fehler (Fehler 2. Art)
Nullhypothese verworfen	α-Fehler (Fehler 1. Art)	richtige Entscheidung

Aus den bisherigen Ausführungen ergibt sich ein wichtiger **Grundsatz für das Aufstellen von Null- und Alternativhypothesen**:

Soll durch einen statistischen Test der Nachweis einer **Behauptung** erfolgen, so muss die **Nullhypothese** die **Negation dieser Behauptung** sein.
Der **statistische Nachweis** ist genau dann erfolgt, **wenn H_0 abgelehnt wird**.

Eine derartige Testentscheidung führt jedoch nicht mit Sicherheit zu einem richtigen Ergebnis, denn bei richtiger Nullhypothese beträgt die Wahrscheinlichkeit für einen Irrtum (Ablehnung einer richtigen Nullhypothese) α. Diese Wahrscheinlichkeit α wird aber vorgegeben und kann deshalb den jeweiligen Erfordernissen entsprechend klein gehalten werden.

B 12.4.11 *Soll bei den Autoreifen aus* B 12.1.2 *nachgewiesen werden, dass eine Materialänderung zu einer **Erhöhung** der ursprünglichen Lebensdauer von* 40.000 *geführt hat, so ist die **Nullhypothese** wie folgt zu formulieren:*
*„Die Lebensdauer hat sich **nicht erhöht**,* H_0: $\mu \leq \mu_0 = 40.000$."

51 Vgl. dazu auch S. 154.
52 Vgl. dazu auch S. 154.

Gibt man eine Irrtumswahrscheinlichkeit von $\alpha = 0{,}05$ *vor, dann führt bei* $n = 100$ *jeder Stichprobenmittelwert, für den gilt*

$$\bar{x} > \mu_0 + z\sigma_{\bar{x}} = 40.000 + 1{,}65 \cdot 200 = 40.330$$

zu einer ***Ablehnung der Nullhypothese*** *und damit zu einem* ***statistischen Nachweis der Behauptung.***

Das Risiko einer Fehlentscheidung, die mit einer Irrtumswahrscheinlichkeit von α *begangen wird, beträgt dann höchstens* 5%.

B 12.4.12 a) *In einer Großstadt soll der Anteil der Müßiggänger und Gammler an der Bevölkerung seit Jahren bei* 1,3% *liegen. Dieser Erfahrungswert soll durch einen Test überprüft werden. Da sowohl ein höherer als auch ein niedriger Anteil von Interesse ist, liegt eine zweiseitige Fragestellung vor. Also formuliert man:*

H_0: $\Theta = \Theta_0 = 0{,}013$ $\quad H_1$: $\Theta \neq \Theta_0 = 0{,}013$.

b) *Es soll nachgewiesen werden, dass Weinflaschen des Anbaugebietes „Tourundeaux" im Mittel weniger als die angegebene Mindestfüllmenge von* $\mu_0 = 1\ell$ *enthalten. Hierbei interessiert man sich nur für eine Abweichung nach unten, d.h. es handelt sich um eine einseitige Fragestellung:*

H_0: $\mu \geq \mu_0 = 1\ell$; $\quad H_1$: $\mu < \mu_0 = 1\ell$.

Gelingt es, H_0 *zu verwerfen, so ist bei einer Irrtumswahrscheinlichkeit von* α *der geforderte Nachweis statistisch erbracht.*

Es wurde oben gesagt, dass die Wahrscheinlichkeit α für einen Fehler erster Art (Ablehnung einer richtigen Nullhypothese) vorgegeben werden kann. Wie B 12.1.2 zeigt, ist diese Wahrscheinlichkeit α zur Bestimmung der Annahmekennzahlen eines statistischen Testverfahrens notwendig.

Bei der Konstruktion der Annahmekennzahlen geht man davon aus, dass die Nullhypothese zutrifft und die Verteilung der Testgröße bekannt ist. Auf der Grundlage dieser bekannten Verteilung der Testgröße kann man dann ein Wahrscheinlichkeitsintervall (den Annahmebereich) bestimmen, in welchem die Testgröße bei richtiger Nullhypothese mit der Wahrscheinlichkeit $1-\alpha$ liegt. Der durch die Annahmekennzahlen begrenzte Annahmebereich eines Tests wird umso größer, je kleiner α vorgegeben wird. Ein zu großer Annahmebereich kann aber dazu führen, dass mit einem statistischen Testverfahren Abweichungen von der Nullhypothese nicht mehr erkannt werden können. Es gilt tendenziell folgende Aussage:

Die Wahrscheinlichkeit β für einen Fehler zweiter Art (Nichtablehnung einer falschen Nullhypothese) wächst mit abnehmender Wahrscheinlichkeit α für einen Fehler erster Art (Ablehnung einer richtigen Nullhypothese).

Die Wahrscheinlichkeit β für einen Fehler zweiter Art kann allerdings nicht berechnet werden, da sie vom tatsächlichen Wert des unbekannten Parameters abhängt. Es ist deshalb nicht empfehlenswert, das Signifikanzniveau α eines statistischen Testverfahrens zu klein zu wählen. Die Wahrscheinlichkeit für die Nichtablehnung einer falschen Nullhypothese wird dann, auch bei geringfügigen Abweichungen, sehr groß.

Ü 12.4.13 *Zu den nachstehenden Testproblemen sind jeweils eine sinnvolle Nullhypothese und die Alternativhypothese dazu zu formulieren:*

a) *Es soll überprüft werden, ob der durchschnittliche Intelligenzquotient von Männern* $\left(\overline{IQ_M}\right)$ *größer ist als der von Frauen* $\left(\overline{IQ_F}\right)$.

b) *Ein Hersteller von Motorblöcken möchte wissen, ob der zugesagte mittlere Bohrungsdurchmesser von* 78,65 mm *in der laufenden Produktion noch eingehalten wird.*

c) *Betonmischer haben nach Herstellerangaben einen Benzinverbrauch von* $\mu_0 = 1{,}2\ell/\text{h}$ *bei einer Standardabweichung von* $\sigma = 0{,}05\ell/\text{h}$. *Ein Konkurrent der Firma würde sich freuen, wenn er mit Hilfe einer Stichprobe einen höheren Durchschnittsverbrauch nachweisen könnte.*

Die Formulierung einer Nullhypothese ist oft nur möglich, wenn man genau weiß, was durch den Test „nachgewiesen" werden soll.

Ü 12.4.14 *Die Bauern* A *und* B *wollen durch einen statistischen Test prüfen, ob ihre Äpfel das Mindestgewicht von* $\mu = 150\,\text{g}$ *bei* $\sigma = 10\,\text{g}$ *erfüllen. Dazu entnehmen sie ihrer Apfelernte je eine Stichprobe und wiegen sie.*
Wie sind für die beiden folgenden Fälle Nullhypothese und Alternativhypothese zu formulieren?

a) A *will die Äpfel, um seinem guten Ruf nicht zu schaden, nur dann verkaufen, wenn er statistisch sicher sein kann, dass das Durchschnittsgewicht seiner Äpfel über dem Mindestgewicht liegt.*

b) *Der Ruf von Bauer* B *ist schon längst ruiniert, er befürchtet aber strafrechtliche Konsequenzen, wenn er Äpfel verkauft, deren mittleres Gewicht unter der Qualitätsnorm liegt.*

c) Testgröße und deren Verteilung

Die Überprüfung einer Nullhypothese über einen unbekannten Parameter u einer Grundgesamtheit erfolgt mit Hilfe einer „geeigneten" Stichprobenfunktion U (vgl. dazu Abschnitt 10.4).

D 12.4.15

Testgröße oder Prüfgröße
Eine Stichprobenfunktion U, die man für die Überprüfung einer Hypothese über einen Parameter u verwendet, heißt Testgröße oder Prüfgröße.

Welche Stichprobenfunktion verwendet wird, hängt von den Gegebenheiten der jeweiligen Fragestellung ab. Aus den Beispielen 12.1.1 und 12.1.2 kann jedoch eine allgemeine Regel abgeleitet werden.

R 12.4.16

Jede Stichprobenfunktion U, die als Schätzfunktion für einen Parameter u geeignet ist, kann auch als Testgröße zur Überprüfung einer Hypothese über diesen Parameter verwendet werden, sofern die Verteilung von U bekannt ist.

Für einen Test über den Mittelwert μ einer Grundgesamtheit wird meistens die Testgröße $\overline{X}$ verwendet.

Ebenfalls üblich ist die Verwendung des Zentralwerts $\overline{X}_Z$ als Testgröße.

Soll eine Hypothese über die Standardabweichung σ getestet werden, so kann als Testgröße die Stichprobenfunktion S verwendet werden, aber auch die Spannweite W.

Verschiedene Testgrößen U für den gleichen Parameter u unterscheiden sich vor allem durch ihre Streuung σ_u. So ist beispielsweise $\sigma_{\overline{X}_Z} > \sigma_{\overline{X}}$ (vgl. B 11.2.11 b)) und die Spannweite W hat eine größere Streuung als die Stichprobenstandardabweichung S.

$\overline{X}_Z$ ist also für den Test einer Hypothese über μ weniger gut geeignet als $\overline{X}$, da eventuelle Abweichungen von der Nullhypothese mit einer geringeren Wahrscheinlichkeit erkannt werden. Ebenso ist W nicht so gut wie S geeignet, um Hypothesen über σ zu prüfen.

Die **Verteilung der Testgröße** lässt sich in einfachen Fällen aus der Verteilung des Merkmals X in der Grundgesamtheit und den Charakteristika des Stichprobenmodells bestimmen. Vorausgesetzt wird hierbei immer, dass die Nullhypothese tatsächlich zutrifft. Weiterhin muss der Stichprobenumfang n bekannt sein.
Im Übrigen wird dazu auf die Ausführungen in Abschnitt 10.4 über die Wahrscheinlichkeitsverteilungen wichtiger Stichprobenfunktionen verwiesen.

B 12.4.17 *In* B 12.1.2 *ist über die Grundgesamtheit nur bekannt, dass die Standardabweichung* $\sigma = 2.000$ *beträgt. Bei einem Stichprobenumfang von* $n = 100 > 30$ *ist, kann für* $\overline{X}$ *näherungsweise von einer Normalverteilung mit*

$$\sigma_{\overline{X}} = \frac{\sigma}{\sqrt{n}} = \frac{2.000}{10} = 200$$

ausgegangen werden. Die Nullhypothese lautet: H_0: $\mu = \mu_0 = 40.000$. *Unter der Voraussetzung, dass* H_0 *zutrifft, muss die Wahrscheinlichkeitsverteilung von* $\overline{X}$ *den Erwartungswert* $\mathbf{E}(\overline{X}) = \mu_0$ *haben. Es gilt also:*

$\overline{X}$ *ist näherungsweise* $\mathbf{N}(\mu_0;\sigma_{\overline{X}})$ *-verteilt bzw.* $\mathbf{N}(40.000;200)$*-verteilt.*

B 12.4.18 *Vor einer Bundestagswahl soll die Behauptung des Bundeskanzlers getestet werden, hinter ihm stünden* 50% *der Bevölkerung. Die Anzahl* X *der „Hintermänner" in einer Zufallsstichprobe des Umfangs* 400 *ist dann binomialverteilt mit den Parametern* n *und* Θ_0, *also* $\mathbf{B}(400;0,5)$-*verteilt.*
Wegen $n\Theta_0(1-\Theta_0) = 100 > 9$ *kann die Binomialverteilung* $\mathbf{B}(n;\Theta_0)$ *durch eine Normalverteilung* $\mathbf{N}\left(n\Theta;\sqrt{n\Theta_0(1-\Theta_0)}\right) = \mathbf{N}(200;10)$ *approximiert werden*[53].

Man beachte Folgendes:
Ohne Verteilung der Testgröße ist es nicht möglich, Annahmekennzahlen für einen Test zu bestimmen, denn die Annahmekennzahlen ergeben sich als Grenzen eines Wahrscheinlichkeitsintervalls der Testgröße bei richtiger Nullhypothese.

d) Irrtumswahrscheinlichkeit bzw. Signifikanzniveau

Die Testgröße U ist eine Zufallsvariable. Eine geringfügige Abweichung eines in einer Stichprobe beobachteten Wertes u der Testgröße U vom Wert der Nullhypothese u_0 erlaubt daher noch nicht mit ausreichender Sicherheit den Schluss, dass die Nullhypothese H_0: $u = u_0$ (bzw. $u \geq u_0$ oder $u \leq u_0$) falsch ist. Eine geringfügige Abweichung kann zufallsbedingt sein.

Man lehnt die Nullhypothese dann ab, wenn die Prüfgröße U genügend weit von H_0 entfernt ist und in einen Bereich fällt, in den sie bei richtiger Nullhypothese nur mit einer sehr geringen

53 Siehe dazu Abschnitt 9.3 und dort die Ausführungen zur Approximation der Binomialverteilung.

Wahrscheinlichkeit α fallen kann. Diesen Bereich nennt man **Ablehnungsbereich**. Die Wahrscheinlichkeit α wird vorgegeben.

α gibt bei einem zweiseitigen Test die Wahrscheinlichkeit an, **bei zutreffender Nullhypothese** dennoch einen Wert der Prüfgröße zu erhalten, der zu einer **Ablehnung** der Nullhypothese führt. Man begeht dann einen **Fehler 1. Art** oder **α-Fehler** (vgl. D 12.4.9). Bei einem einseitigen Test ist α die obere Grenze der Wahrscheinlichkeit für einen Fehler 1. Art.

D 12.4.19

> **Signifikanzniveau**
> Die Wahrscheinlichkeit α für die Ablehnung einer richtigen Nullhypothese heißt Irrtumswahrscheinlichkeit oder Signifikanzniveau.

Die häufigsten Irrtumswahrscheinlichkeiten sind $\alpha = 0{,}01$; $\alpha = 0{,}05$ oder $\alpha = 0{,}1$. Bei Verwendung der Normalverteilung wird α manchmal auch so vorgegeben, dass man für den z-Wert aus der Standardnormalverteilung eine ganze Zahl erhält. Das sind vor allem folgende Werte $z = 2$ mit $\alpha = 0{,}0228$ beim einseitigen und $\alpha = 0{,}0455$ beim zweiseitigen Test, $z = 3$ mit $\alpha = 0{,}0014$ beim einseitigen und $\alpha = 0{,}0027$ beim zweiseitigen Test. Welchen Wert man im Einzelfall bevorzugt, hängt davon ab, welche Folgen ein Irrtum bei der Testentscheidung hat.

Ist α **zu klein**, wird es kaum möglich sein, eine Nullhypothese abzulehnen, denn man will ja den α-Fehler „Ablehnung einer richtigen Nullhypothese" fast völlig ausschließen. Das erhöht die Wahrscheinlichkeit, dass man die Nullhypothese auch dann nicht ablehnt, wenn sie tatsächlich nicht zutrifft. Die Wahrscheinlichkeit β für einen Fehler 2. Art (vgl. D 12.4.10) wird dann groß.

Ist α **groß**, so ist die Wahrscheinlichkeit groß, die Nullhypothese abzulehnen, obwohl die Testgröße nur durch Zufallseinflüsse in den Ablehnungsbereich gefallen ist, H_0 also doch zutrifft.

B 12.4.20 a) *Beim Bau einer Brücke werden Stahlseile verwendet, die nach Herstellerangaben eine mittlere Reißfestigkeit von* $\mu_0 = 80$ t *haben. Bei den einzelnen Lieferungen werden Reißfestigkeitsuntersuchungen vorgenommen. Es ist* $H_0\colon \mu \geq \mu_0 = 80$ t.
Man wählt $\alpha = 0{,}2$ *(also verhältnismäßig groß). Selbst dann, wenn* $\overline{X}$ *geringfügig nach unten abweicht, wird man den Einbau der Seile stoppen.*
Es erscheint hier also vernünftig, das Risiko des Fehlers 1. Art relativ hoch zu veranschlagen, denn der Schaden, der dadurch entsteht, „gute" Seile zurückzuweisen, ist gering gegenüber dem Einsturz der Brücke (Einbau minderwertiger Seile).
b) *Bei der Produktion von Glühlampen soll geprüft werden, ob der Ausschussanteil* Θ *den Wert* 0,02 *überschreitet. Es ist* $H_0\colon \Theta \leq \Theta_0 = 0{,}02$.
Man wählt $\alpha = 0{,}01$ *(relativ klein). Da das Stoppen der Produktion sehr teuer ist, will man die Wahrscheinlichkeit* α *eines unnötigen Stoppens (Fehler 1. Art) möglichst klein halten.*

e) Bestimmung der Annahmekennzahlen

Bereits in den einführenden Beispielen 12.1.1 und 12.1.2 wurde darauf hingewiesen, dass eine **Nullhypothese nur abgelehnt wird, wenn die Testgröße U signifikant von der Nullhypothese abweicht**, denn die Wahrscheinlichkeit, dass die Testgröße bei Gültigkeit von H_0 signifikant von H_0 abweicht, liegt unter dem Signifikanzniveau α. Eine geringfügige Abweichung kann dagegen durch Zufallsschwankungen erklärt werden und führt nicht zur Ablehnung der Nullhypothese.

Es gibt um u_0 einen Bereich, in den die Testgröße fallen kann, ohne dass H_0 abgelehnt wird. Dieser Bereich heißt **Annahmebereich**.

Der dazu komplementäre Bereich heißt **Ablehnungsbereich**. Fällt die Testgröße in diesen Ablehnungsbereich, so wird H_0 abgelehnt.

Die Grenzen zwischen beiden Bereichen heißen **Annahmebereichsgrenzen**, **Annahmegrenzen** oder **Annahmekennzahlen**. Sie werden mit c_u (untere Grenze) und c_o (obere Grenze) bezeichnet und gehören selbst zum Annahmebereich.

Zweiseitige Nullhypothese

Es gilt H_0: $u = u_0$, H_1: $u \neq u_0$. Der Annahmebereich ist das Intervall mit den Grenzen c_u und c_o. Die Nullhypothese wird also nicht abgelehnt, wenn für die Testgröße U gilt:

$$c_u \leq U \leq c_o$$

Der Ablehnungsbereich umfasst alle Werte unterhalb von c_u und oberhalb von c_o. Die Nullhypothese wird also abgelehnt, wenn gilt: $U < c_u$ oder $U > c_o$. Unter Benutzung der Verteilung, die U bei Gültigkeit von H_0 besitzt, bestimmt man c_u und c_o.

Man fordert hierbei, dass die Wahrscheinlichkeit, dass U kleiner als c_u oder größer als c_o ist, jeweils $\frac{\alpha}{2}$ beträgt, d.h.

$$\mathbf{P}(U < c_u) = \frac{\alpha}{2} \text{ und } \mathbf{P}(U > c_o) = \frac{\alpha}{2}.$$

Daraus folgt:

$$\mathbf{P}(U \in \text{Ablehnungsbereich} \mid H_0 \text{ richtig}) = \mathbf{P}(U < c_u \text{ oder } U > c_o) = \alpha$$

$$\mathbf{P}(U \notin \text{Ablehnungsbereich} \mid H_0 \text{ richtig}) = \mathbf{P}(c_u \leq U \leq c_o) = 1 - \alpha$$

B 12.4.21 *In* B 12.1.2 *lautet die Nullhypothese* H_0: $\mu = \mu_0 = 40.000$. *Für* $n = 100$ *und* $\sigma_{\overline{X}} = 200$ *ist die Testgröße* $\overline{X}$ *bei Gültigkeit von* H_0 $\mathbf{N}(40.000;200)$*-verteilt. Es gilt dann*

$$\mathbf{P}(\overline{X} < \mu_0 - z\sigma_{\overline{X}}) = \frac{\alpha}{2} \textit{ und } \mathbf{P}(\overline{X} > \mu_0 + z\sigma_{\overline{X}}) = \frac{\alpha}{2}.$$

Für $\alpha = 0{,}05$ *wurden die Annahmegrenzen bereits in* B 12.1.2 *berechnet:* $c_u = 39.608$ *und* $c_o = 40.392$.

Einseitige Nullhypothese

Es gilt H_0: $u \geq u_0$ und H_1: $u \leq u_0$ bzw. H_0: $u \leq u_0$ und H_1: $u \geq u_0$.
Es wird nur eine Annahmekennzahl berechnet, die unterhalb (oberhalb) des Wertes u_0 liegt. Die Nullhypothese wird nicht abgelehnt, wenn die Testgröße über (unter) dieser unteren (oberen) Annahmekennzahl c_u (bzw. c_o) liegt: $u \geq c_u$ (bzw. $u \leq c_o$). Gilt $u < c_u$ (bzw. $u > c_o$), wird die Nullhypothese abgelehnt. Dieser Bereich beschreibt also jeweils den Ablehnungsbereich.

Die einseitige Nullhypothese ist in jedem Fall für einen ganzen Bereich des Parameters u erfüllt. Um dennoch eine eindeutige Annahmegrenze c_u (bzw. c_o) bestimmen zu können, benutzt man zur Festlegung der **Verteilung der Testgröße U** den Parameterwert, der die Nullhypothese gerade noch erfüllt, nämlich u_0.

Die Bestimmung von c_u erfolgt nun so, dass die Wahrscheinlichkeit, dass U kleiner als c_u ausfällt, gleich α ist. Abweichungen von der Nullhypothese nach oben sind hierbei nicht von Interesse, denn sie würden der Behauptung $u \geq u_0$ nicht widersprechen.

Entsprechendes gilt für die Nullhypothese $u \leq u_0$.
Die Bestimmungsgleichung lautet also

$$\mathbf{P}(U < c_u) = \alpha \text{ bzw. } \mathbf{P}(U > c_o) = \alpha.$$

Hieraus folgt:

$$\mathbf{P}(U \in \text{Annahmebereich} \mid H_0 \text{ richtig}) = \mathbf{P}(U \geq c_u) = 1 - \alpha$$

bzw.

$$\mathbf{P}(U \in \text{Annahmebereich} \mid H_0 \text{ richtig}) = \mathbf{P}(U \leq c_o) = 1 - \alpha$$

B 12.4.22 *In* B 12.4.11 *lautet die Nullhypothese* $H_0\colon \mu \leq \mu_0 = 40.000$. *Unter Verwendung der Normalverteilung erhält man für* $\alpha = 0{,}05$ *den Wert* $z = 1{,}65$. *Mit* $n = 100$ *und* $\sigma_{\overline{X}} = 200$ *ergibt sich dann:*

$$\mathbf{P}(\overline{X} > \mu_0 + z\sigma_{\overline{X}}) = \mathbf{P}(\overline{X} > 40.330) = 0{,}05$$

Es ist also $c_o = 40.330$, *d.h. die Nullhypothese wird abgelehnt, wenn die Testgröße einen Wert liefert mit* $\overline{x} > 40.330$.

Anmerkung: Ein Parametertest mit zweiseitiger bzw. einseitiger Nullhypothese wird oft kurz als **zweiseitiger** bzw. **einseitiger Test** bezeichnet.

Bei einem einseitigen Test wurde die Annahmegrenze unter der Bedingung bestimmt, dass die Nullhypothese gerade noch erfüllt ist ($u = u_0$). Bei einem einseitigen Test ist daher das **Signifikanzniveau** α die **obere Grenze** für die Wahrscheinlichkeit des Fehlers 1. Art.

f) Testentscheidung

Aus der Stichprobe wird die Realisierung u der Zufallsvariablen U der Testgröße bestimmt.

B 12.4.23 *Bei der Ermittlung der Lebensdauer von* $n = 100$ *Reifen* (B 12.1.2) *ergibt sich für die Testgröße* $\overline{X}$ *ein Wert von* $\overline{x} = 40.350$ (km).

Je nachdem, ob die Testgröße in den Ablehnungsbereich fällt oder nicht, wird die Nullhypothese abgelehnt oder nicht.

B 12.4.24 a) *Bei dem Test der Lebensdauer von Autoreifen* (B 12.1.2 *und* B 12.4.11) *fällt* $\overline{x} = 40.350$ *für die Nullhypothese* $H_0\colon \mu = \mu_0 = 40.000$ *nicht in den Ablehnungsbereich, denn es ist* $39.608 < \overline{x} = 40.350 < 40.392$.
H_0 *wird also nicht abgelehnt.*

b) *Da es bei der Untersuchung der Lebensdauer der Autoreifen nach einer Materialänderung auf eine Erhöhung der Lebensdauer der Autoreifen ankommt, kann man hier auch eine einseitige Nullhypothese formulieren. Für die Nullhypothese* $H_0\colon \mu \leq \mu_0 = 40.000$ *fällt die Prüfgröße* $\overline{x} = 40.350$ *in den Ablehnungsbereich, denn es ist* $c_o = 40.330 < 40.350 = \overline{x}$ (*vgl.* B 12.4.23).
H_0 *wird abgelehnt.*

Die Interpretation des Testergebnisses ist vor allem im Hinblick auf reale Probleme wichtig und sollte eine **Diskussion der Fehlerrisiken** enthalten.

B 12.4.25 a) *Beim Reifentest durch ein unabhängiges Institut sollte geprüft werden, ob die angegebene Lebensdauer stimmt oder nicht. Die Nichtablehnung der Nullhypothese* $H_0\colon \mu = \mu_0$ *bedeutet dann, dass man keinen Grund hat, die alten Lebensdauerdaten zu korrigieren. Das Testergebnis reicht also nicht, um* H_0 *zu verwerfen.*

Damit wird aber nicht behauptet, dass H_0 *zutrifft, denn die Wahrscheinlichkeit, eine falsche Nullhypothese nicht zu verwerfen, kann eventuell sehr groß sein.*

b) *Bei der Prüfung, ob eine Änderung in der Gummimischung die Lebensdauer erhöht hat, wurde folgende Nullhypothese formuliert* (B 12.4.24b):

H_0: $\mu \leq \mu_0$ („*Die Lebensdauer hat sich nicht erhöht.*“).

Die Entscheidung lautete in B 12.4.24b): „H_0 *kann abgelehnt werden*“. *Die Wahrscheinlichkeit einer Fehlentscheidung, nämlich* H_0 *abzulehnen, obwohl* H_0 *richtig ist, ist sehr gering* ($\alpha = 0{,}05$). *Daher wird die Alternativhypothese* H_1 *als statistisch gesichert angenommen.*

Fällt die Prüfgröße $\overline{X}$ *in den Ablehnungsbereich und wird dadurch die Nullhypothese abgelehnt, so ist statistisch nachgewiesen, dass sich die Lebensdauer erhöht hat. Die Notwendigkeit einer (eventuell mit hohen Kosten verbundenen) Produktionsumstellung ist dann genügend abgesichert.*

Ü 12.4.26 *Durch einen Test soll die Hypothese „Der Anteil* Θ *der durch Krankheit ausgefallenen Arbeitsstunden in der Bundesrepublik Deutschland ist im April* 2009 *niedriger als im April* 2008“ *überprüft werden. Die Nullhypothese „Es ist keine Verringerung eingetreten“* (H_0: $\Theta \geq \Theta_0 = \Theta_{2008}$) *kann bei einem Signifikanzniveau von* $\alpha = 0{,}05$ *nicht verworfen werden. Welche der folgenden Aussagen ist dann richtig?*

a) *Die Nullhypothese ist damit statistisch widerlegt.*

b) *Auf dem Signifikanzniveau* $\alpha = 0{,}05$ *ist eine Verringerung nicht statistisch nachweisbar.*

c) *Mit einer Wahrscheinlichkeit von* 0,05 *kann dennoch eine Verringerung vorliegen.*

d) *Die Anzahl der durch Krankheit ausgefallenen Arbeitsstunden hat sich nicht verringert.*

g) Zusammenfassung

Die folgende Übersicht zeigt noch einmal die besprochenen Schritte bei der Durchführung eines Parametertests:

(1) Bestimmung der Eigenschaften der Grundgesamtheit

a) *Handelt es sich um ein quantitatives oder ein qualitatives Merkmal?*

b) *Ist die Grundgesamtheit endlich?*

c) *Welche Verteilung hat die Zufallsvariable „Merkmalswert bei zufälliger Entnahme eines Elements der Grundgesamtheit“?*

▼

(2) Formulierung einer geeigneten Nullhypothese

▼

(3) Bestimmung einer geeigneten Testgröße

▼

(4) Festlegung von Irrtumswahrscheinlichkeit bzw. Signifikanzniveau

▼

(5) Berechnung der Annahmekennzahlen

▼

(6) Testentscheidung

Zum Schluss dieses Abschnitts wird noch ein Beispiel behandelt.

B 12.4.27 *Der Sollwert (Mittelwert) von Widerständen in einer Lieferung von* 500 *Stück beträgt nach Herstellerangaben* $\mu_0 = 100\,(\Omega)$ *bei einer Standardabweichung von* $\sigma = 3\,(\Omega)$. *Zur Prüfung des Sollwerts soll eine Zufallsstichprobe vom Umfang* $n = 20$ *gezogen werden. Man weiß, dass die Widerstandswerte annähernd normalverteilt sind.*

(1) a) *Das Merkmal ist quantitativ.*
b) *Die Grundgesamtheit hat den Umfang* $N = 500$, *ist also endlich.*
c) X *ist näherungsweise* $\mathbf{N}(\mu_0;\sigma)$-*verteilt.*

(2) *Da sowohl zu hohe als auch zu niedrige Widerstandswerte unerwünscht sind, erfolgt ein zweiseitiger Test.* $H_0\colon \mu = \mu_0 = 100$; $H_1\colon\ \mu \neq \mu_0 = 100$

(3) *Da die Widerstandswerte* X *näherungsweise normalverteilt sind, ist auch die Testgröße* $\overline{X}$ *näherungsweise normalverteilt. Unter Annahme der Gültigkeit von* H_0 *ist* $\overline{X}$ *dann* $\mathbf{N}(\mu_0;\sigma_{\overline{X}})$-*verteilt. Dabei ist* $\mu_0 = 100$. *Für eine Stichprobe ohne Zurücklegen und* $\frac{n}{N} = \frac{20}{500} = 0{,}04 < 0{,}05$ *erhält man:* $\sigma_{\overline{X}} = \frac{\sigma}{\sqrt{n}} = \frac{3}{\sqrt{20}} \approx 0{,}67$.

(4) *Als Signifikanzniveau wird* $\alpha = 0{,}05$ *vorgegeben* ($z = 1{,}96$).

(5) *Die Annahmekennzahlen ergeben sich aus*
$$c_{u/o} = \mu_0 + z\sigma_{\overline{X}} = 100 \pm 1{,}96 \cdot 0{,}67 \approx 100 \pm 1{,}3$$
Der Ablehnungsbereich ist $\{\overline{x} \mid \overline{x} < 98{,}7 \text{ oder } \overline{x} > 101{,}3\}$.

(6) *In einer Stichprobe des Umfangs* $n = 20$ *wird* $\overline{x} = 98{,}9$ *ermittelt. Da* $\overline{x} = 98{,}9$ *zwischen den Annahmegrenzen liegt, also* $c_u < \overline{x} < c_o$, *fällt* $\overline{x}$ *nicht in den Ablehnungsbereich. Die Nullhypothese wird nicht abgelehnt.*
Eine Ablehnung von H_0 *konnte zwar nicht erfolgen. Dies bedeutet aber noch nicht, dass* H_0 *richtig ist.*

Ü 12.4.28 *Die Zugfestigkeit von Baustahl ist normalverteilt und soll bei einer Standardabweichung von* $\sigma = 100$ kg/cm^2 *mindestens* 5.000 kg/cm^2 *betragen. Um das mit einem statistischen Test zu überprüfen, werden* 25 *Probestücke untersucht. Man ermittelt eine durchschnittliche Zugfestigkeit von* 4.960 kg/cm^2.
Wie lautet das Testergebnis bei einem Signifikanzniveau von 5%?

Ü 12.4.29 *Bei einer Transistorenproduktion beträgt die Ausschusswahrscheinlichkeit* $\Theta = \Theta_0 = 0{,}15$. *Nach einer Änderung des Produktionsverfahrens soll nachgewiesen werden, dass sich der Ausschussanteil verringert hat. Dazu wird der Produktion eine Stichprobe des Umfangs* $n = 100$ *entnommen, die* 11 *defekte Transistoren enthält.*
Wie lautet das Testergebnis bei einem Signifikanzniveau von 5%?

12.5 Operationscharakteristik und Güte von Parametertests

Die Wahrscheinlichkeit β für die Nichtablehnung der Nullhypothese hängt von dem tatsächlichen Wert des zu prüfenden Parameters u ab.

B 12.5.1 *Es wird an* B 12.4.27 *angeknüpft. Es galt* $\mu_0 = 100$; $\sigma = 3$; $n = 20$; $\alpha = 0{,}05$. *Als Annahmegrenzen wurden berechnet:* $c_{u/o} = 100 \pm 1{,}3$.

Der Annahmebereich des Tests lautet

$$\{\bar{x} \mid 98{,}7 \le \bar{x} \le 101{,}3\}$$

und der Ablehnungsbereich

$$\{\bar{x} \mid \bar{x} < 98{,}7 \text{ oder } \bar{x} > 101{,}3\}.$$

Beide Bereiche sind in F 12.5.2 *veranschaulicht.*

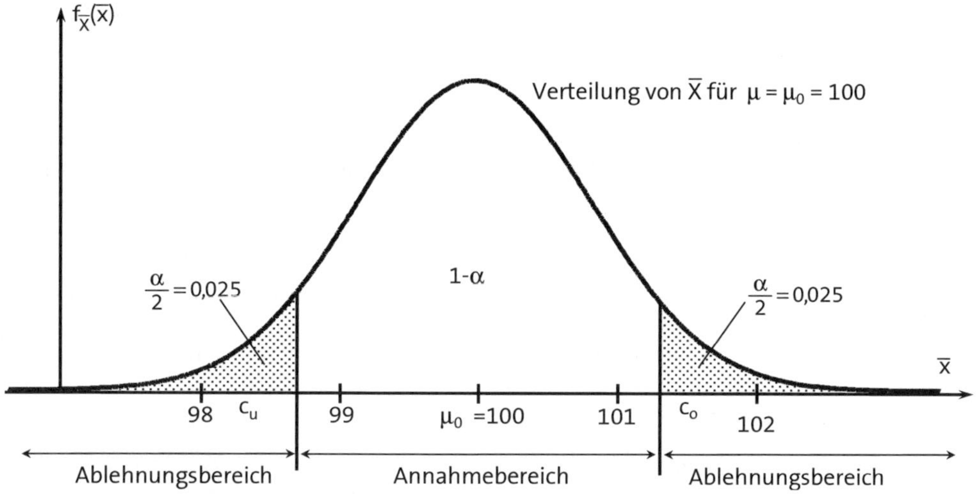

F 12.5.2 Annahmebereich und Ablehnungsbereich aus B 12.5.1

Es wird nun angenommen, dass der tatsächliche Wert von μ *in der Lieferung bei* 102,2 (Ω) *liegt, die Nullhypothese also nicht zutrifft.*

Für diesen Fall soll nun die Wahrscheinlichkeit β*, dass* H_0 *nicht verworfen wird, bestimmt werden.*

$\beta(\mu = 102{,}2)$ *ist die Wahrscheinlichkeit, dass die Testgröße* $\bar{X}$ *für* $\mu = 102{,}2$ *in den Annahmebereich* [98,7; 101,3] *fällt.*

$\bar{X}$ *ist für* $\mu = 102{,}2$ $\mathbf{N}(102{,}2;0{,}67)$*-verteilt. Daraus ergibt sich:*

$$\begin{aligned}\beta(\mu = 102{,}2) &= \mathbf{P}(98{,}7 \le \bar{X} \le 101{,}3 \mid \mu = 102{,}2) = \mathbf{P}\left(\frac{98{,}7-102{,}2}{0{,}67} \le Z \le \frac{101{,}3-102{,}2}{0{,}67}\right)\\ &= \mathbf{P}(-5{,}223 \le Z \le -1{,}343)\\ &= 0{,}08964\end{aligned}$$

Für den Fall, dass der tatsächliche Mittelwert der Lieferung $\mu = 102{,}2$ *ist, beträgt die Wahrscheinlichkeit für die Nichtablehnung der Nullhypothese* $H_0\colon \mu = \mu_0 = 100$ *also* $\beta(\mu = 102{,}2) = 0{,}08964$.

In F 12.5.3 (*nächste Seite*) *sind die Überlegungen veranschaulicht.*

Ist der tatsächliche Parameterwert $\mu = 100{,}5$*, so ergibt sich entsprechend*

$$\beta(\mu = 100{,}5) = \mathbf{P}(98{,}7 \le \bar{X} \le 101{,}3 \mid \mu = 100{,}5) = 0{,}88016.$$

Die Wahrscheinlichkeit für den Fehler 2. Art ist also für den Fall $\mu = 100{,}5$ *verhältnismäßig groß. Im Grenzfall* $\mu = \mu_0$ *ist die Wahrscheinlichkeit,* H_0 *nicht zu verwerfen,* $\beta(\mu{=}100) = 1{-}\alpha$*. Das ist selbstverständlich, denn in diesem Fall ist* H_0 *tatsächlich richtig, und die Wahrscheinlichkeit, in diesem Fall eine richtige Entscheidung zu treffen, nämlich* H_0 *nicht zu verwerfen, wurde mit* $1{-}\alpha$ *vorgegeben.*

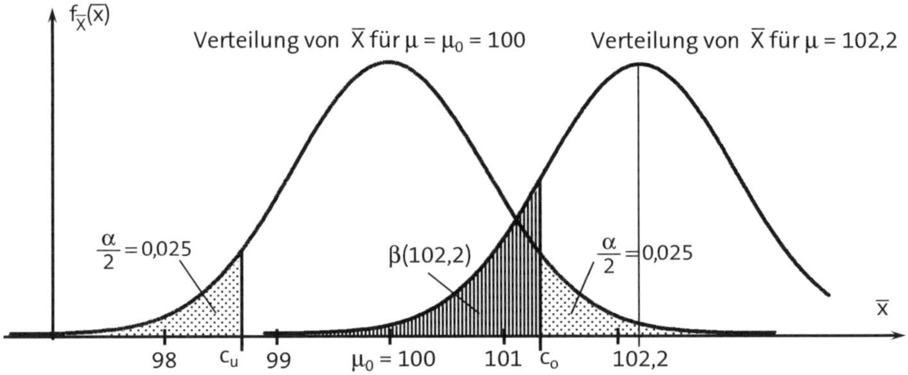

F 12.5.3 Wahrscheinlichkeit für den Fehler 2. Art $\beta(\mu = 102{,}2)$

Die Ergebnisse aus B 12.5.1 lassen sich wie folgt verallgemeinern:

D 12.5.4

> **Operationscharakteristik (OC)**
> Zu jedem zweiseitigen Test zur Überprüfung einer Hypothese über den Parameter u mit Hilfe der Testgröße U lässt sich die folgende Funktion β(u) definieren
>
> $$\beta(u) = \mathbf{P}(c_u \leq U \leq c_o \mid u)$$
>
> β(u) gibt die Wahrscheinlichkeit an, dass U in den Annahmebereich fällt, unter der Bedingung, dass der zu prüfende Parameter den Wert u hat.
> β(u) heißt Operationscharakteristik (OC) des Tests.

Bei einseitigen Tests ergibt sich für die Operationscharakteristik:

G 12.5.5 $H_0: \; u \geq u_0, \; \beta(u) = \mathbf{P}(c_u \leq U \mid u)$

G 12.5.6 $H_0: \; u \leq u_0, \; \beta(u) = \mathbf{P}(U \leq c_o \mid u)$

Als **Operationscharakteristik** wird also die Funktion bezeichnet, die die **Wahrscheinlichkeit für die Nichtablehnung einer Nullhypothese eines Tests als Funktion des zu testenden Parameters u darstellt**.

Schränkt man den Definitionsbereich der Funktion β(u), der normalerweise die reellen Zahlen umfasst, in D 12.5.4 bzw. G 12.5.5 oder G 12.5.6 dahingehend ein, dass u nur Werte aus H_1 annehmen kann, dann gibt β(u) die Wahrscheinlichkeit für den Fehler 2. Art in Abhängigkeit von u an.

Über dem Bereich der Alternativhypothese ist die OC also eine Fehlerwahrscheinlichkeit, nämlich die für den Fehler 2. Art, denn die Annahme der Nullhypothese ist hier die falsche Entscheidung. Über dem Bereich der Nullhypothese ist die OC keine Fehlerwahrscheinlichkeit, da hier die Nichtablehnung der Nullhypothese die korrekte Entscheidung ist.

Die Operationscharakteristik eines Tests kann als Funktion tabellarisch oder grafisch als so genannte **OC-Kurve** dargestellt werden.

B 12.5.7 *Zu* B 12.5.1 *soll die* OC-*Kurve für* $96 \leq \mu \leq 104$ *tabellarisch und grafisch dargestellt werden. Es ist* $n = 20$; $\sigma_{\overline{X}} = 0{,}67$; $c_u = 98{,}7$; $c_o = 101{,}3$.

Für $\beta(\mu)$ *gilt:*

$$\beta(\mu) = \mathbf{P}(c_u \leq \overline{X} \leq c_o \mid \mu) = \mathbf{P}\left(\frac{c_u - \mu}{\sigma_{\overline{X}}} \leq Z \leq \frac{c_o - \mu}{\sigma_{\overline{X}}}\right) = F_Z\left(\frac{c_o - \mu}{\sigma_{\overline{X}}}\right) - F_Z\left(\frac{c_u - \mu}{\sigma_{\overline{X}}}\right)$$

μ	$\frac{c_o - \mu}{\sigma_{\overline{X}}}$	$\frac{c_u - \mu}{\sigma_{\overline{X}}}$	$F_Z\left(\frac{c_o - \mu}{\sigma_{\overline{X}}}\right)$	$F_Z\left(\frac{c_u - \mu}{\sigma_{\overline{X}}}\right)$	$\beta(\mu)$
96	7,9104	4,0299	1,00000	0,99997	0,00003
97	6,4179	2,5373	1,00000	0,99441	0,00559
98	4,9254	1,0448	1,00000	0,85194	0,14806
99	3,4328	-0,4478	0,99970	0,32716	0,67254
100	* 1,9403	* -1,9403	0,97383	0,02617	* 0,94766
101	0,4478	-3,4328	0,67284	0,00030	0,67254
102	-1,0448	-4,9254	0,14806	0,00000	0,14806
103	-2,5373	-6,4179	0,00559	0,00000	0,00559
104	-4,0299	-7,9104	0,00003	0,00000	0,00003

*Die mit * versehenen Werte stimmen wegen der Rundung von* $\sigma_{\overline{X}}$ *auf zwei Stellen nicht mit den theoretisch richtigen Werten* 1,96 *bzw.* 0,95 *überein.*

F 12.5.8 *zeigt die grafische Darstellung der* OC-*Kurve.*

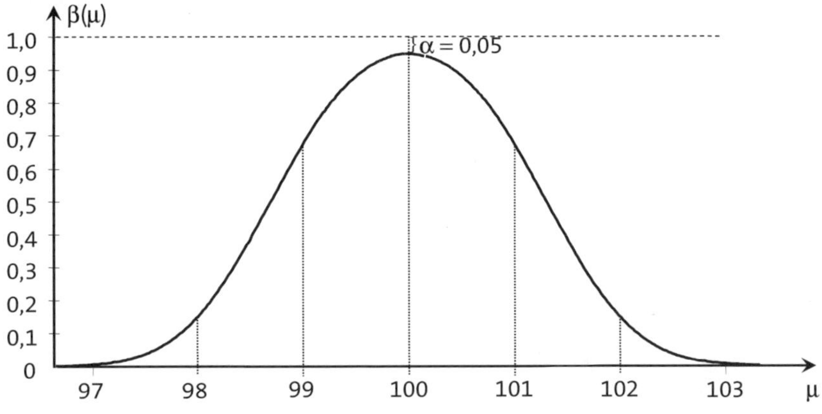

F 12.5.8 OC-Kurve zu B 12.5.7

F 12.5.8 zeigt die typische Gestalt einer OC-Kurve eines zweiseitigen Tests. An der Stelle $\mu = \mu_0$ (allgemein $u = u_0$) hat die OC-Kurve ihr Maximum mit $\beta(\mu) = 1-\alpha$. Das bedeutet, dass die Wahrscheinlichkeit für die Ablehnung der Nullhypothese am kleinsten ist, wenn H_0 erfüllt ist.

Rechts und links vom Maximum nimmt $\beta(\mu)$ ab und geht schließlich gegen Null. Das bedeutet:

Die Wahrscheinlichkeit, H_0 nicht abzulehnen, ist umso kleiner, je weiter der tatsächliche Wert μ von μ_0 entfernt ist.

In ähnlicher Weise wie in B 12.5.7 kann die Operationscharakteristik für einen einseitigen Test berechnet und grafisch dargestellt werden.

Den typischen Verlauf von OC-Kurven bei einseitigen Tests zeigt F 12.5.9.

An der Stelle $u = u_0$ haben die OC-Kurven den Wert $1-\alpha$, aber kein Maximum. Links von u_0 (bzw. rechts von u_0) wächst $\beta(u)$ weiter an und nähert sich asymptotisch dem Wert 1.

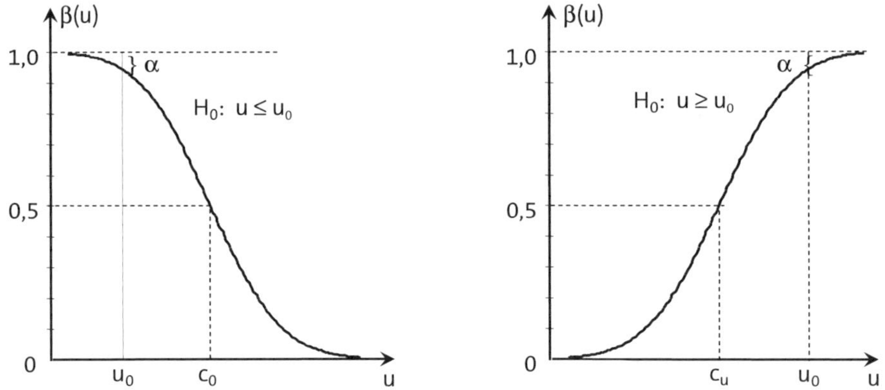

F 12.5.9 OC-Kurven bei einseitigen Tests

Die Operationscharakteristik hängt vom Stichprobenumfang n ab. Wird der Stichprobenumfang erhöht, dann wird $\sigma_{\overline{X}}$ kleiner, da in der Formel der Stichprobenumfang n im Nenner steht. Der Annahmebereich wird dadurch kleiner. Zu einem gegebenen Wert für $u \neq u_0$ wird dann die Wahrscheinlichkeit β für die Nichtablehnung der Nullhypothese kleiner.

B 12.5.10 ***Zu dem Test aus*** B 12.5.7 ***zeigt*** F 12.5.11 ***drei*** OC-***Kurven für*** $\alpha = 0{,}05$ ***und die Stichprobenumfänge*** n = 10; n = 20; n = 50.

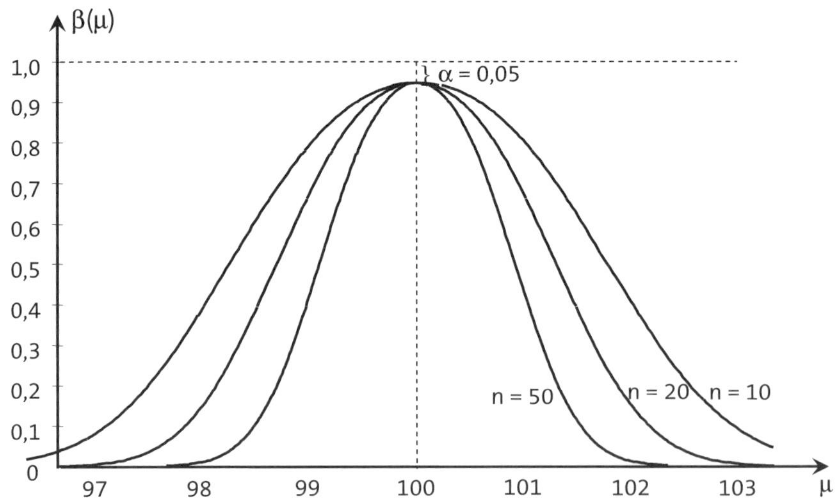

F 12.5.11 OC-Kurven für unterschiedliches n

Je größer der Stichprobenumfang ist, desto steiler verläuft die Operationscharakteristik, desto schneller fällt also mit zunehmendem Abstand $|\mu - \mu_0|$ das Risiko eines β-Fehlers, und desto „leichter" lassen sich Abweichungen von der Nullhypothese erkennen.

Die Eigenschaft solche Abweichungen mit einer bestimmten Wahrscheinlichkeit auch tatsächlich auszuweisen, bezeichnet man als **Trennschärfe** eines Tests.

Unter einem **trennschärfsten Test** versteht man einen Test, der garantiert, dass falsche Nullhypothesen mit größtmöglicher Wahrscheinlichkeit abgelehnt werden. Die Trennschärfe eines Tests wächst mit dem Stichprobenumfang n. Die Funktion $1-\beta(u)$ wird als **Gütefunktion** oder **Macht** eines Parametertests bezeichnet. Die **Güte** ist die Wahrscheinlichkeit, mit der H_0 in Abhängigkeit vom tatsächlichen Parameterwert u abgelehnt wird.

Über dem Bereich der Nullhypothese ist die Güte eine Fehlerwahrscheinlichkeit, nämlich die für den Fehler 1. Art, denn die Ablehnung der Nullhypothese ist dann die falsche Entscheidung.

Über dem Bereich der Alternativhypothese ist die Güte natürlich keine Fehlerwahrscheinlichkeit, da hier die Ablehnung der Nullhypothese die korrekte Entscheidung ist.

Gütekurve und OC-Kurve haben einen zueinander komplementären Verlauf, d.h. sie addieren sich zu 1.

12.6 Anwendung der Operationscharakteristik für Stichprobenpläne

In der statistischen Qualitätskontrolle hat man es sehr oft mit Problemen wie in dem folgenden Beispiel zu tun:

B 12.6.1 *Ein Unternehmen, hier als* ***Konsument*** *bezeichnet, bezieht von einem* ***Produzenten*** *bestimmte Teile. Der Produzent gibt die Qualitätszusage, dass der Ausschussanteil* Θ *der Teile höchstens* $\Theta = \Theta_0 = 0{,}05$ *beträgt. Die Einhaltung dieser Qualitätszusage des Produzenten wird vom Konsumenten durch eine* ***Abnahmeprüfung*** *mittels Stichproben überwacht. Die Nullhypothese dieses speziellen Tests lautet:* H_0: $\Theta \leq \Theta_0 = 0{,}05$. *Der Produzent ist bereit, trotz Einhaltung der Qualitätsnorm in einer Lieferung eine Zurückweisung der Lieferung mit einer Wahrscheinlichkeit von höchstens* 0,1 *hinzunehmen. Damit liegt das Signifikanzniveau des Tests mit* $\alpha = 0{,}1$ *fest. Die* OC-*Kurve hat an der Stelle* $\Theta = 0{,}05$ *den Wert* $1-\alpha = 0{,}9$.
Der Konsument möchte andererseits sicherstellen, dass eine Lieferung, die 12,5% *oder mehr Ausschuss enthält, nur mit einer Wahrscheinlichkeit von höchstens* 0,05 *angenommen wird. Der Konsument ist also auch bereit ein Risiko einzugehen (****Konsumentenrisiko****), nämlich mit einer Wahrscheinlichkeit von höchstens* $\beta = 0{,}05$ *Lieferungen mit einem Ausschussanteil von* 12,5% *oder mehr anzunehmen. Er legt damit einen zweiten Punkt der* OC-*Kurve fest, denn die* OC-*Kurve muss an der Stelle* $\Theta_1 = 0{,}125$ *den Wert* $\beta = 0{,}05$ *haben.*
Mit $\beta(\Theta_0 = 0{,}05) = 0{,}9$ *und* $\beta(\Theta_1 = 0{,}125) = 0{,}05$ *sind von Produzent und Konsument zwei Punkte der* OC-*Kurve festgelegt.*
Um die Abnahmeprüfung durchführen zu können, müssen nun mit diesen Angaben der Stichprobenumfang n *und die Annahmegrenze* c_0 *so bestimmt werden, dass die von Produzent und Konsument genannten Bedingungen eingehalten werden.*

B 12.6.1 liegt folgender genereller Sachverhalt zugrunde:

Bei der Abnahmeprüfung stehen sich im Allgemeinen Produzent und Konsument gegenüber. Der **Produzent** gibt die **Qualitätszusage** $u \leq u_0$. Die Wahrscheinlichkeit, mit der eine Lieferung nicht abgenommen wird, obwohl die Qualitätszusage des Produzenten eingehalten wird, heißt **Produzentenrisiko**. Formuliert man die Qualitätszusage als Nullhypothese des Tests, so entspricht das Produzentenrisiko dem **Signifikanzniveau** α, also der oberen Grenze der Wahrscheinlichkeit für den Fehler 1. Art.

Der **Konsument** stellt bestimmte **Qualitätsforderungen**. Die Wahrscheinlichkeit, mit der eine Lieferung akzeptiert wird, obwohl sie seinen Qualitätsanforderungen nicht entspricht, heißt **Konsumentenrisiko**. Dieses Konsumentenrisiko entspricht der **Wahrscheinlichkeit β für den Fehler 2. Art**. Die OC-Kurve gibt den Verlauf des Konsumentenrisikos in Abhängigkeit vom tatsächlichen Parameterwert wieder. Der Konsument legt für einen bestimmten Wert u_1 des Parameters u eine obere Grenze für die Wahrscheinlichkeit β fest.

Die Konstruktion eines **Stichprobenplans** läuft in einfachen Fällen darauf hinaus, n und c_u bzw. c_o so zu bestimmen, dass die Operationscharakteristik die Bedingungen $\beta(u_0) \geq 1-\alpha$ und $\beta(u_1) \leq \beta$ erfüllt.

In den folgenden Ausführungen erfolgt eine Beschränkung auf den einseitigen Test mit H_0: $u \leq u_0$. Die Ergebnisse lassen sich auf die anderen Fälle übertragen.

In den meisten Fällen werden die **Voraussetzungen für eine Abnahmeprüfung** durch Produzent und Konsument wie folgt formuliert:
Der Produzent ist bei Zutreffen seiner Qualitätszusage „Der wahre Wert des Parameters u beträgt höchstens u_0.“ bereit, ein Risiko von höchstens α einzugehen. Bei Einhaltung der Qualitätsnorm wird die Lieferung dann mit einer Wahrscheinlichkeit von höchstens α abgelehnt.

Der **Konsument** verlangt, dass bei Überschreitung eines Parameterwerts von u_1 sein Risiko nicht größer als β ist. Das bedeutet: Die Wahrscheinlichkeit für die Annahme einer Lieferung, in der $u \geq u_1$ ist, soll höchstens β betragen.

Formal besteht die Aufgabe nun darin, den Stichprobenumfang n und die Annahmegrenze c_o so zu bestimmen, dass die Operationscharakteristik durch die Punkte $(u_0;1-\alpha)$ und $(u_1;\beta)$ geht.

Es wird angenommen, dass die **Testgröße** näherungsweise normalverteilt ist und dass σ_0 bzw. σ_1 als Standardabweichungen der Grundgesamtheiten für die Parameterwerte u_0 bzw. u_1 bekannt sind. σ_0 bzw. σ_1 können auch als Standardabweichungen der Zufallsvariablen X_0 und X_1 interpretiert werden, wobei X_i der Merkmalswert beim zufälligen Ziehen eines Elements aus der Grundgesamtheit mit dem Parameterwert u_i (i = 0 bzw. 1) ist.

Gesucht sind nun der Stichprobenumfang n und die Annahmegrenze c_o.

Aus F 12.6.2 kann man entnehmen, dass für c_o die folgenden beiden Gleichungen erfüllt sein müssen:

(1) $\mathbf{P}(U > c_o \mid u = u_0) = \alpha$

und

(2) $\mathbf{P}(U \leq c_o \mid u = u_1) = \beta$.

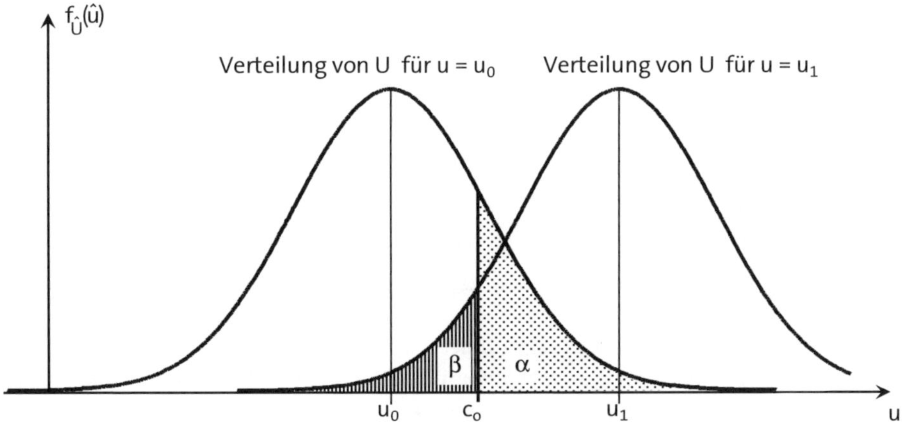

F 12.6.2 Abnahmeprüfung

Aus (1) und (2) folgt durch Standardisierung von U:

$$\mathbf{P}\left(Z > \frac{c_o - u_0}{\frac{\sigma_0}{\sqrt{n}}}\right) = \alpha$$

und

$$\mathbf{P}\left(Z \leq \frac{c_o - u_1}{\frac{\sigma_1}{\sqrt{n}}}\right) = \beta$$

Daraus ergibt sich:

(1b) $\sqrt{n}\,\frac{c_o - u_0}{\sigma_0} = z_\alpha$ bzw. $c_o = u_0 + z_\alpha \frac{\sigma_0}{\sqrt{n}}$

(2b) $\sqrt{n}\,\frac{u_1 - c_o}{\sigma_1} = z_\beta$ bzw. $c_o = u_1 - z_\beta \frac{\sigma_1}{\sqrt{n}}$

Aus den beiden Gleichungen (1b) und (2b) können c_o und n bestimmt werden. Die Auflösung ergibt

$$u_1 - u_0 = (z_\alpha \sigma_0 + z_\beta \sigma_1)\frac{1}{\sqrt{n}} \quad \text{bzw.} \quad \sqrt{n} = \frac{z_\alpha \sigma_0 + z_\beta \sigma_1}{u_1 - u_0}$$

und schließlich den **notwendigen Stichprobenumfang**

G 12.6.3 $$n = \frac{(z_\alpha \sigma_0 + z_\beta \sigma_1)^2}{(u_1 - u_0)^2}$$

Durch Auflösung nach c_o erhält man die **Annahmegrenze**

G 12.6.4 $$c_o = \frac{u_1 z_\alpha \sigma_0 + u_0 z_\beta \sigma_1}{z_\alpha \sigma_0 + z_\beta \sigma_1}$$

Für den Fall $\sigma_0 = \sigma_1 = \sigma$ ergibt sich:

G 12.6.5 $$n = \frac{\sigma^2 (z_\alpha + z_\beta)^2}{(u_1 - u_0)^2} \quad \text{und} \quad c_o = \frac{z_\beta u_0 + z_\alpha u_1}{z_\alpha + z_\beta}$$

Gilt außerdem der Spezialfall $\alpha = \beta(u_1)$ (d.h. für $u = u_1$ stimmen Produzentenrisiko und Konsumentenrisiko überein), so ergibt sich wegen $z_\alpha = z_\beta = z$

G 12.6.6 $$n = \frac{4\sigma^2 z^2}{(u_1 - u_0)^2} \text{ und } c_o = \frac{u_0 + u_1}{2}$$

Für H_0: $u \geq u_0$ ergeben sich dieselben Formeln für n und c_u. Falls u Parameter einer diskreten Verteilung ist (z.B. Θ), gelten die Formeln in guter Näherung.

Auf eine eventuell nötige Stetigkeitskorrektur wurde der Einfachheit halber verzichtet.

B 12.6.7 *Ein Baustoffhändler bezieht Fliesen, unter denen nach Auskunft des Lieferanten höchsten* 10% *Fliesen* 2. *Wahl sind.*
Der Händler möchte sicherstellen, dass Lieferungen mit einem Anteil von $\Theta = 0{,}2$ *mit einer Wahrscheinlichkeit von höchstens* 3% *angenommen werden; der Produzent ist bereit, ein Risiko von* 5% *einzugehen, dass eine Lieferung mit* $\Theta = 0{,}1$ *zurückgewiesen wird.*
Es ist $\sigma_0 = \sqrt{\Theta_0(1-\Theta_0)} = 0{,}3$ und $\sigma_1 = \sqrt{\Theta_1(1-\Theta_1)} = 0{,}4$ *sowie*
$\alpha = 0{,}05$; $\beta(\Theta_1 = 0{,}2) = 0{,}03$; $z_\alpha = 1{,}65$; $z_\beta = 1{,}88$.
Mit G 12.6.3 und 12.6.4 *ergibt sich dann:*

$$n = \frac{(1{,}65 \cdot 0{,}3 + 1{,}88 \cdot 0{,}4)^2}{(0{,}1)^2} = 155{,}5$$

und

$$c_o = \frac{0{,}2 \cdot 1{,}65 \cdot 0{,}3 + 0{,}1 \cdot 1{,}88 \cdot 0{,}4}{1{,}65 \cdot 0{,}3 + 1{,}88 \cdot 0{,}4} = 0{,}1397\,.$$

Die Annahmegrenze $c_o = 0{,}1397$ *bedeutet, dass bei einem Stichprobenumfang von* $n = 156$ *bei einem Ausschussanteil von mehr als* 13,97% *die Nullhypothese abgelehnt, die Lieferung also zurückgewiesen wird.*

Ü 12.6.8 *Eine Mensa bezieht Brötchen von einer Großbäckerei, um daraus Frikadellen herzustellen. Die Großbäckerei garantiert ein mittleres Gewicht von mindestens* $\mu_0 = 45\,\text{g}$ *bei einer Standardabweichung von* $\sigma = 2$. *Die Mensa unterzieht die tägliche Lieferung einer Abnahmeprüfung.*

a) *Wie lauten Nullhypothese und Alternativhypothese?*

b) *Bestimmen Sie den Annahmebereich und den Ablehnungsbereich für* $\alpha = 0{,}05$ *und den Stichprobenumfang* $n = 25$ *unter Verwendung der Normalverteilung.*

c) *Eine Stichprobe liefert* $\overline{x} = 44\text{g}$. *Wie wird entschieden?*

d) *Wie groß ist das Risiko des Herstellers, dass eine Lieferung mit* $\mu = 45$, *die gerade noch den Anforderungen entspricht, zurückgewiesen wird?*

e) *Wie groß ist das Risiko des Abnehmers, dass eine Sendung mit* $\mu = 44$ *nicht zurückgewiesen wird?*

f) *Wo liegt die Annahmegrenze, wenn der Abnehmer fordert, dass eine Lieferung mit* $\mu = 43$ *nur mit einer Wahrscheinlichkeit von höchstens* 0,05 *angenommen wird, und wie groß ist der notwendige Stichprobenumfang* n?

13 Parametertests

13.1 Vorbemerkungen

Nach den allgemeinen Ausführungen zu Testverfahren in Kapitel 12 werden in diesem und dem nächsten Kapitel spezielle Testverfahren behandelt. Aus der Fülle der speziellen statistischen Tests kann dabei im Rahmen dieser Einführung nur auf wenige Verfahren eingegangen werden.

Die in diesem Kapitel behandelten Parametertests sind **verteilungsgebundene** Verfahren. Charakteristische Eigenschaft verteilungsgebundener Testverfahren ist, dass diese Verfahren eine dem Typ nach bekannte Wahrscheinlichkeitsverteilung der für den Test benutzten Stichprobenfunktion bzw. der Grundgesamtheit voraussetzen. Diese bekannte Verteilung ist eine wesentliche Grundlage des Tests.

Im Gegensatz dazu spricht man von **verteilungsfreien Verfahren**, wenn Kenntnisse über den Typ der Wahrscheinlichkeitsverteilung der benutzten Stichprobenfunktion bzw. der Grundgesamtheit für den Test nicht erforderlich sind.

Die Tests werden in den folgenden Abschnitten nach einem einheitlichen Schema dargestellt, das sich an den Schritten (1), (2), (3), (5) und (6) aus dem Schema am Ende von Abschnitt 12.4 orientiert (vgl. vor allem Abschnitt 12.4g).[54] Dieses einheitliche Schema mit sechs Schritten ist in F 13.1.9 dargestellt.

(1) Beschreibung der Aufgabenstellung
↓
(2) Voraussetzungen, die für den Test erfüllt sein müssen
↓
(3) Nullhypothese
↓
(4) Test- oder Prüfgröße des Tests
↓
(5) Annahmekennzahlen
↓
(6) Testentscheidung

F 13.1.9 Schritte eines Testverfahrens

Bei manchen Tests (z.B. für den Parameter μ) sind Fallunterscheidungen nötig. Diese sind in Flussdiagrammen dargestellt, die die praktische Anwendung erleichtern sollen.

Grundsätzlich ist zu allen Tests auf die Ausführungen des Kapitels 12 zu verweisen und teilweise auch auf die Behandlung der Stichprobenfunktionen in Abschnitt 10.4.

13.2 Test einer Hypothese über den Mittelwert μ

Es sei vorab noch einmal darauf hingewiesen, dass im Folgenden unter X die Zufallsvariable „Merkmal bei zufälliger Entnahme eines Elements" verstanden wird. Die Wahrscheinlichkeitsverteilung von X entspricht der Häufigkeitsverteilung des Merkmals X in der Grundgesamtheit.

54 Auf die Festlegung eines Signifikanzniveaus α wird nicht gesondert eingegangen, da das bei allen Tests erforderlich ist.

Bei den hier behandelten Testverfahren für den Parameter μ einer Grundgesamtheit erfolgt eine Beschränkung auf Verfahren mit folgenden Eigenschaften:

(1) Als Testgröße kann der Stichprobenmittelwert $\overline{X}$ verwendet werden. Andere Testverfahren bleiben hier unberücksichtigt.

(2) Der Stichprobenmittelwert $\overline{X}$ ist wenigstens näherungsweise normalverteilt.

Ähnlich wie bei der Bestimmung von Konfidenzintervallen für den Parameter μ einer Grundgesamtheit müssen bei den Testverfahren auf der Grundlage der Normalverteilung für den Parameter μ einer Grundgesamtheit Fallunterscheidungen vorgenommen werden, die sich auf die Berücksichtigung der Endlichkeitskorrektur und auf die Frage, ob die Normalverteilung oder die Studentverteilung verwendet werden muss, beziehen.

Es sind also vorab immer die beiden folgenden Fragen zu klären:

(1) Wird eine Stichprobe ohne Zurücklegen aus einer endlichen Grundgesamtheit gezogen?
Ist dass der Fall, muss die so genannte **Endlichkeitskorrektur** $\frac{N-n}{N-1}$ bei $\sigma^2_{\overline{X}}$ und $\frac{N-n}{N}$ bei $\hat{\sigma}^2_{\overline{X}}$ berücksichtigt werden. Falls $\frac{n}{N}<0{,}05$ kann auf die Endlichkeitskorrektur verzichtet werden.

(2) Ist die Standardabweichung σ der Grundgesamtheit bekannt?
Bei bekanntem σ wird die näherungsweise $\mathbf{N}(\mu;\sigma_{\overline{X}})$ -verteilte Testgröße $\overline{X}$ verwendet. Muss σ bzw. $\sigma_{\overline{X}}$ mittels der Stichprobenstandardabweichung geschätzt werden, so verwendet man die Testgröße $\frac{\overline{X}-\mu}{\hat{\sigma}_{\overline{X}}}$ die (näherungsweise) studentverteilt ist mit n–1 Freiheitsgraden.

R 13.2.1

Test einer Hypothese über den Parameter μ

(1) **Aufgabenstellung**
Überprüfung einer Hypothese über den Mittelwert μ eines quantitativen Merkmals aufgrund einer Zufallsstichprobe $(X_1,\ldots,X_n)$ vom Umfang n.

(2) **Voraussetzungen**
Das Merkmal X in der Grundgesamtheit ist näherungsweise normalverteilt oder für den Stichprobenumfang gilt $n \geq 30$.
Es wird eine Zufallsstichprobe gezogen.

(3) **Nullhypothese**
Zweiseitig: H_0: $\mu = \mu_0$
Einseitig: H_0: $\mu \leq \mu_0$ bzw. $\mu \geq \mu_0$

(4) **Testgröße**
$$\overline{X}=\frac{1}{n}\sum_{i=1}^{n}X_i$$

(5) **Annahmekennzahlen**
Siehe Entscheidungsdiagramm in F 13.2.2.

(6) **Testentscheidung**
Ablehnung von H_0 falls
$\overline{x} < c_u$ oder $\overline{x} > c_o$ bei einem zweiseitigen Test,
$\overline{x} < c_u$ bzw. $\overline{x} > c_o$ bei einem einseitigen Test.

Weitere Einzelheiten über die Fallunterscheidungen enthält das **Entscheidungsdiagramm** in F 13.2.2 (S. 10), das auch zur praktischen Problemlösung herangezogen werden kann.

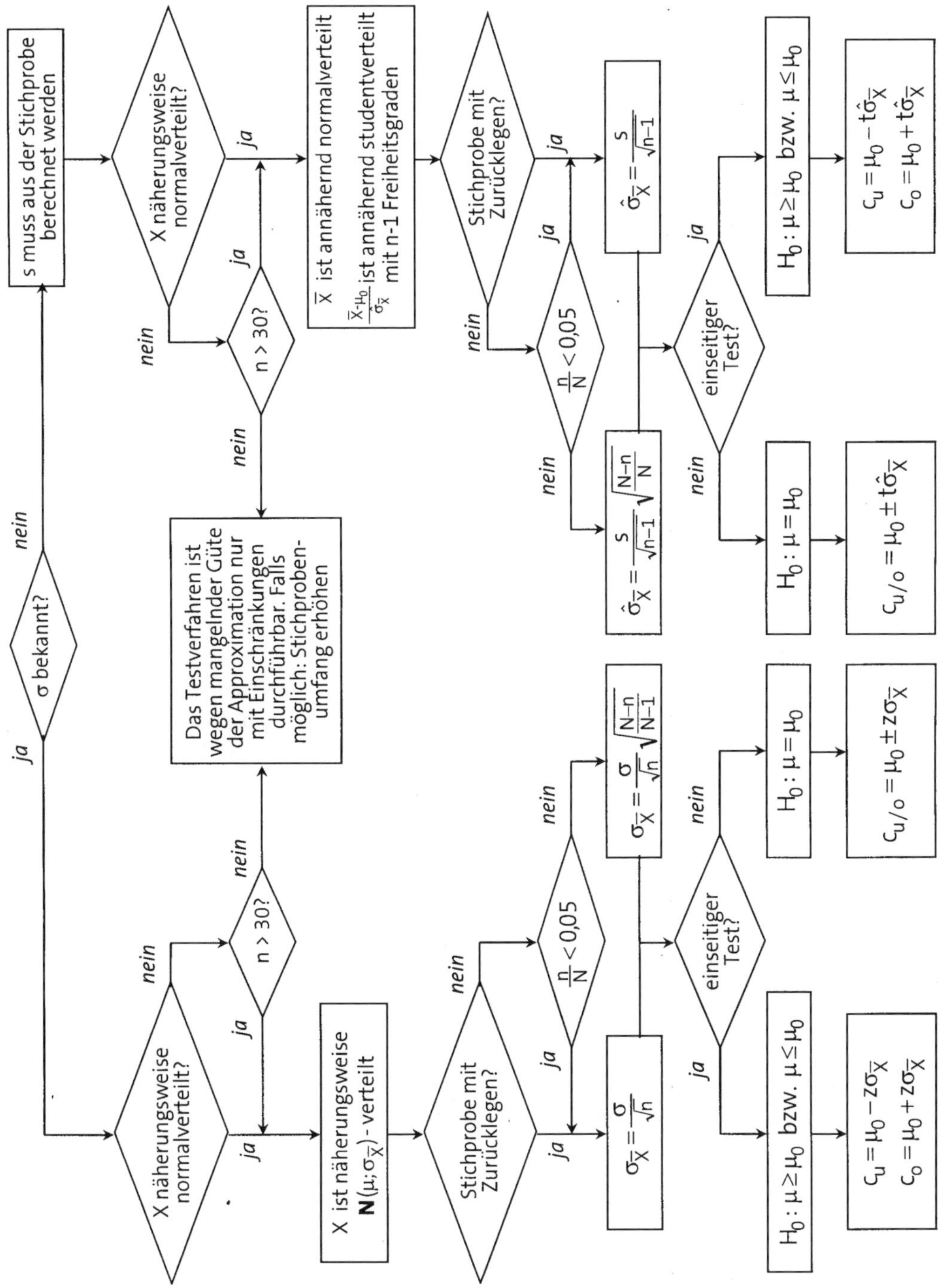

F 13.2.2 Entscheidungsdiagramm zum Test einer Hypothese über den Parameter μ

B 13.2.3 *Eine Fabrik stellt Leuchtstoffröhren her, deren Lebensdauer (näherungsweise) normalverteilt ist mit* $\mu = 1.500\,h$ *und* $\sigma = 100\,h$. *Eine Änderung des Produktionsverfahrens verspricht bei gleich bleibendem* σ *eine höhere Lebensdauer.*

Für den Test auf Erhöhung der Lebensdauer lautet die Nullhypothese dann:

H_0: *Die Lebensdauer hat sich nicht erhöht* ($\mu \leq \mu_0 = 1.500$).

Die Alternativhypothese lautet $H_1: \mu > \mu_0$.

Als maximales Risiko für einen Fehler 1. Art gibt man $\alpha = 0{,}05$ *vor.*

In einer Stichprobe ohne Zurücklegen vom Umfang $n = 100$ *wird ein Mittelwert von* $\overline{x} = 1.520$ *Stunden festgestellt.*

Bei einem Signifikanzniveau $\alpha = 0{,}05$ *ergibt sich mit dem Entscheidungsdiagramm:*

- σ *ist bekannt*
- X *ist näherungsweise normalverteilt*
- $\overline{X}$ *ist annähernd* $\mathbf{N}(1500; \sigma_{\overline{X}})$ *-verteilt*
- *Stichprobe ohne Zurücklegen; da eine laufende Produktion vorliegt, kann von* $\frac{n}{N} < 0{,}05$ *ausgegangen werden*
- $\sigma_{\overline{X}} = \frac{\sigma}{\sqrt{n}} = \frac{100}{10} = 10$
- *einseitiger Test* ($H_0: \mu \leq \mu_0 = 1.500$); $z = 1{,}65$
- $c_o = 1500 + 1{,}65 \cdot 10 = 1516{,}5$

Wegen $\overline{x} = 1.520 > 1.516{,}5 = c_o$ *muss die Nullhypothese verworfen werden.*

Damit ist bei einer Irrtumswahrscheinlichkeit von $\alpha = 0{,}05$ *statistisch nachgewiesen, dass sich die Lebensdauer erhöht hat.*

B 13.2.4 *Das monatliche Nettoeinkommen von Studenten ist annähernd normalverteilt. Bei einem Signifikanzniveau von* $\alpha = 0{,}05$ *soll getestet werden, ob die Behauptung des Amts für Ausbildungsförderung einer Hochschule widerlegt werden kann, das durchschnittliche Nettoeinkommen von Studenten betrage mindestens* € 1.025,- *im Monat.*

Es ist dann: $H_0: \mu \geq \mu_0 = 1.025$, $H_1: \mu < \mu_0$.

In einer Stichprobe von 20 *Studenten wurde ein durchschnittliches monatliches Nettoeinkommen von* € 1000,- *bei einer Varianz von* $s^2 = 1900$ *festgestellt.*

- σ *ist unbekannt*
- X *ist näherungsweise normalverteilt*
- *Stichprobe ohne Zurücklegen, doch es gilt sicher* $\frac{n}{N} < 0{,}05$
- $\hat{\sigma}_{\overline{X}} = \frac{s}{\sqrt{n-1}} = \frac{\sqrt{1.900}}{\sqrt{19}} = \sqrt{100} = 10,$
- $n < 30$
- *einseitiger Test,* $H_0: \mu \geq \mu_0 = 1.025$, $t = 1{,}729$
- ***Fehler! Es ist nicht möglich, durch die Bearbeitung von Feldfunktionen Objekte zu erstellen.***

Wegen $\overline{x} = 1.000 < 1.007{,}71 = c_u$ *muss* H_0 *verworfen werden. Das durchschnittliche Nettoeinkommen liegt also bei einer Irrtumswahrscheinlichkeit von höchstens* 0,05 *unter* € 1025,-.

B 13.2.5 *Eine Lieferung von* 800 *Stahlseilen soll eine garantierte mittlere Reißfestigkeit von mindestens* 5000 kp *haben. Bei einem Signifikanzniveau von* $\alpha = 0{,}05$ *soll geprüft werden, ob diese Gütezusage in der Lieferung unterschritten worden ist.*

Die Nullhypothese lautet $H_0: \mu \geq \mu_0 = 5.000$; $H_1: \mu < \mu_0$.

Eine Reißfestigkeitsprüfung von 50 *Stahlseilen ergab eine mittlere Reißlast von* $\overline{x} = 4800$ kp *bei einer Standardabweichung von* s = 700 kp.

- σ *ist unbekannt: Die Studentverteilung kann wegen* n = 50 > 30 *durch die Normalverteilung approximiert werden.*
- *Stichprobe ohne Zurücklegen und* $\frac{n}{N} = \frac{50}{800} = 0{,}0625 \geq 0{,}05$
- $\hat{\sigma}_{\overline{x}} = \frac{s}{\sqrt{n-1}}\sqrt{\frac{N-n}{N}} = \frac{700}{\sqrt{49}}\sqrt{\frac{750}{800}} = 100 \cdot 0{,}968 = 96{,}8$
- *einseitiger Test,* $H_0: \mu \geq \mu_0 = 5.000$, $z = 1{,}65$
- $c_u = \mu_0 - z\hat{\sigma}_{\overline{x}} = 5.000 - 1{,}65 \cdot 96{,}8 = 5.000 - 159{,}72 = 4.840{,}28$

Wegen $\overline{x} = 4.800 < 4.840{,}28 = c_u$ *ist damit bei einer Irrtumswahrscheinlichkeit von* $\alpha = 0{,}05$ *statistisch nachgewiesen, dass die Gütezusage in der Lieferung nicht eingehalten worden ist.*

Ü 13.2.6 *Anton behauptet, die Regenwürmer in seinem Garten erreichten eine Mindestgeschwindigkeit von* $\mu_0 = 1\,\text{m/h}$ *zu ebener Erde bei einer Standardabweichung von* $\sigma = 0{,}3\,\text{m/h}$. *Antons Freund Paul möchte diese Behauptung widerlegen.*

a) *Wie lauten Null- und Alternativhypothese?*

b) *Paul findet in einer Stichprobe mit Zurücklegen vom Umfang* n = 36 *eine durchschnittliche Geschwindigkeit von* $\overline{x} = 0{,}9\,\text{m/h}$. *Führen Sie den Test für* $\alpha = 0{,}05$ *durch.*

Ü 13.2.7 *Bei einem statistischen Test, mit dem untersucht werden soll, ob die mittlere Füllmenge* μ *von Bierflaschen bei einer laufenden Produktion vom Sollwert* $500\,\text{cm}^3$ *abweicht, wird eine Zufallsstichprobe des Umfangs* n = 26 *gezogen.*

a) *Wie lauten Null- und Alternativhypothese?*

Die Stichprobe liefert $\overline{x} = 490$ *und* s = 25. *Die Füllmenge* X *ist annähernd normalverteilt.*

b) *Bestimmen Sie den Annahmebereich für* $\alpha = 0{,}05$.

c) *Wie lautet die Testentscheidung?*

Ü 13.2.8 *Bei einer im Vorjahr durchgeführten Vollerhebung der Altersstruktur der Bevölkerung einer Großstadt wurde ein Durchschnittsalter von* 38 *Jahren bei einer Standardabweichung von* 8 *Jahren festgestellt.*

Durch eine im laufenden Jahr durchgeführte Stichprobenerhebung vom Umfang n = 100 *soll geprüft werden, ob eine signifikante Änderung des Durchschnittsalters eingetreten ist.*

In der Stichprobe wird ein Durchschnittsalter von $\overline{x} = 39$ *Jahren ermittelt.*

Es ist ein Signifikanzniveau von 5% *zugrunde zu legen. Die bei der Erhebung im Vorjahr ermittelte Standardabweichung von* $\sigma = 8$ *kann als gleich bleibend vorausgesetzt werden.*

13.3 Test einer Hypothese über den Anteilswert Θ

Für die statistische Überprüfung von Hypothesen über den Anteilswert Θ einer dichotomen Grundgesamtheit wird die Anzahl X der Elemente in der Stichprobe mit der interessierenden Eigenschaft oder der Anteilswert $P = \frac{X}{n}$ verwendet. Zur Verteilung von X bzw. P ist auf Abschnitt 10.4c zu verweisen und außerdem auf die Möglichkeit zur Approximation der Binomialverteilung durch die Poissonverteilung oder die Normalverteilung.

Auch bei Tests für Θ sind Fallunterscheidungen nötig. Dazu ist im Einzelnen auf das Entscheidungsdiagramm in F 13.3.3 (S. 181) zu verweisen.

In vielen Anwendungsfällen kann für den Test von Hypothesen über Θ die Hypergeometrische Verteilung bzw. die Binomialverteilung durch die Normalverteilung approximiert werden.

R 13.3.1

Test einer Hypothese über den Anteilswert Θ

(1) **Aufgabenstellung**
Überprüfung einer Hypothese über den Anteilswert Θ einer dichotomen Grundgesamtheit aufgrund einer Zufallsstichprobe $(X_1,...,X_n)$ vom Umfang n.

(2) **Voraussetzungen**
An den Elementen der Grundgesamtheit und der Stichprobe bzw. bei dem Zufallsexperiment (BERNOULLI-Experiment) interessiert man sich nur für das Auftreten oder Nichtauftreten einer bestimmten Eigenschaft bzw. eines bestimmten Ereignisses.
Es handelt sich um eine Zufallsstichprobe.
Die Zufallsvariable X_i $(i = 1,...,n)$ nimmt den Wert 1 an, falls das gezogene Stichprobenelement die interessierende Eigenschaft besitzt, andernfalls den Wert 0.

(3) **Nullhypothese**
zweiseitig: $H_0\colon \Theta = \Theta_0$
einseitig: $H_0\colon \Theta \leq \Theta_0$ bzw. $\Theta \geq \Theta_0$

(4) **Testgröße**
Die Anzahl $X = \sum_{i=1}^{n} X_i$ der Stichprobenelemente mit der interessierenden Eigenschaft
oder
der Stichprobenanteilswert $P = \frac{X}{n}$.
Bei Stichproben ohne Zurücklegen aus endlicher Grundgesamtheit ist X hypergeometrisch verteilt, sonst ist X binomialverteilt.

(5) **Annahmekennzahlen**
Siehe Entscheidungsdiagramm in F 13.3.3 (S. 10).

(6) **Testentscheidung**
Ablehnung von H_0 falls
x bzw. $p < c_u$ oder $> c_o$ bei einem zweiseitigen Test
x bzw. $p < c_u$ bzw. $> c_o$ bei einem einseitigen Test.

B 13.3.2 *Die Wahrscheinlichkeit, beim Werfen einer „fairen" Münze das Ergebnis „Zahl" zu erzielen, ist $\Theta_0 = 0{,}5$. Um zu prüfen, ob eine unbekannte Münze fair ist, stellt man die Hypothese $H_0\colon \Theta = \Theta_0 = 0{,}5$; $H_1\colon \Theta \neq \Theta_0$ auf. Testgröße ist die Anzahl X der Würfe mit dem Ergebnis „Zahl" in der Stichprobe. X ist binomialverteilt. Zur Bestimmung der Annahmegrenzen zu vorgegebenem Signifikanzniveau α geht man folgendermaßen vor:*
Aus der Verteilungsfunktion F_X der Binomialverteilung sucht man als untere Annahmegrenze c_u den Wert x, bei dem F_X den Wert $\frac{\alpha}{2}$ gerade überschreitet und als obere Annahmegrenze c_o den Wert x, bei dem F_X den Wert $1-\frac{\alpha}{2}$ gerade erreicht oder überschreitet. Es gilt dann:

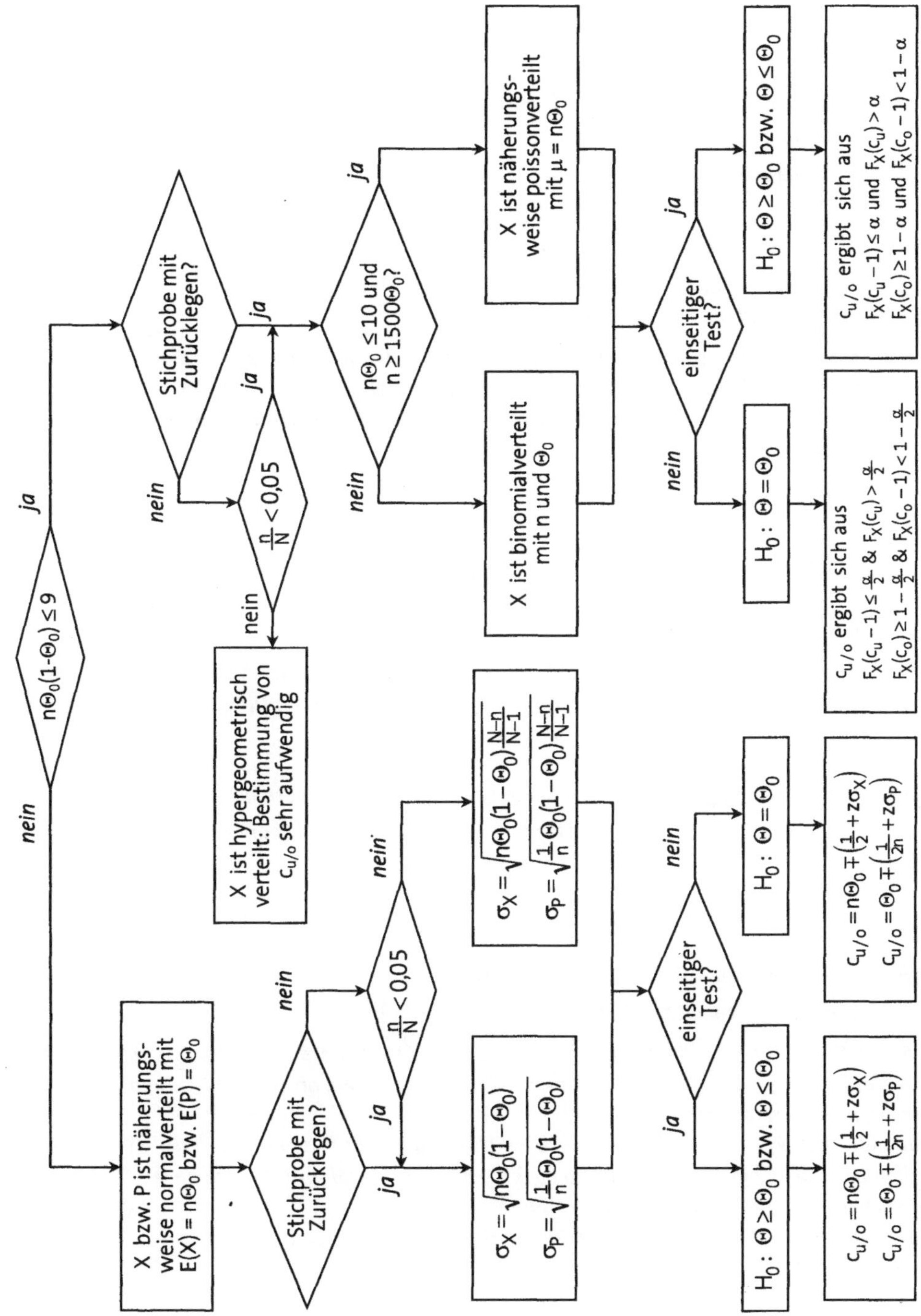

F 13.3.3 Entscheidungsdiagramm zum Test einer Hypothese über den Parameter Θ

$$c_u: F_X(c_u - 1) \le \tfrac{\alpha}{2} \quad \textit{und} \quad F_X(c_u) > \tfrac{\alpha}{2} \; \textit{sowie}$$

$$c_o: F_X(c_o) \ge 1 - \tfrac{\alpha}{2} \quad \textit{und} \quad F_X(c_o - 1) < 1 - \tfrac{\alpha}{2}$$

(c_u *und* c_o *sind bei der Binomialverteilung immer ganze Zahlen*).

Für einen Stichprobenumfang von $n = 10$ *und* $\alpha = 0{,}05$ *erhält* man $c_u = 2$, $c_o = 8$. *Es ist dann*

$$\mathbf{P}(X < c_u) = F_X(1) = 0{,}0107 < \tfrac{\alpha}{2}$$

und

$$\mathbf{P}(X > c_o) = 1 - F_X(8) = 0{,}0107 < \tfrac{\alpha}{2}$$

Es gilt also $\mathbf{P}(2 \le X \le 8) = 0{,}9786 > 1 - \alpha$.

Das tatsächliche Signifikanzniveau ist dann $\alpha^* = 0{,}0214 < \alpha$.

B 13.3.4 *Jemand behauptet: „Wenn eine Butterstulle zu Boden fällt, fällt sie mit höchstens 3%-iger Wahrscheinlichkeit auf die nicht belegte Seite.“ Um diese Behauptung zu testen, lässt man* $n = 50$ *Butterstullen zu Boden fallen. Es sei* $\alpha = 0{,}05$. *Null- und Alternativhypothese lauten:*

$$H_0: \Theta \le \Theta_0 = 0{,}03; \; H_1: \Theta > \Theta_0$$

Die Testgröße X (*Anzahl der Stullen, die auf die unbelegte Seite fallen*) *ist binomialverteilt.*

Wegen $n\Theta_0 = 50 \cdot 0{,}03 = 1{,}5 < 10$ *und* $n = 50 > 45 = 1500\Theta_0$ *kann die Binomialverteilung durch die Poissonverteilung mit* $\mu_0 = n\Theta_0 = 1{,}5$ *approximiert werden. Zu dem einseitigen Test sucht man aus der Verteilungsfunktion* F_X *der Poissonverteilung den Wert* c_o, *bei dem* F_X *den Wert* $1-\alpha$ *gerade erreicht bzw. überschreitet, d.h.* c_o: $F_X(c_o) \ge 1-\alpha$, $F_X(c_o-1) < 1-\alpha$.

Aus der Tabelle der Poissonverteilung ergibt sich für $\mu = 1{,}5$ *und* $\alpha = 0{,}05$ *der Wert* $c_o = 4$.

B 13.3.5 *Eine studentische Organisation behauptet, bei den kommenden Wahlen zum Studentenparlament seien ihr mindestens 30% der Stimmen sicher. Diese Behauptung soll bei einem Signifikanzniveau von* $\alpha = 0{,}05$ *widerlegt werden.*

Es ist $H_0: \Theta \ge \Theta_0 = 0{,}3$.

Eine Stichprobe vom Umfang $n = 65$ *ergibt einen Anteil von 12 Wählern dieser Organisation. Es ist* $n\Theta_0(1-\Theta_0) = 65 \cdot 0{,}3 \cdot 0{,}7 = 13{,}65 > 9$ *und sicher* $\frac{n}{N} < 0{,}05$. *Daher ist* P *näherungsweise normalverteilt. Es ist*

$$c_u = \Theta_0 - \left(\frac{1}{2n} + z\sqrt{\frac{\Theta_0(1-\Theta_0)}{n}} \right) = 0{,}3 - (0{,}008 + 1{,}65 \cdot 0{,}057) = 0{,}3 - 0{,}102 = 0{,}198.$$

Wegen $p = \frac{12}{65} = 0{,}185 < 0{,}198 = c_u$ *ist damit statistisch nachgewiesen, dass die Behauptung falsch ist* (*Irrtumswahrscheinlichkeit* $\alpha = 0{,}05$).

B 13.3.6 *Der Anteil schlitzohriger Ferkel in einer Zuchtanstalt beträgt seit Jahren* $\Theta_0 = 0{,}2$. *Nach einer Änderung der Futterzusammenstellung soll geprüft werden, ob eine Erhöhung des Anteils an Schlitzohren eingetreten ist.*

Es wird eine Stichprobe ohne Zurücklegen vom Umfang $n = 20$ *aus* $N = 500$ *Ferkeln gezogen, um die Nullhypothese* $H_0: \Theta \le \Theta_0 = 0{,}2$ *gegen* $H_1: \Theta > \Theta_0$ *zu testen* (*Signifikanzniveau* $\alpha = 0{,}05$).

In der Stichprobe findet man $x = 8$ *Schlitzohren.*

Es gilt: $n\Theta_0(1-\Theta_0) = 20 \cdot 0{,}2 \cdot 0{,}8 = 3{,}2 < 9$. *Eine Approximation durch die Normalverteilung ist also nicht möglich.*

Es ist $\frac{n}{N} = 0{,}04 < 0{,}05$; $n\Theta_0 = 20 \cdot 0{,}2 = 4$ *und* $20 < 1500 \cdot \Theta_0 = 300$. *Eine Approximation durch die Poissonverteilung ist also ebenfalls nicht möglich.* X *ist* **B**(20;0,2)*-verteilt.* c_o *ergibt sich aus* $F_X(c_o) \geq 0{,}95$ *und* $F_X(c_o - 1) < 0{,}95$.

Als Annahmekennzahl erhält man $c_o = 7$. H_0 *ist wegen* $X = 8 > c_o$ *abzulehnen* ($\alpha^* = 0{,}0321$), *d.h. es ist statistisch nachgewiesen, dass sich der Anteil der Schlitzohren erhöht hat.*

Ü 13.3.7 *In einer Großstadt soll der Anteil der Beamten unter den Erwerbstätigen mindestens* 20% *betragen. In einer Stichprobe vom Umfang* $n = 100$ *findet man* 15 *Beamte. Kann damit die Behauptung widerlegt werden? (Signifikanzniveau* $\alpha = 0{,}05$)

Ü 13.3.8 *Ein Hersteller von Schmelzsicherungen behauptet, der Anteil der funktionsuntüchtigen Schmelzsicherungen betrage höchstens* 10%. *Diese Behauptung soll in einer Abnahmeprüfung mit einer Stichprobe des Umfangs* $n = 144$ *geprüft werden. Die Nullhypothese lautet* $H_0: \Theta \leq \Theta_0 = 0{,}1$ (*Signifikanzniveau* $\alpha = 0{,}05$).

a) *Bestimmen Sie mit Hilfe der Normalverteilung den Annahmebereich des Signifikanztests.*

b) *In der Stichprobe entdeckt man* 25 *defekte Sicherungen. Ist damit die Behauptung des Herstellers statistisch widerlegt?*

13.4 Test für die Varianz

Es werden zunächst zwei Beispiele aus der Qualitätsüberwachung betrachtet, in denen Probleme beschrieben sind, bei denen es um das Testen einer Hypothese über eine Varianz geht.

B 13.4.1 *Bei der Massenproduktion eines Industrieprodukts sei das Merkmal* X *annähernd normalverteilt. Falls im Produktionsprozess größere Störungen auftreten, z.B. durch Verschleiß von Werkzeugen oder Maschinenteilen, wird sich zusätzlich zum Mittelwert* μ *auch die Varianz* σ^2 *bzw. Standardabweichung* σ *ändern. Neben* μ *wird daher meistens auch* σ *als Maß für die Homogenität des Prozesses überprüft. Da die Streuung sich meistens durch Verschleiß vergrößert, testet man die Hypothese*

$H_0: \sigma^2 \leq \sigma_0^2$ *gegen* $H_1: \sigma^2 > \sigma_0^2$

in regelmäßigen Abständen, um rechtzeitig Hinweise auf Verschleiß von Werkzeugen oder Maschinenteilen zu erhalten.

B 13.4.2 *Einer Wandfarbe werden Holzspäne beigemischt, um damit auf glatten Wänden einen „Raufasertapeten-Effekt" erzielen zu können. Die Späne dürfen dabei einerseits nicht zu gleichmäßig und andererseits auch nicht zu unterschiedlich groß sein. Man legt daher eine bestimmte Standardabweichung für die Abweichung der Späne von einer mittleren Größe fest. Man testet also:* $H_0: \sigma^2 = \sigma_0^2$ *gegen* $H_1: \sigma^2 \neq \sigma_0^2$.

Für Tests von Hypothesen über die Varianz der Grundgesamtheit wird hier nur der Fall einer normalverteilten Grundgesamtheit betrachtet. Entnimmt man einer **N**(μ;σ)-verteilten Grundgesamtheit eine Zufallsstichprobe, dann ist $U^* = \frac{nS^2}{\sigma^2}$ eine χ^2-verteilte Zufallsvariable mit n–1 Freiheitsgraden (vgl. Abschnitt 10.4d). Damit gelangt man zu einem Testansatz für Hypothesen $H_0: \sigma^2 = \sigma_0^2$ oder $H_0: \sigma^2 \geq \sigma_0^2$ bzw. $\sigma^2 \leq \sigma_0^2$.

Unter Benutzung der χ^2-Verteilung kann man für die Größe $U^* = \frac{nS^2}{\sigma^2}$ Wahrscheinlichkeitsintervalle über folgende Ansätze bestimmen:

Zweiseitige Fragestellung

$$\mathbf{P}\left(\chi^2(\tfrac{\alpha}{2};n-1) \le \frac{nS^2}{\sigma_0^2} \le \chi^2(1-\tfrac{\alpha}{2};n-1)\right) = 1-\alpha$$

Einseitige Fragestellung

$$\mathbf{P}\left(\chi^2(\alpha;n-1) \le \frac{nS^2}{\sigma_0^2}\right) = 1-\alpha$$

oder

$$\mathbf{P}\left(\frac{nS^2}{\sigma_0^2} \le \chi^2(1-\alpha;n-1)\right) = 1-\alpha.$$

Löst man die Ungleichungen dieser Wahrscheinlichkeitsintervalle nach S^2 auf, indem man mit $\frac{\sigma_0^2}{n}$ multipliziert, dann ergeben sich bei bekannter Nullhypothese Intervalle für S^2, aus denen sich Bestimmungsgleichungen für die Annahmekennzahlen herleiten lassen.

R 13.4.3

Test einer Hypothese über die Varianz σ^2

(1) Aufgabenstellung

Überprüfung einer Hypothese über die Varianz σ^2 einer (annähernd) normalverteilten Grundgesamtheit aufgrund einer Zufallsstichprobe $(X_1,...,X_n)$ vom Umfang n.

(2) Voraussetzungen

Die Grundgesamtheit ist (näherungsweise) normalverteilt.
Es handelt sich um eine Zufallsstichprobe.

(3) Nullhypothese

zweiseitig: H_0: $\sigma^2 = \sigma_0^2$

einseitig: H_0: $\sigma^2 \ge \sigma_0^2$ bzw. $\sigma^2 \le \sigma_0^2$

(4) Testgröße

Als Testgröße wird die Stichprobenfunktion S^2 gewählt.
Die transformierte Stichprobenfunktion

$$U^* = \frac{nS^2}{\sigma^2}$$

ist χ^2-verteilt mit n–1 Freiheitsgraden.

(5) Annahmekennzahlen

Zweiseitig:

$$c_u = \frac{\sigma_0^2\chi^2(\frac{\alpha}{2};n-1)}{n} \quad \text{und} \quad c_o = \frac{\sigma_0^2\chi^2(1-\frac{\alpha}{2};n-1)}{n}$$

Einseitig:

$$c_u = \frac{\sigma_0^2\chi^2(\alpha;n-1)}{n} \quad \text{oder} \quad c_o = \frac{\sigma_0^2\chi^2(1-\alpha;n-1)}{n}$$

(6) Testentscheidung

Ablehnung von H_0 falls

$S^2 < c_u$ oder $S^2 > c_o$ bei einem zweiseitigen Test,
$S^2 < c_u$ bzw. $S^2 > c_o$ bei einem einseitigen Test.

B 13.4.4 *Eine Konservenfabrik benötigt Kartoffeln. Aus Verpackungsgründen soll ihr Gewicht nicht zu stark schwanken. Andererseits ist die Fabrik an einem Gewichtsunterschied interessiert, damit die Kartoffeln nicht zu sehr einem Fließbandprodukt ähneln. Sie verlangt deshalb einen mittleren Gewichtsunterschied (Standardabweichung) von* $\sigma = 5$ g.
Nullhypothese und Alternativhypothese lauten:

$H_0\colon \sigma^2 = \sigma_0^2 = 25$ *und* $H_1\colon \sigma^2 \neq \sigma_0^2$

Das Kartoffelgewicht wird als normalverteilt angenommen und für den Test ein Signifikanzniveau von $\alpha = 0{,}01$ *zugrunde gelegt.*

a) *In einer Stichprobe des Umfangs* $n = 16$ *aus den von Bauer* A *angebotenen Kartoffeln ergab sich eine Varianz von* $s_A^2 = 14{,}44$. *Es gilt:*

$$c_u = \frac{\sigma_0^2\chi^2(0{,}005;15)}{16} = \frac{25\cdot 4{,}601}{16} = 7{,}19 \text{ und } c_o = \frac{\sigma_0^2\chi^2(0{,}995;15)}{16} = \frac{25\cdot 32{,}801}{16} = 51{,}25.$$

Wegen $7{,}19 < 14{,}44 = s_A^2 < 51{,}25$ *kann die Nullhypothese nicht abgelehnt werden. Die Fabrik kann aus der Stichprobe nicht mit ausreichender Sicherheit schließen, dass die Kartoffeln ungeeignet sind, d.h. eine von* $\sigma = 5$ *signifikant verschiedene Standardabweichung haben.*

b) *In einer Stichprobe des Umfangs* $n = 101$ *aus den von Bauer* B *angebotenen Kartoffeln ergab sich eine Varianz von* $s_B^2 = 43{,}56$. *Es gilt:*

$$c_u = \frac{\sigma_0^2\chi^2(0{,}005;100)}{101} = \frac{25\cdot 67{,}328}{101} = 16{,}7 \text{ und } c_o = \frac{\sigma_0^2\chi^2(0{,}995;100)}{101} = \frac{25\cdot 140{,}169}{101} = 34{,}7.$$

Wegen $s_B^2 = 43{,}56 > 34{,}7 = c_o$ *ist die Nullhypothese abzulehnen. Die Kartoffeln sind nicht verwendbar, da statistisch nachgewiesen ist (Irrtumswahrscheinlichkeit* $\alpha = 0{,}01$), *dass die Standardabweichung von* 5 *verschieden ist.*

Ü 13.4.5 *Der Hersteller einer Drehmaschine gibt an, dass seine Maschine sehr genau arbeitet. Er behauptet, dass die annähernd normalverteilten Durchmesser der gedrehten Teile eine Varianz von* $\sigma^2 = 0{,}01$ *haben. Eine Versuchsserie des Käufers vom Umfang* $n = 31$ *ergab eine Varianz von* $s^2 = 0{,}012$. *Kann die Angabe des Herstellers damit statistisch widerlegt werden?* ($\alpha = 0{,}05$)

13.5 Vergleich zweier Mittelwerte (Differenzentest)

In manchen Fällen hat man es beim statistischen Prüfen von Hypothesen mit Problemen der folgenden Art zu tun:

Man hat zwei verschiedene Grundgesamtheiten vorliegen und möchte testen, ob zwischen den Mittelwerten μ_1 und μ_2 der beiden Grundgesamtheiten ein Unterschied besteht, oder anders ausgedrückt, ob die Differenz $\mu_1 - \mu_2$ von Null abweicht. Die Nullhypothese lautet dann bei einer zweiseitigen Fragestellung

$H_0\colon \mu_1 = \mu_2$ bzw. $H_0\colon \mu_1 - \mu_2 = 0$

Da die Nullhypothese üblicherweise über die Differenz $\mu_1 - \mu_2$ formuliert wird, spricht man vom **Differenzentest**. Der Differenzentest setzt generell voraus, dass entweder die Grundgesamtheiten (näherungsweise) normalverteilt sind oder die Stichprobenumfänge größer als 30 sind, da dann die Stichprobenmittelwerte näherungsweise normalverteilt sind.

Die Grundgedanken des Differenzentests sind wie folgt:
Es liegen zwei Grundgesamtheiten vor, deren Mittelwerte μ_1 und μ_2 unbekannt sind. Man zieht aus jeder Grundgesamtheit **unabhängig** voneinander eine Stichprobe vom Umfang n_1 bzw. n_2. Man berechnet die Realisierungen der Stichprobenfunktionen $\overline{X}_1$ und $\overline{X}_2$ und, falls σ_1 und σ_2

unbekannt sind, S_1^2 und S_2^2. Die Stichprobenfunktion $D = \overline{X}_1 - \overline{X}_2$ mit dem Erwartungswert **E**(D) = $\mu_1 - \mu_2$ wird als **Prüfgröße** verwendet.

Für die Standardabweichung σ_1 der Verteilung von D sind dabei folgende Fälle zu unterscheiden:

(1) Falls σ_1 **und** σ_2 **bekannt** sind, ergibt sich $\sigma_D = \sqrt{\frac{\sigma_1^2}{n_1} + \frac{\sigma_2^2}{n_2}}$.

(2) Falls σ_1 **und** σ_2 **unbekannt** sind, aber $\sigma_1 = \sigma_2$ vorausgesetzt werden darf, kann die Standardabweichung mit Hilfe der Stichprobenfunktionen S_1^2 und S_2^2 wie folgt geschätzt werden:

$$\hat{\sigma}_D = \sqrt{\frac{n_1 S_1^2 + n_2 S_2^2}{n_1 + n_2 - 2} \cdot \frac{n_1 + n_2}{n_1 n_2}} \ .$$

Es wird hierbei „Ziehen mit Zurücklegen" bzw. $\frac{n_1}{N_1} < 0{,}05$ und $\frac{n_2}{N_2} < 0{,}05$ vorausgesetzt, wobei N_1 und N_2 die Umfänge der Grundgesamtheiten sind.

(3) Sind n_1 und n_2 genügend groß ($n_1 > 30$ und $n_2 > 30$), so kann die Forderung $\sigma_1^2 = \sigma_2^2$ fallengelassen werden. Es gilt: $\hat{\sigma}_D = \sqrt{\frac{S_1^2}{n_1 - 1} + \frac{S_2^2}{n_2 - 1}}$.

R 13.5.1

Differenzentest für Mittelwerte

(1) Aufgabenstellung

Es existieren zwei Grundgesamtheiten mit Mittelwerten μ_1 und μ_2. Aufgrund von zwei voneinander unabhängigen Zufallsstichproben der Umfänge n_1 und n_2 soll geprüft werden, ob zwischen μ_1 und μ_2 ein Unterschied besteht bzw. ob die Differenz der Mittelwerte von Null abweicht.

(2) Voraussetzungen

Die Grundgesamtheiten sind normalverteilt oder $n_1 > 30$ und $n_2 > 30$.

Es handelt sich um zwei voneinander unabhängige Zufallsstichproben mit $\frac{n_1}{N_1} < 0{,}05$ und $\frac{n_2}{N_2} < 0{,}05$

Falls die Standardabweichungen σ_1 und σ_2 der Grundgesamtheiten unbekannt sind und n_1 und n_2 nicht größer als 30 sind, gilt $\sigma_1 = \sigma_2$.

(3) Nullhypothese

Zweiseitig: H_0: $\mu_1 - \mu_2 = 0$; einseitig: $\mu_1 - \mu_2 \leq 0$ oder $\mu_1 - \mu_2 \geq 0$.

(4) Testgröße

$D = \overline{X}_1 - \overline{X}_2$ (Stichprobenrealisation: $d = \overline{x}_1 - \overline{x}_2$).

(5) Annahmekennzahlen

$c_{u/o} = \pm z\sigma_D$ bzw. $c_{u/o} = \pm t\hat{\sigma}_D$

z ergibt sich aus der Standardnormalverteilung, t aus der Studentverteilung für $n_1 + n_2 - 2$ Freiheitsgrade.

(6) Testentscheidung

Ablehnung von H_0, falls

$d < c_u$ oder $> c_o$ bei einem zweiseitigen Test,

$d < c_u$ bzw. $> c_o$ bei einem einseitigen Test.

Bei Schritt (5) ist zu beachten, dass die Studentverteilung für mehr als 30 Freiheitsgrade durch die Standardnormalverteilung approximiert werden kann.

B 13.5.2 *Autoreifen zweier Marken* A *und* B *sollen bezüglich ihrer Lebensdauer (gemessen in gefahrenen Kilometern) verglichen werden.*
Eine Stichprobenerhebung liefert die folgenden Daten:

$n_1 = 101;\quad \overline{x}_1 = 52.800$ km; $s_1 = 4.000$ km

$n_2 = 46;\quad \overline{x}_2 = 51.500$ km; $s_2 = 3.000$ km

Es wird ein Signifikanzniveau von $\alpha = 0{,}05$ *zugrunde gelegt.*
Als Null- und Alternativhypothese ergeben sich $H_0: \mu_1 - \mu_2 = 0$ *und* $H_1: \mu_1 - \mu_2 \neq 0$.
Es sind σ_1 *und* σ_2 *unbekannt, aber:* $n_1 = 101 > 30$ *und* $n_2 = 46 > 30$.
Damit gilt:

$$\hat{\sigma}_D = \sqrt{\frac{4.000^2}{100} + \frac{3.000^2}{45}} = 600$$

und

$$c_{u/o} = \pm 1{,}96 \cdot 600 = \pm 1.176$$

Die Testgröße hat den Wert $d = \overline{x}_1 - \overline{x}_2 = 1300$.

Wegen $d = 1.300 > 1176 = c_o$ *ist die Nullhypothese abzulehnen. Damit ist bei einer Irrtumswahrscheinlichkeit von* $\alpha = 0{,}05$ *statistisch nachgewiesen, dass ein Unterschied zwischen den Lebensdauern der Reifen der Marken* A *und* B *besteht.*

Ü 13.5.3 *Ein Gärtner züchtet langstielige Rosen. Um zu prüfen, ob ein neuartiger Dünger die Stiellänge vergrößert, wendet der Gärtner den Dünger nur auf einer Parzelle an und misst dort an* $n_1 = 46$ *Rosen eine mittlere Stiellänge von* $\overline{x}_1 = 60$ *bei einer Standardabweichung von* $s_1 = 6$ cm.
Eine nicht gedüngte Vergleichsparzelle liefert dagegen an $n_2 = 65$ *Rosen einen Mittelwert von* $\overline{x}_2 = 57$ cm *bei einer Standardabweichung von* $s_2 = 6{,}4$ cm.
Kann aus diesen Ergebnissen auf längere Stiele durch den Dünger geschlossen werden? ($\alpha = 0{,}05$)

Ü 13.5.4 *Bei* 55 *Studenten, von denen bei einer medizinischen Untersuchung ihres allgemeinen Gesundheitszustands* 29 *der Klasse* A *und* 26 *der Klasse* B *zugeteilt wurden, wurde in der Klasse* A *eine mittlere Körpergröße von* 180 cm *bei einer Standardabweichung von* 5 cm, *in der Klasse* B *von* 177 cm *bei einer Standardabweichung von* 7,5 cm *festgestellt.*
Besteht ein signifikanter Unterschied zwischen den durchschnittlichen Körpergrößen beider Klassen (Signifikanzniveau 5%*)?*
Es kann angenommen werden, dass die Körpergrößen annähernd normalverteilt sind.

13.6 Vergleich zweier Anteilswerte

Für den Vergleich zweier Anteilswerte wird hier nur der Fall betrachtet, dass zur Approximation die Normalverteilung verwendet werden kann.

R 13.6.1

Differenzentest für Anteilswerte

(1) Aufgabenstellung

Es existieren zwei dichotome Grundgesamtheiten mit Anteilswerten Θ_1 und Θ_2 (bzw. es gibt zwei BERNOULLI-Experimente mit Wahrscheinlichkeiten Θ_1 und Θ_2). Aufgrund von zwei voneinander unabhängigen einfachen Zufallsstichproben $(X_{11},...,X_{1n_1})$ und $(X_{21},...,X_{2n_2})$ vom Umfang n_1 und n_2 mit den Stichprobenanteilswerten P_1 und P_2 soll geprüft werden, ob zwischen den Anteilswerten (bzw. Wahrscheinlichkeiten) ein Unterschied besteht.

(2) Voraussetzungen

$P_1(1-P_1)n_1 > 9$ und $P_2(1-P_2)n_2 > 9$. P_1 und P_2 sind dann annähernd normalverteilt.

Es handelt sich um zwei unabhängige, einfache Zufallsstichproben.

(3) Nullhypothese

zweiseitig: H_0: $\Theta_1 = \Theta_2$ bzw. $\Theta_1-\Theta_2 = 0$

einseitig: H_0: $\Theta_1 \leq \Theta_2$ bzw. $\Theta_1-\Theta_2 \leq 0$

H_0: $\Theta_1 \geq \Theta_2$ bzw. $\Theta_1-\Theta_2 \geq 0$

(4) Testgröße

$D = P_1 - P_2$ ist näherungsweise normalverteilt mit

$$\mathbf{E}(D) = 0 \text{ und } \hat{\sigma}_D = \sqrt{P(1-P)\frac{n_1+n_2}{n_1 \cdot n_2}} \text{ mit } P = \frac{n_1P_1+n_2P}{n_1+n_2}$$

(5) Annahmekennzahlen:

$c_{u/o} = \pm z\sigma_D$ mit

Zweiseitig: $F_Z(z) = 1-\frac{\alpha}{2}$;

einseitig: $F_Z(z) = 1-\alpha$.

(6) Testentscheidung

Ablehnung der Nullhypothese falls $d < c_u$ oder $d > c_o$

B 13.6.2 *In zwei Bundesländern hat die „Partei zur Abschaffung des Differenzentests" aufgrund einer Befragung über unabhängige Zufallsstichproben folgende Anhängeranteile ermittelt.*

Bundesland	*Anzahl Befragter* (n_i)	*Anzahl der Anhänger*	*Anteil der Anhänger* (p_i)
Niedersachsen	1.200	300	0,25
Bayern	900	180	0,20

Es soll geprüft werden, ob ein Unterschied im Anteil der Anhänger besteht (Signifikanzniveau $\alpha = 0{,}05$).

$n_1p_1(1-p_1) = 1.200 \cdot 0{,}25 \cdot 0{,}75 = 225 > 9$; $n_2p_2(1-p_2) = 900 \cdot 0{,}2 \cdot 0{,}8 = 144 > 9$.

H_0: $\Theta_1 = \Theta_2$ bzw. $\Theta_1-\Theta_2 = 0$; $d = p_1-p_2 = 0{,}25-0{,}2 = 0{,}05$;

$$p = \frac{n_1p_1+n_2p_2}{n_1+n_2} = 0{,}22857 \text{ und } \hat{\sigma}_D = \sqrt{p(1-p)\frac{n_1+n_2}{n_1 \cdot n_2}} = 0{,}01852$$

$$c_{u/o} = \pm z\hat{\sigma}_D = \pm 1{,}96 \cdot 0{,}01852 = \pm 0{,}0363; .$$

$$c_u = -0{,}0363 \text{ und } c_o = +0{,}0363$$

Da d = 0,05 > c_o = 0,0363 *gilt, kann die Nullhypothese abgelehnt werden.*
Die Anteilswerte weichen signifikant voneinander ab.

Ü 13.6.3 *Von* 570 *an einer schweren Infektionskrankheit erkrankten Patienten wurden* 230 *mit einem Medikament* A *und* 340 *mit einem Medikament* B *behandelt.*
Von den mit A *behandelten Patienten starben* 37, *von den mit* B *behandelten Patienten* 28 *an der Krankheit.*
a) *Lässt sich aus diesem Ergebnis auf einen signifikanten Unterschied der Heilwirkung der beiden Medikamente schließen* (*Signifikanzniveau* 5%)*?*
b) *Lässt sich aus dem Ergebnis schließen, dass die Heilwirkung von* B *signifikant größer ist als die von* A (*Signifikanzniveau* 5%)*?*

13.7 Vergleich zweier Varianzen

Es wird ausgegangen von zwei verschiedenen, normalverteilten Grundgesamtheiten, deren Mittelwerte μ_1 und μ_2 nicht bekannt zu sein brauchen.

Man möchte testen, ob die Varianzen σ_1^2 und σ_2^2 der beiden Grundgesamtheiten voneinander abweichen.
Man testet also die Hypothese

$$H_0: \sigma_1^2 = \sigma_2^2 \text{ bzw. } H_0: \frac{\sigma_1^2}{\sigma_2^2} = 1.$$

Man beachte, dass für den Parametervergleich hier nicht die Differenz wie beim Mittelwert- oder Anteilswertvergleich gewählt wird, sondern der Quotient der beiden zu vergleichenden Parameter. Der Grund ist darin zu sehen, dass für die Prüfgröße $\frac{S_1^2}{S_2^2}$ die Verteilung angegeben werden kann.

Die **obere Annahmegrenze** erhält man aus $\mathbf{P}(F^* > c_o) = \frac{\alpha}{2}$.

Man liest c_o aus der Tabelle der F-Verteilung mit (n_1–1;n_2–1) Freiheitsgraden ab. c_o ist dabei der Wert, bei dem die Verteilungsfunktion den Wert $1-\frac{\alpha}{2}$ erreicht, d.h.

$$c_o = \mathbf{F}(1-\tfrac{\alpha}{2}; n_1-1; n_2-1).$$

Die **untere Annahmegrenze** erhält man aus der Umformung der Beziehung

$$\mathbf{P}(F^* < c_u) = \frac{\alpha}{2} \text{ zu } \mathbf{P}\left(\frac{1}{F^*} > \frac{1}{c_u}\right) = \frac{\alpha}{2}, \text{ d.h. } \mathbf{P}(F^{**} > c_u^*) = \frac{\alpha}{2}.$$

Es ist nämlich $\frac{1}{F^*} = F^{**}$ F-verteilt mit (n_1–1;n_2–1) Freiheitsgraden[55].

Damit ergibt sich:

$$c_u = \frac{1}{c_u^*} = \frac{1}{\mathbf{F}(1-\frac{\alpha}{2}; n_2-1; n_1-1)}.$$

55 Vgl. dazu die Ausführungen zur F-Verteilung in Abschnitt 9.12.

R 13.7.1

Quotiententest für Varianzenvergleich

(1) Aufgabenstellung

Es existieren zwei (annähernd) normalverteilte Grundgesamtheiten mit den Varianzen σ_1^2 und σ_2^2 und es soll aufgrund von zwei unabhängigen Zufallsstichproben $(X_{11},...,X_{1n_1})$ und $(X_{21},...,X_{2n_2})$ vom Umfang n_1 und n_2 mit den Stichprobenvarianzen S_1^2 und S_2^2 geprüft werden, ob zwischen den Varianzen ein Unterschied besteht.

(2) Voraussetzungen

Die Grundgesamtheiten sind (annähernd) normalverteilt.
Man hat voneinander unabhängige Zufallsstichproben.

(3) Nullhypothese

Zweiseitig: $H_0: \sigma_1^2 = \sigma_2^2$ bzw. $\frac{\sigma_1^2}{\sigma_2^2} = 1$

Einseitig: $H_0: \sigma_1^2 \leq \sigma_2^2$ bzw. $\frac{\sigma_1^2}{\sigma_2^2} \leq 1$ oder $H_0: \sigma_1^2 \geq \sigma_2^2$ bzw. $\frac{\sigma_1^2}{\sigma_2^2} \geq 1$

(4) Testgröße

$$F^* = \frac{\frac{n_1 S_1^2}{n_1 - 1}}{\frac{n_2 S_2^2}{n_2 - 1}} = \frac{n_1 S_1^2}{n_2 S_2^2} \cdot \frac{n_2 - 1}{n_1 - 1}$$

mit $S_1^2 = \frac{1}{n_1} \sum_{i=1}^{n_1} (X_{1i} - \overline{X}_1)^2$ und $S_2^2 = \frac{1}{n_2} \sum_{i=1}^{n_2} (X_{2i} - \overline{X}_2)^2$.

F^* ist bei richtiger Nullhypothese F-verteilt mit $(n_1-1; n_2-1)$ Freiheitsgraden.

(5) Annahmekennzahlen

Bei Bestimmung der Annahmekennzahlen ist darauf zu achten, dass die F-Verteilung nur für Werte $F^*>1$ tabelliert ist.

zweiseitig: $c_o = F(1 - \frac{\alpha}{2}; n_1 - 1; n_2 - 1)$ und

$$c_u = \frac{1}{c_u^*} = \frac{1}{F(1-\frac{\alpha}{2}; n_2-1; n_1-1)}$$

einseitig: $1-\alpha$ statt $1 - \frac{\alpha}{2}$ verwenden.

(6) Testentscheidung

Ablehnung der Nullhypothese, falls $f^* < c_u$ oder $f^* > c_o$.

B 13.7.2 *Ein Großhändler für Obst liefert italienische Orangen* (A), *die er wegen ihrer geringen Größenunterschiede* (*Durchmesser annähernd normalverteilt*) *in Normpackungen verkaufen kann. Er erhält ein Angebot von billigeren, spanischen Orangen* (B). *Die Varianzen von* A *und* B *sollen nach Angabe des Lieferanten gleich sein.*
Die zugrunde liegende Nullhypothese lautet

$$H_0: \sigma_A^2 = \sigma_B^2 \text{ bzw. } \frac{\sigma_A^2}{\sigma_B^2} = 1$$

Eine Stichprobe von je 31 *Stück ergab bei gleicher Durchschnittsgröße die Standardabweichungen* $S_A = 0{,}9$ *und* $S_B = 1{,}0$.

Für $\alpha = 0{,}1$ *gilt* **F**(0,95;30;30) = 1,841. *Daraus ergibt sich*

$c_o = 1{,}841$ *und* $c_u = \frac{1}{c_o} = 0{,}543.$

Für die Testgröße erhält man $f^* = \frac{31 \cdot 0{,}9^2}{31 \cdot 1{,}0^2} \cdot \frac{30}{30} = \frac{0{,}9^2}{1{,}0^2} = 0{,}81.$

Wegen $c_u = 0{,}543 < 0{,}81 < 1{,}84 = c_o$ *kann* H_0 *nicht abgelehnt werden.*
Der Großhändler wird also die spanischen Orangen abnehmen, da ein Unterschied zur Varianz der italienischen Orangen statistisch nicht nachgewiesen werden konnte.

Ü 13.7.3 *Einem Motorenhersteller werden zwei Typen von Ventilen angeboten. Er ist einerseits an einer möglichst hohen mittleren Lebensdauer* μ *interessiert, andererseits aber auch an einer geringen Streuung* σ^2. *Auf Prüfständen erreichen* $n_A = 8$ *Ventile des Typs* A *eine mittlere Lebensdauer von* $x_A = 2.000$ h *bei einer Standardabweichung von* $s_A = 100$ h. *Die* $n_B = 8$ *Ventile des Typs* B *erreichen eine mittlere Lebensdauer von* $x_B = 2.000$ h *bei einer Standardabweichung von* $s_B = 80$ h. *Da die Ventile des Typs* A *billiger sind, möchte der Hersteller den Typ* B *nur dann verwenden, wenn* σ_B *statistisch nachweisbar kleiner als* σ_A *ist. Die Lebensdauern seien normalverteilt. Wie wird sich der Hersteller entscheiden?* ($\alpha = 0{,}05$)

14 Ausgewählte weitere Testverfahren

In diesem Kapitel werden einige weitere Testverfahren behandelt, wobei wieder das in Kapitel 13 benutzte einheitliche Vorgehensschema verwendet wird.

14.1 Verbundene Stichproben

Bei den Tests in den Abschnitten 13.5, 13.6 und 13.7 wurde vorausgesetzt, dass die beiden Stichproben **unabhängig** voneinander gezogen werden. Auf diese Voraussetzung muss man mitunter ausdrücklich verzichten.

B 14.1.1 a) *Es soll die Wirksamkeit zweier Schlafmittel* A *und* B *verglichen werden. Da die Wirksamkeit von Medikamenten bei verschiedenen Personen unterschiedlich sein kann, untersucht man bei einer Stichprobe von* n *Personen die Wirkung beider Schlafmittel an jeder Person.*
An jeder einzelnen Person registriert man also ein Beobachtungspaar (Wirkung Schlafmittel A*; Wirkung Schlafmittel* B*).*
b) *Um den Einfluss zweier Düngemittel auf den Ernteertrag zu untersuchen, müssen andere Einflüsse (Klima, Boden usw.) ausgeschaltet werden. Deshalb werden die Düngemittel auf zwei jeweils benachbarten Flächenstücken eingesetzt. Als Beobachtungen der Stichprobenerhebung erhält man dann die Ernteerträge* $(x_i;y_i)$ *je zweier benachbarter Flächen.*

Wird eine Zufallsstichprobe derart entnommen, dass an n Merkmalsträgern Paare $(x_i;y_i)$ der Merkmale X und Y erhoben werden (bzw. Realisationen $(x_i;y_i)$ der Zufallsvariablen (X;Y)), dann spricht man von **verbundenen Stichproben**.

14.2 Der Vorzeichentest

Der Vorzeichentest dient dazu, mit Hilfe verbundener Stichproben festzustellen, ob zwischen zwei Verteilungen Unterschiede bestehen. Er verlangt nur wenig Vorinformationen und basiert auf folgenden Grundgedanken:

Sind die Verteilungen von X und Y nicht verschieden, so gilt

$$\mathbf{P}(X < Y) = \mathbf{P}(X > Y) = 0{,}5.$$

Diese Beziehung verwendet man als Nullhypothese, zu der man eine Prüfgröße wie folgt erhält:

Die verbundene Stichprobe liefert Wertepaare $(x_i;y_i)$. Für diese bestimmt man Werte der Größe d_i nach folgender Vorschrift:

$$d_i = \begin{cases} 1 \text{ falls } x_i - y_i > 0 \\ 0 \text{ falls } x_i - y_i < 0 \end{cases} \quad \text{für } i = 1,\ldots,n$$

Ist $x_i - y_i = 0$, so lässt man das entsprechende Wertepaar unberücksichtigt und reduziert entsprechend n.

Ist die Nullhypothese „X und Y besitzen die gleiche Verteilung" richtig, dann ist die Wahrscheinlichkeit für eine positive Differenz ($d_i > 0$) genau so groß, wie für eine negative Differenz ($d_i < 0$).
Die Summe

$$D_n = \sum_{i=1}^{n} d_i$$

ist also bei richtiger Nullhypothese **B**(n;0,5)-verteilt und wird als **Prüfgröße** des Vorzeichentests verwendet.

Die zu einem gegebenen Signifikanzniveau α gehörenden Annahmebereichsgrenzen c_u und c_o können dann mittels der **Binomialverteilung** bestimmt werden, indem man die Werte x bestimmt, bei der die Verteilungsfunktion $F_X(x)$ den Wert $\frac{\alpha}{2}$ bzw. $1-\frac{\alpha}{2}$ annimmt. Da die Binomialverteilung eine diskrete Verteilung ist, wird man dabei meistens auf benachbarte Werte zurückgreifen müssen, die einem kleineren Signifikanzniveau entsprechen.

Das Vorgehen ist in R 14.2.1 systematisch zusammengestellt.

R 14.2.1

Vorzeichentest

(1) Aufgabenstellung

Aufgrund zweier verbundener Stichproben (x_i,y_i) $(i = 1,...,n)$ vom Umfang n soll überprüft werden, ob die Verteilungen für X und Y sich unterscheiden.

(2) Voraussetzungen

X ist mindestens ordinal messbar.

Die Stichprobenpaare $(x_i;y_i)$ $(i = 1,...,n)$ werden zufällig und gemeinsam erhoben (verbundene Stichprobe).

(3) Nullhypothese

zweiseitig: H_0: $\mathbf{P}(X > Y) = \mathbf{P}(X < Y) = 0{,}5$

einseitig: H_0: $\mathbf{P}(X < Y) \leq \mathbf{P}(X > Y)$ bzw.

H_0: $\mathbf{P}(X < Y) \geq \mathbf{P}(X > Y)$.

(4) Testgröße

$$D_n = \sum_{i=1}^{n} d_i \quad \text{mit } d_i = \begin{cases} 1 & \text{wenn } x_i > y_i \\ 0 & \text{wenn } x_i < y_i \end{cases}$$

Paare, bei denen $x_i = y_i$ ist, bleiben unberücksichtigt. n wird entsprechend reduziert. D_n ist $\mathbf{B}(n;0{,}5)$-verteilt.

Für n > 36 ist die $\mathbf{B}(n;0{,}5)$-verteilte Zufallsvariable D_n näherungsweise $\mathbf{N}\left(\frac{n}{2};\sqrt{\frac{n}{4}}\right)$-verteilt.

(5) Annahmekennzahlen

Für $n \leq 36$ bestimmt man aus der Tabelle der Binomialverteilung c_u und c_o so, dass gilt:

c_u: $F_X(c_u - 1) \leq \frac{\alpha}{2}$ und $F_X(c_u) > \frac{\alpha}{2}$

c_o: $F_X(c_o) \geq 1-\frac{\alpha}{2}$ und $F_X(c_o - 1) < 1-\frac{\alpha}{2}$.

Bei einem einseitigen Test verwendet man α statt $\frac{\alpha}{2}$.

Für n > 36 ist die Testgröße näherungsweise normalverteilt. Es gilt:

$$c_{u/o} = \frac{n}{2} \pm \left(\frac{1}{2} + z\sqrt{\frac{n}{4}}\right).$$

Die Werte für z sind der Tabelle der Standardnormalverteilung zu entnehmen.

(6) Testentscheidung

Die Nullhypothese kann verworfen werden, wenn $D_n < c_u$ oder $D_n > c_o$.

Für den Fall $c_u = 0$ bzw. $c_o = n$ existiert kein unterer bzw. oberer Ablehnungsbereich.

B 14.2.2 *Die Untersuchung des Weizenertrags bei der Verwendung zweier unterschiedlicher Düngemittel* A *und* B *unter sonst gleichen Bedingungen hat folgendes Ergebnis geliefert* (*die Düngemittel wurden jeweils auf benachbarten Flächenstücken angewendet, die fortlaufend nummeriert worden sind*):

Fläche	1	2	3	4	5	6	7	8	9	10	11	12	13	14	15	16	17	18	19	20
Düngemittel A	46	58	50	50	52	46	46	58	55	48	48	60	52	40	44	50	50	56	44	60
Düngemittel B	48	49	49	48	45	47	42	56	56	50	40	55	49	38	47	45	49	54	42	50
Differenz	-2	9	1	2	7	-1	4	2	-1	-2	8	5	3	2	-3	5	1	2	2	10

Es ist zu testen, ob die Düngemittel signifikant unterschiedliche Ergebnisse liefern. Die Nullhypothese lautet: „Die beiden Düngemittel liefern den gleichen Durchschnittsertrag." Für die Anzahl der positiven Vorzeichen, also die Testgröße, erhält man $d_n = 15$. D_n *ist* **B**(20;0,5)-*verteilt. Bei einem Signifikanzniveau von* $\alpha = 0{,}05$ *erhält man als Annahmekennzahlen* $c_u = 6$ *und* $c_o = 14$.
Da $d_n = 15 > 14 = c_o$ *ist, wird die Nullhypothese abgelehnt. Damit ist statistisch nachgewiesen, dass die beiden Düngemittel zu unterschiedlichen Erträgen führen.*

Ü 14.2.3 *An* 16 *Testpersonen soll geprüft werden, welches von zwei Schlafmitteln* (A *und* B) *wirksamer ist. Dazu ist bei den* 16 *Testpersonen nur festgehalten worden, mit welchem Medikament ein längerer Schlaf herbeigeführt worden ist. In der nachfolgenden Tabelle ist jeweils durch ein Kreuz vermerkt, welches Medikament wirksamer gewesen ist.*

Testperson	1	2	3	4	5	6	7	8	9	10	11	12	13	14	15	16
Medikament A	×	×		×	×	×	×		×	×	×			×	×	×
Medikament B			×					×				×	×			
Vorzeichen der Differenz	+	+	–	+	+	+	+	–	+	+	+	–	–	+	+	+

Es ist zu testen, ob die Schlafmittel unterschiedlich wirken ($\alpha = 0{,}05$).

> **Hinweis:**
> Der Vorzeichentest lässt sich auch zur Prüfung einer Hypothese über den Median $\overline{x}_Z$ der Verteilung von X verwenden.
>
> Lautet die Nullhypothese $H_0: \overline{x}_Z = \overline{x}_{Z0}$, so bestimmt man aufgrund einer Zufallsstichprobe $(x_1, x_2, \ldots, x_n)$ die Testgröße $d_n = \Sigma d_i$ mit $d_i = 1$ wenn $x_i < \overline{x}_{Z0}$ und $d_i = 0$ wenn $x_i > \overline{x}_{Z0}$ Ist $x_i = \overline{x}_Z$, so bleibt die Beobachtung unberücksichtigt.

Für den Vorzeichentest benötigt man nur eine Rangskala der Beobachtungswerte. Die gegebenenfalls auf einer metrischen Skala gemessenen tatsächlichen Beobachtungswerte werden nicht benutzt.
Der Vorzeichentest verwendet also nur sehr schwache Informationen und ist deshalb auch nicht besonders trennscharf.

Bessere Ergebnisse bekommt man für die gleiche Problemstellung mit dem rechenaufwändigeren Vorzeichen-Rang-Test.

14.3 Der Vorzeichen-Rang-Test

Der Vorzeichen-Rang-Test kann auf die gleiche Problemstellung angewendet werden, wie der Vorzeichentest. Voraussetzung ist hier allerdings, dass die beiden Merkmale wenigstens metrisch messbar sind. Darüber hinaus gelten die Bedingungen des Vorzeichentests.

Für die Berechnung der Testgröße des Vorzeichen-Rang-Tests geht man folgendermaßen vor:

(1) Es werden (wie beim Vorzeichentest) die Differenzen der Werte der Beobachtungspaare berechnet, also $Z_i = X_i - Y_i$.
Alle Paare, für die $Z_i = 0$ gilt, werden eliminiert.
Die weiteren Überlegungen beziehen sich nur noch auf die Paare, für die gilt $Z_i \neq 0$.

(2) Den absoluten Beträgen der Differenzen $|Z_i|$ werden Rangziffern r_i zugeordnet. Das bedeutet, dass man unter Vernachlässigung des Vorzeichens die Differenzen der Größe nach ordnet und dann fortlaufend nummeriert. Die Rangziffern sind dann die fortlaufenden Nummern.
Ist der Betrag der Differenz für zwei oder mehr Paare gleich, so wird für diese Paare das arithmetische Mittel der zuzuordnenden Rangziffern vergeben.

(3) Die Rangziffern werden für positive und negative Differenzen getrennt aufgeführt.

(4) Es wird die

Summe R_n^+ der Rangziffern der positiven Differenzen

und die

Summe R_n^- der Rangziffern der negativen Differenzen

bestimmt.

(5) Als Testgröße R_n verwendet man die kleinere dieser beiden Summen:

$$R_n = \min(R_n^+; R_n^-)\,.$$

In R 14.3.2 (S. 196) ist das Vorgehen beim Vorzeichen-Rang-Test im Einzelnen dargestellt.

In jedem Fall ist immer nur eine untere Annahmekennzahl notwendig, da R_n das Minimum der beiden Rangsummen ist. Liegt nämlich R_n^+ unter c_u, so liegt gleichzeitig R_n^- über c_o und umgekehrt.

Tabelle 14.3.1 enthält für Stichprobenumfänge von 6 bis 25 zu häufig verwendeten Signifikanzniveaus die jeweiligen unteren Annahmekennzahlen.

	n	6	7	8	9	10	11	12	13	14	15	16	17	18	19	20	21	22	23	24	25
zweiseitig	5%	0	2	3	5	8	10	13	17	21	25	29	34	40	46	52	58	65	73	81	89
	1%			0	1	3	5	7	9	12	15	19	23	27	32	37	42	48	54	61	68
	0,1%						0	1	2	4	6	8	11	14	18	21	25	30	35	40	45
einseitig	5%	2	3	5	8	10	13	17	21	25	30	35	41	47	53	60	67	75	83	91	100
	1%		0	1	3	5	7	9	12	15	19	23	27	32	37	43	49	55	62	69	76

T 14.3.1 Untere Annahmekennzahlen für den Vorzeichen-Rang-Test für n < 25[56]

56 Nach SACHS, L.: Angewandte Statistik. Berlin u.a., 6. Aufl. 1984, S. 245.

R 14.3.2

Vorzeichen-Rang-Test

(1) Aufgabenstellung

Aufgrund zweier verbundener Stichproben $(x_i;y_i)$ $(i = 1,...,n)$ vom Umfang n soll geprüft werden, ob die Verteilungen von X und Y voneinander verschieden sind.

(2) Voraussetzungen

X ist metrisch messbar. Die Stichprobenpaare $(x_i;y_i)$ $(i = 1,..,n)$ werden zufällig und gemeinsam erhoben (verbundene Stichprobe).

(3) Nullhypothese

H_0: $\mathbf{P}(X < Y) = \mathbf{P}(X > Y) = 0{,}5$

(4) Testgröße

a) Bestimmung von x_i-y_i und Elimination aller Paare mit $x_i-y_i = 0$.

b) Ordnung von $|x_i-y_i|$ nach der Größe mit Vermerk, ob $x_i-y_i > 0$ oder < 0.

c) Zuordnung der Rangziffern r_i.
Gilt für zwei oder mehr Paare $|x_i-y_i| = |x_j-y_j|$ für $i \neq j$, wird die entsprechende mittlere Rangziffer zugeordnet.

d) Bestimmung der Rangsummen

$$R_n^+ = \sum_{x_i-y_i>0} r_i \quad \text{und} \quad R_n^- = \sum_{x_i-y_i<0} r_i$$

Kontrolle: $R_n^+ + R_n^- = \frac{n(n+1)}{2}$

e) Testgröße: $R_n = \min(R_n^+;R_n^-)$

Ist $n \leq 25$ kann die Verteilung von R_n hier nicht explizit angegeben werden. Die Annahmekennzahlen können der Tabelle 14.3.1 entnommen werden.
Für $n > 25$ sind R_n^+ und R_n^- näherungsweise normalverteilt mit

$$\mu_R = \frac{1}{4}n(n+1) \quad \text{und} \quad \sigma_R = \sqrt{\frac{1}{24}n(n+1)(2n+1)}\ .$$

(5) Annahmekennzahlen

Für $n \leq 25$ ist c_u der Tabelle 14.3.1 zu entnehmen.

Für $n > 25$ gilt $c_u = \mu_R - z\sigma_R$.

(6) Testentscheidung

Ablehnung der Nullhypothese, falls $R_n \leq c_u$.

B 14.3.3 *Es wird auf die Angaben aus* B 14.2.2 *zurückgegriffen.*
Die Berechnung der Testgröße erfolgt in der Tabelle auf S. 10.
Als Wert der Testgröße ergibt sich $R_n = 33{,}5$.
Aus Tabelle 14.3.1 (S. 10) *erhält man zu einem Signifikanzniveau von* $\alpha = 0{,}05$ *bzw.* 5% *bei dem gegebenen Stichprobenumfang von* $n = 20$ *als untere Annahmekennzahl* $c_u = 52$.
Es gilt nun $R_n = 33{,}5 < c_u = 52$.
Die Nullhypothese wird also abgelehnt, d.h. die Düngemittel führen zu signifikant unterschiedlichen Erträgen.

Flächen-Nr.	Ertragsdifferenz	r_i	> 0	< 0
1	-2	8		8
2	9	19	19	
3	1	2,5	2,5	
4	2	8	8	
5	7	17	17	
6	-1	2,5		2,5
7	4	14	14	
8	2	8	8	
9	-1	2,5		2,5
10	-2	8		8
11	8	18	18	
12	5	15,5	15,5	
13	3	12,5	12,5	
14	2	8	8	
15	-3	12,5		12,5
16	5	15,5	15,5	
17	1	2,5	2,5	
18	2	8	8	
19	2	8	8	
20	10	20	20	
			$R_n^+ = 176{,}5$	$R_n^- = 33{,}5$

Ü 14.3.4 *Ein Erdölkonzern möchte feststellen, ob ein neu entwickelter Kraftstoffzusatz zur Verschleißminderung in Ottomotoren den Benzinverbrauch beeinflusst.*
Bei zehn Testfahrzeugen wurden folgende Verbrauchswerte in ℓ/100 km *beobachtet:*

Testfahrzeug	1	2	3	4	5	6	7	8	9	10
Verbrauch mit Zusatz	8,3	10,2	8,1	7,4	10,8	12,5	12,2	9,8	10,2	8,4
Verbrauch ohne Zusatz	8,8	10,6	8,7	7,9	10,7	13,2	12,9	9,6	10,1	8,9

a) *Überprüfen Sie die Nullhypothese* H_0: *„Der Zusatz beeinflusst den Benzinverbrauch nicht." mit dem Vorzeichen-Rang-Test* ($\alpha = 0{,}05$).

b) *Führen Sie zum Vergleich den Vorzeichen-Test für die Nullhypothese aus* a) *durch* ($\alpha = 0{,}05$).

14.4 Der Chiquadrat-Anpassungstest

In vielen Fällen steht man vor der Aufgabe, Hypothesen über die Verteilung der Grundgesamtheit zu prüfen. Dazu verwendet man so genannte Anpassungstests, die von der Verteilungsfunktion $F_X(x)$ bzw. Summenhäufigkeitsverteilung F(x) oder der Dichtefunktion (Wahrscheinlichkeitsfunktion) $f_X(x)$ bzw. Häufigkeitsverteilung f(x) ausgehen. Hier wird der letztere Fall betrachtet. Es wird also die Hypothese getestet, dass die Verteilung der Grundgesamtheit durch eine bestimmte Dichtefunktion (im stetigen Fall) oder eine bestimmte Wahrscheinlichkeitsfunktion (im diskreten Fall) bzw. Häufigkeitsverteilung beschrieben werden kann.

Dazu ermittelt man die Häufigkeitsverteilung einer Zufallsstichprobe und verwirft die Hypothese dann, wenn die Abweichung zwischen hypothetischer Verteilung und Verteilung der Stichprobe so stark ist, dass die Abweichung nicht mehr als zufällig angesehen werden kann.

Um eine solche Testentscheidung treffen zu können, muss man zunächst wissen, wie sehr sich die Verteilungen bei einer vorgegebenen Irrtumswahrscheinlichkeit maximal voneinander unterscheiden können und welche Differenz Anlass zu Zweifeln an der Richtigkeit der Hypothese gibt.

Dazu benötigt man

- ein **Maß für die Abweichungen** zwischen der hypothetischen Verteilung der Grundgesamtheit und der beobachteten Verteilung der Stichprobe, das als Prüfgröße verwendet werden kann, und
- Kenntnisse darüber, wie dieses Abweichungsmaß bei Richtigkeit der Nullhypothese verteilt ist, d.h. Kenntnis über die **Wahrscheinlichkeitsverteilung der Prüfgröße**.

Ein einfaches Verfahren zum Testen von Hypothesen über die Verteilung einer Grundgesamtheit ist der so genannte **Chiquadrat-Anpassungstest**. Dieser Chiquadrat-Test hat seinen Namen von der χ^2-Verteilung, und zwar deshalb, weil die bei diesem Test verwendete Prüf- bzw. Testgröße χ^2-verteilt ist.

Man beachte bei den folgenden Ausführungen, dass beim Chiquadrat-Test für die Berechnung der Prüfgröße **absolute Häufigkeiten** betrachtet werden.

Die **Hypothese über die Verteilung der Grundgesamtheit** kann unterschiedlich formuliert sein:

(a) Angabe von **relativen Häufigkeiten** für die Merkmalsausprägungen eines diskreten Merkmals oder für Intervalle von Merkmalsausprägungen eines diskreten oder eines stetigen Merkmals X.

(b) Angabe der **Dichtefunktion** einer stetigen oder der **Wahrscheinlichkeitsfunktion** einer diskreten Zufallsvariablen X. In beiden Fällen kann der Wertebereich der Zufallsvariablen in Intervalle eingeteilt werden.

Grundsätzlich geht man bei der hypothetischen Verteilung von einer endlichen Anzahl m von Intervallen aus, wobei ein Intervall mitunter nur eine Ausprägung (einen Wert der Zufallsvariablen) enthält. Die Intervalle werden häufig durch die jeweilige Aufgabenstellung vorgegeben. Die relative Häufigkeit für die j-te Merkmalsausprägung bzw. die j-te Klasse ist $f(x_j)$. Die Wahrscheinlichkeit, dass die Zufallsvariable X den Wert x_j annimmt bzw. in das j-te Intervall fällt, ist $f_X(x_j)$.

Für die Bestimmung der Testgröße verwendet man absolute Häufigkeiten. Die beobachteten absoluten Häufigkeiten werden mit ho_j bezeichnet. Für jede Ausprägung bzw. jedes Intervall kann man für einen gegebenen Stichprobenumfang n ausrechnen, wie groß die **erwartete absolute Häufigkeit** he_j bei richtiger Hypothese über die Verteilung sein muss:

$$he_j = nf_X(x_j)\,.$$

Das Vorgehen beim Chiquadrat-Anpassungstest ist in R 14.4.1 systematisch zusammengestellt.

R 14.4.1

Chiquadrat-Anpassungstest

(1) Aufgabenstellung
Aufgrund einer Zufallsstichprobe $(X_1,X_2,...,X_n)$ vom Umfang n soll geprüft werden, ob die Verteilung $F_X(x)$ des Merkmals X mit einer vorgegebenen (hypothetischen) Verteilung $F_0(x)$ übereinstimmt.

(2) Voraussetzungen
Zufällige Entnahme der Stichprobenelemente.

(3) Nullhypothese
H_0: X hat die Verteilungsfunktion $F_X(x) = F_0(x)$ bzw. die Dichte- oder Wahrscheinlichkeitsfunktion $f_X(x) = f_0(x)$.

(4) Testgröße

$$\chi_*^2 = \sum_{j=1}^{m} \frac{(ho_j - he_j)^2}{he_j}$$

Dabei sind ho_j die beobachteten und he_j die bei richtiger Nullhypothese erwarteten Häufigkeiten der j-ten Ausprägung bzw. Klasse.

χ_*^2 ist näherungsweise χ^2-verteilt mit m–1 Freiheitsgraden.

(5) Annahmekennzahl
$c_o = \chi^2(1-\alpha;m-1)$

(6) Testentscheidung
H_0 wird abgelehnt, wenn $\chi_*^2 > c_o$.

Die Approximation der Verteilung der Testgröße durch eine χ^2-Verteilung ist ausreichend genau, wenn für nicht mehr als 20% der erwarteten Häufigkeiten gilt $he_j < 5$ und wenn für kein he_j gilt $he_j < 1$.

Gegebenenfalls kann man benachbarte Merkmalsausprägungen bzw. Klassen zusammenfassen, bis $he_j \geq 5$ gilt. m wird dann auch entsprechend verändert. Dabei ist so zusammenzufassen, dass der Informationsverlust möglichst gering ist.

Die Annahmekennzahl $c_o = \chi^2(1-\alpha;m-1)$ ist der Tabelle der χ^2-Verteilung zur Wahrscheinlichkeit $1-\alpha$ bei m–1 Freiheitsgraden zu entnehmen.

α ist das vorzugebende Signifikanzniveau.

Die Berechnung der Testgröße geschieht zweckmäßigerweise unter Benutzung einer Tabelle wie in B 14.4.2.

B 14.4.2 *Ein Würfel soll daraufhin geprüft werden, ob alle Augenzahlen gleich wahrscheinlich sind, d.h. ob für die Augenzahl eine Gleichverteilung vorliegt. Eine Stichprobe vom Umfang* $n = 300$ *liefert die in der Tabelle angegebenen Häufigkeiten.*

Augen-zahl x_j	beobachtete Häu-figkeiten ho_j	erwartete Häufig-keiten he_j	$ho_j - he_j$	$(ho_j - he_j)^2$	$\frac{(ho_j - he_j)^2}{he_j}$
1	45	50	-5	25	0,5
2	60	50	10	100	2
3	55	50	5	25	0,5
4	40	50	-10	100	2
5	40	50	-10	100	2
6	60	50	10	100	2
					$\chi^2_* = 9$

Für die Annahmebereichsgrenze ergibt sich bei einem Signifikanzniveau von $\alpha = 0{,}05$ *und bei* $m-1 = 6-1 = 5$ *Freiheitsgraden* $\chi^2(0{,}95;5) = 11{,}07$. *Da* $\chi^2_* \leq \chi^2(0{,}95;5)$ *kann die Nullhypothese „Es handelt sich um einen idealen Würfel." nicht verworfen werden.*

Hinweis:
Der χ^2-Anpassungstest kann auf zwei unterschiedliche Problemklassen angewendet werden.

(1) Es kann eine Hypothese über eine voll spezifizierte Verteilung geprüft werden, d.h. neben der Art der Verteilung werden auch die Parameter durch H_0 vorgegeben.

(2) Es wird eine Hypothese über die Art der Verteilung geprüft. Um die Entscheidung nicht durch willkürliche Wahl von Parametern zu beeinflussen, werden in diesem Fall die entsprechenden Stichprobenfunktionen als Schätzungen verwendet. Die Anzahl der Freiheitsgrade beträgt dann (m–g–1), wobei g die Anzahl der aus der Stichprobe geschätzten Parameter ist.

Der χ^2-Test ist nicht für den Vergleich von Verteilungen aufgrund zweier Stichproben verwendbar. In diesem Fall ist, ebenso wie bei kleinen Stichproben, der KOLMOGOROFF-SMIRNOW-Anpassungstest zu verwenden[57].

Ü 14.4.3 *Ein Würfel wird* 120*mal geworfen. Man erhält folgende Häufigkeiten für die verschiedenen Augenzahlen:*

Augenzahl	1	2	3	4	5	6
Häufigkeit	20	22	17	18	19	24

Überprüfen Sie mit Hilfe des χ^2*-Tests, ob es sich um einen verfälschten Würfel handelt (Signifikanzniveau* $\alpha = 0{,}05$).

Ü 14.4.4 *Es besteht die Vermutung (Nullhypothese), dass die Körpergröße von Studenten näherungsweise normalverteilt ist mit dem Mittelwert* 170 cm *und einer Standardabweichung von* 10 cm. *Eine bei* 500 *Studenten durchgeführte Messung der Körpergröße führte zu folgendem Ergebnis:*

Körpergröße	*unter* 150	150 *bis unter* 170	170 *bis unter* 190	190 *bis unter* 200	200 *und mehr*
Anzahl Studenten	2	200	265	32	1

Kann aus diesem Ergebnis die aufgestellte Nullhypothese abgelehnt werden? (Signifikanzniveau $\alpha = 0{,}05$)

57 Vgl. Abschnitt 14.6, S. 203.

14.5 Der Chiquadrat-Unabhängigkeitstest

Der Chiquadrat-Test kann auch zur Überprüfung einer Hypothese über die gemeinsame Verteilung zweier Merkmale verwendet werden. Das Verfahren ist prinzipiell das gleiche wie das in Abschnitt 14.4 beschriebene. Von besonderer Bedeutung ist dabei die **Überprüfung der Abhängigkeit oder Unabhängigkeit von Merkmalen** (**Chiquadrat-Unabhängigkeitstest**). Als Nullhypothese formuliert man dabei immer die **Unabhängigkeit** der Merkmale.

Sind x_j ($j = 1,...,m$) die Ausprägungen des Merkmals X und y_k ($k = 1,...,q$) die Ausprägungen des Merkmals Y, so bezeichnet $ho_{jk} = h(x_j;y_k)$ die **absolute Häufigkeit**, mit der das Merkmalspaar $(x_j;y_k)$ **beobachtet** wurde.

Werden die entsprechenden **Randhäufigkeiten** mit $h(x_j)$ und $h(y_k)$ bezeichnet, so ergibt sich die bei Unabhängigkeit der Merkmale **zu erwartende Häufigkeit** für das gemeinsame Auftreten der beiden Merkmalsausprägungen x_j und y_k zu

$$he_{jk} = \frac{h(x_j)h(y_k)}{n}$$

Die **Anzahl ν der Freiheitsgrade** der zu verwendenden χ^2-Verteilung beträgt $\nu = (m-1)(q-1)$.

Im Übrigen gelten die Ausführungen des vorigen Abschnitts sinngemäß.

R 14.5.1

Chiquadrat-Unabhängigkeitstest

(1) Aufgabenstellung

Aufgrund einer Zufallsstichprobe $(X_1;Y_1), (X_2;Y_2), ..., (X_n;Y_n)$ vom Umfang n soll untersucht werden, ob die Merkmale X und Y unabhängig sind. Dazu wird eine zweidimensionale Verteilung mit m Zeilen $(x_1,...,x_m)$ und q Spalten $(y_1,...,y_q)$ betrachtet.

(2) Voraussetzung

Zufallsentnahme der Stichprobenelemente (x_i,y_i), $i=1,...,n$.
Es gilt $he(x_j;y_k) \geq 5$.

(3) Nullhypothese

H_0: Die Merkmale X und Y sind unabhängig voneinander.

(4) Testgröße

$$\chi_*^2 = \sum_{j=1}^{m}\sum_{k=1}^{q}\frac{(ho_{jk} - he_{jk})^2}{he_{jk}}$$ ist näherungsweise χ^2-verteilt mit $\nu = (m-1)(q-1)$

Freiheitsgraden.

(5) Annahmekennzahl

$c_o = \chi^2(1-\alpha;(m-1)(q-1))$

(6) Testentscheidung

H_0 wird abgelehnt, wenn $\chi_*^2 > c_o$.

B 14.5.2 *Eine Befragung von* 100 *verheirateten Studenten nach Religionszugehörigkeit und Kinderzahl hat das in der unten angegebenen Tabelle enthaltene Ergebnis geliefert.*

Die Bestimmung der erwarteten Häufigkeiten geschieht zweckmäßigerweise ebenfalls in der Tabelle. Dazu bestimmt man durch Addition der Zeilen- bzw. Spaltenwerte zunächst die Häufigkeits-

verteilungen für „Religionszugehörigkeit" und für „Kinderzahl". Durch Multiplikation der Werte der „Randverteilungen" und Division durch n *erhält man dann die* he-*Werte. Die Tabelle enthält außerdem die Differenzen* $ho_{jk} - he_{jk}$ *und deren Quadrate. Die Felder sind wie folgt aufgeteilt:*

ho_{jk}	$(ho_{jk}-he_{jk})^2$
$ho_{jk}-he_{jk}$	he_{jk}

	Kinderzahl								
Religion	0		1		2		3		
ev.	50	100	30	25	15	25	5	100	100
	10	40	5	25	-5	20	-10	15	
kath.	15	81	10	25	16	16	19	100	60
	-9	24	-5	15	4	12	10	9	
sonst.	15	1	10	0	9	1	6	0	40
	-1	16	0	10	1	8	0	6	
	80		50		40		30		200

Für den Wert der Testgröße ergibt sich:

$$\chi_*^2 = \frac{100}{40} + \frac{25}{25} + \frac{25}{20} + \frac{100}{15} + \frac{81}{24} + \frac{25}{15} + \frac{16}{12} + \frac{100}{9} + \frac{1}{16} + \frac{0}{10} + \frac{1}{8} + \frac{0}{6} = 29{,}1$$

Die Annahmekennzahl ergibt sich aus der χ^2*-Verteilung mit* $(3-1)(4-1) = 6$ *Freiheitsgraden. Bei* $\alpha = 0{,}01$ *gilt* $\chi^2(0{,}99;6) = 16{,}812 < \chi_*^2$.

Die Nullhypothese „Unabhängigkeit der Merkmale "wird abgelehnt. Bei einer Irrtumswahrscheinlichkeit von (weniger als) 0,01 *ist somit die Abhängigkeit der Merkmale „Religionszugehörigkeit" und „Kinderzahl" statistisch nachgewiesen.*

Ü 14.5.3 *Fassadenverkleidungen aus* 3 *verschiedenen Materialien* (A, B, C) *wurden auf ihre Lebensdauer untersucht.*
Prüfen Sie, ob bei einem Signifikanzniveau von $\alpha = 0{,}05$ *ein Zusammenhang besteht.*

		A	B	C
Lebensdauer	*über* 5 *Jahre*	10	20	20
	unter 5 *Jahre*	10	10	30

Ü 14.5.4 *Um den laufenden Gerüchten entgegenzutreten, dass Mitglieder einer Partei* A *es einfacher hätten, höhere öffentliche Ämter zu besetzen, hat der Bürgermeister einer deutschen Großstadt ein unabhängiges Institut mit einer Untersuchung beauftragt. Das Institut erstellt daraufhin eine Statistik über die Einstellung von insgesamt* 150 *Kommunalbeamten in den letzten* 5 *Jahren:*

	Partei A	*andere Partei / ohne Parteibuch*	
mittlere Position	15	60	75
gehobene Position	15	30	45
höhere Position	20	10	30
	50	100	

Kann aus den Daten auf eine Abhängigkeit zwischen Ämtervergabe und Parteizugehörigkeit geschlossen werden? ($\alpha = 0{,}05$)

14.6 Der KOLMOGOROFF-SMIRNOW-Anpassungstest

In Abschnitt 14.3 wurde der χ^2-Anpassungstest zum Überprüfen einer Hypothese über die Verteilung der Grundgesamtheit behandelt. Dieser Test ist bei kleinen Stichproben nicht anwendbar. Deshalb, aber auch aus anderen Gründen[58], wird hier noch ein weiterer Anpassungstest behandelt, der auf Sätze von KOLMOGOROFF und SMIRNOW zurückgeht. Bei diesem Test werden die hypothetische Verteilungsfunktion $F_0(x)$ und die relative Summenhäufigkeitsverteilung F(x) der Stichprobe verglichen.

Als Testgröße verwendet man den größten festgestellten Abstand zwischen den beiden Funktionen[59]: $K_n = \sup_x |F_0(x) - F(x)|$.

B 14.6.1 *Ein Computer erzeugt Zufallszahlen, die im Intervall* (0;1) *gleichverteilt sein sollen. Man erhält folgende* 10 *Zahlen:*

0,645; 0,372; 0,600; 0,956; 0,990; 0,211; 0,448; 0,922; 0,403; 0,503.

Die geordnete Reihe lautet dann:

0,211; 0,372; 0,403; 0,448; 0,503; 0,600; 0,645; 0,922; 0,956; 0,990.

Die Bestimmung der maximalen absoluten Abweichung der empirischen Verteilungsfunktion F(x) (*relative Summenhäufigkeiten*) *von der theoretischen Verteilungsfunktion* $F_0(x)$ (*hier: Gleichverteilung*) *geschieht entweder grafisch* (*vgl.* F 14.6.2) *oder in einer Tabelle* (*siehe* S. 10).

Die Zeichnung verdeutlicht, dass an jedem Sprung von F(x) *zwei Abstände zu bestimmen sind. In der Tabelle sind diese mit* k_1 *und* k_2 *bezeichnet und in* F 14.6.2 *für* $x_7 = 0{,}645$ *veranschaulicht. Der größte Abstand liegt an der Stelle* $x_2 = 0{,}372$ *und beträgt* $k_{22} = 0{,}272$ *an.*

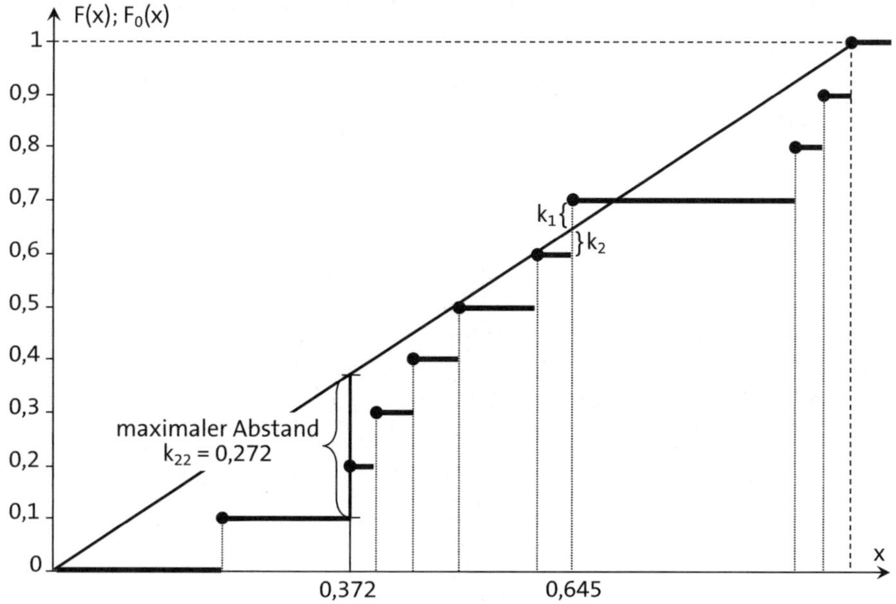

F 14.6.2

58 Es ist z.B. keine Klassenbildung erforderlich.

59 „sup" steht für Supremum und bezeichnet die obere Grenze des Abstands der Funktionen.

i	x_i	$F_0(x_i)$	$F(x_i)$	$k_1 = \lvert F_0(x_i) - F(x_i) \rvert$	$k_2 = \lvert F_0(x_i) - F(x_{i-1}) \rvert$
1	0,211	0,211	0,1	0,111	0,211
2	0,372	0,372	0,2	0,172	0,272*
3	0,403	0,403	0,3	0,103	0,203
4	0,448	0,448	0,4	0,048	0,148
5	0,503	0,503	0,5	0,003	0,103
6	0,600	0,600	0,6	0	0,100
7	0,645	0,645	0,7	0,055	0,045
8	0,922	0,922	0,8	0,122	0,222
9	0,956	0,956	0,9	0,056	0,156
10	0,990	0,990	1,0	0,010	0,090

Für n > 35 erhält man die Annahmekennzahl c_o aus folgender Tabelle[60].

Signifikanzniveau α	0,1	0,05	0,01	0,001
Annahmekennzahl c_o	$\frac{1}{\sqrt{n}}1{,}224$	$\frac{1}{\sqrt{n}}1{,}358$	$\frac{1}{\sqrt{n}}1{,}628$	$\frac{1}{\sqrt{n}}1{,}949$

T 14.6.3 Annahmekennzahlen zum Kolmogoroff-Smirnow-Anpassungstest für Stichprobenumfänge n > 35

Für kleinere Stichproben sind die Werte in Abhängigkeit von n und α nachfolgend tabelliert[61].

n	α=0,1	α=0,05	n	α=0,1	α=0,05	n	α=0,1	α=0,05	n	α=0,1	α=0,05
3	0,636	0,708	13	0,325	0,361	23	0,247	0,275	33	0,208	0,231
4	0,565	0,624	14	0,314	0,349	24	0,242	0,269	34	0,205	0,227
5	0,509	0,563	15	0,304	0,338	25	0,238	0,264	35	0,202	0,224
6	0,468	0,519	16	0,295	0,327	26	0,233	0,259	36	0,199	0,221
7	0,436	0,483	17	0,286	0,318	27	0,229	0,254	37	0,196	0,218
8	0,410	0,454	18	0,278	0,309	28	0,225	0,250	38	0,194	0,215
9	0,387	0,430	19	0,271	0,301	29	0,221	0,246	39	0,191	0,213
10	0,369	0,409	20	0,265	0,294	30	0,218	0,242	40	0,189	0,210
11	0,352	0,391	21	0,259	0,287	31	0,214	0,238	50	0,170	0,188
12	0,388	0,375	22	0,253	0,281	32	0,221	0,234	100	0,121	0,134

T 14.6.4 Annahmekennzahlen zum Kolmogoroff-Smirnow-Anpassungstest für Stichprobenumfänge n ≤ 35

60 Vgl. Fisz, M.: Wahrscheinlichkeitsrechnung und mathematische Statistik. Berlin, 11. Aufl. 1989, S. 517ff.
61 Nach Sachs, L.: Angewandte Statistik. Berlin u.a., 6. Aufl. 1984, S. 257.

R 14.6.5

Kolmogoroff-Smirnow-Anpassungstest (KSA-Test)

(1) Aufgabenstellung

Aufgrund einer Zufallsstichprobe $(X_1,X_2,...,X_n)$ vom Umfang n soll geprüft werden, ob die Stichprobe aus einer Grundgesamtheit mit der Verteilungsfunktion $F_0(x)$ stammt.

(2) Voraussetzungen

Zufallsstichprobe

metrische Messbarkeit

(3) Nullhypothese

H_0: $F_x(x) = F_0(x)$

(4) Testgröße

$$K_n = \sup_x |F_0(x) - F(x)|$$

(Obere Grenze des Abstands zwischen relativen Summenhäufigkeiten und hypothetischer Verteilungsfunktion.)

(5) Annahmekennzahlen

a) $n \leq 35$: siehe T 14.6.4;

b) $n > 35$: siehe T 14.6.3.

(6) Testentscheidung

Die Nullhypothese wird verworfen, wenn $K_n > c_o$.

Hinweis: Der KSA-Test entspricht in der Aufgabenstellung dem χ^2-Anpassungstest. Bei kleinen Stichproben reagiert der Kolmogoroff-Smirnow-Test empfindlicher, insbesondere auf Abweichungen in der Form der Verteilungsfunktion. Sofern keine Klassen vorgegeben sind, ist der Kolmogoroff-Smirnow-Test vorzuziehen, da hier eine Beeinflussung der Testentscheidung über die Bestimmung von Lage und Breite der Klassen nicht möglich ist.

B 14.6.6 *Zu* B 14.6.1 *ergibt sich für* $\alpha = 0{,}1$ *und* $n = 10$ *als Annahmekennzahl* $c_o = 0{,}369$. *Wegen* $k_{22} = 0{,}272 < c_o$ *kann die Nullhypothese, dass die Zufallszahlen aus einer Gleichverteilung kommen, nicht abgelehnt werden.*

Ü 14.6.7 *Bei der Prüfung von Lebensdauern elektronischer Bauteile in einer Stichprobe vom Umfang* $n = 16$, *die einer laufenden Produktion entnommen wurde, ergab sich folgende geordnete Reihe (in Stunden):*

25; 25; 29; 35; 36; 40; 44; 44; 49; 55; 55; 56; 57; 60; 61; 63.

Testen Sie die Hypothese, die Lebensdauern der Bauteile seien **N**(50;10)*-verteilt* ($\alpha = 0{,}1$).

Anhang A: Lösungen der Übungsaufgaben

7.2.10 **a)** $\Omega = \{(\text{Kopf, Kopf}), (\text{Kopf, Zahl}), (\text{Zahl, Zahl})\}$;

b) $\Omega = \{(\text{rot, rot}), (\text{rot, grün}), (\text{rot, blau}), (\text{grün, grün}), (\text{grün, blau}), (\text{blau, blau})\}$;

c) $\Omega = \{(\text{rot, rot}), (\text{rot, grün}), (\text{rot, blau}), (\text{grün, rot}), (\text{grün, grün}), (\text{grün, blau}), (\text{blau, rot}), (\text{blau, grün}), (\text{blau, blau})\}$.

7.2.17 **a)** „Kreuzbube"; **b)** „Pikbube"; **c)** „Kreuz oder Pik".

7.2.23 $A \cap C = \emptyset$; $A \cap D = \emptyset$; $B \cap D = \emptyset$; $C \cap D = \emptyset$

7.3.9 **a)** $\mathbf{P}(\text{Grün}) = \frac{3}{9} = \frac{1}{3}$,

b) (K,K,K), (K,K,Z), (K,Z,K), (Z,K,K), (K,Z,Z), (Z,K,Z), (Z,Z,K), (Z,Z,Z);
$\mathbf{P}(\text{zweimal Z}) = \frac{3}{8}$.

7.3.17 Jeder Punkt, dessen Abstand zum Kreismittelpunkt kürzer ist als der Abstand zur Kreislinie, liegt innerhalb des Kreises mit dem Radius 0,5r um denselben Mittelpunkt.

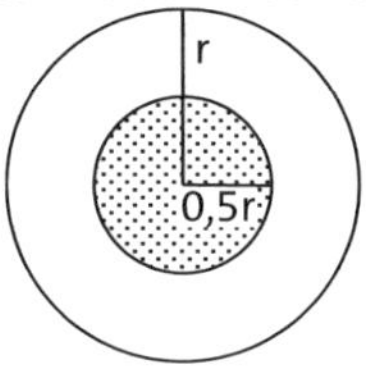

Das Verhältnis der schraffierten Fläche zur Gesamtfläche gibt dann die gesuchte Wahrscheinlichkeit an. Es gilt:

$$\mathbf{P} = \frac{\pi\left(\frac{r}{2}\right)^2}{\pi r^2} = \frac{\pi r^2}{\pi r^2 4} = \frac{1}{4}.$$

7.4.3 **a)** $\mathbf{P}(H) = \frac{10}{1000} = \frac{1}{100} = 0{,}01$;

b) $\mathbf{P}(E) = \frac{80}{1000} = \frac{8}{100} = 0{,}08$;

c) $\mathbf{P}(H \cup E) = \mathbf{P}(H) + \mathbf{P}(E) = 0{,}01 + 0{,}08 = 0{,}09$.

7.4.10 **a)** $\mathbf{P}(B \cup *) = \mathbf{P}(B) + \mathbf{P}(*) - \mathbf{P}(B \cap *) = \frac{7}{20} + \frac{5}{20} - \frac{2}{20} = \frac{1}{2}$;

b) **P**(„Kreuz" oder „As") = **P**(„Kreuz") + **P**(„As") – **P**(„Kreuz As") = 0,25 + 0,125 – 0,03125 = 0,34375.

7.4.14 **P**(„mindestens 4") = 1– **P**(„3") = $1 - \frac{1}{216} = \frac{215}{216}$.

7.5.5 **a)** $\mathbf{P}(G2|B1) = 0{,}5$; $\mathbf{P}(G2|G1) = \frac{5}{12}$.

b) $\mathbf{P}(A|B) = \frac{\mathbf{P}(A \cap B)}{\mathbf{P}(B)}$; $\mathbf{P}(A \cap B) = \frac{2}{36}$; $\mathbf{P}(B) = \frac{1}{6}$; $\mathbf{P}(A|B) = \frac{\frac{2}{36}}{\frac{1}{6}} = \frac{1}{3}$.

7.5.8 Für die Wahrscheinlichkeiten erhält man **a)** $\frac{1}{4}$; **b)** $\frac{1}{3}$; **c)** $\frac{1}{2}$.

7.5.10 S = {Bestehen Statistik}; M = {Bestehen Finanzmathematik}

Darstellung in Vierfeldertafel (gegebene Werte hervorgehoben):

	M	$\overline{M}$	
S	**0,6**	0,1	**0,7**
$\overline{S}$	0,2	0,1	0,3
	0,8	0,2	**1,0**

a) $\mathbf{P}(S|M) = \frac{0,6}{0,8} = 0,75$ und $\mathbf{P}(S|\overline{M}) = \frac{0,1}{0,2} = 0,5$, also gilt $\mathbf{P}(S|M) \neq \mathbf{P}(S|\overline{M})$.

S und M sind abhängig;

b) C = {wenigstens eine Klausur bestanden}={$S \cup M$}

$\mathbf{P}(C) = \mathbf{P}(S) + \mathbf{P}(M) - \mathbf{P}(S \cap M) = 0,7 + 0,8 - 0,6 = 0,9.$

7.6.3 A = {Zeitung 1 wird gelesen}, B = {Zeitung 2 wird gelesen};

Gegeben sind $\mathbf{P}(A) = 0,5$, $\mathbf{P}(A \cap \overline{B}) = 0,15$ und $\mathbf{P}(B \cap \overline{A}) = 0,2$.

	A	$\overline{A}$	
B	0,35	**0,2**	0,55
$\overline{B}$	**0,15**	0,3	0,45
	0,5	0,5	**1,00**

a) C={wenigstens eine Zeitung}={$A \cup B$}

$\mathbf{P}(C) = \mathbf{P}(A \cup B) = \mathbf{P}(A) + \mathbf{P}(B) - \mathbf{P}(A \cap B) = 0,5 + 0,55 - 0,35 = 0,7$

b) D={beide Zeitungen}={$A \cap B$};

$\mathbf{P}(D) = \mathbf{P}(A \cap B) = 0,35;$

c) E = {Erwachsener liest höchstens eine Zeitung}={$\overline{A \cap B}$}

$\mathbf{P}(E) = \mathbf{P}(\overline{D}) = 1 - \mathbf{P}(D) = 1 - 0,35 = 0,65;$

d) F = {Erwachsener liest keine Zeitung}={$\overline{A} \cap \overline{B}$};

$\mathbf{P}(F) = \mathbf{P}(\overline{A} \cap \overline{B}) = 0,3.$

7.6.6 **a)** $\mathbf{P}(12) = \mathbf{P}(6)\mathbf{P}(6) = \frac{1}{6} \cdot \frac{1}{6} = \frac{1}{36}$

b) $\mathbf{P}(10) = \mathbf{P}((6;4) \cup (5;5) \cup (4;6)) = \mathbf{P}(6;4) + \mathbf{P}(5;5) + \mathbf{P}(4;6) = \mathbf{P}(6)P(4) + \mathbf{P}(5)P(5) + \mathbf{P}(4)P(6)$

$= \frac{1}{6} \cdot \frac{1}{6} + \frac{1}{6} \cdot \frac{1}{6} + \frac{1}{6} \cdot \frac{1}{6} = \frac{1}{12}$

7.6.7 A = {Spieler schießt ein Tor}, $\mathbf{P}(A) = 0,5$

$\overline{A}$ = {Spieler schießt kein Tor}, $\mathbf{P}(\overline{A}) = 1 - \mathbf{P}(A) = 0,5$

A_n = {nach n Schüssen mindestens ein Tor}; $\overline{A}_n$ = {nach n Schüssen kein Tor}

$\overline{A}_n = \underbrace{\{\overline{A}, \overline{A}, .., \overline{A}\}}_{n-mal} \Rightarrow \mathbf{P}(\overline{A}_n) = (\mathbf{P}(A))^n = 0,5^n.$

Gesucht ist das n, für das gilt $\mathbf{P}(A_n) \geq 0,99$ bzw. $\mathbf{P}(\overline{A}_n) \leq 0,01$ bzw. $0,5^n \leq 0,01$.

Durch Logarithmieren erhält man $n \log 0,5 \leq \log 0,01$.

Daraus folgt $n \geq \frac{\log 0,01}{\log 0,5} = \frac{-2}{-0,30103} = 6,64$

Der Spieler muss mindestens siebenmal auf das Tor schießen.

7.6.8 M = {Maschine fällt aus}, $\overline{M}$ ={Maschine fällt nicht aus}

A = {Aggregat A fällt aus}, $\mathbf{P}(A) = 0{,}3$, $\mathbf{P}(\overline{A}) = 0{,}7$

B = {Aggregat B fällt aus}, $\mathbf{P}(B) = 0{,}2$, $\mathbf{P}(\overline{B}) = 0{,}8$

C = {Aggregat C fällt aus}, $\mathbf{P}(C) = 0{,}1$, $\mathbf{P}(\overline{C}) = 0{,}9$

$\overline{M} = \overline{A} \cap \overline{B} \cap \overline{C} \Rightarrow \mathbf{P}(\overline{M}) = \mathbf{P}(\overline{A})\mathbf{P}(\overline{B})\mathbf{P}(\overline{C}) = 0{,}7 \cdot 0{,}8 \cdot 0{,}9 = 0{,}504$

$\mathbf{P}(M) = 1 - \mathbf{P}(\overline{M}) = 1 - 0{,}504 = 0{,}496$

7.8.7 X = {ausgewähltes Stück defekt}, A = {Stück von Maschine A}, entsprechend für B und C; A, B und C schließen sich paarweise aus.

Gegeben: $\mathbf{P}(A) = 0{,}5$; $\mathbf{P}(B) = 0{,}3$; $\mathbf{P}(C) = 0{,}2$; $\mathbf{P}(X|A) = 0{,}03$; $\mathbf{P}(X|B) = 0{,}04$; $\mathbf{P}(X|C) = 0{,}05$

a) $\mathbf{P}(X) = \mathbf{P}(X|A)\mathbf{P}(A) + \mathbf{P}(X|B)\mathbf{P}(B) + \mathbf{P}(X|C)\mathbf{P}(C) = 0{,}03 \cdot 0{,}5 + 0{,}04 \cdot 0{,}3 + 0{,}05 \cdot 0{,}2 = 0{,}037$

b) $\mathbf{P}(A|X) = \frac{\mathbf{P}(X|A)\mathbf{P}(A)}{\mathbf{P}(X|A)\mathbf{P}(A) + \mathbf{P}(X|B)\mathbf{P}(B) + \mathbf{P}(X|C)\mathbf{P}(C)} = \frac{0{,}03 \cdot 0{,}5}{0{,}037} = 0{,}405$

8.2.9 **a)**
$$F_X(x) = \begin{cases} 0 & \text{für} \quad x < 1 \\ \frac{1}{3} & \text{für} \quad 1 \le x < 2 \\ \frac{1}{2} & \text{für} \quad 2 \le x < 4 \\ \frac{3}{4} & \text{für} \quad 4 \le x < 5 \\ 1 & \text{für} \quad 5 \le x \end{cases}$$

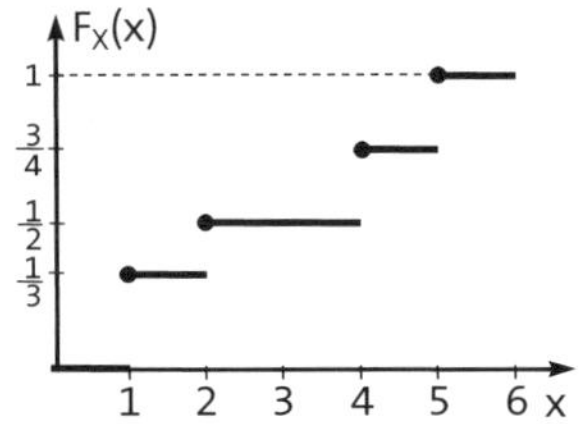

b) $\mathbf{P}(0 < X < 4) = \frac{1}{2}$; $\mathbf{P}(1 < X < 4) = \frac{1}{6}$; $\mathbf{P}(1 \le X \le 4) = \frac{3}{4}$; $\mathbf{P}(2 < X \le 5) = \frac{1}{2}$.

8.2.10

x_i	2	3	5	8	9
$f_X(x_i)$	0,1	0,2	0,4	0,2	0,1

8.3.4 **a)** keine Dichtefunktion, da $f(x) = \sin x < 0$ für $\pi < x < 1{,}5\pi$;

b) (1) $f(x) \ge 0$; (2) $\int_{-\infty}^{\infty} f(x)dx = \int_1^4 \frac{1}{3} dx = \left[\frac{1}{3}x\right]_1^4 = \frac{4}{3} - \frac{1}{3} = 1$

Es handelt sich um eine Dichtefunktion.

c) (1) $f(x) \ge 0$; (2) $\int_{-\infty}^{\infty} f(x)dx = \int_0^1 2x dx = \left[x^2\right]_0^1 = 1 - 0 = 1$

Es handelt sich um eine Dichtefunktion.

d) (1) $f(x) \ge 0$; (2) $\int_{-\infty}^{\infty} f(x)dx = \int_0^{\infty} 2e^{-2x} dx = \left[-e^{-2x}\right]_0^{\infty} = 0 - (-1) = 1$

Es handelt sich um eine Dichtefunktion.

8.3.8 **a)** $\mathbf{P}(0{,}25 < X \le 0{,}5) = \int_{0{,}25}^{0{,}5} 2x dx = \left[x^2\right]_{0{,}25}^{0{,}5} = 0{,}25 \bullet 0{,}0625 = 0{,}1875$;

b) $\mathbf{P}(3 < X \le 10) = \int_3^{10} (0{,}02x - 0{,}04)dx = \left[0{,}01x^2 - 0{,}04x\right]_3^{10} = 0{,}63$

8.3.13 **a)** $F_X(x)$ ist eine Verteilungsfunktion

b) $F_Y(y)$ ist keine Verteilungsfunktion.

Bedingung 2 aus R 8.2.6 ist nicht erfüllt. $F_Y(y)$ ist für $y = 0{,}5$ linksseitig stetig.

c) Alle Eigenschaften einer Verteilungsfunktion werden von $F_Z(z)$ erfüllt.

8.3.17 **a)** $F_X(x)=\begin{cases}0 & \text{für} \quad x<2\\ 0{,}2x-0{,}4 & \text{für} \quad 2\le x<7\\ 1 & \text{für} \quad 7\le x\end{cases}$

b) $F_X(x)=\begin{cases}0 & \text{für} \quad x<0\\ 1-e^{-2x} & \text{für} \quad 0\le x\end{cases}$

c) $F_X(x)=\begin{cases}0 & \text{für} \quad x<2\\ 0{,}01x^2-0{,}04x+0{,}04 & \text{für} \quad 2\le x<12\\ 1 & \text{für} \quad 12\le x\end{cases}$

8.3.19 **a)** $f_X(x)=\begin{cases}2x & \text{für } 0<x<1\\ 0 & \text{sonst.}\end{cases}$ $\quad$ **P**$(-1 < X \le 0{,}5) = 0{,}25$; $\quad$ **P**$(0{,}25 < X \le 0{,}75) = 0{,}5$

b) $f_X(x)=\begin{cases}4x^3 & \text{für } 0<x<1\\ 0 & \text{sonst.}\end{cases}$ $\quad$ **P**$(-1 < X \le 0{,}5) = 0{,}0625$; **P**$(0{,}25 < X \le 0{,}75) = 0{,}3125$

8.3.20 **a)** $F_X(x)=\begin{cases}0 & \text{für} \quad x<1\\ \frac{1}{3}x-\frac{1}{3} & \text{für } 1\le x<4\\ 1 & \text{für } 4\le x\end{cases}$ $\quad$ **P**$(0 < X \le 2) = \frac{1}{3}$; $\quad$ **P**$(1 < X \le 2) = \frac{1}{3}$

b) $F_X(x)=\begin{cases}0 & \text{für } x<0\\ 1-e^{-3x} & \text{für } 0\le x\end{cases}$ $\quad$ **P**$(0 < X \le 2) = 0{,}99752$; $\quad$ **P**$(1 < X \le 2) = 0{,}04731$

8.4.4 **E**$(X) = 2\cdot 0{,}1 + 3\cdot 0{,}4 + 5\cdot 0{,}2 + 8\cdot 0{,}1 + 9\cdot 0{,}2 = 5$

8.4.5 **a)** $\mathbf{E}(X)=\int_0^1 x2x\,dx=\int_0^1 2x^2dx=\left[\frac{2}{3}x^3\right]_0^1=\frac{2}{3}$

b) $\mathbf{E}(X)=\int_0^1 4x^4dx=\left[\frac{4}{5}x^5\right]_0^1=\frac{4}{5}.$

8.4.7 **P**$(\text{Augenzahl}\ge 10)=\frac{6}{36}=\frac{1}{6}$; **P**$(\text{Augenzahl} < 10)=\frac{5}{6}$.

E$(\text{Gewinn A}) =3\cdot\frac{1}{6}-1\cdot\frac{5}{6}=-\frac{1}{3}$; **E**$(\text{Gewinn B}) =1\cdot\frac{5}{6}-3\cdot\frac{1}{6}=+\frac{1}{3}$

Da **E**(Gewinn des Spielers B) > **E**(Gewinn des Spielers A) sind die Gewinnchancen der beiden Spieler nicht gleich, d.h. es ist kein faires Spiel.

8.4.14 $\mathbf{VAR}(X)=6{,}6;\quad \sigma_X=\sqrt{6{,}6}=2{,}57$

8.4.15 **a)** $\mathbf{VAR}(X)=\int_0^1 x^2 2x\,dx-(\frac{2}{3})^2=\left[\frac{x^4}{2}\right]_0^1-\frac{4}{9}=\frac{1}{2}-\frac{4}{9}=\frac{1}{18}$

b) $\mathbf{VAR}(X)=\int_0^1 x^2 4x^3dx-(\frac{4}{5})^2=\left[\frac{2x^6}{3}\right]_0^1-\frac{16}{25}=\frac{2}{3}-\frac{16}{25}=\frac{50-48}{75}=\frac{2}{75}$

8.5.3 Tschebyscheffsche Ungleichung: $\mu=100\,\text{mm}$; $\sigma=0{,}1\,\text{mm}$;

$c\sigma = 0{,}1c = 1$; $\quad c = 10$; $\quad c^2 = 100$; $\quad \frac{1}{c^2}=\frac{1}{100}=0{,}01$; $\quad \mathbf{P}(|x-100|\ge 1)\le 0{,}01$

Die Wahrscheinlichkeit, dass die Wellenlänge größer oder gleich 101 mm oder kleiner oder gleich 99 mm ist (Wahrscheinlichkeit für Ausschuss), ist höchstens 0,01. Der Ausschussanteil beträgt höchstens 1%.

8.5.5 $\mu = 1000$; $\sigma = 4$; $c\sigma = 10$; $c = 2{,}5$; $\mathbf{P}(|X - \mu| < 10) > 1 - \frac{1}{2{,}5^2} = 1 - \frac{1}{6{,}25} = 0{,}84$

8.6.3

y_i	1	2	5	10
$f_y(y_i)$	0,3	0,4	0,2	0,1

8.6.6 $\mathbf{E}(X) = \int_{-\infty}^{\infty} f_X(x)x\,dx = \int_0^{12} \frac{1}{12}x\,dx = \frac{1}{12}\left[\frac{x^2}{2}\right]_0^{12} = \frac{1}{12}\cdot\frac{144}{2} = 6$

$$\mathbf{VAR}(X) = \int_{-\infty}^{\infty} f_X(x)(x - \mathbf{E}(X))^2dx = \int_0^{12}\frac{1}{12}(x-6)^2dx = \frac{1}{12}\int_0^{12}(x^2 - 12x + 36)dx$$

$$= \frac{1}{12}\left[\frac{x^3}{3} - 6x^2 + 36x\right]_0^{12} = 12$$

$\mathbf{E}(K) = \mathbf{E}(2X + 10) = 2\mathbf{E}(X) + 10 = 2\cdot 6 + 10 = 22$;
$\mathbf{VAR}(K) = \mathbf{VAR}(2X + 10) = 4\mathbf{VAR}(X) = 4\cdot 12 = 48$

8.6.9 Es sei $Y = X_1 + X_2 + X_3 + X_4$. Dann gilt
$\mathbf{E}(Y) = \mathbf{E}(X_1) + \mathbf{E}(X_2) + \mathbf{E}(X_3) + \mathbf{E}(X_4) = 18 + 12 + 5 + 28 = 63$ und
$\mathbf{VAR}(Y) = \mathbf{VAR}(X_1) + \mathbf{VAR}(X_2) + \mathbf{VAR}(X_3) + \mathbf{VAR}(X_4) = 6 + 4 + 2 + 15 = 27$.

8.6.10 Für die Wandstärke Y gilt $Y = 0{,}5(X_2 - X_1)$. Es ist dann
$\mathbf{E}(Y) = 0{,}5\cdot(\mathbf{E}(X_2) - \mathbf{E}(X_1)) = 0{,}5\cdot(810 - 800) = 0{,}5\cdot 10 = 5$ und
$\mathbf{VAR}(Y) = 0{,}25\cdot(\mathbf{VAR}(X_1) + \mathbf{VAR}(X_2)) = 0{,}0025 + 0{,}005 = 0{,}0075$.

9.3.3 (Z,Z,K,K,K); (Z,K,Z,K,K); (Z,K,K,Z,K); (Z,K,K,K,Z); (K,Z,Z,K,K); (K,Z,K,Z,K); (K,Z,K,K,Z); (K,K,Z,Z,K); (K,K,Z,K,Z); (K,K,K,Z,Z)

9.3.8 $n = 4$; $\Theta = \frac{1}{3}$;

x_i	0	1	2	3	4
$f_X(x_i)$	$\frac{16}{81}$	$\frac{32}{81}$	$\frac{24}{81}$	$\frac{8}{81}$	$\frac{1}{81}$

9.3.15

	a) $\Theta = 0{,}2$	**b)** $\Theta = 0{,}5$	**c)** $\Theta = 0{,}6$
x = 0	**P**(0) = 0,4096	**P**(0) = 0,0625	**P**(0) = 0,0256
x = 1	**P**(1) = 0,4096	**P**(1) = 0,25	**P**(1) = 0,1536
x = 2	**P**(2) = 0,1536	**P**(2) = 0,375	**P**(2) = 0,3456
x = 3	**P**(3) = 0,0256	**P**(3) = 0,25	**P**(3) = 0,3456
x = 4	**P**(4) = 0,0016	**P**(4) = 0,0625	**P**(4) = 0,1296

d) Y sei die Anzahl der fehlerfreien Stücke. Sind unter n Stücken y **fehlerfreie** Stücke, so sind x = n − y **fehlerhafte** Stücke enthalten.
Die gesuchten Wahrscheinlichkeiten können also unmittelbar in **a)** abgelesen werden. Man erhält für n = 4 und $\Theta = 0{,}2$
P(y = 0) = **P**(x = 4) = 0,0016
P(y = 1) = **P**(x = 3) = 0,0256
P(y = 2) = **P**(x = 2) = 0,1536
P(y = 3) = **P**(x = 1) = 0,4096
P(y = 4) = **P**(x = 0) = 0,4096

9.4.5 $\mathbf{P}(4 \text{ Richtige}) = \frac{\binom{7}{4}\binom{31}{3}}{\binom{38}{7}} = 0{,}0124667;$

$\mathbf{P}(5 \text{ Richtige}) = 0{,}0007737561;$
$\mathbf{P}(6 \text{ Richtige}) = 0{,}0000171964;$
$\mathbf{P}(7 \text{ Richtige}) = 0{,}0000000792$

9.4.9

	x	0	1	2	3	4
a)		$\frac{1}{7}$	$\frac{4}{7}$	$\frac{2}{7}$	0	0
b)		0,26031	0,41649	0,24990	0,06664	0,00666

9.6.6 **a)** 0,3679; **b)** 0,7358; **c)** $1 - 0{,}3679 = 0{,}6321$
d) $0{,}1839 + 0{,}0613 = 0{,}2452$; **e)** 0,1462 (Tabelle für $\mu = 5$).

9.6.7 $\mu = 300 \cdot \frac{1}{500} = 0{,}6$; **a)** 0,0988; **b)** $1-(0{,}5488+0{,}3293) = 0{,}1219$.

9.6.10 Die Gesamtzahl der Kraftfahrzeuge ist poissonverteilt mit $\mu = 4$.
a) $f_X(0) = 0{,}0183$; $f_X(1) = 0{,}0733$; $f_X(2) = 0{,}1465$; $f_X(3) = 0{,}1954$;
b) 0,2381.

9.7.16 **a)** 0,49180; **b)** 0,40320; **c)** 0,57628; **d)** 0,98214; **e)** 0,34458;
f) 0,46017; **g)** 0,36594; **h)** 0,80417; **j)** 0,13591.

9.7.17 **a)** $A = 0{,}253$; **b)** $B = 0{,}842$; **c)** $C = 0{,}842$; **d)** $D = 1{,}036$.

9.7.18 **a)** 0,86638; **b)** 0,77453; **c)** 0,00621; **d)** 0,00135; **e)** 0,16001.

9.7.19 **a)** $A = 105{,}24$; **b)** $B = 96{,}15$; **c)** $C = 6{,}745$.

9.7.20 **a)** $\mathbf{P}(X < 99{,}8) = 0{,}15866 \mathrel{\hat{=}} 15{,}866\%$ Ausschuss
b) $\mathbf{P}(X > 100{,}6) = 0{,}00135 \mathrel{\hat{=}} 0{,}135\%$ Ausschuss
c) $\mathbf{P}(|X-100| > 0{,}3) = 0{,}13362 \mathrel{\hat{=}} 13{,}362\%$ Ausschuss
d) $C = 0{,}3920$; Toleranzgrenzen: $99{,}608 \le X \le 100{,}392$
e) $1 - \mathbf{P}(99{,}608 \le X_1 \le 100{,}392) = 1 - \mathbf{P}\left(\frac{99{,}608-100{,}1}{0{,}2} \le \frac{X_1-\mu_1}{\sigma_1} \le \frac{100{,}392-100{,}1}{0{,}2}\right) = 0{,}0791$,

also 7,91%Ausschuss

9.7.21 **a)** Es ist am günstigsten, den Sollwert so einzustellen, dass man ein symmetrisches Intervall für die zulässige Foliendicke um den Sollwert hat. Die Wahrscheinlichkeit dafür, dass eine Foliendicke innerhalb des Toleranzintervalls liegt, ist dann am größten. Dies gilt für alle symmetrischen Verteilungen, deren Dichte mit wachsender Entfernung zum Erwartungswert monoton abnimmt.
Man erhält also als Sollwert $\mu = 1{,}0$ mm.

b) Bei Maschine A sind bei einer Produktion von 1000 Stück 928 gute Folien und bei B 683 gute Folien. Daraus ergeben sich folgende Stückkosten:

A: $\frac{20}{928} = 0{,}02155$; B: $\frac{16}{683} = 0{,}02343$.

Da die Stückkosten bei der Maschine A für einwandfreie Stücke niedriger sind als bei B, wird die Entscheidung zugunsten der Maschine A gefällt.

9.7.23 $X_1 + X_2$ ist $\mathbf{N}(12 + 18; \sqrt{4^2 + 3^3})$- bzw. $\mathbf{N}(30;5)$-verteilt;

a) $\mathbf{P}(X_1 + X_2 < 21) = 0{,}03593$;

b) $\mathbf{P}(24 < X_1 + X_2 < 42) = 0{,}87673$

9.10.5 **a)** $x_1 = 37{,}652$; $x_2 = 16{,}473$; $x_3 = 34{,}382$; $x_4 = 44{,}314$

b) (1) $\mathbf{P}(8{,}231 \leq Y \leq 37{,}156) = 0{,}97$; (2) $\mathbf{P}(6{,}265 \leq Y \leq 31{,}526) = 0{,}97$.

9.11.5 **a)** $t_1 = 1{,}7823$; **b)** $t_2 = 2{,}681$; **c)** $t_3 = -1{,}3562$; **d)** $t_4 = 1{,}3562$.

10.2.5 **a)** Binomialverteilung mit den Parametern $n = 8$ und $\Theta = 0{,}3$;

b) Hypergeometrische Verteilung mit $N = 100$, $M = 30$, $n = 8$.

10.3.8 **a), b)** Die doppelt eingeklammerten Paare sind die Stichproben, die nur im Fall **mit** Zurücklegen vorkommen können.

[(20;20)]	(20;22)	(20;24)	(20;26)
(22;20)	[(22;22)]	(22;24)	(22;26)
(24;20)	(24;22)	[(24;24)]	(24;26)
(26;20)	(26;22)	(26;24)	[(26;26)]

c) Beim Ziehen mit Zurücklegen $\frac{1}{16}$, beim Ziehen ohne Zurücklegen $\frac{1}{12}$.

10.4.3 **a)**

$\overline{x}$	20	21	22	23	24	25	26
$\mathbf{P}(\overline{X} = \overline{x})$	$\frac{1}{16}$	$\frac{2}{16}$	$\frac{3}{16}$	$\frac{4}{16}$	$\frac{3}{16}$	$\frac{2}{16}$	$\frac{1}{16}$

b)

$\overline{x}$	21	22	23	24	25
$\mathbf{P}(\overline{X} = \overline{x})$	$\frac{2}{12}$	$\frac{2}{12}$	$\frac{4}{12}$	$\frac{2}{12}$	$\frac{2}{12}$

c) zu **a)**: $\mathbf{E}(\overline{X}) = \frac{1}{16} \cdot 20 + \frac{2}{16} \cdot 21 + \frac{3}{16} \cdot 22 + \frac{4}{16} \cdot 23 + \frac{3}{16} \cdot 24 + \frac{2}{16} \cdot 25 + \frac{1}{16} \cdot 26 = 23$;

zu **b)**: $\mathbf{E}(\overline{X}) = \frac{2}{12} \cdot 21 + \frac{2}{12} \cdot 22 + \frac{4}{12} \cdot 23 + \frac{2}{12} \cdot 24 + \frac{2}{12} \cdot 25 = 23$.

d) Es gilt $\mathbf{E}(\overline{X}) = \mu$.

10.4.7 $\sigma^2 = 5$; Stichprobe mit Zurücklegen $\sigma^2_{\overline{X}} = \frac{40}{16} = \frac{5}{2} = \frac{\sigma^2}{n}$

Stichprobe ohne Zurücklegen $\sigma^2_{\overline{X}} = \frac{20}{12} = \frac{5}{3} = \frac{\sigma^2}{n} \frac{N-n}{N-1}$

10.4.11 Bestimmung der Anteile näherungsweise über die Normalverteilung. Es ist $\mu = 60$.

Für $n = 36$ ist $\sigma_{\overline{X}} = \frac{\sigma}{\sqrt{n}} = \frac{6}{\sqrt{36}} = 1$.

a) $\mathbf{P}(59 < X < 61) = \mathbf{P}(-1 < Z < 1) = 0{,}68268$;

b) $z = 1{,}645$; $\mathbf{P}(\mu - z\sigma_{\overline{X}} \leq \overline{X} \leq \mu + z\sigma_{\overline{X}}) = \mathbf{P}(58{,}355 \leq \overline{X} \leq 61{,}645) = 0{,}9$.

Für $n = 100$ ist $\sigma_{\overline{X}} = \frac{\sigma}{\sqrt{n}} \sqrt{\frac{N-n}{N-1}} = \frac{6}{\sqrt{100}} \sqrt{\frac{1200-100}{1200-1}} = 0{,}5747$

a) $\mathbf{P}(59 < X < 61) = \mathbf{P}(-1{,}74 < Z < 1{,}74) = 0{,}91814$

b) $z = 1{,}645$; $\mathbf{P}(59{,}055 < X < 60{,}945) = 0{,}9$

10.4.17 $\Theta = 0{,}02$; $n = 50$; $N = \infty$

a) $n\Theta = 1 < 10$ und $n = 50 > 1500\Theta = 30$, d.h. eine Approximation durch die Poissonverteilung mit $\mu = 1$ ist möglich.

x	0	1	2	3	4	5
P(X = x)	0,3679	0,3679	0,1839	0,0613	0,0153	0,0031

b) $\mathbf{P}(X \leq k) = \sum_{x=0}^{k} \mathbf{Ps}(x|1) = 0{,}95$, $k = 3$, denn $\mathbf{P}(X \leq 2) = 0{,}9197$ und $\mathbf{P}(X \leq 3) = 0{,}9810$

c) Sieht man die Menge der produzierten Teile als unendlich große Grundgesamtheit an, ist die Binomialverteilung die theoretisch exakte Verteilung.

10.6.4 Aus der Tabelle erhaltene Zahlen: 1799, 5880, 6698, 3273, 2244, 6516, 5121, 4324, 1329, 8473, 1943.
Ausgewählt werden die Mitarbeiter mit den Nummern: 179, 327, 322, 446, 143, 241, 329, 319.

10.6.9 **a)** $n_1 = 150$; $n_2 = 75$; $n_3 = 60$; $n_4 = 15$;
b) $n_1 = 40$; $n_2 = 50$; $n_3 = 160$; $n_4 = 50$.

11.2.17 Für die Poissonverteilung gilt:

$$\mathbf{Ps}(x_1|\mu) = f_X(x_i|\mu) = \frac{1}{x_i!}\mu^x e^{-\mu} \quad \text{für } i = 1,..,n.$$

Daraus erhält man die Likelihood-Funktion

$$L(x_1, x_2,.., x_n;\mu) = \frac{1}{x_1!}\mu^{x_1}e^{-\mu} \cdot \frac{1}{x_2!}\mu^{x_2}e^{-\mu} \ldots \cdot \frac{1}{x_n!}\mu^{x_n}e^{-\mu} = \frac{1}{x_1!x_2!x_3!..x_n!}e^{-n\mu}\mu^{n\bar{x}}$$

Als logarithmierte Likelihood-Funktion ergibt sich:

$$LL(x_1, x_2,.., x_n;\mu) = -\ln(x_1!x_2!x_3!\ldots \cdot x_n!) - n\mu + n\bar{x}\ln\mu.$$

Die partielle Differentiation nach μ ergibt

$$\frac{\partial LL}{\partial \mu} = -n + n\bar{x}\frac{1}{\mu} = 0$$

und damit

$$\hat{\mu} = \bar{x}.$$

11.4.6 $n = 225$; $\sigma = 150$; $\frac{n}{N} = \frac{225}{40000} = 0{,}0056 < 0{,}05$; $\sigma_{\bar{X}} = \frac{150}{\sqrt{225}} = 10$; $z = 1{,}96$;

$\mu_{u/o} = 710 \pm 1{,}96 \cdot 10 = 710 \pm 19{,}6$; $\mu_u = 690{,}4$ und $\mu_o = 729{,}6$

11.4.12 **a)** $N = 1000$; $n = 37$; $\bar{x} = 23$; $s = 0{,}6$; σ unbekannt; Stichprobe ohne Zurücklegen.

$\frac{n}{N} = 0{,}037 < 0{,}05$; $\hat{\sigma}_{\bar{X}} = \frac{s}{\sqrt{n-1}} = \frac{0{,}6}{\sqrt{36}} = 0{,}1$; $n-1 = 36 > 30$; $z = 1{,}65$ bzw. $1{,}96$;

90%-Konfidenzintervall: $\mu_u = 22{,}835$; $\mu_o = 23{,}165$;

95%-Konfidenzintervall: $\mu_u = 22{,}804$; $\mu_o = 23{,}196$.

b) $N = 250$; $n = 26$; $\bar{x} = 23$; $s = 0{,}6$; σ unbekannt;

Stichprobe ohne Zurücklegen; $\frac{n}{N} = \frac{26}{250} = 0{,}104 > 0{,}05$;

$\hat{\sigma}_{\bar{X}} = \frac{s}{\sqrt{n-1}} \cdot \sqrt{\frac{N-n}{N}} = \frac{0{,}6}{5} \cdot \sqrt{\frac{224}{250}} = 0{,}1136$; $n-1 = 25 < 30$

$\mu_u = \bar{x} - t\sigma_{\bar{X}}$; $\mu_o = \bar{x} + t\sigma_{\bar{X}}$; $t = 1{,}708$ bzw. $2{,}060$

90%-Konfidenzintervall: $\mu_u = 22{,}806$; $\mu_o = 23{,}194$;

95%-Konfidenzintervall: $\mu_u = 22{,}766$; $\mu_o = 23{,}234$.

11.4.13 **a)** N = 1000; n = 65; $\overline{x} = 30$; s = 1,6; σ unbekannt; Stichprobe mit Zurücklegen.

$\hat{\sigma}_{\overline{X}} = \frac{s}{\sqrt{n-1}} = \frac{1{,}6}{8} = 0{,}2$; $n-1 = 64 \geq 30$; $z = 1{,}96$; $\mu_u = 29{,}608$; $\mu_o = 30{,}392$;

b) n = 37, sonst wie bei a); $\hat{\sigma}_{\overline{X}} = \frac{s}{\sqrt{n-1}} = \frac{1{,}6}{6} \approx 0{,}267; z = 1{,}96$; $\mu_u = 29{,}477$; $\mu_o = 30{,}523$;

c) N = 1000; n = 49; $\overline{x} = 28$; mit Zurücklegen. Für σ wird der Wert aus früheren Messungen benutzt: σ = 2,1 bekannt;

$\sigma_{\overline{X}} = \frac{\sigma}{\sqrt{n}} = \frac{2{,}1}{7} = 0{,}3; z = 1{,}65$; $\mu_u = 27{,}505$; $\mu_o = 28{,}495$.

11.5.6 N = „∞"; n = 200; x =80; mit Zurücklegen; z = 1,65; $p = \frac{x}{n} = \frac{80}{200} = \frac{2}{5} = 0{,}4; (1-p) = 0{,}6$;

p = 0,4 und n = 200 > 50; np(1−p) = 200·0,24 = 48 > 9;

$\Theta_u = 0{,}34$; $\Theta_o = 0{,}46$

11.5.7 n = 150; x = 30; p = 0,2; z = 1,65; np(1 − p) = 150·0,2·0,8 = 24 > 9

$$\Theta_{u/o} = \frac{1}{n+z^2}\left(np + \frac{z^2}{2} \pm z\sqrt{np(1-p) + \frac{z^2}{2}}\right)$$

$$= \frac{1}{152{,}7}(30 + 1{,}36 \pm 1{,}65\sqrt{24 + 0{,}68}) = \frac{1}{152{,}7}(31{,}36 \pm 8{,}2)$$

$\Theta_u = 0{,}15$; $\Theta_o = 0{,}26$

11.5.10 n = 40; x = 8; $p = \frac{8}{40} = 0{,}2$; np(1 − p) = 40·0,2·0,8 = 6,4 < 9

$F_1 = \mathbf{F}(0{,}95; 2n\text{–}2x\text{+}2; 2x) = \mathbf{F}(0{,}95; 66; 16) = 2{,}10$

$F_2 = \mathbf{F}(0{,}95; 2x\text{+}2; 2n\text{–}2x) = \mathbf{F}(0{,}95; 18; 64) = 1{,}77$

$\Theta_u = \frac{8}{8+33\cdot2{,}1} = 0{,}103$; $\Theta_o = \frac{9\cdot1{,}77}{9\cdot1{,}77+32} = 0{,}332$

11.6.4 **a)** $\sigma_u^2 = \frac{25\cdot12}{39{,}364} = 7{,}62$; $\sigma_o^2 = \frac{25\cdot12}{12{,}401} = 24{,}19$;

b) $\sigma_o^2 = \frac{25\cdot12}{13{,}848} = 21{,}66$

11.7.4 **a)** $n \geq \left(\frac{1{,}65\cdot8}{3}\right)^2 = 19{,}36$, d. h. n = 20;

b) $n \geq \left(\frac{1{,}96\cdot8}{3}\right)^2 = 27{,}32$, d. h. n = 28. In beiden Fällen gilt $\frac{n}{N} \leq 0{,}05$.

12.4.2 **a)** a) quantitatives Merkmal;
b) endliche Grundgesamtheit mit N = 3.000;
c) es kann näherungsweise die Normalverteilung angenommen werden;

b) a) qualitatives Merkmal (dichotome Grundgesamtheit);
b) Grundgesamtheit besteht aus allen möglichen Versuchen, N ist also unendlich;
c) Binomialverteilung

12.4.13 **a)** $H_0: \overline{IQ}_M \leq \overline{IQ}_F$; $H_1: \overline{IQ}_M > \overline{IQ}_F$.

Falls H_0 abgelehnt werden kann, wäre statistisch gesichert, dass $\overline{IQ}_M > \overline{IQ}_F$ gilt.

b) $H_0: \mu = \mu_0 = 78{,}65$; $H_1: \mu \neq \mu_0$;

c) $H_0: \mu \leq \mu_0 = 1{,}2\ell/h$; $H_1: \mu > \mu_0$

12.4.14 **a)** $H_0: \mu \leq \mu_0 = 150g$; $H_1: \mu > \mu_0$;

b) $H_0: \mu \geq \mu_0 = 150g$; $H_1: \mu < \mu_0$

12.4.26 **b)** ist richtig;
a) wäre nur richtig, wenn H_0 verworfen wird;
c) die Wahrscheinlichkeit, dass eine Verringerung vorliegt ist unbekannt; die Wahrscheinlichkeit des Fehlers 2. Art beträgt höchstens $1-\alpha = 0{,}95$;
d) H_0 wurde nicht abgelehnt, ist deshalb aber auch nicht bewiesen.

12.4.28 H_0: $\mu \geq \mu_0 = 5000$; H_1: $\mu < \mu_0$; $c_u = \mu_0 - z\,\sigma_{\overline{X}} = 5000 - 1{,}65 \cdot 20 = 4967$.
Wegen $\overline{x} = 4960 < c_u$ ist H_0 abzulehnen.

12.4.29 H_0: $\Theta \geq \Theta_0 = 0{,}15$; H_1: $\Theta < \Theta_0$.
Die Testgröße X (Anzahl defekter Transistoren in der Stichprobe) ist binomialverteilt. Wegen $n\Theta_0(1-\Theta_0) = 100 \cdot 0{,}15 \cdot 0{,}85 = 12{,}75 > 9$ kann eine Approximation durch die Normalverteilung $\mathbf{N}(n\Theta_0;\sigma_X)$ erfolgen.
Es ist $\sigma_X = \sqrt{n\Theta_0(1-\Theta_0)} \approx 3{,}57$.
$c_u = n\Theta_0 - (0{,}5 + z\sigma_X) = 15 - (0{,}5 + 1{,}65 \cdot 3{,}57) \approx 8{,}61$
Wegen $x = 11 > 8{,}61$ wird H_0 nicht abgelehnt.
Eine Verringerung des Ausschussanteils ist damit nicht nachgewiesen.

12.6.8 **a)** H_0: $\mu \geq \mu_0 = 45$; H_1: $\mu < \mu_0$.
b) $\sigma_{\overline{X}} = \frac{\sigma}{\sqrt{n}} = \frac{2}{5} = 0{,}4$; $z = 1{,}65$;
$c_u = \mu_0 - z\sigma_{\overline{X}} = 45 - 1{,}65 \cdot 0{,}4 = 44{,}34$
c) H_0 wird abgelehnt, die Brötchen gehen zurück.
d) Das Risiko beträgt definitionsgemäß $\alpha = 0{,}05$.
e) $\beta(\mu = 44) = 0{,}1977$
f) Es gilt der Spezialfall $\alpha = 0{,}05 = \beta(\mu_1 = 43) = 0{,}05$ Es gilt daher:
$n = \frac{4\sigma^2 \cdot z^2}{(\mu_1 - \mu_0)^2} = \frac{4 \cdot 4 \cdot 2{,}72}{4} = 10{,}88 \approx 11$;
$c_u = \frac{\mu_1 + \mu_0}{2} = \frac{43+45}{2} = 44$.

13.2.6 **a)** H_0: $\mu \geq \mu_0 = 1$ (m/h); H_1: $\mu < \mu_0$;
b) σ ist bekannt; $\overline{X}$ ist wegen $n > 30$ näherungsweise normalverteilt; Stichprobe mit Zurücklegen.
$\sigma_{\overline{X}} = \frac{\sigma}{\sqrt{n}} = \frac{0{,}3}{6} = 0{,}05$; $z = 1{,}65$;
$c_u = \mu_0 - z\sigma_{\overline{X}} = 1 - 1{,}65 \cdot 0{,}05 = 0{,}9175$.
Wegen $\overline{x} = 0{,}9 < 0{,}9175 = c_u$ ist Antons Behauptung statistisch widerlegt.

13.2.7 **a)** H_0: $\mu = \mu_0 = 500(\text{cm}^3)$; H_1: $\mu \neq \mu_0$;
b) σ ist unbekannt, Stichprobe ohne Zurücklegen, aber laufende Produktion, daher $\frac{n}{N} < 0{,}05$; $\hat{\sigma}_{\overline{X}} = \frac{s}{\sqrt{n-1}} = \frac{25}{5} = 5$; $n \leq 30$; $t = 2{,}06$; zweiseitiger Test, $c_{u/o} = \mu_0 \mp t\sigma_{\overline{X}}$
$c_u = 500 \bullet 2{,}06 \cdot 5 = 489{,}7$; $c_o = 500 + 2{,}06 \cdot 5 = 510{,}3$.
Der Annahmebereich lautet: $\{\overline{x} \mid 489{,}7 \leq \overline{x} \leq 510{,}3\}$.
c) Die Nullhypothese wird nicht verworfen, da $\overline{x} = 490$ in den Annahmebereich fällt. Dass die Nullhypothese zutrifft, ist damit aber **nicht** statistisch nachgewiesen.

13.2.8 $H_0: \mu = \mu_0 = 38$; $H_1: \mu \neq \mu_0$; $\alpha = 0{,}05$; $n = 100$; σ bekannt; wegen $n > 30$ ist $\overline{X}$ näherungsweise $\mathbf{N}(38; \sigma_{\overline{X}})$ -verteilt; Stichprobe ohne Zurücklegen; da es sich um eine Großstadt handelt, gilt sicher $\frac{n}{N} < 0{,}05$; $z = 1{,}96$; $\sigma_{\overline{X}} = \frac{8}{\sqrt{100}} = 0{,}8$;

$c_u = 38 \bullet 1{,}96 \cdot 0{,}8 = 36{,}432$ und $c_o = 38 + 1{,}96 \cdot 0{,}8 = 39{,}568$.

Es ist $36{,}432 < 39 = \overline{x} < 39{,}568$, d. h. der Stichprobenmittelwert $\overline{x}$ liegt zwischen c_u und c_o; die Nullhypothese kann nicht abgelehnt werden.

Es ist keine signifikante Änderung des Durchschnittsalters eingetreten

13.3.7 $H_0: \Theta \geq \Theta_0 = 0{,}2$; $H_1: \Theta < \Theta_0$; $n\Theta_0(1 \bullet \Theta_0) = 16 > 9$; $z = 1{,}65$;

Stichprobe ohne Zurücklegen; wegen $\frac{n}{N} < 0{,}05$ (Großstadt) ist $\sigma_p \approx \sqrt{\frac{\Theta_0(1-\Theta_0)}{n}} = 0{,}04$;

$c_u = 0{,}2 - (\frac{1}{200} + 1{,}65 \cdot 0{,}04) = 0{,}2 - 0{,}071 = 0{,}129$.

Es ist $p = \frac{15}{100} = 0{,}15 > 0{,}129 = c_u$.

Die Nullhypothese wird nicht abgelehnt.

13.3.8 **a)** $\alpha = 0{,}05$; $z = 1{,}65$; $\sigma_p = 0{,}025$; $c_o = 0{,}1 + \frac{1}{288} + 0{,}04125 \approx 0{,}1447$;

b) Ein Ausschuss von 25 Stück entspricht einem Anteil $p = \frac{25}{144} \approx 0{,}174$.

Wegen $0{,}174 > 0{,}1447 = c_o$ ist die Behauptung statistisch widerlegt.

13.4.5 H_0: $\sigma^2 \leq \sigma_0^2 = 0{,}01$; $c_o = \frac{0{,}01 \cdot 43{,}773}{31} = 0{,}0141$. $s^2 = 0{,}012 < 0{,}0141 = c_o$.

Ho kann nicht abgelehnt werden.

Es besteht kein hinreichender Grund, an der Aussage des Herstellers zu zweifeln.

13.5.3 H_0: $\mu_1 \bullet \mu_2 \leq 0$; $\hat{\sigma}_D = \sqrt{\frac{S_1^2}{n_1-1} + \frac{S_2^2}{n_2-1}} = \sqrt{\frac{36}{45} + \frac{40{,}96}{64}} = \sqrt{1{,}44} = 1{,}2$

$D = \overline{X}_1 - \overline{X}_2$ ist näherungsweise $\mathbf{N}(0;1{,}2)$-verteilt.

$c_o = z\hat{\sigma}_D = 2{,}33 \cdot 1{,}2 = 2{,}796$.

Es gilt

$d = \overline{x}_1 - \overline{x}_2 = 60 - 57 = 3 \geq 2{,}796$.

Somit kann die Nullhypothese verworfen werden.

Der neuartige Dünger führt zu einer größeren die durchschnittlichen Stiellänge der Rosen

13.5.4 H_0: $\mu_A - \mu_B = 0$; $\overline{x}_A = 180$; $s_A^2 = 25$; $\overline{x}_B = 177$; $s_B^2 = 7{,}5^2 = 56{,}25$; $n_A = 29$, $n_B = 26$;

$\hat{\sigma}_D = \sqrt{\frac{295^2 + 267{,}5^2}{29+26-2} \cdot \frac{29+26}{29 \cdot 26}} = 1{,}735$;

$c_{u/o} = \pm t\hat{\sigma}_D = \pm 2 \cdot 1{,}735 = \pm 3{,}47$.

Da $\overline{x}_A - \overline{x}_B = 180 - 177 = 3 < c_o$ gilt, ist die Nullhypothese nicht abzulehnen.

Es ist demnach kein statistisch signifikanter Größenunterschied der beiden Klassen nachweisbar.

13.6.3 $P_A = \frac{230-37}{230} = 0{,}84$ und $P_B = \frac{340-28}{340} = 0{,}92$.

Es gilt $P_A(1-P_A)n_A = 30{,}91 > 9$ und $P_B(1-P_B)n_B = 25{,}02 > 9$.

$p = \frac{230 \cdot 0{,}84 + 340 \cdot 0{,}92}{230+340} = \frac{505}{570} = 0{,}888$ und $\sigma_D = \sqrt{0{,}888 \cdot 0{,}112 \cdot \frac{570}{230 \cdot 340}} = 0{,}027$.

a) Nullhypothese: $\Theta_A - \Theta_B = 0$; $z = 1{,}96$; Grenzen des Annahmebereichs $c_{u/o} = \pm 1{,}96 \cdot 0{,}027 = \pm 0{,}053$.

Da $P_A - P_B = 0{,}92 - 0{,}84 = 0{,}08 > c_o = 0{,}053$, ist die Nullhypothese abzulehnen. Die Heilwirkung der beiden Medikamente unterscheidet sich signifikant.

b) Über die Annahme $\Theta_B \leq \Theta_A$ erhält man die Nullhypothese $\Theta_B - \Theta_A \leq 0$; $z = 1{,}65$; $c_o = 1{,}65 \cdot 0{,}027 = 0{,}045$. Da auch hier $P_B - P_A > c_o$ gilt, ist die Nullhypothese abzulehnen. Die Heilwirkung von B ist demnach signifikant größer als die von A.

13.7.3 $H_0: \sigma_A^2 \leq \sigma_B^2$ bzw. $\frac{\sigma_A^2}{\sigma_B^2} \leq 1$; $F^* = \frac{n_A S_A^2}{n_B S_B^2} \cdot \frac{n_B - 1}{n_A - 1} = \frac{8 \cdot 10000}{8 \cdot 6400} \cdot \frac{8-1}{8-1} = 1{,}56$; $c_o = \mathbf{F}(0{,}95;7;7) = 3{,}787$.

Die Nullhypothese kann wegen $F^* = 1{,}56 < 3{,}787 = c_o$ nicht abgelehnt werden. Der Hersteller wird Typ A verwenden.

14.2.3 Da $d_n = 12 = c_o = 12$ ist, wird die Nullhypothese nicht abgelehnt.

14.3.4

i	1	2	3	4	5	6	7	8	9	10	Σ
x_i	8,3	10,2	8,1	7,4	10,8	12,5	12,2	9,8	10,2	8,4	
y_i	8,8	10,6	8,7	7,9	10,7	13,2	12,9	9,6	10,1	8,9	
$x_i \bullet y_i$	-0,5	-0,4	-0,6	-0,5	0,1	-0,7	-0,7	0,2	0,1	-0,5	
r_i^+					1,5			3	1,5		6
r_i^-	6	4	8	6		9,5	9,5			6	49

a) $R_n = \min(R_n^+; R_n^-) = \min(6;49) = 6$; $c_u = 8$.

Die Nullhypothese muss abgelehnt werden, denn es ist $R_n = 6 \leq 8 = c_u$.

b) Wegen $c_u = 2 \leq d_n = 3 \leq 8 = c_o$ kann H_0 nicht abgelehnt werden.

14.4.3

Augenzahl i	beobachtete Häufigkeit ho_i	erwartete Häufigkeit he_i	$(ho_i - he_i)^2$	$\frac{(ho_i - he_i)^2}{he_i}$
1	20	20	0	0
2	22	20	4	$\frac{4}{20}$
3	17	20	9	$\frac{9}{20}$
4	18	20	4	$\frac{4}{20}$
5	19	20	1	$\frac{1}{20}$
6	24	20	16	$\frac{16}{20}$
				$\chi_*^2 = \frac{34}{20} = 1{,}7$

$\chi^2(0{,}95;5) = 11{,}07 > 1{,}7 = \chi_*^2$., d.h. keine Ablehnung der Nullhypothese.

Der Würfel ist nicht verfälscht.

14.4.4 Die letzten beiden Klassen werden zusammengefasst, um die Bedingung he ≥ 5 zu erfüllen. Es ist dann:

$\mathbf{P}(X < 150) = \mathbf{P}(Z < \bullet 2) = \mathbf{P}(190 \leq X) = \mathbf{P}(2 \leq Z) = 0{,}02275$;

$\mathbf{P}(150 \leq X < 170) = \mathbf{P}(-2 \leq Z < 0) = \mathbf{P}(170 \leq X < 190) = \mathbf{P}(0 \leq Z < 2) = 0{,}47725$

j	Körpergröße X	$f_X(x_j)$	$he_j = nf_X(x_j)$	ho_j	$ho_j - he_j$	$(ho_j - he_j)^2$	$\frac{(ho_j - he_j)^2}{he_j}$
1	$x < 150$	0,02275	11,4	2	-9,4	88,36	7,751
2	$150 \leq x < 170$	0,47725	238,6	200	-38,6	1489,96	6,245
3	$170 \leq x < 190$	0,47725	238,6	265	26,4	696,96	2,921
4	$190 \leq x$	0,02275	11,4	33	21,6	466,56	40,926
		1,0000	500	500	0		$\chi^2_* = 57{,}843$

Es ist $\chi^2(0{,}95;\,2) = 5{,}991 < \chi^2_*$. Die Nullhypothese kann abgelehnt werden.

14.5.3

10	0	20	25	20	25	50
0	10	5	15	-5	25	
10	0	10	25	30	25	50
0	10	-5	15	5	25	
20		30		50		100

$\chi^2_* = \frac{25}{15} + \frac{25}{25} + \frac{25}{15} + \frac{25}{25} = 5\frac{1}{3} < \chi^2(0{,}95;2) = 5{,}991$, d. h. keine signifikante Abhängigkeit.

14.5.4

15	100	60	100	75
-10	25	10	50	
15	0	30	0	45
0	15	0	30	
20	100	10	100	30
10	10	-10	20	
50		100		150

$\chi^2(0{,}95;2) = 5{,}991$; $\chi^2_* = 21 > \chi^2(0{,}95;2)$

Die Nullhypothese wird zurückgewiesen, d.h. es gibt einen Zusammenhang zwischen Parteizugehörigkeit und Ämtervergabe.

14.6.7 Es liegen n Merkmalswerte x_i vor, bei denen m verschiedene Ausprägungen x_j vorkommen. Diese Ausprägungen werden der Größe nach geordnet und in der ersten Spalte der Tabelle aufgeführt ($n = 16$; $m = 13$).

Die zu den Werten x_j gehörigen Werte der Verteilungsfunktion $F_0(x)$, hier also einer Normalverteilung mit $\mu = 50$ und $\sigma = 10$, werden aus der Tabelle der Standardnormalverteilung zu den z-Werten $z_j = \frac{(x_j - \mu)}{\sigma}$ abgelesen.

j	x_j	z_j	$F(x_j)$	$F_0(x_j)$	$\mid F(x_j) - F_0(x_j) \mid$	$\mid F(x_{j-1}) - F_0(x_j) \mid$
1	25	-2,5	0,125	0,0062	0,1188	0,0062
2	29	-2,1	0,1875	0,0174	0,1696	0,1076
3	35	-1,5	0,25	0,0668	0,1832	0,1207
4	36	-1,4	0,3125	0,0808	0,2317	0,1692
5	40	-1,0	0,375	0,1587	0,2163	0,1538
6	44	-0,6	0,5	0,2743	0,2257	0,1007
7	49	-0,1	0,5625	0,4602	0,1023	0,0398
8	55	0,5	0,6875	0,6915	0,0040	0,1290
9	56	0,6	0,75	0,7257	0,0243	0,0382
10	57	0,7	0,8125	0,7580	0,0545	0,0080
11	60	1,0	0,875	0,8413	0,0337	0,0288
12	61	1,1	0,9375	0,8643	0,0732	0,0107
13	63	1,3	1,0	0,9032	0,0968	0,0343

Der größte Abstand beträgt 0,2317.

Da $0{,}2317 < c_o = 0{,}25$ ($n = 16$; $\alpha = 0{,}1$) kann die Nullhypothese H_0: „Die Lebensdauer der Bauteile ist **N**(50;10)-verteilt" nicht verworfen werden.

Anhang B: Tabellen

In den Teilen B1 bis B6 des Anhangs B sind Tabellen zu den einschlägigen Wahrscheinlichkeitsverteilungen zusammengestellt. Dazu ist grundsätzlich folgendes anzumerken:

Bei Lösung statistischer Probleme mit einer Statistiksoftware werden diese Tabellen nicht benötigt, da entsprechende Tabellen bzw. Algorithmen zur Bestimmung von Werten zu den Wahrscheinlichkeitsverteilungen in die Software integriert sind. Nachschlagen in statistischen Tabellen ist dann überflüssig.

Die Tabellen sind auch entbehrlich, wenn spezielle Software zur Bestimmung der Tabellenwerte verfügbar ist oder wenn ein Tabellenkalkulationsprogramm zur Verfügung steht. Solche Programme enthalten üblicherweise eine Vielzahl von Funktionen, beispielsweise zu finanzmathematischen Berechnungen, aus verschiedenen Bereichen der Mathematik und aus der Statistik. Die in den Tabellen von Anhang B1 bis B6 enthaltenen Werte können mit den entsprechenden Funktionen unmittelbar bestimmt werden. Dazu wird im Menü des Tabellenkalkulationsprogramms die Funktion gewählt, die üblicherweise mit dem Namen der Verteilung bzw. einer Abkürzung davon bezeichnet ist. Ferner ist die Eingabe der jeweiligen Parameterwerte erforderlich.

Entsprechendes gilt für die Tabelle mit Pseudozufallszahlen in Anhang B7.

B1: Binomialverteilung (S. 222 bis 228)
Werte der Wahrscheinlichkeitsfunktion und der Verteilungsfunktion für verschiedene Werte der Parameter n von 1 bis 20 und für Θ von 0,05 um 0,05 zunehmend bis 0,5. Für $\Theta > 0{,}5$ ist zu $1-\Theta$ im Kopf und n–x anstelle von x in der Vorspalte nachzuschlagen.

B2: Poissonverteilung (S. 229 bis 236)
Die Tabellen enthalten die Werte der Wahrscheinlichkeitsfunktion und der Verteilungsfunktion für verschiedene Werte des Parameters μ.

B3: Standardnormalverteilung (S. 237 bis 244)
Die Tabellen enthalten die Werte der Verteilungsfunktion zu den Werten der standardnormalverteilten Zufallsvariablen Z von $z = 0$ bis $z = 3{,}999$, wobei z jeweils um 0,001 zunimmt. Die ersten beiden Stellen der z-Werte sind in der Vorspalte und die dritte Stelle im Kopf der Tabelle aufgeführt.
Für $z = 0{,}14$ sucht man also auf der ersten Seite der Normalverteilungstabelle in der Vorspalte $z = 0{,}14$ und im Kopf $z = 0{,}006$ und erhält $F_Z(0{,}146) = 0{,}55804$.

B4: χ^2 -Verteilung (S. 245 und 246)
Die Tabelle enthält die Werte der χ^2 -verteilten Zufallsvariablen Y, bei denen die Verteilungsfunktion den im Kopf der Tabelle aufgeführten Wert α annimmt, in Abhängigkeit von der Anzahl der Freiheitsgrade ν.

B5: Studentverteilung (S. 247)
Die Tabelle enthält die Werte der studentverteilten Zufallsvariablen T, bei denen die Verteilungsfunktion den im Kopf der Tabelle aufgeführten Wert α annimmt, in Abhängigkeit von der Anzahl der Freiheitsgrade ν.

B6: F-Verteilung (S. 248 bis 252)

Die Tabelle enthält in Abhängigkeit von den Anzahlen ν_1 und ν_2 der beiden Freiheitsgrade die Werte der F-verteilten Zufallsvariablen X, bei denen die Verteilungsfunktion den im Kopf angegebenen Wert α annimmt.

B7: Pseudozufallszahlen (S. 253)

		Θ =	0,05		0,1		0,15		0,2		0,25		0,3		0,35		0,4		0,45		0,5	
		1- Θ =	0,95		0,9		0,85		0,8		0,75		0,7		0,65		0,6		0,55		0,5	
n	**x**	**n-x**	**f(x)**	**F(x)**	**f(x)**	**F(x)**	**f(x)**	**F(x)**	**f(x)**	**F(x)**	**f(x)**	**F(x)**	**f(x)**	**F(x)**	**f(x)**	**F(x)**	**f(x)**	**F(x)**	**f(x)**	**F(x)**	**f(x)**	**F(x)**
1	0	1	0,9500	0,9500	0,9000	0,9000	0,8500	0,8500	0,8000	0,8000	0,7500	0,7500	0,7000	0,7000	0,6500	0,6500	0,6000	0,6000	0,5500	0,5500	0,5000	0,5000
1	1	0	0,0500	1,0000	0,1000	1,0000	0,1500	1,0000	0,2000	1,0000	0,2500	1,0000	0,3000	1,0000	0,3500	1,0000	0,4000	1,0000	0,4500	1,0000	0,5000	1,0000
2	0	2	0,9025	0,9025	0,8100	0,8100	0,7225	0,7225	0,6400	0,6400	0,5625	0,5625	0,4900	0,4900	0,4225	0,4225	0,3600	0,3600	0,3025	0,3025	0,2500	0,2500
2	1	1	0,0950	0,9975	0,1800	0,9900	0,2550	0,9775	0,3200	0,9600	0,3750	0,9375	0,4200	0,9100	0,4550	0,8775	0,4800	0,8400	0,4950	0,7975	0,5000	0,7500
2	2	0	0,0025	1,0000	0,0100	1,0000	0,0225	1,0000	0,0400	1,0000	0,0625	1,0000	0,0900	1,0000	0,1225	1,0000	0,1600	1,0000	0,2025	1,0000	0,2500	1,0000
3	0	3	0,8574	0,8574	0,7290	0,7290	0,6141	0,6141	0,5120	0,5120	0,4219	0,4219	0,3430	0,3430	0,2746	0,2746	0,2160	0,2160	0,1664	0,1664	0,1250	0,1250
3	1	2	0,1354	0,9928	0,2430	0,9720	0,3251	0,9393	0,3840	0,8960	0,4219	0,8438	0,4410	0,7840	0,4436	0,7183	0,4320	0,6480	0,4084	0,5748	0,3750	0,5000
3	2	1	0,0071	0,9999	0,0270	0,9990	0,0574	0,9966	0,0960	0,9920	0,1406	0,9844	0,1890	0,9730	0,2389	0,9571	0,2880	0,9360	0,3341	0,9089	0,3750	0,8750
3	3	0	0,0001	1,0000	0,0010	1,0000	0,0034	1,0000	0,0080	1,0000	0,0156	1,0000	0,0270	1,0000	0,0429	1,0000	0,0640	1,0000	0,0911	1,0000	0,1250	1,0000
4	0	4	0,8145	0,8145	0,6561	0,6561	0,5220	0,5220	0,4096	0,4096	0,3164	0,3164	0,2401	0,2401	0,1785	0,1785	0,1296	0,1296	0,0915	0,0915	0,0625	0,0625
4	1	3	0,1715	0,9860	0,2916	0,9477	0,3685	0,8905	0,4096	0,8192	0,4219	0,7383	0,4116	0,6517	0,3845	0,5630	0,3456	0,4752	0,2995	0,3910	0,2500	0,3125
4	2	2	0,0135	0,9995	0,0486	0,9963	0,0975	0,9880	0,1536	0,9728	0,2109	0,9492	0,2646	0,9163	0,3105	0,8735	0,3456	0,8208	0,3675	0,7585	0,3750	0,6875
4	3	1	0,0005	1,0000	0,0036	0,9999	0,0115	0,9995	0,0256	0,9984	0,0469	0,9961	0,0756	0,9919	0,1115	0,9850	0,1536	0,9744	0,2005	0,9590	0,2500	0,9375
4	4	0	0,0000	1,0000	0,0001	1,0000	0,0005	1,0000	0,0016	1,0000	0,0039	1,0000	0,0081	1,0000	0,0150	1,0000	0,0256	1,0000	0,0410	1,0000	0,0625	1,0000
5	0	5	0,7738	0,7738	0,5905	0,5905	0,4437	0,4437	0,3277	0,3277	0,2373	0,2373	0,1681	0,1681	0,1160	0,1160	0,0778	0,0778	0,0503	0,0503	0,0313	0,0313
5	1	4	0,2036	0,9774	0,3281	0,9185	0,3915	0,8352	0,4096	0,7373	0,3955	0,6328	0,3602	0,5282	0,3124	0,4284	0,2592	0,3370	0,2059	0,2562	0,1563	0,1875
5	2	3	0,0214	0,9988	0,0729	0,9914	0,1382	0,9734	0,2048	0,9421	0,2637	0,8965	0,3087	0,8369	0,3364	0,7648	0,3456	0,6826	0,3369	0,5931	0,3125	0,5000
5	3	2	0,0011	1,0000	0,0081	0,9995	0,0244	0,9978	0,0512	0,9933	0,0879	0,9844	0,1323	0,9692	0,1811	0,9460	0,2304	0,9130	0,2757	0,8688	0,3125	0,8125
5	4	1	0,0000	1,0000	0,0005	1,0000	0,0022	0,9999	0,0064	0,9997	0,0146	0,9990	0,0284	0,9976	0,0488	0,9947	0,0768	0,9898	0,1128	0,9815	0,1563	0,9688
5	5	0	0,0000	1,0000	0,0000	1,0000	0,0001	1,0000	0,0003	1,0000	0,0010	1,0000	0,0024	1,0000	0,0053	1,0000	0,0102	1,0000	0,0185	1,0000	0,0313	1,0000
6	0	6	0,7351	0,7351	0,5314	0,5314	0,3771	0,3771	0,2621	0,2621	0,1780	0,1780	0,1176	0,1176	0,0754	0,0754	0,0467	0,0467	0,0277	0,0277	0,0156	0,0156
6	1	5	0,2321	0,9672	0,3543	0,8857	0,3993	0,7765	0,3932	0,6554	0,3560	0,5339	0,3025	0,4202	0,2437	0,3191	0,1866	0,2333	0,1359	0,1636	0,0938	0,1094
6	2	4	0,0305	0,9978	0,0984	0,9842	0,1762	0,9527	0,2458	0,9011	0,2966	0,8306	0,3241	0,7443	0,3280	0,6471	0,3110	0,5443	0,2780	0,4415	0,2344	0,3438
6	3	3	0,0021	0,9999	0,0146	0,9987	0,0415	0,9941	0,0819	0,9830	0,1318	0,9624	0,1852	0,9295	0,2355	0,8826	0,2765	0,8208	0,3032	0,7447	0,3125	0,6563
6	4	2	0,0001	1,0000	0,0012	0,9999	0,0055	0,9996	0,0154	0,9984	0,0330	0,9954	0,0595	0,9891	0,0951	0,9777	0,1382	0,9590	0,1861	0,9308	0,2344	0,8906
6	5	1	0,0000	1,0000	0,0001	1,0000	0,0004	1,0000	0,0015	0,9999	0,0044	0,9998	0,0102	0,9993	0,0205	0,9982	0,0369	0,9959	0,0609	0,9917	0,0938	0,9844
6	6	0	0,0000	1,0000	0,0000	1,0000	0,0000	1,0000	0,0001	1,0000	0,0002	1,0000	0,0007	1,0000	0,0018	1,0000	0,0041	1,0000	0,0083	1,0000	0,0156	1,0000
7	0	7	0,6983	0,6983	0,4783	0,4783	0,3206	0,3206	0,2097	0,2097	0,1335	0,1335	0,0824	0,0824	0,0490	0,0490	0,0280	0,0280	0,0152	0,0152	0,0078	0,0078
7	1	6	0,2573	0,9556	0,3720	0,8503	0,3960	0,7166	0,3670	0,5767	0,3115	0,4449	0,2471	0,3294	0,1848	0,2338	0,1306	0,1586	0,0872	0,1024	0,0547	0,0625
7	2	5	0,0406	0,9962	0,1240	0,9743	0,2097	0,9262	0,2753	0,8520	0,3115	0,7564	0,3177	0,6471	0,2985	0,5323	0,2613	0,4199	0,2140	0,3164	0,1641	0,2266
7	3	4	0,0036	0,9998	0,0230	0,9973	0,0617	0,9879	0,1147	0,9667	0,1730	0,9294	0,2269	0,8740	0,2679	0,8002	0,2903	0,7102	0,2918	0,6083	0,2734	0,5000
7	4	3	0,0002	1,0000	0,0026	0,9998	0,0109	0,9988	0,0287	0,9953	0,0577	0,9871	0,0972	0,9712	0,1442	0,9444	0,1935	0,9037	0,2388	0,8471	0,2734	0,7734
7	5	2	0,0000	1,0000	0,0002	1,0000	0,0012	0,9999	0,0043	0,9996	0,0115	0,9987	0,0250	0,9962	0,0466	0,9910	0,0774	0,9812	0,1172	0,9643	0,1641	0,9375
7	6	1	0,0000	1,0000	0,0000	1,0000	0,0001	1,0000	0,0004	1,0000	0,0013	0,9999	0,0036	0,9998	0,0084	0,9994	0,0172	0,9984	0,0320	0,9963	0,0547	0,9922
7	7	0	0,0000	1,0000	0,0000	1,0000	0,0000	1,0000	0,0000	1,0000	0,0001	1,0000	0,0002	1,0000	0,0006	1,0000	0,0016	1,0000	0,0037	1,0000	0,0078	1,0000

		Θ =	0,05		0,1		0,15		0,2		0,25		0,3		0,35		0,4		0,45		0,5	
		1-Θ =	0,95		0,9		0,85		0,8		0,75		0,7		0,65		0,6		0,55		0,5	
n	**x**	**n-x**	**f(x)**	**F(x)**	**f(x)**	**F(x)**	**f(x)**	**F(x)**	**f(x)**	**F(x)**	**f(x)**	**F(x)**	**f(x)**	**F(x)**	**f(x)**	**F(x)**	**f(x)**	**F(x)**	**f(x)**	**F(x)**	**f(x)**	**F(x)**
8	0	8	0,6634	0,6634	0,4305	0,4305	0,2725	0,2725	0,1678	0,1678	0,1001	0,1001	0,0576	0,0576	0,0319	0,0319	0,0168	0,0168	0,0084	0,0084	0,0039	0,0039
8	1	7	0,2793	0,9428	0,3826	0,8131	0,3847	0,6572	0,3355	0,5033	0,2670	0,3671	0,1977	0,2553	0,1373	0,1691	0,0896	0,1064	0,0548	0,0632	0,0313	0,0352
8	2	6	0,0515	0,9942	0,1488	0,9619	0,2376	0,8948	0,2936	0,7969	0,3115	0,6785	0,2965	0,5518	0,2587	0,4278	0,2090	0,3154	0,1569	0,2201	0,1094	0,1445
8	3	5	0,0054	0,9996	0,0331	0,9950	0,0839	0,9786	0,1468	0,9437	0,2076	0,8862	0,2541	0,8059	0,2786	0,7064	0,2787	0,5941	0,2568	0,4770	0,2188	0,3633
8	4	4	0,0004	1,0000	0,0046	0,9996	0,0185	0,9971	0,0459	0,9896	0,0865	0,9727	0,1361	0,9420	0,1875	0,8939	0,2322	0,8263	0,2627	0,7396	0,2734	0,6367
8	5	3	0,0000	1,0000	0,0004	1,0000	0,0026	0,9998	0,0092	0,9988	0,0231	0,9958	0,0467	0,9887	0,0808	0,9747	0,1239	0,9502	0,1719	0,9115	0,2188	0,8555
8	6	2	0,0000	1,0000	0,0000	1,0000	0,0002	1,0000	0,0011	0,9999	0,0038	0,9996	0,0100	0,9987	0,0217	0,9964	0,0413	0,9915	0,0703	0,9819	0,1094	0,9648
8	7	1	0,0000	1,0000	0,0000	1,0000	0,0000	1,0000	0,0001	1,0000	0,0004	1,0000	0,0012	0,9999	0,0033	0,9998	0,0079	0,9993	0,0164	0,9983	0,0313	0,9961
8	8	0	0,0000	1,0000	0,0000	1,0000	0,0000	1,0000	0,0000	1,0000	0,0000	1,0000	0,0001	1,0000	0,0002	1,0000	0,0007	1,0000	0,0017	1,0000	0,0039	1,0000
9	0	9	0,6302	0,6302	0,3874	0,3874	0,2316	0,2316	0,1342	0,1342	0,0751	0,0751	0,0404	0,0404	0,0207	0,0207	0,0101	0,0101	0,0046	0,0046	0,0020	0,0020
9	1	8	0,2985	0,9288	0,3874	0,7748	0,3679	0,5995	0,3020	0,4362	0,2253	0,3003	0,1556	0,1960	0,1004	0,1211	0,0605	0,0705	0,0339	0,0385	0,0176	0,0195
9	2	7	0,0629	0,9916	0,1722	0,9470	0,2597	0,8591	0,3020	0,7382	0,3003	0,6007	0,2668	0,4628	0,2162	0,3373	0,1612	0,2318	0,1110	0,1495	0,0703	0,0898
9	3	6	0,0077	0,9994	0,0446	0,9917	0,1069	0,9661	0,1762	0,9144	0,2336	0,8343	0,2668	0,7297	0,2716	0,6089	0,2508	0,4826	0,2119	0,3614	0,1641	0,2539
9	4	5	0,0006	1,0000	0,0074	0,9991	0,0283	0,9944	0,0661	0,9804	0,1168	0,9511	0,1715	0,9012	0,2194	0,8283	0,2508	0,7334	0,2600	0,6214	0,2461	0,5000
9	5	4	0,0000	1,0000	0,0008	0,9999	0,0050	0,9994	0,0165	0,9969	0,0389	0,9900	0,0735	0,9747	0,1181	0,9464	0,1672	0,9006	0,2128	0,8342	0,2461	0,7461
9	6	3	0,0000	1,0000	0,0001	1,0000	0,0006	1,0000	0,0028	0,9997	0,0087	0,9987	0,0210	0,9957	0,0424	0,9888	0,0743	0,9750	0,1160	0,9502	0,1641	0,9102
9	7	2	0,0000	1,0000	0,0000	1,0000	0,0000	1,000	0,0003	1,0000	0,0012	0,9999	0,0039	0,9996	0,0098	0,9986	0,0212	0,9962	0,0407	0,9909	0,0703	0,9805
9	8	1	0,0000	1,0000	0,0000	1,0000	0,0000	1,000	0,0000	1,0000	0,0001	1,0000	0,0004	1,0000	0,0013	0,9999	0,0035	0,9997	0,0083	0,9992	0,0176	0,9980
9	9	0	0,0000	1,0000	0,0000	1,0000	0,0000	1,0000	0,0000	1,0000	0,0000	1,0000	0,0000	1,0000	0,0001	1,0000	0,0003	1,0000	0,0008	1,0000	0,0020	1,0000
10	0	10	0,5987	0,5987	0,3487	0,3487	0,1969	0,1969	0,1074	0,1074	0,0563	0,0563	0,0282	0,0282	0,0135	0,0135	0,0060	0,0060	0,0025	0,0025	0,0010	0,0010
10	1	9	0,3151	0,9139	0,3874	0,7361	0,3474	0,5443	0,2684	0,3758	0,1877	0,2440	0,1211	0,1493	0,0725	0,0860	0,0403	0,0464	0,0207	0,0233	0,0098	0,0107
10	2	8	0,0746	0,9885	0,1937	0,9298	0,2759	0,8202	0,3020	0,6778	0,2816	0,5256	0,2335	0,3828	0,1757	0,2616	0,1209	0,1673	0,0763	0,0996	0,0439	0,0547
10	3	7	0,0105	0,9990	0,0574	0,9872	0,1298	0,9500	0,2013	0,8791	0,2503	0,7759	0,2668	0,6496	0,2522	0,5138	0,2150	0,3823	0,1665	0,2660	0,1172	0,1719
10	4	6	0,0010	0,9999	0,0112	0,9984	0,0401	0,9901	0,0881	0,9672	0,1460	0,9219	0,2001	0,8497	0,2377	0,7515	0,2508	0,6331	0,2384	0,5044	0,2051	0,3770
10	5	5	0,0001	1,0000	0,0015	0,9999	0,0085	0,9986	0,0264	0,9936	0,0584	0,9803	0,1029	0,9527	0,1536	0,9051	0,2007	0,8338	0,2340	0,7384	0,2461	0,6230
10	6	4	0,0000	1,0000	0,0001	1,0000	0,0012	0,9999	0,0055	0,9991	0,0162	0,9965	0,0368	0,9894	0,0689	0,9740	0,1115	0,9452	0,1596	0,8980	0,2051	0,8281
10	7	3	0,0000	1,0000	0,0000	1,0000	0,0001	1,0000	0,0008	0,9999	0,0031	0,9996	0,0090	0,9984	0,0212	0,9952	0,0425	0,9877	0,0746	0,9726	0,1172	0,9453
10	8	2	0,0000	1,0000	0,0000	1,0000	0,0000	1,0000	0,0001	1,0000	0,0004	1,0000	0,0014	0,9999	0,0043	0,9995	0,0106	0,9983	0,0229	0,9955	0,0439	0,9893
10	9	1	0,0000	1,0000	0,0000	1,0000	0,0000	1,0000	0,0000	1,0000	0,0000	1,0000	0,0001	1,0000	0,0005	1,0000	0,0016	0,9999	0,0042	0,9997	0,0098	0,9990
10	10	0	0,0000	1,0000	0,0000	1,0000	0,0000	1,0000	0,0000	1,0000	0,0000	1,0000	0,0000	1,0000	0,0000	1,0000	0,0001	1,0000	0,0003	1,0000	0,0010	1,0000

		Θ =	0,05		0,1		0,15		0,2		0,25		0,3		0,35		0,4		0,45		0,5	
		1-Θ =	0,95		0,9		0,85		0,8		0,75		0,7		0,65		0,6		0,55		0,5	
n	**x**	**n-x**	**f(x)**	**F(x)**	**f(x)**	**F(x)**	**f(x)**	**F(x)**	**f(x)**	**F(x)**	**f(x)**	**F(x)**	**f(x)**	**F(x)**	**f(x)**	**F(x)**	**f(x)**	**F(x)**	**f(x)**	**F(x)**	**f(x)**	**F(x)**
11	0	11	0,5688	0,5688	0,3138	0,3138	0,1673	0,1673	0,0859	0,0859	0,0422	0,0422	0,0198	0,0198	0,0088	0,0088	0,0036	0,0036	0,0014	0,0014	0,0005	0,0005
11	1	10	0,3293	0,8981	0,3835	0,6974	0,3248	0,4922	0,2362	0,3221	0,1549	0,1971	0,0932	0,1130	0,0518	0,0606	0,0266	0,0302	0,0125	0,0139	0,0054	0,0059
11	2	9	0,0867	0,9848	0,2131	0,9104	0,2866	0,7788	0,2953	0,6174	0,2581	0,4552	0,1998	0,3127	0,1395	0,2001	0,0887	0,1189	0,0513	0,0652	0,0269	0,0327
11	3	8	0,0137	0,9984	0,0710	0,9815	0,1517	0,9306	0,2215	0,8389	0,2581	0,7133	0,2568	0,5696	0,2254	0,4256	0,1774	0,2963	0,1259	0,1911	0,0806	0,1133
11	4	7	0,0014	0,9999	0,0158	0,9972	0,0536	0,9841	0,1107	0,9496	0,1721	0,8854	0,2201	0,7897	0,2428	0,6683	0,2365	0,5328	0,2060	0,3971	0,1611	0,2744
11	5	6	0,0001	1,0000	0,0025	0,9997	0,0132	0,9973	0,0388	0,9883	0,0803	0,9657	0,1321	0,9218	0,1830	0,8513	0,2207	0,7535	0,2360	0,6331	0,2256	0,5000
11	6	5	0,0000	1,0000	0,0003	1,0000	0,0023	0,9997	0,0097	0,9980	0,0268	0,9924	0,0566	0,9784	0,0985	0,9499	0,1471	0,9006	0,1931	0,8262	0,2256	0,7256
11	7	4	0,0000	1,0000	0,0000	1,0000	0,0003	1,0000	0,0017	0,9998	0,0064	0,9988	0,0173	0,9957	0,0379	0,9878	0,0701	0,9707	0,1128	0,9390	0,1611	0,8867
11	8	3	0,0000	1,0000	0,0000	1,0000	0,0000	1,0000	0,0002	1,0000	0,0011	0,9999	0,0037	0,9994	0,0102	0,9980	0,0234	0,9941	0,0462	0,9852	0,0806	0,9673
11	9	2	0,0000	1,0000	0,0000	1,0000	0,0000	1,0000	0,0000	1,0000	0,0001	1,0000	0,0005	1,0000	0,0018	0,9998	0,0052	0,9993	0,0126	0,9978	0,0269	0,9941
11	10	1	0,0000	1,0000	0,0000	1,0000	0,0000	1,0000	0,0000	1,0000	0,0000	1,0000	0,0000	1,0000	0,0002	1,0000	0,0007	1,0000	0,0021	0,9998	0,0054	0,9995
11	11	0	0,0000	1,0000	0,0000	1,0000	0,0000	1,0000	0,0000	1,0000	0,0000	1,0000	0,0000	1,0000	0,0000	1,0000	0,0000	1,0000	0,0002	1,0000	0,0005	1,0000
12	0	12	0,5404	0,5404	0,2824	0,2824	0,1422	0,1422	0,0687	0,0687	0,0317	0,0317	0,0138	0,0138	0,0057	0,0057	0,0022	0,0022	0,0008	0,0008	0,0002	0,0002
12	1	11	0,3413	0,8816	0,3766	0,6590	0,3012	0,4435	0,2062	0,2749	0,1267	0,1584	0,0712	0,0850	0,0368	0,0424	0,0174	0,0196	0,0075	0,0083	0,0029	0,0032
12	2	10	0,0988	0,9804	0,2301	0,8891	0,2924	0,7358	0,2835	0,5583	0,2323	0,3907	0,1678	0,2528	0,1088	0,1513	0,0639	0,0834	0,0339	0,0421	0,0161	0,0193
12	3	9	0,0173	0,9978	0,0852	0,9744	0,1720	0,9078	0,2362	0,7946	0,2581	0,6488	0,2397	0,4925	0,1954	0,3467	0,1419	0,2253	0,0923	0,1345	0,0537	0,0730
12	4	8	0,0021	0,9998	0,0213	0,9957	0,0683	0,9761	0,1329	0,9274	0,1936	0,8424	0,2311	0,7237	0,2367	0,5833	0,2128	0,4382	0,1700	0,3044	0,1208	0,1938
12	5	7	0,0002	1,0000	0,0038	0,9995	0,0193	0,9954	0,0532	0,9806	0,1032	0,9456	0,1585	0,8822	0,2039	0,7873	0,2270	0,6652	0,2225	0,5269	0,1934	0,3872
12	6	6	0,0000	1,0000	0,0005	0,9999	0,0040	0,9993	0,0155	0,9961	0,0401	0,9857	0,0792	0,9614	0,1281	0,9154	0,1766	0,8418	0,2124	0,7393	0,2256	0,6128
12	7	5	0,0000	1,0000	0,0000	1,0000	0,0006	0,9999	0,0033	0,9994	0,0115	0,9972	0,0291	0,9905	0,0591	0,9745	0,1009	0,9427	0,1489	0,8883	0,1934	0,8062
12	8	4	0,0000	1,0000	0,0000	1,0000	0,0001	1,0000	0,0005	0,9999	0,0024	0,9996	0,0078	0,9983	0,0199	0,9944	0,0420	0,9847	0,0762	0,9644	0,1208	0,9270
12	9	3	0,0000	1,0000	0,0000	1,0000	0,0000	1,0000	0,0001	1,0000	0,0004	1,0000	0,0015	0,9998	0,0048	0,9992	0,0125	0,9972	0,0277	0,9921	0,0537	0,9807
12	10	2	0,0000	1,0000	0,0000	1,0000	0,0000	1,0000	0,0000	1,0000	0,0000	1,0000	0,0002	1,0000	0,0008	0,9999	0,0025	0,9997	0,0068	0,9989	0,0161	0,9968
12	11	1	0,0000	1,0000	0,0000	1,0000	0,0000	1,0000	0,0000	1,0000	0,0000	1,0000	0,0000	1,0000	0,0001	1,0000	0,0003	1,0000	0,0010	0,9999	0,0029	0,9998
12	12	0	0,0000	1,0000	0,0000	1,0000	0,0000	1,0000	0,0000	1,0000	0,0000	1,0000	0,0000	1,0000	0,0000	1,0000	0,0000	1,0000	0,0001	1,0000	0,0002	1,0000
13	0	13	0,5133	0,5133	0,2542	0,2542	0,1209	0,1209	0,0550	0,0550	0,0238	0,0238	0,0097	0,0097	0,0037	0,0037	0,0013	0,0013	0,0004	0,0004	0,0001	0,0001
13	1	12	0,3512	0,8646	0,3672	0,6213	0,2774	0,3983	0,1787	0,2336	0,1029	0,1267	0,0540	0,0637	0,0259	0,0296	0,0113	0,0126	0,0045	0,0049	0,0016	0,0017
13	2	11	0,1109	0,9755	0,2448	0,8661	0,2937	0,6920	0,2680	0,5017	0,2059	0,3326	0,1388	0,2025	0,0836	0,1132	0,0453	0,0579	0,0220	0,0269	0,0095	0,0112
13	3	10	0,0214	0,9969	0,0997	0,9658	0,1900	0,8820	0,2457	0,7473	0,2517	0,5843	0,2181	0,4206	0,1651	0,2783	0,1107	0,1686	0,0660	0,0929	0,0349	0,0461
13	4	9	0,0028	0,9997	0,0277	0,9935	0,0838	0,9658	0,1535	0,9009	0,2097	0,7940	0,2337	0,6543	0,2222	0,5005	0,1845	0,3530	0,1350	0,2279	0,0873	0,1334
13	5	8	0,0003	1,0000	0,0055	0,9991	0,0266	0,9925	0,0691	0,9700	0,1258	0,9198	0,1803	0,8346	0,2154	0,7159	0,2214	0,5744	0,1989	0,4268	0,1571	0,2905
13	6	7	0,0000	1,0000	0,0008	0,9999	0,0063	0,9987	0,0230	0,9930	0,0559	0,9757	0,1030	0,9376	0,1546	0,8705	0,1968	0,7712	0,2169	0,6437	0,2095	0,5000
13	7	6	0,0000	1,0000	0,0001	1,0000	0,0011	0,9998	0,0058	0,9988	0,0186	0,9944	0,0442	0,9818	0,0833	0,9538	0,1312	0,9023	0,1775	0,8212	0,2095	0,7095
13	8	5	0,0000	1,0000	0,0000	1,0000	0,0001	1,0000	0,0011	0,9998	0,0047	0,9990	0,0142	0,9960	0,0336	0,9874	0,0656	0,9679	0,1089	0,9302	0,1571	0,8666
13	9	4	0,0000	1,0000	0,0000	1,0000	0,0000	1,0000	0,0001	1,0000	0,0009	0,9999	0,0034	0,9993	0,0101	0,9975	0,0243	0,9922	0,0495	0,9797	0,0873	0,9539

		Θ =	0,05		0,1		0,15		0,2		0,25		0,3		0,35		0,4		0,45		0,5	
		1-Θ =	0,95		0,9		0,85		0,8		0,75		0,7		0,65		0,6		0,55		0,5	
n	**x**	**n-x**	**f(x)**	**F(x)**	**f(x)**	**F(x)**	**f(x)**	**F(x)**	**f(x)**	**F(x)**	**f(x)**	**F(x)**	**f(x)**	**F(x)**	**f(x)**	**F(x)**	**f(x)**	**F(x)**	**f(x)**	**F(x)**	**f(x)**	**F(x)**
13	10	3	0,0000	1,0000	0,0000	1,0000	0,0000	1,0000	0,0000	1,0000	0,0001	1,0000	0,0006	0,9999	0,0022	0,9997	0,0065	0,9987	0,0162	0,9959	0,0349	0,9888
13	11	2	0,0000	1,0000	0,0000	1,0000	0,0000	1,0000	0,0000	1,0000	0,0000	1,0000	0,0001	1,0000	0,0003	1,0000	0,0012	0,9999	0,0036	0,9995	0,0095	0,9983
13	12	1	0,0000	1,0000	0,0000	1,0000	0,0000	1,0000	0,0000	1,0000	0,0000	1,0000	0,0000	1,0000	0,0000	1,0000	0,0001	1,0000	0,0005	1,0000	0,0016	0,9999
13	13	0	0,0000	1,0000	0,0000	1,0000	0,0000	1,0000	0,0000	1,0000	0,0000	1,0000	0,0000	1,0000	0,0000	1,0000	0,0000	1,0000	0,0000	1,0000	0,0001	1,0000
14	0	14	0,4877	0,4877	0,2288	0,2288	0,1028	0,1028	0,0440	0,0440	0,0178	0,0178	0,0068	0,0068	0,0024	0,0024	0,0008	0,0008	0,0002	0,0002	0,0001	0,0001
14	1	13	0,3593	0,8470	0,3559	0,5846	0,2539	0,3567	0,1539	0,1979	0,0832	0,1010	0,0407	0,0475	0,0181	0,0205	0,0073	0,0081	0,0027	0,0029	0,0009	0,0009
14	2	12	0,1229	0,9699	0,2570	0,8416	0,2912	0,6479	0,2501	0,4481	0,1802	0,2811	0,1134	0,1608	0,0634	0,0839	0,0317	0,0398	0,0141	0,0170	0,0056	0,0065
14	3	11	0,0259	0,9958	0,1142	0,9559	0,2056	0,8535	0,2501	0,6982	0,2402	0,5213	0,1943	0,3552	0,1366	0,2205	0,0845	0,1243	0,0462	0,0632	0,0222	0,0287
14	4	10	0,0037	0,9996	0,0349	0,9908	0,0998	0,9533	0,1720	0,8702	0,2202	0,7415	0,2290	0,5842	0,2022	0,4227	0,1549	0,2793	0,1040	0,1672	0,0611	0,0898
14	5	9	0,0004	1,0000	0,0078	0,9985	0,0352	0,9885	0,0860	0,9561	0,1468	0,8883	0,1963	0,7805	0,2178	0,6405	0,2066	0,4859	0,1701	0,3373	0,1222	0,2120
14	6	8	0,0000	1,0000	0,0013	0,9998	0,0093	0,9978	0,0322	0,9884	0,0734	0,9617	0,1262	0,9067	0,1759	0,8164	0,2066	0,6925	0,2088	0,5461	0,1833	0,3953
14	7	7	0,0000	1,0000	0,0002	1,0000	0,0019	0,9997	0,0092	0,9976	0,0280	0,9897	0,0618	0,9685	0,1082	0,9247	0,1574	0,8499	0,1952	0,7414	0,2095	0,6047
14	8	6	0,0000	1,0000	0,0000	1,0000	0,0003	1,0000	0,0020	0,9996	0,0082	0,9978	0,0232	0,9917	0,0510	0,9757	0,0918	0,9417	0,1398	0,8811	0,1833	0,7880
14	9	5	0,0000	1,0000	0,0000	1,0000	0,0000	1,0000	0,0003	1,0000	0,0018	0,9997	0,0066	0,9983	0,0183	0,9940	0,0408	0,9825	0,0762	0,9574	0,1222	0,9102
14	10	4	0,0000	1,0000	0,0000	1,0000	0,0000	1,0000	0,0000	1,0000	0,0003	1,0000	0,0014	0,9998	0,0049	0,9989	0,0136	0,9961	0,0312	0,9886	0,0611	0,9713
14	11	3	0,0000	1,0000	0,0000	1,0000	0,0000	1,0000	0,0000	1,0000	0,0000	1,0000	0,0002	1,0000	0,0010	0,9999	0,0033	0,9994	0,0093	0,9978	0,0222	0,9935
14	12	2	0,0000	1,0000	0,0000	1,0000	0,0000	1,0000	0,0000	1,0000	0,0000	1,0000	0,0000	1,0000	0,0001	1,0000	0,0005	0,9999	0,0019	0,9997	0,0056	0,9991
14	13	1	0,0000	1,0000	0,0000	1,0000	0,0000	1,0000	0,0000	1,0000	0,0000	1,0000	0,0000	1,0000	0,0000	1,0000	0,0001	1,0000	0,0002	1,0000	0,0009	0,9999
14	14	0	0,0000	1,0000	0,0000	1,0000	0,0000	1,0000	0,0000	1,0000	0,0000	1,0000	0,0000	1,0000	0,0000	1,0000	0,0000	1,0000	0,0000	1,0000	0,0001	1,0000
15	0	15	0,4633	0,4633	0,2059	0,2059	0,0874	0,0874	0,0352	0,0352	0,0134	0,0134	0,0047	0,0047	0,0016	0,0016	0,0005	0,0005	0,0001	0,0001	0,0000	0,0000
15	1	14	0,3658	0,8290	0,3432	0,5490	0,2312	0,3186	0,1319	0,1671	0,0668	0,0802	0,0305	0,0353	0,0126	0,0142	0,0047	0,0052	0,0016	0,0017	0,0005	0,0005
15	2	13	0,1348	0,9638	0,2669	0,8159	0,2856	0,6042	0,2309	0,3980	0,1559	0,2361	0,0916	0,1268	0,0476	0,0617	0,0219	0,0271	0,0090	0,0107	0,0032	0,0037
15	3	12	0,0307	0,9945	0,1285	0,9444	0,2184	0,8227	0,2501	0,6482	0,2252	0,4613	0,1700	0,2969	0,1110	0,1727	0,0634	0,0905	0,0318	0,0424	0,0139	0,0176
15	4	11	0,0049	0,9994	0,0428	0,9873	0,1156	0,9383	0,1876	0,8358	0,2252	0,6865	0,2186	0,5155	0,1792	0,3519	0,1268	0,2173	0,0780	0,1204	0,0417	0,0592
15	5	10	0,0006	0,9999	0,0105	0,9978	0,0449	0,9832	0,1032	0,9389	0,1651	0,8516	0,2061	0,7216	0,2123	0,5643	0,1859	0,4032	0,1404	0,2608	0,0916	0,1509
15	6	9	0,0000	1,0000	0,0019	0,9997	0,0132	0,9964	0,0430	0,9819	0,0917	0,9434	0,1472	0,8689	0,1906	0,7548	0,2066	0,6098	0,1914	0,4522	0,1527	0,3036
15	7	8	0,0000	1,0000	0,0003	1,0000	0,0030	0,9994	0,0138	0,9958	0,0393	0,9827	0,0811	0,9500	0,1319	0,8868	0,1771	0,7869	0,2013	0,6535	0,1964	0,5000
15	8	7	0,0000	1,0000	0,0000	1,0000	0,0005	0,9999	0,0035	0,9992	0,0131	0,9958	0,0348	0,9848	0,0710	0,9578	0,1181	0,9050	0,1647	0,8182	0,1964	0,6964
15	9	6	0,0000	1,0000	0,0000	1,0000	0,0001	1,0000	0,0007	0,9999	0,0034	0,9992	0,0116	0,9963	0,0298	0,9876	0,0612	0,9662	0,1048	0,9231	0,1527	0,8491
15	10	5	0,0000	1,0000	0,0000	1,0000	0,0000	1,0000	0,0001	1,0000	0,0007	0,9999	0,0030	0,9993	0,0096	0,9972	0,0245	0,9907	0,0515	0,9745	0,0916	0,9408
15	11	4	0,0000	1,0000	0,0000	1,0000	0,0000	1,0000	0,0000	1,0000	0,0001	1,0000	0,0006	0,9999	0,0024	0,9995	0,0074	0,9981	0,0191	0,9937	0,0417	0,9824
15	12	3	0,0000	1,0000	0,0000	1,0000	0,0000	1,0000	0,0000	1,0000	0,0000	1,0000	0,0001	1,0000	0,0004	0,9999	0,0016	0,9997	0,0052	0,9989	0,0139	0,9963
15	13	2	0,0000	1,0000	0,0000	1,0000	0,0000	1,0000	0,0000	1,0000	0,0000	1,0000	0,0000	1,0000	0,0001	1,0000	0,0003	1,0000	0,0010	0,9999	0,0032	0,9995
15	14	1	0,0000	1,0000	0,0000	1,0000	0,0000	1,0000	0,0000	1,0000	0,0000	1,0000	0,0000	1,0000	0,0000	1,0000	0,0000	1,0000	0,0001	1,0000	0,0005	1,0000
15	15	0	0,0000	1,0000	0,0000	1,0000	0,0000	1,0000	0,0000	1,0000	0,0000	1,0000	0,0000	1,0000	0,0000	1,0000	0,0000	1,0000	0,0000	1,0000	0,0000	1,0000

		Θ =	0,05		0,1		0,15		0,2		0,25		0,3		0,35		0,4		0,45		0,5	
		1-Θ =	0,95		0,9		0,85		0,8		0,75		0,7		0,65		0,6		0,55		0,5	
n	**x**	**n-x**	**f(x)**	**F(x)**	**f(x)**	**F(x)**	**f(x)**	**F(x)**	**f(x)**	**F(x)**	**f(x)**	**F(x)**	**f(x)**	**F(x)**	**f(x)**	**F(x)**	**f(x)**	**F(x)**	**f(x)**	**F(x)**	**f(x)**	**F(x)**
16	0	16	0,4401	0,4401	0,1853	0,1853	0,0743	0,0743	0,0281	0,0281	0,0100	0,0100	0,0033	0,0033	0,0010	0,0010	0,0003	0,0003	0,0001	0,0001	0,0000	0,0000
16	1	15	0,3706	0,8108	0,3294	0,5147	0,2097	0,2839	0,1126	0,1407	0,0535	0,0635	0,0228	0,0261	0,0087	0,0098	0,0030	0,0033	0,0009	0,0010	0,0002	0,0003
16	2	14	0,1463	0,9571	0,2745	0,7892	0,2775	0,5614	0,2111	0,3518	0,1336	0,1971	0,0732	0,0994	0,0353	0,0451	0,0150	0,0183	0,0056	0,0066	0,0018	0,0021
16	3	13	0,0359	0,9930	0,1423	0,9316	0,2285	0,7899	0,2463	0,5981	0,2079	0,4050	0,1465	0,2459	0,0888	0,1339	0,0468	0,0651	0,0215	0,0281	0,0085	0,0106
16	4	12	0,0061	0,9991	0,0514	0,9830	0,1311	0,9209	0,2001	0,7982	0,2252	0,6302	0,2040	0,4499	0,1553	0,2892	0,1014	0,1666	0,0572	0,0853	0,0278	0,0384
16	5	11	0,0008	0,9999	0,0137	0,9967	0,0555	0,9765	0,1201	0,9183	0,1802	0,8103	0,2099	0,6598	0,2008	0,4900	0,1623	0,3288	0,1123	0,1976	0,0667	0,1051
16	6	10	0,0001	1,0000	0,0028	0,9995	0,0180	0,9944	0,0550	0,9733	0,1101	0,9204	0,1649	0,8247	0,1982	0,6881	0,1983	0,5272	0,1684	0,3660	0,1222	0,2272
16	7	9	0,0000	1,0000	0,0004	0,9999	0,0045	0,9989	0,0197	0,9930	0,0524	0,9729	0,1010	0,9256	0,1524	0,8406	0,1889	0,7161	0,1969	0,5629	0,1746	0,4018
16	8	8	0,0000	1,0000	0,0001	1,0000	0,0009	0,9998	0,0055	0,9985	0,0197	0,9925	0,0487	0,9743	0,0923	0,9329	0,1417	0,8577	0,1812	0,7441	0,1964	0,5982
16	9	7	0,0000	1,0000	0,0000	1,0000	0,0001	1,0000	0,0012	0,9998	0,0058	0,9984	0,0185	0,9929	0,0442	0,9771	0,0840	0,9417	0,1318	0,8759	0,1746	0,7728
16	10	6	0,0000	1,0000	0,0000	1,0000	0,0000	1,0000	0,0002	1,0000	0,0014	0,9997	0,0056	0,9984	0,0167	0,9938	0,0392	0,9809	0,0755	0,9514	0,1222	0,8949
16	11	5	0,0000	1,0000	0,0000	1,0000	0,0000	1,0000	0,0000	1,0000	0,0002	1,0000	0,0013	0,9997	0,0049	0,9987	0,0142	0,9951	0,0337	0,9851	0,0667	0,9616
16	12	4	0,0000	1,0000	0,0000	1,0000	0,0000	1,0000	0,0000	1,0000	0,0000	1,0000	0,0002	1,0000	0,0011	0,9998	0,0040	0,9991	0,0115	0,9965	0,0278	0,9894
16	13	3	0,0000	1,0000	0,0000	1,0000	0,0000	1,0000	0,0000	1,0000	0,0000	1,0000	0,0000	1,0000	0,0002	1,0000	0,0008	0,9999	0,0029	0,9994	0,0085	0,9979
16	14	2	0,0000	1,0000	0,0000	1,0000	0,0000	1,0000	0,0000	1,0000	0,0000	1,0000	0,0000	1,0000	0,0000	1,0000	0,0001	1,0000	0,0005	0,9999	0,0018	0,9997
16	15	1	0,0000	1,0000	0,0000	1,0000	0,0000	1,0000	0,0000	1,0000	0,0000	1,0000	0,0000	1,0000	0,0000	1,0000	0,0000	1,0000	0,0001	1,0000	0,0002	1,0000
16	16	0	0,0000	1,0000	0,0000	1,0000	0,0000	1,0000	0,0000	1,0000	0,0000	1,0000	0,0000	1,0000	0,0000	1,0000	0,0000	1,0000	0,0000	1,0000	0,0000	1,0000
17	0	17	0,4181	0,4181	0,1668	0,1668	0,0631	0,0631	0,0225	0,0225	0,0075	0,0075	0,0023	0,0023	0,0007	0,0007	0,0002	0,0002	0,0000	0,0000	0,0000	0,0000
17	1	16	0,3741	0,7922	0,3150	0,4818	0,1893	0,2525	0,0957	0,1182	0,0426	0,0501	0,0169	0,0193	0,0060	0,0067	0,0019	0,0021	0,0005	0,0006	0,0001	0,0001
17	2	15	0,1575	0,9497	0,2800	0,7618	0,2673	0,5198	0,1914	0,3096	0,1136	0,1637	0,0581	0,0774	0,0260	0,0327	0,0102	0,0123	0,0035	0,0041	0,0010	0,0012
17	3	14	0,0415	0,9912	0,1556	0,9174	0,2359	0,7556	0,2393	0,5489	0,1893	0,3530	0,1245	0,2019	0,0701	0,1028	0,0341	0,0464	0,0144	0,0184	0,0052	0,0064
17	4	13	0,0076	0,9988	0,0605	0,9779	0,1457	0,9013	0,2093	0,7582	0,2209	0,5739	0,1868	0,3887	0,1320	0,2348	0,0796	0,1260	0,0411	0,0596	0,0182	0,0245
17	5	12	0,0010	0,9999	0,0175	0,9953	0,0668	0,9681	0,1361	0,8943	0,1914	0,7653	0,2081	0,5968	0,1849	0,4197	0,1379	0,2639	0,0875	0,1471	0,0472	0,0717
17	6	11	0,0001	1,0000	0,0039	0,9992	0,0236	0,9917	0,0680	0,9623	0,1276	0,8929	0,1784	0,7752	0,1991	0,6188	0,1839	0,4478	0,1432	0,2902	0,0944	0,1662
17	7	10	0,0000	1,0000	0,0007	0,9999	0,0065	0,9983	0,0267	0,9891	0,0668	0,9598	0,1201	0,8954	0,1685	0,7872	0,1927	0,6405	0,1841	0,4743	0,1484	0,3145
17	8	9	0,0000	1,0000	0,0001	1,0000	0,0014	0,9997	0,0084	0,9974	0,0279	0,9876	0,0644	0,9597	0,1134	0,9006	0,1606	0,8011	0,1883	0,6626	0,1855	0,5000
17	9	8	0,0000	1,0000	0,0000	1,0000	0,0003	1,0000	0,0021	0,9995	0,0093	0,9969	0,0276	0,9873	0,0611	0,9617	0,1070	0,9081	0,1540	0,8166	0,1855	0,6855
17	10	7	0,0000	1,0000	0,0000	1,0000	0,0000	1,0000	0,0004	0,9999	0,0025	0,9994	0,0095	0,9968	0,0263	0,9880	0,0571	0,9652	0,1008	0,9174	0,1484	0,8338
17	11	6	0,0000	1,0000	0,0000	1,0000	0,0000	1,0000	0,0001	1,0000	0,0005	0,9999	0,0026	0,9993	0,0090	0,9970	0,0242	0,9894	0,0525	0,9699	0,0944	0,9283
17	12	5	0,0000	1,0000	0,0000	1,0000	0,0000	1,0000	0,0000	1,0000	0,0001	1,0000	0,0006	0,9999	0,0024	0,9994	0,0081	0,9975	0,0215	0,9914	0,0472	0,9755
17	13	4	0,0000	1,0000	0,0000	1,0000	0,0000	1,0000	0,0000	1,0000	0,0000	1,0000	0,0001	1,0000	0,0005	0,9999	0,0021	0,9995	0,0068	0,9981	0,0182	0,9936
17	14	3	0,0000	1,0000	0,0000	1,0000	0,0000	1,0000	0,0000	1,0000	0,0000	1,0000	0,0000	1,0000	0,0001	1,0000	0,0004	0,9999	0,0016	0,9997	0,0052	0,9988
17	15	2	0,0000	1,0000	0,0000	1,0000	0,0000	1,0000	0,0000	1,0000	0,0000	1,0000	0,0000	1,0000	0,0000	1,0000	0,0001	1,0000	0,0003	1,0000	0,0010	0,9999
17	16	1	0,0000	1,0000	0,0000	1,0000	0,0000	1,0000	0,0000	1,0000	0,0000	1,0000	0,0000	1,0000	0,0000	1,0000	0,0000	1,0000	0,0000	1,0000	0,0001	1,0000
17	17	0	0,0000	1,0000	0,0000	1,0000	0,0000	1,0000	0,0000	1,0000	0,0000	1,0000	0,0000	1,0000	0,0000	1,0000	0,0000	1,0000	0,0000	1,0000	0,0000	1,0000

		Θ =	0,05		0,1		0,15		0,2		0,25		0,3		0,35		0,4		0,45		0,5	
		1-Θ =	0,95		0,9		0,85		0,8		0,75		0,7		0,65		0,6		0,55		0,5	
n	**x**	**n-x**	**f(x)**	**F(x)**	**f(x)**	**F(x)**	**f(x)**	**F(x)**	**f(x)**	**F(x)**	**f(x)**	**F(x)**	**f(x)**	**F(x)**	**f(x)**	**F(x)**	**f(x)**	**F(x)**	**f(x)**	**F(x)**	**f(x)**	**F(x)**
18	0	18	0,3972	0,3972	0,1501	0,1501	0,0536	0,0536	0,0180	0,0180	0,0056	0,0056	0,0016	0,0016	0,0004	0,0004	0,0001	0,0001	0,0000	0,0000	0,0000	0,0000
18	1	17	0,3763	0,7735	0,3002	0,4503	0,1704	0,2241	0,0811	0,0991	0,0338	0,0395	0,0126	0,0142	0,0042	0,0046	0,0012	0,0013	0,0003	0,0003	0,0001	0,0001
18	2	16	0,1683	0,9419	0,2835	0,7338	0,2556	0,4797	0,1723	0,2713	0,0958	0,1353	0,0458	0,0600	0,0190	0,0236	0,0069	0,0082	0,0022	0,0025	0,0006	0,0007
18	3	15	0,0473	0,9891	0,1680	0,9018	0,2406	0,7202	0,2297	0,5010	0,1704	0,3057	0,1046	0,1646	0,0547	0,0783	0,0246	0,0328	0,0095	0,0120	0,0031	0,0038
18	4	14	0,0093	0,9985	0,0700	0,9718	0,1592	0,8794	0,2153	0,7164	0,2130	0,5187	0,1681	0,3327	0,1104	0,1886	0,0614	0,0942	0,0291	0,0411	0,0117	0,0154
18	5	13	0,0014	0,9998	0,0218	0,9936	0,0787	0,9581	0,1507	0,8671	0,1988	0,7175	0,2017	0,5344	0,1664	0,3550	0,1146	0,2088	0,0666	0,1077	0,0327	0,0481
18	6	12	0,0002	1,0000	0,0052	0,9988	0,0301	0,9882	0,0816	0,9487	0,1436	0,8610	0,1873	0,7217	0,1941	0,5491	0,1655	0,3743	0,1181	0,2258	0,0708	0,1189
18	7	11	0,0000	1,0000	0,0010	0,9998	0,0091	0,9973	0,0350	0,9837	0,0820	0,9431	0,1376	0,8593	0,1792	0,7283	0,1892	0,5634	0,1657	0,3915	0,1214	0,2403
18	8	10	0,0000	1,0000	0,0002	1,0000	0,0022	0,9995	0,0120	0,9957	0,0376	0,9807	0,0811	0,9404	0,1327	0,8609	0,1734	0,7368	0,1864	0,5778	0,1669	0,4073
18	9	9	0,0000	1,0000	0,0000	1,0000	0,0004	0,9999	0,0033	0,9991	0,0139	0,9946	0,0386	0,9790	0,0794	0,9403	0,1284	0,8653	0,1694	0,7473	0,1855	0,5927
18	10	8	0,0000	1,0000	0,0000	1,0000	0,0001	1,0000	0,0008	0,9998	0,0042	0,9988	0,0149	0,9939	0,0385	0,9788	0,0771	0,9424	0,1248	0,8720	0,1669	0,7597
18	11	7	0,0000	1,0000	0,0000	1,0000	0,0000	1,0000	0,0001	1,0000	0,0010	0,9998	0,0046	0,9986	0,0151	0,9938	0,0374	0,9797	0,0742	0,9463	0,1214	0,8811
18	12	6	0,0000	1,0000	0,0000	1,0000	0,0000	1,0000	0,0000	1,0000	0,0002	1,0000	0,0012	0,9997	0,0047	0,9986	0,0145	0,9942	0,0354	0,9817	0,0708	0,9519
18	13	5	0,0000	1,0000	0,0000	1,0000	0,0000	1,0000	0,0000	1,0000	0,0000	1,0000	0,0002	1,0000	0,0012	0,9997	0,0045	0,9987	0,0134	0,9951	0,0327	0,9846
18	14	4	0,0000	1,0000	0,0000	1,0000	0,0000	1,0000	0,0000	1,0000	0,0000	1,0000	0,0000	1,0000	0,0002	1,0000	0,0011	0,9998	0,0039	0,9990	0,0117	0,9962
18	15	3	0,0000	1,0000	0,0000	1,0000	0,0000	1,0000	0,0000	1,0000	0,0000	1,0000	0,0000	1,0000	0,0000	1,0000	0,0002	1,0000	0,0009	0,9999	0,0031	0,9993
18	16	2	0,0000	1,0000	0,0000	1,0000	0,0000	1,0000	0,0000	1,0000	0,0000	1,0000	0,0000	1,0000	0,0000	1,0000	0,0000	1,0000	0,0001	1,0000	0,0006	0,9999
18	17	1	0,0000	1,0000	0,0000	1,0000	0,0000	1,0000	0,0000	1,0000	0,0000	1,0000	0,0000	1,0000	0,0000	1,0000	0,0000	1,0000	0,0000	1,0000	0,0001	1,0000
18	18	0	0,0000	1,0000	0,0000	1,0000	0,0000	1,0000	0,0000	1,0000	0,0000	1,0000	0,0000	1,0000	0,0000	1,0000	0,0000	1,0000	0,0000	1,0000	0,0000	1,0000
19	0	19	0,3774	0,3774	0,1351	0,1351	0,0456	0,0456	0,0144	0,0144	0,0042	0,0042	0,0011	0,0011	0,0003	0,0003	0,0001	0,0001	0,0000	0,0000	0,0000	0,0000
19	1	18	0,3774	0,7547	0,2852	0,4203	0,1529	0,1985	0,0685	0,0829	0,0268	0,0310	0,0093	0,0104	0,0029	0,0031	0,0008	0,0008	0,0002	0,0002	0,0000	0,0000
19	2	17	0,1787	0,9335	0,2852	0,7054	0,2428	0,4413	0,1540	0,2369	0,0803	0,1113	0,0358	0,0462	0,0138	0,0170	0,0046	0,0055	0,0013	0,0015	0,0003	0,0004
19	3	16	0,0533	0,9868	0,1796	0,8850	0,2428	0,6841	0,2182	0,4551	0,1517	0,2631	0,0869	0,1332	0,0422	0,0591	0,0175	0,0230	0,0062	0,0077	0,0018	0,0022
19	4	15	0,0112	0,9980	0,0798	0,9648	0,1714	0,8556	0,2182	0,6733	0,2023	0,4654	0,1491	0,2822	0,0909	0,1500	0,0467	0,0696	0,0203	0,0280	0,0074	0,0096
19	5	14	0,0018	0,9998	0,0266	0,9914	0,0907	0,9463	0,1636	0,8369	0,2023	0,6678	0,1916	0,4739	0,1468	0,2968	0,0933	0,1629	0,0497	0,0777	0,0222	0,0318
19	6	13	0,0002	1,0000	0,0069	0,9983	0,0374	0,9837	0,0955	0,9324	0,1574	0,8251	0,1916	0,6655	0,1844	0,4812	0,1451	0,3081	0,0949	0,1727	0,0518	0,0835
19	7	12	0,0000	1,0000	0,0014	0,9997	0,0122	0,9959	0,0443	0,9767	0,0974	0,9225	0,1525	0,8180	0,1844	0,6656	0,1797	0,4878	0,1443	0,3169	0,0961	0,1796
19	8	11	0,0000	1,0000	0,0002	1,0000	0,0032	0,9992	0,0166	0,9933	0,0487	0,9713	0,0981	0,9161	0,1489	0,8145	0,1797	0,6675	0,1771	0,4940	0,1442	0,3238
19	9	10	0,0000	1,0000	0,0000	1,0000	0,0007	0,9999	0,0051	0,9984	0,0198	0,9911	0,0514	0,9674	0,0980	0,9125	0,1464	0,8139	0,1771	0,6710	0,1762	0,5000
19	10	9	0,0000	1,0000	0,0000	1,0000	0,0001	1,0000	0,0013	0,9997	0,0066	0,9977	0,0220	0,9895	0,0528	0,9653	0,0976	0,9115	0,1449	0,8159	0,1762	0,6762
19	11	8	0,0000	1,0000	0,0000	1,0000	0,0000	1,0000	0,0003	1,0000	0,0018	0,9995	0,0077	0,9972	0,0233	0,9886	0,0532	0,9648	0,0970	0,9129	0,1442	0,8204
19	12	7	0,0000	1,0000	0,0000	1,0000	0,0000	1,0000	0,0000	1,0000	0,0004	0,9999	0,0022	0,9994	0,0083	0,9969	0,0237	0,9884	0,0529	0,9658	0,0961	0,9165
19	13	6	0,0000	1,0000	0,0000	1,0000	0,0000	1,0000	0,0000	1,0000	0,0001	1,0000	0,0005	0,9999	0,0024	0,9993	0,0085	0,9969	0,0233	0,9891	0,0518	0,9682
19	14	5	0,0000	1,0000	0,0000	1,0000	0,0000	1,0000	0,0000	1,0000	0,0000	1,0000	0,0001	1,0000	0,0006	0,9999	0,0024	0,9994	0,0082	0,9972	0,0222	0,9904

		Θ =	0,05		0,1		0,15		0,2		0,25		0,3		0,35		0,4		0,45		0,5	
		1-Θ =	0,95		0,9		0,85		0,8		0,75		0,7		0,65		0,6		0,55		0,5	
n	**x**	**n-x**	**f(x)**	**F(x)**	**f(x)**	**F(x)**	**f(x)**	**F(x)**	**f(x)**	**F(x)**	**f(x)**	**F(x)**	**f(x)**	**F(x)**	**f(x)**	**F(x)**	**f(x)**	**F(x)**	**f(x)**	**F(x)**	**f(x)**	**F(x)**
19	15	4	0,0000	1,0000	0,0000	1,0000	0,0000	1,0000	0,0000	1,0000	0,0000	1,0000	0,0000	1,0000	0,0001	1,0000	0,0005	0,9999	0,0022	0,9995	0,0074	0,9978
19	16	3	0,0000	1,0000	0,0000	1,0000	0,0000	1,0000	0,0000	1,0000	0,0000	1,0000	0,0000	1,0000	0,0000	1,0000	0,0001	1,0000	0,0005	0,9999	0,0018	0,9996
19	17	2	0,0000	1,0000	0,0000	1,0000	0,0000	1,0000	0,0000	1,0000	0,0000	1,0000	0,0000	1,0000	0,0000	1,0000	0,0000	1,0000	0,0001	1,0000	0,0003	1,0000
19	18	1	0,0000	1,0000	0,0000	1,0000	0,0000	1,0000	0,0000	1,0000	0,0000	1,0000	0,0000	1,0000	0,0000	1,0000	0,0000	1,0000	0,0000	1,0000	0,0000	1,0000
19	19	0	0,0000	1,0000	0,0000	1,0000	0,0000	1,0000	0,0000	1,0000	0,0000	1,0000	0,0000	1,0000	0,0000	1,0000	0,0000	1,0000	0,0000	1,0000	0,0000	1,0000
20	0	20	0,3585	0,3585	0,1216	0,1216	0,0388	0,0388	0,0115	0,0115	0,0032	0,0032	0,0008	0,0008	0,0002	0,0002	0,0000	0,0000	0,0000	0,0000	0,0000	0,0000
20	1	19	0,3774	0,7358	0,2702	0,3917	0,1368	0,1756	0,0576	0,0692	0,0211	0,0243	0,0068	0,0076	0,0020	0,0021	0,0005	0,0005	0,0001	0,0001	0,0000	0,0000
20	2	18	0,1887	0,9245	0,2852	0,6769	0,2293	0,4049	0,1369	0,2061	0,0669	0,0913	0,0278	0,0355	0,0100	0,0121	0,0031	0,0036	0,0008	0,0009	0,0002	0,0002
20	3	17	0,0596	0,9841	0,1901	0,8670	0,2428	0,6477	0,2054	0,4114	0,1339	0,2252	0,0716	0,1071	0,0323	0,0444	0,0123	0,0160	0,0040	0,0049	0,0011	0,0013
20	4	16	0,0133	0,9974	0,0898	0,9568	0,1821	0,8298	0,2182	0,6296	0,1897	0,4148	0,1304	0,2375	0,0738	0,1182	0,0350	0,0510	0,0139	0,0189	0,0046	0,0059
20	5	15	0,0022	0,9997	0,0319	0,9887	0,1028	0,9327	0,1746	0,8042	0,2023	0,6172	0,1789	0,4164	0,1272	0,2454	0,0746	0,1256	0,0365	0,0553	0,0148	0,0207
20	6	14	0,0003	1,0000	0,0089	0,9976	0,0454	0,9781	0,1091	0,9133	0,1686	0,7858	0,1916	0,6080	0,1712	0,4166	0,1244	0,2500	0,0746	0,1299	0,0370	0,0577
20	7	13	0,0000	1,0000	0,0020	0,9996	0,0160	0,9941	0,0545	0,9679	0,1124	0,8982	0,1643	0,7723	0,1844	0,6010	0,1659	0,4159	0,1221	0,2520	0,0739	0,1316
20	8	12	0,0000	1,0000	0,0004	0,9999	0,0046	0,9987	0,0222	0,9900	0,0609	0,9591	0,1144	0,8867	0,1614	0,7624	0,1797	0,5956	0,1623	0,4143	0,1201	0,2517
20	9	11	0,0000	1,0000	0,0001	1,0000	0,0011	0,9998	0,0074	0,9974	0,0271	0,9861	0,0654	0,9520	0,1158	0,8782	0,1597	0,7553	0,1771	0,5914	0,1602	0,4119
20	10	10	0,0000	1,0000	0,0000	1,0000	0,0002	1,0000	0,0020	0,9994	0,0099	0,9961	0,0308	0,9829	0,0686	0,9468	0,1171	0,8725	0,1593	0,7507	0,1762	0,5881
20	11	9	0,0000	1,0000	0,0000	1,0000	0,0000	1,0000	0,0005	0,9999	0,0030	0,9991	0,0120	0,9949	0,0336	0,9804	0,0710	0,9435	0,1185	0,8692	0,1602	0,7483
20	12	8	0,0000	1,0000	0,0000	1,0000	0,0000	1,0000	0,0001	1,0000	0,0008	0,9998	0,0039	0,9987	0,0136	0,9940	0,0355	0,9790	0,0727	0,9420	0,1201	0,8684
20	13	7	0,0000	1,0000	0,0000	1,0000	0,0000	1,0000	0,0000	1,0000	0,0002	1,0000	0,0010	0,9997	0,0045	0,9985	0,0146	0,9935	0,0366	0,9786	0,0739	0,9423
20	14	6	0,0000	1,0000	0,0000	1,0000	0,0000	1,0000	0,0000	1,0000	0,0000	1,0000	0,0002	1,0000	0,0012	0,9997	0,0049	0,9984	0,0150	0,9936	0,0370	0,9793
20	15	5	0,0000	1,0000	0,0000	1,0000	0,0000	1,0000	0,0000	1,0000	0,0000	1,0000	0,0000	1,0000	0,0003	1,0000	0,0013	0,9997	0,0049	0,9985	0,0148	0,9941
20	16	4	0,0000	1,0000	0,0000	1,0000	0,0000	1,0000	0,0000	1,0000	0,0000	1,0000	0,0000	1,0000	0,0000	1,0000	0,0003	1,0000	0,0013	0,9997	0,0046	0,9987
20	17	3	0,0000	1,0000	0,0000	1,0000	0,0000	1,0000	0,0000	1,0000	0,0000	1,0000	0,0000	1,0000	0,0000	1,0000	0,0000	1,0000	0,0002	1,0000	0,0011	0,9998
20	18	2	0,0000	1,0000	0,0000	1,0000	0,0000	1,0000	0,0000	1,0000	0,0000	1,0000	0,0000	1,0000	0,0000	1,0000	0,0000	1,0000	0,0000	1,0000	0,0002	1,0000
20	19	1	0,0000	1,0000	0,0000	1,0000	0,0000	1,0000	0,0000	1,0000	0,0000	1,0000	0,0000	1,0000	0,0000	1,0000	0,0000	1,0000	0,0000	1,0000	0,0000	1,0000
20	20	0	0,0000	1,0000	0,0000	1,0000	0,0000	1,0000	0,0000	1,0000	0,0000	1,0000	0,0000	1,0000	0,0000	1,0000	0,0000	1,0000	0,0000	1,0000	0,0000	1,0000

x	f(x)	F(x)	f(x)	F(x)	f(x)	F(x)	f(x)	F(x)	f(x)	F(x)	f(x)	F(x)	f(x)	F(x)	f(x)	F(x)	f(x)	F(x)	f(x)	F(x)
	μ = 0,01		μ = 0,02		μ = 0,03		μ = 0,04		μ = 0,05		μ = 0,06		μ = 0,07		μ = 0,08		μ = 0,09		μ = 0,1	
0	0,9900	0,9900	0,9802	0,9802	0,9704	0,9704	0,9608	0,9608	0,9512	0,9512	0,9418	0,9418	0,9324	0,9324	0,9231	0,9231	0,9139	0,9139	0,9048	0,9048
1	0,0099	1,0000	0,0196	0,9998	0,0291	0,9996	0,0384	0,9992	0,0476	0,9988	0,0565	0,9983	0,0653	0,9977	0,0738	0,9970	0,0823	0,9962	0,0905	0,9953
2	0,0000	1,0000	0,0002	1,0000	0,0004	1,0000	0,0008	1,0000	0,0012	1,0000	0,0017	1,0000	0,0023	0,9999	0,0030	0,9999	0,0037	0,9999	0,0045	0,9998
3	0,0000	1,0000	0,0000	1,0000	0,0000	1,0000	0,0000	1,0000	0,0000	1,0000	0,0000	1,0000	0,0001	1,0000	0,0001	1,0000	0,0001	1,0000	0,0002	1,0000
	μ = 0,11		μ = 0,12		μ = 0,13		μ = 0,14		μ = 0,15		μ = 0,16		μ = 0,17		μ = 0,18		μ = 0,19		μ = 0,2	
0	0,8958	0,8958	0,8869	0,8869	0,8781	0,8781	0,8694	0,8694	0,8607	0,8607	0,8521	0,8521	0,8437	0,8437	0,8353	0,8353	0,8270	0,8270	0,8187	0,8187
1	0,0985	0,9944	0,1064	0,9934	0,1142	0,9922	0,1217	0,9911	0,1291	0,9898	0,1363	0,9885	0,1434	0,9871	0,1503	0,9856	0,1571	0,9841	0,1637	0,9825
2	0,0054	0,9998	0,0064	0,9997	0,0074	0,9997	0,0085	0,9996	0,0097	0,9995	0,0109	0,9994	0,0122	0,9993	0,0135	0,9992	0,0149	0,9990	0,0164	0,9989
3	0,0002	1,0000	0,0003	1,0000	0,0003	1,0000	0,0004	1,0000	0,0005	1,0000	0,0006	1,0000	0,0007	1,0000	0,0008	1,0000	0,0009	1,0000	0,0011	0,9999
4	0,0000	1,0000	0,0000	1,0000	0,0000	1,0000	0,0000	1,0000	0,0000	1,0000	0,0000	1,0000	0,0000	1,0000	0,0000	1,0000	0,0000	1,0000	0,0001	1,0000
	μ = 0,21		μ = 0,22		μ = 0,23		μ = 0,24		μ = 0,25		μ = 0,26		μ = 0,27		μ = 0,28		μ = 0,29		μ = 0,3	
0	0,8106	0,8106	0,8025	0,8025	0,7945	0,7945	0,7866	0,7866	0,7788	0,7788	0,7711	0,7711	0,7634	0,7634	0,7558	0,7558	0,7483	0,7483	0,7408	0,7408
1	0,1702	0,9808	0,1766	0,9791	0,1827	0,9773	0,1888	0,9754	0,1947	0,9735	0,2005	0,9715	0,2061	0,9695	0,2116	0,9674	0,2170	0,9653	0,2222	0,9631
2	0,0179	0,9987	0,0194	0,9985	0,0210	0,9983	0,0227	0,9981	0,0243	0,9978	0,0261	0,9976	0,0278	0,9973	0,0296	0,9970	0,0315	0,9967	0,0333	0,9964
3	0,0013	0,9999	0,0014	0,9999	0,0016	0,9999	0,0018	0,9999	0,0020	0,9999	0,0023	0,9998	0,0025	0,9998	0,0028	0,9998	0,0030	0,9998	0,0033	0,9997
4	0,0001	1,0000	0,0001	1,0000	0,0001	1,0000	0,0001	1,0000	0,0001	1,0000	0,0001	1,0000	0,0002	1,0000	0,0002	1,0000	0,0002	1,0000	0,0003	1,0000
	μ = 0,31		μ = 0,32		μ = 0,33		μ = 0,34		μ = 0,35		μ = 0,36		μ = 0,37		μ = 0,38		μ = 0,39		μ = 0,4	
0	0,7334	0,7334	0,7261	0,7261	0,7189	0,7189	0,7118	0,7118	0,7047	0,7047	0,6977	0,6977	0,6907	0,6907	0,6839	0,6839	0,6771	0,6771	0,6703	0,6703
1	0,2274	0,9608	0,2324	0,9585	0,2372	0,9562	0,2420	0,9538	0,2466	0,9513	0,2512	0,9488	0,2556	0,9463	0,2599	0,9437	0,2641	0,9411	0,2681	0,9384
2	0,0352	0,9961	0,0372	0,9957	0,0391	0,9953	0,0411	0,9949	0,0432	0,9945	0,0452	0,9940	0,0473	0,9936	0,0494	0,9931	0,0515	0,9926	0,0536	0,9921
3	0,0036	0,9997	0,0040	0,9997	0,0043	0,9996	0,0047	0,9996	0,0050	0,9995	0,0054	0,9995	0,0058	0,9994	0,0063	0,9994	0,0067	0,9993	0,0072	0,9992
4	0,0003	1,0000	0,0003	1,0000	0,0004	1,0000	0,0004	1,0000	0,0004	1,0000	0,0005	1,0000	0,0005	1,0000	0,0006	1,0000	0,0007	0,9999	0,0007	0,9999
5	0,0000	1,0000	0,0000	1,0000	0,0000	1,0000	0,0000	1,0000	0,0000	1,0000	0,0000	1,0000	0,0000	1,0000	0,0000	1,0000	0,0001	1,0000	0,0001	1,0000
	μ = 0,41		μ = 0,42		μ = 0,43		μ = 0,44		μ = 0,45		μ = 0,46		μ = 0,47		μ = 0,48		μ = 0,49		μ = 0,5	
0	0,6637	0,6637	0,6570	0,6570	0,6505	0,6505	0,6440	0,6440	0,6376	0,6376	0,6313	0,6313	0,6250	0,6250	0,6188	0,6188	0,6126	0,6126	0,6065	0,6065
1	0,2721	0,9357	0,2760	0,9330	0,2797	0,9302	0,2834	0,9274	0,2869	0,9246	0,2904	0,9217	0,2938	0,9188	0,2970	0,9158	0,3002	0,9128	0,3033	0,9098
2	0,0558	0,9915	0,0580	0,9910	0,0601	0,9904	0,0623	0,9898	0,0646	0,9891	0,0668	0,9885	0,0690	0,9878	0,0713	0,9871	0,0735	0,9864	0,0758	0,9856
3	0,0076	0,9991	0,0081	0,9991	0,0086	0,9990	0,0091	0,9989	0,0097	0,9988	0,0102	0,9987	0,0108	0,9986	0,0114	0,9985	0,0120	0,9984	0,0126	0,9982
4	0,0008	0,9999	0,0009	0,9999	0,0009	0,9999	0,0010	0,9999	0,0011	0,9999	0,0012	0,9999	0,0013	0,9999	0,0014	0,9999	0,0015	0,9998	0,0016	0,9998
5	0,0001	1,0000	0,0001	1,0000	0,0001	1,0000	0,0001	1,0000	0,0001	1,0000	0,0001	1,0000	0,0001	1,0000	0,0001	1,0000	0,0001	1,0000	0,0002	1,0000

x	f(x)	F(x)	f(x)	F(x)	f(x)	F(x)	f(x)	F(x)	f(x)	F(x)	f(x)	F(x)	f(x)	F(x)	f(x)	F(x)	f(x)	F(x)	f(x)	F(x)
	μ = 0,55		μ = 0,6		μ = 0,65		μ = 0,7		μ = 0,75		μ = 0,8		μ = 0,85		μ = 0,9		μ = 0,95		μ = 1	
0	0,5769	0,5769	0,5488	0,5488	0,5220	0,5220	0,4966	0,4966	0,4724	0,4724	0,4493	0,4493	0,4274	0,4274	0,4066	0,4066	0,3867	0,3867	0,3679	0,3679
1	0,3173	0,8943	0,3293	0,8781	0,3393	0,8614	0,3476	0,8442	0,3543	0,8266	0,3595	0,8088	0,3633	0,7907	0,3659	0,7725	0,3674	0,7541	0,3679	0,7358
2	0,0873	0,9815	0,0988	0,9769	0,1103	0,9717	0,1217	0,9659	0,1329	0,9595	0,1438	0,9526	0,1544	0,9451	0,1647	0,9371	0,1745	0,9287	0,1839	0,9197
3	0,0160	0,9975	0,0198	0,9966	0,0239	0,9956	0,0284	0,9942	0,0332	0,9927	0,0383	0,9909	0,0437	0,9889	0,0494	0,9865	0,0553	0,9839	0,0613	0,9810
4	0,0022	0,9997	0,0030	0,9996	0,0039	0,9994	0,0050	0,9992	0,0062	0,9989	0,0077	0,9986	0,0093	0,9982	0,0111	0,9977	0,0131	0,9971	0,0153	0,9963
5	0,0002	1,0000	0,0004	1,0000	0,0005	0,9999	0,0007	0,9999	0,0009	0,9999	0,0012	0,9998	0,0016	0,9997	0,0020	0,9997	0,0025	0,9995	0,0031	0,9994
6	0,0000	1,0000	0,0000	1,0000	0,0001	1,0000	0,0001	1,0000	0,0001	1,0000	0,0002	1,0000	0,0002	1,0000	0,0003	1,0000	0,0004	0,9999	0,0005	0,9999
7	0,0000	1,0000	0,0000	1,0000	0,0000	1,0000	0,0000	1,0000	0,0000	1,0000	0,0000	1,0000	0,0000	1,0000	0,0000	1,0000	0,0001	1,0000	0,0001	1,0000
	μ = 1,05		μ = 1,1		μ = 1,15		μ = 1,2		μ = 1,25		μ = 1,3		μ = 1,35		μ = 1,4		μ = 1,45		μ = 1,5	
0	0,3499	0,3499	0,3329	0,3329	0,3166	0,3166	0,3012	0,3012	0,2865	0,2865	0,2725	0,2725	0,2592	0,2592	0,2466	0,2466	0,2346	0,2346	0,2231	0,2231
1	0,3674	0,7174	0,3662	0,6990	0,3641	0,6808	0,3614	0,6626	0,3581	0,6446	0,3543	0,6268	0,3500	0,6092	0,3452	0,5918	0,3401	0,5747	0,3347	0,5578
2	0,1929	0,9103	0,2014	0,9004	0,2094	0,8901	0,2169	0,8795	0,2238	0,8685	0,2303	0,8571	0,2362	0,8454	0,2417	0,8335	0,2466	0,8213	0,2510	0,8088
3	0,0675	0,9778	0,0738	0,9743	0,0803	0,9704	0,0867	0,9662	0,0933	0,9617	0,0998	0,9569	0,1063	0,9518	0,1128	0,9463	0,1192	0,9405	0,1255	0,9344
4	0,0177	0,9955	0,0203	0,9946	0,0231	0,9935	0,0260	0,9923	0,0291	0,9909	0,0324	0,9893	0,0359	0,9876	0,0395	0,9857	0,0432	0,9837	0,0471	0,9814
5	0,0037	0,9992	0,0045	0,9990	0,0053	0,9988	0,0062	0,9985	0,0073	0,9982	0,0084	0,9978	0,0097	0,9973	0,0111	0,9968	0,0125	0,9962	0,0141	0,9955
6	0,0007	0,9999	0,0008	0,9999	0,0010	0,9998	0,0012	0,9997	0,0015	0,9997	0,0018	0,9996	0,0022	0,9995	0,0026	0,9994	0,0030	0,9992	0,0035	0,9991
7	0,0001	1,0000	0,0001	1,0000	0,0002	1,0000	0,0002	1,0000	0,0003	1,0000	0,0003	0,9999	0,0004	0,9999	0,0005	0,9999	0,0006	0,9999	0,0008	0,9998
8	0,0000	1,0000	0,0000	1,0000	0,0000	1,0000	0,0000	1,0000	0,0000	1,0000	0,0001	1,0000	0,0001	1,0000	0,0001	1,0000	0,0001	1,0000	0,0001	1,0000
	μ = 1,55		μ =1,6		μ = 1,65		μ = 1,7		μ = 1,75		μ = 1,8		μ = 1,85		μ = 1,9		μ = 1,95		μ = 2	
0	0,2122	0,2122	0,2019	0,2019	0,1920	0,1920	0,1827	0,1827	0,1738	0,1738	0,1653	0,1653	0,1572	0,1572	0,1496	0,1496	0,1423	0,1423	0,1353	0,1353
1	0,3290	0,5412	0,3230	0,5249	0,3169	0,5089	0,3106	0,4932	0,3041	0,4779	0,2975	0,4628	0,2909	0,4481	0,2842	0,4337	0,2774	0,4197	0,2707	0,4060
2	0,2550	0,7962	0,2584	0,7834	0,2614	0,7704	0,2640	0,7572	0,2661	0,7440	0,2678	0,7306	0,2691	0,7172	0,2700	0,7037	0,2705	0,6902	0,2707	0,6767
3	0,1317	0,9279	0,1378	0,9212	0,1438	0,9141	0,1496	0,9068	0,1552	0,8992	0,1607	0,8913	0,1659	0,8831	0,1710	0,8747	0,1758	0,8660	0,1804	0,8571
4	0,0510	0,9790	0,0551	0,9763	0,0593	0,9735	0,0636	0,9704	0,0679	0,9671	0,0723	0,9636	0,0767	0,9599	0,0812	0,9559	0,0857	0,9517	0,0902	0,9473
5	0,0158	0,9948	0,0176	0,9940	0,0196	0,9930	0,0216	0,9920	0,0238	0,9909	0,0260	0,9896	0,0284	0,9883	0,0309	0,9868	0,0334	0,9852	0,0361	0,9834
6	0,0041	0,9989	0,0047	0,9987	0,0054	0,9984	0,0061	0,9981	0,0069	0,9978	0,0078	0,9974	0,0088	0,9970	0,0098	0,9966	0,0109	0,9960	0,0120	0,9955
7	0,0009	0,9998	0,0011	0,9997	0,0013	0,9997	0,0015	0,9996	0,0017	0,9995	0,0020	0,9994	0,0023	0,9993	0,0027	0,9992	0,0030	0,9991	0,0034	0,9989
8	0,0002	1,0000	0,0002	1,0000	0,0003	0,9999	0,0003	0,9999	0,0004	0,9999	0,0005	0,9999	0,0005	0,9999	0,0006	0,9998	0,0007	0,9998	0,0009	0,9998
9	0,0000	1,0000	0,0000	1,0000	0,0000	1,0000	0,0000	1,0000	0,0000	1,0000	0,0000	1,0000	0,0000	1,0000	0,0000	1,0000	0,0000	1,0000	0,0000	1,0000

x	f(x)	F(x)	f(x)	F(x)	f(x)	F(x)	f(x)	F(x)	f(x)	F(x)	f(x)	F(x)	f(x)	F(x)	f(x)	F(x)	f(x)	F(x)	f(x)	F(x)
	$\mu = 2,1$		$\mu = 2,2$		$\mu = 2,3$		$\mu = 2,4$		$\mu = 2,5$		$\mu = 2,6$		$\mu = 2,7$		$\mu = 2,8$		$\mu = 2,9$		$\mu = 3$	
0	0,1225	0,1225	0,1108	0,1108	0,1003	0,1003	0,0907	0,0907	0,0821	0,0821	0,0743	0,0743	0,0672	0,0672	0,0608	0,0608	0,0550	0,0550	0,0498	0,0498
1	0,2572	0,3796	0,2438	0,3546	0,2306	0,3309	0,2177	0,3084	0,2052	0,2873	0,1931	0,2674	0,1815	0,2487	0,1703	0,2311	0,1596	0,2146	0,1494	0,1991
2	0,2700	0,6496	0,2681	0,6227	0,2652	0,5960	0,2613	0,5697	0,2565	0,5438	0,2510	0,5184	0,2450	0,4936	0,2384	0,4695	0,2314	0,4460	0,2240	0,4232
3	0,1890	0,8386	0,1966	0,8194	0,2033	0,7993	0,2090	0,7787	0,2138	0,7576	0,2176	0,7360	0,2205	0,7141	0,2225	0,6919	0,2237	0,6696	0,2240	0,6472
4	0,0992	0,9379	0,1082	0,9275	0,1169	0,9162	0,1254	0,9041	0,1336	0,8912	0,1414	0,8774	0,1488	0,8629	0,1557	0,8477	0,1622	0,8318	0,1680	0,8153
5	0,0417	0,9796	0,0476	0,9751	0,0538	0,9700	0,0602	0,9643	0,0668	0,9580	0,0735	0,9510	0,0804	0,9433	0,0872	0,9349	0,0940	0,9258	0,1008	0,9161
6	0,0146	0,9941	0,0174	0,9925	0,0206	0,9906	0,0241	0,9884	0,0278	0,9858	0,0319	0,9828	0,0362	0,9794	0,0407	0,9756	0,0455	0,9713	0,0504	0,9665
7	0,0044	0,9985	0,0055	0,9980	0,0068	0,9974	0,0083	0,9967	0,0099	0,9958	0,0118	0,9947	0,0139	0,9934	0,0163	0,9919	0,0188	0,9901	0,0216	0,9881
8	0,0011	0,9997	0,0015	0,9995	0,0019	0,9994	0,0025	0,9991	0,0031	0,9989	0,0038	0,9985	0,0047	0,9981	0,0057	0,9976	0,0068	0,9969	0,0081	0,9962
9	0,0003	0,9999	0,0004	0,9999	0,0005	0,9999	0,0007	0,9998	0,0009	0,9997	0,0011	0,9996	0,0014	0,9995	0,0018	0,9993	0,0022	0,9991	0,0027	0,9989
10	0,0001	1,0000	0,0001	1,0000	0,0001	1,0000	0,0002	1,0000	0,0002	0,9999	0,0003	0,9999	0,0004	0,9999	0,0005	0,9998	0,0006	0,9998	0,0008	0,9997
11	0,0000	1,0000	0,0000	1,0000	0,0000	1,0000	0,0000	1,0000	0,0000	1,0000	0,0001	1,0000	0,0001	1,0000	0,0001	1,0000	0,0002	0,9999	0,0002	0,9999
12	0,0000	1,0000	0,0000	1,0000	0,0000	1,0000	0,0000	1,0000	0,0000	1,0000	0,0000	1,0000	0,0000	1,0000	0,0000	1,0000	0,0000	1,0000	0,0001	1,0000
	$\mu = 3,1$		$\mu = 3,2$		$\mu = 3,3$		$\mu = 3,4$		$\mu = 3,5$		$\mu = 3,6$		$\mu = 3,7$		$\mu = 3,8$		$\mu = 3,9$		$\mu = 4$	
0	0,0450	0,0450	0,0408	0,0408	0,0369	0,0369	0,0334	0,0334	0,0302	0,0302	0,0273	0,0273	0,0247	0,0247	0,0224	0,0224	0,0202	0,0202	0,0183	0,0183
1	0,1397	0,1847	0,1304	0,1712	0,1217	0,1586	0,1135	0,1468	0,1057	0,1359	0,0984	0,1257	0,0915	0,1162	0,0850	0,1074	0,0789	0,0992	0,0733	0,0916
2	0,2165	0,4012	0,2087	0,3799	0,2008	0,3594	0,1929	0,3397	0,1850	0,3208	0,1771	0,3027	0,1692	0,2854	0,1615	0,2689	0,1539	0,2531	0,1465	0,2381
3	0,2237	0,6248	0,2226	0,6025	0,2209	0,5803	0,2186	0,5584	0,2158	0,5366	0,2125	0,5152	0,2087	0,4942	0,2046	0,4735	0,2001	0,4532	0,1954	0,4335
4	0,1733	0,7982	0,1781	0,7806	0,1823	0,7626	0,1858	0,7442	0,1888	0,7254	0,1912	0,7064	0,1931	0,6872	0,1944	0,6678	0,1951	0,6484	0,1954	0,6288
5	0,1075	0,9057	0,1140	0,8946	0,1203	0,8829	0,1264	0,8705	0,1322	0,8576	0,1377	0,8441	0,1429	0,8301	0,1477	0,8156	0,1522	0,8006	0,1563	0,7851
6	0,0555	0,9612	0,0608	0,9554	0,0662	0,9490	0,0716	0,9421	0,0771	0,9347	0,0826	0,9267	0,0881	0,9182	0,0936	0,9091	0,0989	0,8995	0,1042	0,8893
7	0,0246	0,9858	0,0278	0,9832	0,0312	0,9802	0,0348	0,9769	0,0385	0,9733	0,0425	0,9692	0,0466	0,9648	0,0508	0,9599	0,0551	0,9546	0,0595	0,9489
8	0,0095	0,9953	0,0111	0,9943	0,0129	0,9931	0,0148	0,9917	0,0169	0,9901	0,0191	0,9883	0,0215	0,9863	0,0241	0,9840	0,0269	0,9815	0,0298	0,9786
9	0,0033	0,9986	0,0040	0,9982	0,0047	0,9978	0,0056	0,9973	0,0066	0,9967	0,0076	0,9960	0,0089	0,9952	0,0102	0,9942	0,0116	0,9931	0,0132	0,9919
10	0,0010	0,9996	0,0013	0,9995	0,0016	0,9994	0,0019	0,9992	0,0023	0,9990	0,0028	0,9987	0,0033	0,9984	0,0039	0,9981	0,0045	0,9977	0,0053	0,9972
11	0,0003	0,9999	0,0004	0,9999	0,0005	0,9998	0,0006	0,9998	0,0007	0,9997	0,0009	0,9996	0,0011	0,9995	0,0013	0,9994	0,0016	0,9993	0,0019	0,9991
12	0,0001	1,0000	0,0001	1,0000	0,0001	1,0000	0,0002	0,9999	0,0002	0,9999	0,0003	0,9999	0,0003	0,9999	0,0004	0,9998	0,0005	0,9998	0,0006	0,9997
13	0,0000	1,0000	0,0000	1,0000	0,0000	1,0000	0,0000	1,0000	0,0001	1,0000	0,0001	1,0000	0,0001	1,0000	0,0001	1,0000	0,0002	0,9999	0,0002	0,9999
14	0,0000	1,0000	0,0000	1,0000	0,0000	1,0000	0,0000	1,0000	0,0000	1,0000	0,0000	1,0000	0,0000	1,0000	0,0000	1,0000	0,0000	1,0000	0,0001	1,0000

	f(x)	F(x)	f(x)	F(x)	f(x)	F(x)	f(x)	F(x)	f(x)	F(x)	f(x)	F(x)	f(x)	F(x)	f(x)	F(x)	f(x)	F(x)	f(x)	F(x)
	μ = 4,1		μ = 4,2		μ = 4,3		μ = 4,4		μ = 4,5		μ = 4,6		μ = 4,7		μ = 4,8		μ = 4,9		μ = 5	
0	0,0166	0,0166	0,0150	0,0150	0,0136	0,0136	0,0123	0,0123	0,0111	0,0111	0,0101	0,0101	0,0091	0,0091	0,0082	0,0082	0,0074	0,0074	0,0067	0,0067
1	0,0679	0,0845	0,0630	0,0780	0,0583	0,0719	0,0540	0,0663	0,0500	0,0611	0,0462	0,0563	0,0427	0,0518	0,0395	0,0477	0,0365	0,0439	0,0337	0,0404
2	0,1393	0,2238	0,1323	0,2102	0,1254	0,1974	0,1188	0,1851	0,1125	0,1736	0,1063	0,1626	0,1005	0,1523	0,0948	0,1425	0,0894	0,1333	0,0842	0,1247
3	0,1904	0,4142	0,1852	0,3954	0,1798	0,3772	0,1743	0,3594	0,1687	0,3423	0,1631	0,3257	0,1574	0,3097	0,1517	0,2942	0,1460	0,2793	0,1404	0,2650
4	0,1951	0,6093	0,1944	0,5898	0,1933	0,5704	0,1917	0,5512	0,1898	0,5321	0,1875	0,5132	0,1849	0,4946	0,1820	0,4763	0,1789	0,4582	0,1755	0,4405
5	0,1600	0,7693	0,1633	0,7531	0,1662	0,7367	0,1687	0,7199	0,1708	0,7029	0,1725	0,6858	0,1738	0,6684	0,1747	0,6510	0,1753	0,6335	0,1755	0,6160
6	0,1093	0,8786	0,1143	0,8675	0,1191	0,8558	0,1237	0,8436	0,1281	0,8311	0,1323	0,8180	0,1362	0,8046	0,1398	0,7908	0,1432	0,7767	0,1462	0,7622
7	0,0640	0,9427	0,0686	0,9361	0,0732	0,9290	0,0778	0,9214	0,0824	0,9134	0,0869	0,9049	0,0914	0,8960	0,0959	0,8867	0,1002	0,8769	0,1044	0,8666
8	0,0328	0,9755	0,0360	0,9721	0,0393	0,9683	0,0428	0,9642	0,0463	0,9597	0,0500	0,9549	0,0537	0,9497	0,0575	0,9442	0,0614	0,9382	0,0653	0,9319
9	0,0150	0,9905	0,0168	0,9889	0,0188	0,9871	0,0209	0,9851	0,0232	0,9829	0,0255	0,9805	0,0281	0,9778	0,0307	0,9749	0,0334	0,9717	0,0363	0,9682
10	0,0061	0,9966	0,0071	0,9959	0,0081	0,9952	0,0092	0,9943	0,0104	0,9933	0,0118	0,9922	0,0132	0,9910	0,0147	0,9896	0,0164	0,9880	0,0181	0,9863
11	0,0023	0,9989	0,0027	0,9986	0,0032	0,9983	0,0037	0,9980	0,0043	0,9976	0,0049	0,9971	0,0056	0,9966	0,0064	0,9960	0,0073	0,9953	0,0082	0,9945
12	0,0008	0,9997	0,0009	0,9996	0,0011	0,9995	0,0013	0,9993	0,0016	0,9992	0,0019	0,9990	0,0022	0,9988	0,0026	0,9986	0,0030	0,9983	0,0034	0,9980
13	0,0002	0,9999	0,0003	0,9999	0,0004	0,9998	0,0005	0,9998	0,0006	0,9997	0,0007	0,9997	0,0008	0,9996	0,0009	0,9995	0,0011	0,9994	0,0013	0,9993
14	0,0001	1,0000	0,0001	1,0000	0,0001	1,0000	0,0001	0,9999	0,0002	0,9999	0,0002	0,9999	0,0003	0,9999	0,0003	0,9999	0,0004	0,9998	0,0005	0,9998
15	0,0000	1,0000	0,0000	1,0000	0,0000	1,0000	0,0000	1,0000	0,0001	1,0000	0,0001	1,0000	0,0001	1,0000	0,0001	1,0000	0,0001	0,9999	0,0002	0,9999
16	0,0000	1,0000	0,0000	1,0000	0,0000	1,0000	0,0000	1,0000	0,0000	1,0000	0,0000	1,0000	0,0000	1,0000	0,0000	1,0000	0,0000	1,0000	0,0000	1,0000
	μ = 5,1		μ = 5,2		μ = 5,3		μ = 5,4		μ = 5,5		μ = 5,6		μ = 5,7		μ = 5,8		μ = 5,9		μ = 6	
0	0,0061	0,0061	0,0055	0,0055	0,0050	0,0050	0,0045	0,0045	0,0041	0,0041	0,0037	0,0037	0,0033	0,0033	0,0030	0,0030	0,0027	0,0027	0,0025	0,0025
1	0,0311	0,0372	0,0287	0,0342	0,0265	0,0314	0,0244	0,0289	0,0225	0,0266	0,0207	0,0244	0,0191	0,0224	0,0176	0,0206	0,0162	0,0189	0,0149	0,0174
2	0,0793	0,1165	0,0746	0,1088	0,0701	0,1016	0,0659	0,0948	0,0618	0,0884	0,0580	0,0824	0,0544	0,0768	0,0509	0,0715	0,0477	0,0666	0,0446	0,0620
3	0,1348	0,2513	0,1293	0,2381	0,1239	0,2254	0,1185	0,2133	0,1133	0,2017	0,1082	0,1906	0,1033	0,1800	0,0985	0,1700	0,0938	0,1604	0,0892	0,1512
4	0,1719	0,4231	0,1681	0,4061	0,1641	0,3895	0,1600	0,3733	0,1558	0,3575	0,1515	0,3422	0,1472	0,3272	0,1428	0,3127	0,1383	0,2987	0,1339	0,2851
5	0,1753	0,5984	0,1748	0,5809	0,1740	0,5635	0,1728	0,5461	0,1714	0,5289	0,1697	0,5119	0,1678	0,4950	0,1656	0,4783	0,1632	0,4619	0,1606	0,4457
6	0,1490	0,7474	0,1515	0,7324	0,1537	0,7171	0,1555	0,7017	0,1571	0,6860	0,1584	0,6703	0,1594	0,6544	0,1601	0,6384	0,1605	0,6224	0,1606	0,6063
7	0,1086	0,8560	0,1125	0,8449	0,1163	0,8335	0,1200	0,8217	0,1234	0,8095	0,1267	0,7970	0,1298	0,7841	0,1326	0,7710	0,1353	0,7576	0,1377	0,7440
8	0,0692	0,9252	0,0731	0,9181	0,0771	0,9106	0,0810	0,9027	0,0849	0,8944	0,0887	0,8857	0,0925	0,8766	0,0962	0,8672	0,0998	0,8574	0,1033	0,8472
9	0,0392	0,9644	0,0423	0,9603	0,0454	0,9559	0,0486	0,9512	0,0519	0,9462	0,0552	0,9409	0,0586	0,9352	0,0620	0,9292	0,0654	0,9228	0,0688	0,9161
10	0,0200	0,9844	0,0220	0,9823	0,0241	0,9800	0,0262	0,9775	0,0285	0,9747	0,0309	0,9718	0,0334	0,9686	0,0359	0,9651	0,0386	0,9614	0,0413	0,9574
11	0,0093	0,9937	0,0104	0,9927	0,0116	0,9916	0,0129	0,9904	0,0143	0,9890	0,0157	0,9875	0,0173	0,9859	0,0190	0,9841	0,0207	0,9821	0,0225	0,9799
12	0,0039	0,9976	0,0045	0,9972	0,0051	0,9967	0,0058	0,9962	0,0065	0,9955	0,0073	0,9949	0,0082	0,9941	0,0092	0,9932	0,0102	0,9922	0,0113	0,9912
13	0,0015	0,9992	0,0018	0,9990	0,0021	0,9988	0,0024	0,9986	0,0028	0,9983	0,0032	0,9980	0,0036	0,9977	0,0041	0,9973	0,0046	0,9969	0,0052	0,9964
14	0,0006	0,9997	0,0007	0,9997	0,0008	0,9996	0,0009	0,9995	0,0011	0,9994	0,0013	0,9993	0,0015	0,9991	0,0017	0,9990	0,0019	0,9988	0,0022	0,9986
15	0,0002	0,9999	0,0002	0,9999	0,0003	0,9999	0,0003	0,9998	0,0004	0,9998	0,0005	0,9998	0,0006	0,9997	0,0007	0,9996	0,0008	0,9996	0,0009	0,9995
16	0,0001	1,0000	0,0001	1,0000	0,0001	1,0000	0,0001	0,9999	0,0001	0,9999	0,0002	0,9999	0,0002	0,9999	0,0002	0,9999	0,0003	0,9999	0,0003	0,9998
17	0,0000	1,0000	0,0000	1,0000	0,0000	1,0000	0,0000	1,0000	0,0000	1,0000	0,0001	1,0000	0,0001	1,0000	0,0001	1,0000	0,0001	1,0000	0,0001	0,9999

	f(x)	F(x)	f(x)	F(x)	f(x)	F(x)	f(x)	F(x)	f(x)	F(x)	f(x)	F(x)	f(x)	F(x)	f(x)	F(x)	f(x)	F(x)	f(x)	F(x)
	μ = 6,1		μ = 6,2		μ = 6,3		μ = 6,4		μ = 6,5		μ = 6,6		μ = 6,7		μ = 6,8		μ = 6,9		μ = 7	
0	0,0022	0,0022	0,0020	0,0020	0,0018	0,0018	0,0017	0,0017	0,0015	0,0015	0,0014	0,0014	0,0012	0,0012	0,0011	0,0011	0,0010	0,0010	0,0009	0,0009
1	0,0137	0,0159	0,0126	0,0146	0,0116	0,0134	0,0106	0,0123	0,0098	0,0113	0,0090	0,0103	0,0082	0,0095	0,0076	0,0087	0,0070	0,0080	0,0064	0,0073
2	0,0417	0,0577	0,0390	0,0536	0,0364	0,0498	0,0340	0,0463	0,0318	0,0430	0,0296	0,0400	0,0276	0,0371	0,0258	0,0344	0,0240	0,0320	0,0223	0,0296
3	0,0848	0,1425	0,0806	0,1342	0,0765	0,1264	0,0726	0,1189	0,0688	0,1118	0,0652	0,1052	0,0617	0,0988	0,0584	0,0928	0,0552	0,0871	0,0521	0,0818
4	0,1294	0,2719	0,1249	0,2592	0,1205	0,2469	0,1162	0,2351	0,1118	0,2237	0,1076	0,2127	0,1034	0,2022	0,0992	0,1920	0,0952	0,1823	0,0912	0,1730
5	0,1579	0,4298	0,1549	0,4141	0,1519	0,3988	0,1487	0,3837	0,1454	0,3690	0,1420	0,3547	0,1385	0,3406	0,1349	0,3270	0,1314	0,3137	0,1277	0,3007
6	0,1605	0,5902	0,1601	0,5742	0,1595	0,5582	0,1586	0,5423	0,1575	0,5265	0,1562	0,5108	0,1546	0,4953	0,1529	0,4799	0,1511	0,4647	0,1490	0,4497
7	0,1399	0,7301	0,1418	0,7160	0,1435	0,7017	0,1450	0,6873	0,1462	0,6728	0,1472	0,6581	0,1480	0,6433	0,1486	0,6285	0,1489	0,6136	0,1490	0,5987
8	0,1066	0,8367	0,1099	0,8259	0,1130	0,8148	0,1160	0,8033	0,1188	0,7916	0,1215	0,7796	0,1240	0,7673	0,1263	0,7548	0,1284	0,7420	0,1304	0,7291
9	0,0723	0,9090	0,0757	0,9016	0,0791	0,8939	0,0825	0,8858	0,0858	0,8774	0,0891	0,8686	0,0923	0,8596	0,0954	0,8502	0,0985	0,8405	0,1014	0,8305
10	0,0441	0,9531	0,0469	0,9486	0,0498	0,9437	0,0528	0,9386	0,0558	0,9332	0,0588	0,9274	0,0618	0,9214	0,0649	0,9151	0,0679	0,9084	0,0710	0,9015
11	0,0244	0,9776	0,0265	0,9750	0,0285	0,9723	0,0307	0,9693	0,0330	0,9661	0,0353	0,9627	0,0377	0,9591	0,0401	0,9552	0,0426	0,9510	0,0452	0,9467
12	0,0124	0,9900	0,0137	0,9887	0,0150	0,9873	0,0164	0,9857	0,0179	0,9840	0,0194	0,9821	0,0210	0,9801	0,0227	0,9779	0,0245	0,9755	0,0263	0,9730
13	0,0058	0,9958	0,0065	0,9952	0,0073	0,9945	0,0081	0,9937	0,0089	0,9929	0,0099	0,9920	0,0108	0,9909	0,0119	0,9898	0,0130	0,9885	0,0142	0,9872
14	0,0025	0,9984	0,0029	0,9981	0,0033	0,9978	0,0037	0,9974	0,0041	0,9970	0,0046	0,9966	0,0052	0,9961	0,0058	0,9956	0,0064	0,9950	0,0071	0,9943
15	0,0010	0,9994	0,0012	0,9993	0,0014	0,9992	0,0016	0,9990	0,0018	0,9988	0,0020	0,9986	0,0023	0,9984	0,0026	0,9982	0,0029	0,9979	0,0033	0,9976
16	0,0004	0,9998	0,0005	0,9997	0,0005	0,9997	0,0006	0,9996	0,0007	0,9996	0,0008	0,9995	0,0010	0,9994	0,0011	0,9993	0,0013	0,9992	0,0014	0,9990
17	0,0001	0,9999	0,0002	0,9999	0,0002	0,9999	0,0002	0,9999	0,0003	0,9998	0,0003	0,9998	0,0004	0,9998	0,0004	0,9997	0,0005	0,9997	0,0006	0,9996
18	0,0000	1,0000	0,0001	1,0000	0,0001	1,0000	0,0001	1,0000	0,0001	0,9999	0,0001	0,9999	0,0001	0,9999	0,0002	0,9999	0,0002	0,9999	0,0002	0,9999
19	0,0000	1,0000	0,0000	1,0000	0,0000	1,0000	0,0000	1,0000	0,0000	1,0000	0,0000	1,0000	0,0001	1,0000	0,0001	1,0000	0,0001	1,0000	0,0001	1,0000

	f(x)	F(x)	f(x)	F(x)	f(x)	F(x)	f(x)	F(x)	f(x)	F(x)	f(x)	F(x)	f(x)	F(x)	f(x)	F(x)	f(x)	F(x)	f(x)	F(x)
	μ = 7,1		μ = 7,2		μ = 7,3		μ = 7,4		μ = 7,5		μ = 7,6		μ = 7,7		μ = 7,8		μ = 7,9		μ = 8	
0	0,0008	0,0008	0,0007	0,0007	0,0007	0,0007	0,0006	0,0006	0,0006	0,0006	0,0005	0,0005	0,0005	0,0005	0,0004	0,0004	0,0004	0,0004	0,0003	0,0003
1	0,0059	0,0067	0,0054	0,0061	0,0049	0,0056	0,0045	0,0051	0,0041	0,0047	0,0038	0,0043	0,0035	0,0039	0,0032	0,0036	0,0029	0,0033	0,0027	0,0030
2	0,0208	0,0275	0,0194	0,0255	0,0180	0,0236	0,0167	0,0219	0,0156	0,0203	0,0145	0,0188	0,0134	0,0174	0,0125	0,0161	0,0116	0,0149	0,0107	0,0138
3	0,0492	0,0767	0,0464	0,0719	0,0438	0,0674	0,0413	0,0632	0,0389	0,0591	0,0366	0,0554	0,0345	0,0518	0,0324	0,0485	0,0305	0,0453	0,0286	0,0424
4	0,0874	0,1641	0,0836	0,1555	0,0799	0,1473	0,0764	0,1395	0,0729	0,1321	0,0696	0,1249	0,0663	0,1181	0,0632	0,1117	0,0602	0,1055	0,0573	0,0996
5	0,1241	0,2881	0,1204	0,2759	0,1167	0,2640	0,1130	0,2526	0,1094	0,2414	0,1057	0,2307	0,1021	0,2203	0,0986	0,2103	0,0951	0,2006	0,0916	0,1912
6	0,1468	0,4349	0,1445	0,4204	0,1420	0,4060	0,1394	0,3920	0,1367	0,3782	0,1339	0,3646	0,1311	0,3514	0,1282	0,3384	0,1252	0,3257	0,1221	0,3134
7	0,1489	0,5838	0,1486	0,5689	0,1481	0,5541	0,1474	0,5393	0,1465	0,5246	0,1454	0,5100	0,1442	0,4956	0,1428	0,4812	0,1413	0,4670	0,1396	0,4530
8	0,1321	0,7160	0,1337	0,7027	0,1351	0,6892	0,1363	0,6757	0,1373	0,6620	0,1381	0,6482	0,1388	0,6343	0,1392	0,6204	0,1395	0,6065	0,1396	0,5925
9	0,1042	0,8202	0,1070	0,8096	0,1096	0,7988	0,1121	0,7877	0,1144	0,7764	0,1167	0,7649	0,1187	0,7531	0,1207	0,7411	0,1224	0,7290	0,1241	0,7166
10	0,0740	0,8942	0,0770	0,8867	0,0800	0,8788	0,0829	0,8707	0,0858	0,8622	0,0887	0,8535	0,0914	0,8445	0,0941	0,8352	0,0967	0,8257	0,0993	0,8159
11	0,0478	0,9420	0,0504	0,9371	0,0531	0,9319	0,0558	0,9265	0,0585	0,9208	0,0613	0,9148	0,0640	0,9085	0,0667	0,9020	0,0695	0,8952	0,0722	0,8881
12	0,0283	0,9703	0,0303	0,9673	0,0323	0,9642	0,0344	0,9609	0,0366	0,9573	0,0388	0,9536	0,0411	0,9496	0,0434	0,9454	0,0457	0,9409	0,0481	0,9362
13	0,0154	0,9857	0,0168	0,9841	0,0181	0,9824	0,0196	0,9805	0,0211	0,9784	0,0227	0,9762	0,0243	0,9739	0,0260	0,9714	0,0278	0,9687	0,0296	0,9658
14	0,0078	0,9935	0,0086	0,9927	0,0095	0,9918	0,0104	0,9908	0,0113	0,9897	0,0123	0,9886	0,0134	0,9873	0,0145	0,9859	0,0157	0,9844	0,0169	0,9827
15	0,0037	0,9972	0,0041	0,9969	0,0046	0,9964	0,0051	0,9959	0,0057	0,9954	0,0062	0,9948	0,0069	0,9941	0,0075	0,9934	0,0083	0,9926	0,0090	0,9918
16	0,0016	0,9989	0,0019	0,9987	0,0021	0,9985	0,0024	0,9983	0,0026	0,9980	0,0030	0,9978	0,0033	0,9974	0,0037	0,9971	0,0041	0,9967	0,0045	0,9963
17	0,0007	0,9996	0,0008	0,9995	0,0009	0,9994	0,0010	0,9993	0,0012	0,9992	0,0013	0,9991	0,0015	0,9989	0,0017	0,9988	0,0019	0,9986	0,0021	0,9984
18	0,0003	0,9998	0,0003	0,9998	0,0004	0,9998	0,0004	0,9997	0,0005	0,9997	0,0006	0,9996	0,0006	0,9996	0,0007	0,9995	0,0008	0,9994	0,0009	0,9993
19	0,0001	0,9999	0,0001	0,9999	0,0001	0,9999	0,0002	0,9999	0,0002	0,9999	0,0002	0,9999	0,0003	0,9998	0,0003	0,9998	0,0003	0,9998	0,0004	0,9997
20	0,0000	1,0000	0,0000	1,0000	0,0001	1,0000	0,0001	1,0000	0,0001	1,0000	0,0001	1,0000	0,0001	0,9999	0,0001	0,9999	0,0001	0,9999	0,0002	0,9999
21	0,0000	1,0000	0,0000	1,0000	0,0000	1,0000	0,0000	1,0000	0,0000	1,0000	0,0000	1,0000	0,0000	1,0000	0,0000	1,0000	0,0001	1,0000	0,0001	1,0000

	f(x)	F(x)	f(x)	F(x)	f(x)	F(x)	f(x)	F(x)	f(x)	F(x)	f(x)	F(x)	f(x)	F(x)	f(x)	F(x)	f(x)	F(x)	f(x)	F(x)
	μ = 8,1		μ = 8,2		μ = 8,3		μ = 8,4		μ = 8,5		μ = 8,6		μ = 8,7		μ = 8,8		μ = 8,9		μ = 9	
0	0,0003	0,0003	0,0003	0,0003	0,0002	0,0002	0,0002	0,0002	0,0002	0,0002	0,0002	0,0002	0,0002	0,0002	0,0002	0,0002	0,0001	0,0001	0,0001	0,0001
1	0,0025	0,0028	0,0023	0,0025	0,0021	0,0023	0,0019	0,0021	0,0017	0,0019	0,0016	0,0018	0,0014	0,0016	0,0013	0,0015	0,0012	0,0014	0,0011	0,0012
2	0,0100	0,0127	0,0092	0,0118	0,0086	0,0109	0,0079	0,0100	0,0074	0,0093	0,0068	0,0086	0,0063	0,0079	0,0058	0,0073	0,0054	0,0068	0,0050	0,0062
3	0,0269	0,0396	0,0252	0,0370	0,0237	0,0346	0,0222	0,0323	0,0208	0,0301	0,0195	0,0281	0,0183	0,0262	0,0171	0,0244	0,0160	0,0228	0,0150	0,0212
4	0,0544	0,0940	0,0517	0,0887	0,0491	0,0837	0,0466	0,0789	0,0443	0,0744	0,0420	0,0701	0,0398	0,0660	0,0377	0,0621	0,0357	0,0584	0,0337	0,0550
5	0,0882	0,1822	0,0849	0,1736	0,0816	0,1653	0,0784	0,1573	0,0752	0,1496	0,0722	0,1422	0,0692	0,1352	0,0663	0,1284	0,0635	0,1219	0,0607	0,1157
6	0,1191	0,3013	0,1160	0,2896	0,1128	0,2781	0,1097	0,2670	0,1066	0,2562	0,1034	0,2457	0,1003	0,2355	0,0972	0,2256	0,0941	0,2160	0,0911	0,2068
7	0,1378	0,4391	0,1358	0,4254	0,1338	0,4119	0,1317	0,3987	0,1294	0,3856	0,1271	0,3728	0,1247	0,3602	0,1222	0,3478	0,1197	0,3357	0,1171	0,3239
8	0,1395	0,5786	0,1392	0,5647	0,1388	0,5507	0,1382	0,5369	0,1375	0,5231	0,1366	0,5094	0,1356	0,4958	0,1344	0,4823	0,1332	0,4689	0,1318	0,4557
9	0,1256	0,7041	0,1269	0,6915	0,1280	0,6788	0,1290	0,6659	0,1299	0,6530	0,1306	0,6400	0,1311	0,6269	0,1315	0,6137	0,1317	0,6006	0,1318	0,5874
10	0,1017	0,8058	0,1040	0,7955	0,1063	0,7850	0,1084	0,7743	0,1104	0,7634	0,1123	0,7522	0,1140	0,7409	0,1157	0,7294	0,1172	0,7178	0,1186	0,7060
11	0,0749	0,8807	0,0776	0,8731	0,0802	0,8652	0,0828	0,8571	0,0853	0,8487	0,0878	0,8400	0,0902	0,8311	0,0925	0,8220	0,0948	0,8126	0,0970	0,8030
12	0,0505	0,9313	0,0530	0,9261	0,0555	0,9207	0,0579	0,9150	0,0604	0,9091	0,0629	0,9029	0,0654	0,8965	0,0679	0,8898	0,0703	0,8829	0,0728	0,8758
13	0,0315	0,9628	0,0334	0,9595	0,0354	0,9561	0,0374	0,9524	0,0395	0,9486	0,0416	0,9445	0,0438	0,9403	0,0459	0,9358	0,0481	0,9311	0,0504	0,9261
14	0,0182	0,9810	0,0196	0,9791	0,0210	0,9771	0,0225	0,9749	0,0240	0,9726	0,0256	0,9701	0,0272	0,9675	0,0289	0,9647	0,0306	0,9617	0,0324	0,9585
15	0,0098	0,9908	0,0107	0,9898	0,0116	0,9887	0,0126	0,9875	0,0136	0,9862	0,0147	0,9848	0,0158	0,9832	0,0169	0,9816	0,0182	0,9798	0,0194	0,9780
16	0,0050	0,9958	0,0055	0,9953	0,0060	0,9947	0,0066	0,9941	0,0072	0,9934	0,0079	0,9926	0,0086	0,9918	0,0093	0,9909	0,0101	0,9899	0,0109	0,9889
17	0,0024	0,9982	0,0026	0,9979	0,0029	0,9977	0,0033	0,9973	0,0036	0,9970	0,0040	0,9966	0,0044	0,9962	0,0048	0,9957	0,0053	0,9952	0,0058	0,9947
18	0,0011	0,9992	0,0012	0,9991	0,0014	0,9990	0,0015	0,9989	0,0017	0,9987	0,0019	0,9985	0,0021	0,9983	0,0024	0,9981	0,0026	0,9978	0,0029	0,9976
19	0,0005	0,9997	0,0005	0,9997	0,0006	0,9996	0,0007	0,9995	0,0008	0,9995	0,0009	0,9994	0,0010	0,9993	0,0011	0,9992	0,0012	0,9991	0,0014	0,9989
20	0,0002	0,9999	0,0002	0,9999	0,0002	0,9998	0,0003	0,9998	0,0003	0,9998	0,0004	0,9998	0,0004	0,9997	0,0005	0,9997	0,0005	0,9996	0,0006	0,9996
21	0,0001	1,0000	0,0001	1,0000	0,0001	0,9999	0,0001	0,9999	0,0001	0,9999	0,0002	0,9999	0,0002	0,9999	0,0002	0,9999	0,0002	0,9998	0,0003	0,9998
22	0,0000	1,0000	0,0000	1,0000	0,0000	1,0000	0,0000	1,0000	0,0001	1,0000	0,0001	1,0000	0,0001	1,0000	0,0001	1,0000	0,0001	0,9999	0,0001	0,9999
23	0,0000	1,0000	0,0000	1,0000	0,0000	1,0000	0,0000	1,0000	0,0000	1,0000	0,0000	1,0000	0,0000	1,0000	0,0000	1,0000	0,0000	1,0000	0,0000	1,0000

	f(x)	F(x)	f(x)	F(x)	f(x)	F(x)	f(x)	F(x)	f(x)	F(x)	f(x)	F(x)	f(x)	F(x)	f(x)	F(x)	f(x)	F(x)	f(x)	F(x)
	μ = 9,1		μ = 9,2		μ = 9,3		μ = 9,4		μ = 9,5		μ = 9,6		μ = 9,7		μ = 9,8		μ = 9,9		μ = 10	
0	0,0001	0,0001	0,0001	0,0001	0,0001	0,0001	0,0001	0,0001	0,0001	0,0001	0,0001	0,0001	0,0001	0,0001	0,0001	0,0001	0,0001	0,0001	0,0000	0,0000
1	0,0010	0,0011	0,0009	0,0010	0,0009	0,0009	0,0008	0,0009	0,0007	0,0008	0,0007	0,0007	0,0006	0,0007	0,0005	0,0006	0,0005	0,0005	0,0005	0,0005
2	0,0046	0,0058	0,0043	0,0053	0,0040	0,0049	0,0037	0,0045	0,0034	0,0042	0,0031	0,0038	0,0029	0,0035	0,0027	0,0033	0,0025	0,0030	0,0023	0,0028
3	0,0140	0,0198	0,0131	0,0184	0,0123	0,0172	0,0115	0,0160	0,0107	0,0149	0,0100	0,0138	0,0093	0,0129	0,0087	0,0120	0,0081	0,0111	0,0076	0,0103
4	0,0319	0,0517	0,0302	0,0486	0,0285	0,0456	0,0269	0,0429	0,0254	0,0403	0,0240	0,0378	0,0226	0,0355	0,0213	0,0333	0,0201	0,0312	0,0189	0,0293
5	0,0581	0,1098	0,0555	0,1041	0,0530	0,0986	0,0506	0,0935	0,0483	0,0885	0,0460	0,0838	0,0439	0,0793	0,0418	0,0750	0,0398	0,0710	0,0378	0,0671
6	0,0881	0,1978	0,0851	0,1892	0,0822	0,1808	0,0793	0,1727	0,0764	0,1649	0,0736	0,1574	0,0709	0,1502	0,0682	0,1433	0,0656	0,1366	0,0631	0,1301
7	0,1145	0,3123	0,1118	0,3010	0,1091	0,2900	0,1064	0,2792	0,1037	0,2687	0,1010	0,2584	0,0982	0,2485	0,0955	0,2388	0,0928	0,2294	0,0901	0,2202
8	0,1302	0,4426	0,1286	0,4296	0,1269	0,4168	0,1251	0,4042	0,1232	0,3918	0,1212	0,3796	0,1191	0,3676	0,1170	0,3558	0,1148	0,3442	0,1126	0,3328
9	0,1317	0,5742	0,1315	0,5611	0,1311	0,5479	0,1306	0,5349	0,1300	0,5218	0,1293	0,5089	0,1284	0,4960	0,1274	0,4832	0,1263	0,4705	0,1251	0,4579
10	0,1198	0,6941	0,1210	0,6820	0,1219	0,6699	0,1228	0,6576	0,1235	0,6453	0,1241	0,6329	0,1245	0,6205	0,1249	0,6080	0,1250	0,5955	0,1251	0,5830
11	0,0991	0,7932	0,1012	0,7832	0,1031	0,7730	0,1049	0,7626	0,1067	0,7520	0,1083	0,7412	0,1098	0,7303	0,1112	0,7193	0,1125	0,7081	0,1137	0,6968
12	0,0752	0,8684	0,0776	0,8607	0,0799	0,8529	0,0822	0,8448	0,0844	0,8364	0,0866	0,8279	0,0888	0,8191	0,0908	0,8101	0,0928	0,8009	0,0948	0,7916
13	0,0526	0,9210	0,0549	0,9156	0,0572	0,9100	0,0594	0,9042	0,0617	0,8981	0,0640	0,8919	0,0662	0,8853	0,0685	0,8786	0,0707	0,8716	0,0729	0,8645
14	0,0342	0,9552	0,0361	0,9517	0,0380	0,9480	0,0399	0,9441	0,0419	0,9400	0,0439	0,9357	0,0459	0,9312	0,0479	0,9265	0,0500	0,9216	0,0521	0,9165
15	0,0208	0,9760	0,0221	0,9738	0,0235	0,9715	0,0250	0,9691	0,0265	0,9665	0,0281	0,9638	0,0297	0,9609	0,0313	0,9579	0,0330	0,9546	0,0347	0,9513
16	0,0118	0,9878	0,0127	0,9865	0,0137	0,9852	0,0147	0,9838	0,0157	0,9823	0,0168	0,9806	0,0180	0,9789	0,0192	0,9770	0,0204	0,9751	0,0217	0,9730
17	0,0063	0,9941	0,0069	0,9934	0,0075	0,9927	0,0081	0,9919	0,0088	0,9911	0,0095	0,9902	0,0103	0,9892	0,0111	0,9881	0,0119	0,9870	0,0128	0,9857
18	0,0032	0,9973	0,0035	0,9969	0,0039	0,9966	0,0042	0,9962	0,0046	0,9957	0,0051	0,9952	0,0055	0,9947	0,0060	0,9941	0,0065	0,9935	0,0071	0,9928
19	0,0015	0,9988	0,0017	0,9986	0,0019	0,9985	0,0021	0,9983	0,0023	0,9980	0,0026	0,9978	0,0028	0,9975	0,0031	0,9972	0,0034	0,9969	0,0037	0,9965
20	0,0007	0,9995	0,0008	0,9994	0,0009	0,9993	0,0010	0,9992	0,0011	0,9991	0,0012	0,9990	0,0014	0,9989	0,0015	0,9987	0,0017	0,9986	0,0019	0,9984
21	0,0003	0,9998	0,0003	0,9998	0,0004	0,9997	0,0004	0,9997	0,0005	0,9996	0,0006	0,9996	0,0006	0,9995	0,0007	0,9995	0,0008	0,9994	0,0009	0,9993
22	0,0001	0,9999	0,0001	0,9999	0,0002	0,9999	0,0002	0,9999	0,0002	0,9999	0,0002	0,9998	0,0003	0,9998	0,0003	0,9998	0,0004	0,9997	0,0004	0,9997
23	0,0000	1,0000	0,0001	1,0000	0,0001	1,0000	0,0001	1,0000	0,0001	0,9999	0,0001	0,9999	0,0001	0,9999	0,0001	0,9999	0,0002	0,9999	0,0002	0,9999
24	0,0000	1,0000	0,0000	1,0000	0,0000	1,0000	0,0000	1,0000	0,0000	1,0000	0,0000	1,0000	0,0000	1,0000	0,0001	1,0000	0,0001	1,0000	0,0001	1,0000

z	0,000	0,001	0,002	0,003	0,004	0,005	0,006	0,007	0,008	0,009
0,00	0,50000	0,50040	0,50080	0,50120	0,50160	0,50199	0,50239	0,50279	0,50319	0,50359
0,01	0,50399	0,50439	0,50479	0,50519	0,50559	0,50598	0,50638	0,50678	0,50718	0,50758
0,02	0,50798	0,50838	0,50878	0,50917	0,50957	0,50997	0,51037	0,51077	0,51117	0,51157
0,03	0,51197	0,51237	0,51276	0,51316	0,51356	0,51396	0,51436	0,51476	0,51516	0,51555
0,04	0,51595	0,51635	0,51675	0,51715	0,51755	0,51795	0,51834	0,51874	0,51914	0,51954
0,05	0,51994	0,52034	0,52074	0,52113	0,52153	0,52193	0,52233	0,52273	0,52313	0,52352
0,06	0,52392	0,52432	0,52472	0,52512	0,52551	0,52591	0,52631	0,52671	0,52711	0,52751
0,07	0,52790	0,52830	0,52870	0,52910	0,52949	0,52989	0,53029	0,53069	0,53109	0,53148
0,08	0,53188	0,53228	0,53268	0,53307	0,53347	0,53387	0,53427	0,53466	0,53506	0,53546
0,09	0,53586	0,53625	0,53665	0,53705	0,53745	0,53784	0,53824	0,53864	0,53903	0,53943
0,10	0,53983	0,54022	0,54062	0,54102	0,54142	0,54181	0,54221	0,54261	0,54300	0,54340
0,11	0,54380	0,54419	0,54459	0,54498	0,54538	0,54578	0,54617	0,54657	0,54697	0,54736
0,12	0,54776	0,54815	0,54855	0,54895	0,54934	0,54974	0,55013	0,55053	0,55093	0,55132
0,13	0,55172	0,55211	0,55251	0,55290	0,55330	0,55369	0,55409	0,55448	0,55488	0,55527
0,14	0,55567	0,55607	0,55646	0,55685	0,55725	0,55764	0,55804	0,55843	0,55883	0,55922
0,15	0,55962	0,56001	0,56041	0,56080	0,56120	0,56159	0,56198	0,56238	0,56277	0,56317
0,16	0,56356	0,56395	0,56435	0,56474	0,56513	0,56553	0,56592	0,56631	0,56671	0,56710
0,17	0,56749	0,56789	0,56828	0,56867	0,56907	0,56946	0,56985	0,57025	0,57064	0,57103
0,18	0,57142	0,57182	0,57221	0,57260	0,57299	0,57339	0,57378	0,57417	0,57456	0,57495
0,19	0,57535	0,57574	0,57613	0,57652	0,57691	0,57730	0,57769	0,57809	0,57848	0,57887
0,20	0,57926	0,57965	0,58004	0,58043	0,58082	0,58121	0,58160	0,58200	0,58239	0,58278
0,21	0,58317	0,58356	0,58395	0,58434	0,58473	0,58512	0,58551	0,58590	0,58629	0,58667
0,22	0,58706	0,58745	0,58784	0,58823	0,58862	0,58901	0,58940	0,58979	0,59018	0,59057
0,23	0,59095	0,59134	0,59173	0,59212	0,59251	0,59290	0,59328	0,59367	0,59406	0,59445
0,24	0,59483	0,59522	0,59561	0,59600	0,59638	0,59677	0,59716	0,59755	0,59793	0,59832
0,25	0,59871	0,59909	0,59948	0,59987	0,60025	0,60064	0,60102	0,60141	0,60180	0,60218
0,26	0,60257	0,60295	0,60334	0,60372	0,60411	0,60450	0,60488	0,60527	0,60565	0,60604
0,27	0,60642	0,60680	0,60719	0,60757	0,60796	0,60834	0,60873	0,60911	0,60949	0,60988
0,28	0,61026	0,61064	0,61103	0,61141	0,61179	0,61218	0,61256	0,61294	0,61333	0,61371
0,29	0,61409	0,61447	0,61486	0,61524	0,61562	0,61600	0,61638	0,61677	0,61715	0,61753
0,30	0,61791	0,61829	0,61867	0,61906	0,61944	0,61982	0,62020	0,62058	0,62096	0,62134
0,31	0,62172	0,62210	0,62248	0,62286	0,62324	0,62362	0,62400	0,62438	0,62476	0,62514
0,32	0,62552	0,62589	0,62627	0,62665	0,62703	0,62741	0,62779	0,62817	0,62854	0,62892
0,33	0,62930	0,62968	0,63006	0,63043	0,63081	0,63119	0,63156	0,63194	0,63232	0,63270
0,34	0,63307	0,63345	0,63382	0,63420	0,63458	0,63495	0,63533	0,63570	0,63608	0,63646
0,35	0,63683	0,63721	0,63758	0,63796	0,63833	0,63871	0,63908	0,63945	0,63983	0,64020
0,36	0,64058	0,64095	0,64132	0,64170	0,64207	0,64244	0,64282	0,64319	0,64356	0,64394
0,37	0,64431	0,64468	0,64505	0,64543	0,64580	0,64617	0,64654	0,64691	0,64728	0,64766
0,38	0,64803	0,64840	0,64877	0,64914	0,64951	0,64988	0,65025	0,65062	0,65099	0,65136
0,39	0,65173	0,65210	0,65247	0,65284	0,65321	0,65358	0,65395	0,65432	0,65468	0,65505
0,40	0,65542	0,65579	0,65616	0,65653	0,65689	0,65726	0,65763	0,65800	0,65836	0,65873
0,41	0,65910	0,65946	0,65983	0,66020	0,66056	0,66093	0,66129	0,66166	0,66203	0,66239
0,42	0,66276	0,66312	0,66349	0,66385	0,66422	0,66458	0,66495	0,66531	0,66567	0,66604
0,43	0,66640	0,66677	0,66713	0,66749	0,66786	0,66822	0,66858	0,66894	0,66931	0,66967
0,44	0,67003	0,67039	0,67076	0,67112	0,67148	0,67184	0,67220	0,67256	0,67292	0,67328
0,45	0,67364	0,67401	0,67437	0,67473	0,67509	0,67545	0,67580	0,67616	0,67652	0,67688
0,46	0,67724	0,67760	0,67796	0,67832	0,67868	0,67903	0,67939	0,67975	0,68011	0,68047
0,47	0,68082	0,68118	0,68154	0,68189	0,68225	0,68261	0,68296	0,68332	0,68367	0,68403
0,48	0,68439	0,68474	0,68510	0,68545	0,68581	0,68616	0,68652	0,68687	0,68723	0,68758
0,49	0,68793	0,68829	0,68864	0,68899	0,68935	0,68970	0,69005	0,69041	0,69076	0,69111

z	0,000	0,001	0,002	0,003	0,004	0,005	0,006	0,007	0,008	0,009
0,50	0,69146	0,69181	0,69217	0,69252	0,69287	0,69322	0,69357	0,69392	0,69427	0,69462
0,51	0,69497	0,69532	0,69567	0,69602	0,69637	0,69672	0,69707	0,69742	0,69777	0,69812
0,52	0,69847	0,69882	0,69916	0,69951	0,69986	0,70021	0,70056	0,70090	0,70125	0,70160
0,53	0,70194	0,70229	0,70264	0,70298	0,70333	0,70368	0,70402	0,70437	0,70471	0,70506
0,54	0,70540	0,70575	0,70609	0,70644	0,70678	0,70712	0,70747	0,70781	0,70815	0,70850
0,55	0,70884	0,70918	0,70953	0,70987	0,71021	0,71055	0,71089	0,71124	0,71158	0,71192
0,56	0,71226	0,71260	0,71294	0,71328	0,71362	0,71396	0,71430	0,71464	0,71498	0,71532
0,57	0,71566	0,71600	0,71634	0,71668	0,71702	0,71735	0,71769	0,71803	0,71837	0,71871
0,58	0,71904	0,71938	0,71972	0,72005	0,72039	0,72073	0,72106	0,72140	0,72173	0,72207
0,59	0,72240	0,72274	0,72307	0,72341	0,72374	0,72408	0,72441	0,72475	0,72508	0,72541
0,60	0,72575	0,72608	0,72641	0,72675	0,72708	0,72741	0,72774	0,72807	0,72841	0,72874
0,61	0,72907	0,72940	0,72973	0,73006	0,73039	0,73072	0,73105	0,73138	0,73171	0,73204
0,62	0,73237	0,73270	0,73303	0,73336	0,73369	0,73401	0,73434	0,73467	0,73500	0,73533
0,63	0,73565	0,73598	0,73631	0,73663	0,73696	0,73729	0,73761	0,73794	0,73826	0,73859
0,64	0,73891	0,73924	0,73956	0,73989	0,74021	0,74054	0,74086	0,74118	0,74151	0,74183
0,65	0,74215	0,74248	0,74280	0,74312	0,74344	0,74377	0,74409	0,74441	0,74473	0,74505
0,66	0,74537	0,74569	0,74601	0,74633	0,74665	0,74697	0,74729	0,74761	0,74793	0,74825
0,67	0,74857	0,74889	0,74921	0,74953	0,74984	0,75016	0,75048	0,75080	0,75111	0,75143
0,68	0,75175	0,75206	0,75238	0,75270	0,75301	0,75333	0,75364	0,75396	0,75427	0,75459
0,69	0,75490	0,75522	0,75553	0,75585	0,75616	0,75647	0,75679	0,75710	0,75741	0,75772
0,70	0,75804	0,75835	0,75866	0,75897	0,75928	0,75959	0,75991	0,76022	0,76053	0,76084
0,71	0,76115	0,76146	0,76177	0,76208	0,76239	0,76270	0,76300	0,76331	0,76362	0,76393
0,72	0,76424	0,76455	0,76485	0,76516	0,76547	0,76577	0,76608	0,76639	0,76669	0,76700
0,73	0,76730	0,76761	0,76792	0,76822	0,76853	0,76883	0,76913	0,76944	0,76974	0,77005
0,74	0,77035	0,77065	0,77096	0,77126	0,77156	0,77186	0,77217	0,77247	0,77277	0,77307
0,75	0,77337	0,77367	0,77397	0,77428	0,77458	0,77488	0,77518	0,77548	0,77577	0,77607
0,76	0,77637	0,77667	0,77697	0,77727	0,77757	0,77786	0,77816	0,77846	0,77876	0,77905
0,77	0,77935	0,77965	0,77994	0,78024	0,78053	0,78083	0,78113	0,78142	0,78172	0,78201
0,78	0,78230	0,78260	0,78289	0,78319	0,78348	0,78377	0,78407	0,78436	0,78465	0,78494
0,79	0,78524	0,78553	0,78582	0,78611	0,78640	0,78669	0,78698	0,78727	0,78756	0,78785
0,80	0,78814	0,78843	0,78872	0,78901	0,78930	0,78959	0,78988	0,79017	0,79045	0,79074
0,81	0,79103	0,79132	0,79160	0,79189	0,79218	0,79246	0,79275	0,79304	0,79332	0,79361
0,82	0,79389	0,79418	0,79446	0,79475	0,79503	0,79531	0,79560	0,79588	0,79616	0,79645
0,83	0,79673	0,79701	0,79730	0,79758	0,79786	0,79814	0,79842	0,79870	0,79898	0,79927
0,84	0,79955	0,79983	0,80011	0,80039	0,80067	0,80094	0,80122	0,80150	0,80178	0,80206
0,85	0,80234	0,80262	0,80289	0,80317	0,80345	0,80372	0,80400	0,80428	0,80455	0,80483
0,86	0,80511	0,80538	0,80566	0,80593	0,80621	0,80648	0,80675	0,80703	0,80730	0,80758
0,87	0,80785	0,80812	0,80840	0,80867	0,80894	0,80921	0,80949	0,80976	0,81003	0,81030
0,88	0,81057	0,81084	0,81111	0,81138	0,81165	0,81192	0,81219	0,81246	0,81273	0,81300
0,89	0,81327	0,81354	0,81380	0,81407	0,81434	0,81461	0,81487	0,81514	0,81541	0,81567
0,90	0,81594	0,81621	0,81647	0,81674	0,81700	0,81727	0,81753	0,81780	0,81806	0,81832
0,91	0,81859	0,81885	0,81912	0,81938	0,81964	0,81990	0,82017	0,82043	0,82069	0,82095
0,92	0,82121	0,82147	0,82174	0,82200	0,82226	0,82252	0,82278	0,82304	0,82330	0,82356
0,93	0,82381	0,82407	0,82433	0,82459	0,82485	0,82511	0,82536	0,82562	0,82588	0,82613
0,94	0,82639	0,82665	0,82690	0,82716	0,82742	0,82767	0,82793	0,82818	0,82844	0,82869
0,95	0,82894	0,82920	0,82945	0,82970	0,82996	0,83021	0,83046	0,83072	0,83097	0,83122
0,96	0,83147	0,83172	0,83198	0,83223	0,83248	0,83273	0,83298	0,83323	0,83348	0,83373
0,97	0,83398	0,83423	0,83447	0,83472	0,83497	0,83522	0,83547	0,83572	0,83596	0,83621
0,98	0,83646	0,83670	0,83695	0,83720	0,83744	0,83769	0,83793	0,83818	0,83842	0,83867
0,99	0,83891	0,83916	0,83940	0,83965	0,83989	0,84013	0,84037	0,84062	0,84086	0,84110

z	0,000	0,001	0,002	0,003	0,004	0,005	0,006	0,007	0,008	0,009
1,00	0,84134	0,84159	0,84183	0,84207	0,84231	0,84255	0,84279	0,84303	0,84327	0,84351
1,01	0,84375	0,84399	0,84423	0,84447	0,84471	0,84495	0,84519	0,84542	0,84566	0,84590
1,02	0,84614	0,84637	0,84661	0,84685	0,84708	0,84732	0,84755	0,84779	0,84803	0,84826
1,03	0,84849	0,84873	0,84896	0,84920	0,84943	0,84967	0,84990	0,85013	0,85036	0,85060
1,04	0,85083	0,85106	0,85129	0,85153	0,85176	0,85199	0,85222	0,85245	0,85268	0,85291
1,05	0,85314	0,85337	0,85360	0,85383	0,85406	0,85429	0,85452	0,85474	0,85497	0,85520
1,06	0,85543	0,85566	0,85588	0,85611	0,85634	0,85656	0,85679	0,85701	0,85724	0,85747
1,07	0,85769	0,85792	0,85814	0,85836	0,85859	0,85881	0,85904	0,85926	0,85948	0,85971
1,08	0,85993	0,86015	0,86037	0,86060	0,86082	0,86104	0,86126	0,86148	0,86170	0,86192
1,09	0,86214	0,86236	0,86258	0,86280	0,86302	0,86324	0,86346	0,86368	0,86390	0,86412
1,10	0,86433	0,86455	0,86477	0,86499	0,86520	0,86542	0,86564	0,86585	0,86607	0,86628
1,11	0,86650	0,86672	0,86693	0,86715	0,86736	0,86757	0,86779	0,86800	0,86822	0,86843
1,12	0,86864	0,86886	0,86907	0,86928	0,86949	0,86971	0,86992	0,87013	0,87034	0,87055
1,13	0,87076	0,87097	0,87118	0,87139	0,87160	0,87181	0,87202	0,87223	0,87244	0,87265
1,14	0,87286	0,87306	0,87327	0,87348	0,87369	0,87390	0,87410	0,87431	0,87452	0,87472
1,15	0,87493	0,87513	0,87534	0,87554	0,87575	0,87595	0,87616	0,87636	0,87657	0,87677
1,16	0,87698	0,87718	0,87738	0,87759	0,87779	0,87799	0,87819	0,87839	0,87860	0,87880
1,17	0,87900	0,87920	0,87940	0,87960	0,87980	0,88000	0,88020	0,88040	0,88060	0,88080
1,18	0,88100	0,88120	0,88140	0,88160	0,88179	0,88199	0,88219	0,88239	0,88258	0,88278
1,19	0,88298	0,88317	0,88337	0,88357	0,88376	0,88396	0,88415	0,88435	0,88454	0,88474
1,20	0,88493	0,88512	0,88532	0,88551	0,88571	0,88590	0,88609	0,88628	0,88648	0,88667
1,21	0,88686	0,88705	0,88724	0,88744	0,88763	0,88782	0,88801	0,88820	0,88839	0,88858
1,22	0,88877	0,88896	0,88915	0,88934	0,88952	0,88971	0,88990	0,89009	0,89028	0,89046
1,23	0,89065	0,89084	0,89103	0,89121	0,89140	0,89158	0,89177	0,89196	0,89214	0,89233
1,24	0,89251	0,89270	0,89288	0,89307	0,89325	0,89343	0,89362	0,89380	0,89398	0,89417
1,25	0,89435	0,89453	0,89472	0,89490	0,89508	0,89526	0,89544	0,89562	0,89580	0,89598
1,26	0,89617	0,89635	0,89653	0,89671	0,89688	0,89706	0,89724	0,89742	0,89760	0,89778
1,27	0,89796	0,89814	0,89831	0,89849	0,89867	0,89885	0,89902	0,89920	0,89938	0,89955
1,28	0,89973	0,89990	0,90008	0,90025	0,90043	0,90060	0,90078	0,90095	0,90113	0,90130
1,29	0,90147	0,90165	0,90182	0,90199	0,90217	0,90234	0,90251	0,90268	0,90286	0,90303
1,30	0,90320	0,90337	0,90354	0,90371	0,90388	0,90405	0,90422	0,90439	0,90456	0,90473
1,31	0,90490	0,90507	0,90524	0,90541	0,90558	0,90574	0,90591	0,90608	0,90625	0,90642
1,32	0,90658	0,90675	0,90692	0,90708	0,90725	0,90741	0,90758	0,90775	0,90791	0,90808
1,33	0,90824	0,90841	0,90857	0,90873	0,90890	0,90906	0,90923	0,90939	0,90955	0,90971
1,34	0,90988	0,91004	0,91020	0,91036	0,91053	0,91069	0,91085	0,91101	0,91117	0,91133
1,35	0,91149	0,91165	0,91181	0,91197	0,91213	0,91229	0,91245	0,91261	0,91277	0,91293
1,36	0,91308	0,91324	0,91340	0,91356	0,91372	0,91387	0,91403	0,91419	0,91434	0,91450
1,37	0,91466	0,91481	0,91497	0,91512	0,91528	0,91543	0,91559	0,91574	0,91590	0,91605
1,38	0,91621	0,91636	0,91651	0,91667	0,91682	0,91697	0,91713	0,91728	0,91743	0,91758
1,39	0,91774	0,91789	0,91804	0,91819	0,91834	0,91849	0,91864	0,91879	0,91894	0,91909
1,40	0,91924	0,91939	0,91954	0,91969	0,91984	0,91999	0,92014	0,92029	0,92043	0,92058
1,41	0,92073	0,92088	0,92102	0,92117	0,92132	0,92147	0,92161	0,92176	0,92190	0,92205
1,42	0,92220	0,92234	0,92249	0,92263	0,92278	0,92292	0,92307	0,92321	0,92335	0,92350
1,43	0,92364	0,92378	0,92393	0,92407	0,92421	0,92436	0,92450	0,92464	0,92478	0,92492
1,44	0,92507	0,92521	0,92535	0,92549	0,92563	0,92577	0,92591	0,92605	0,92619	0,92633
1,45	0,92647	0,92661	0,92675	0,92689	0,92703	0,92717	0,92730	0,92744	0,92758	0,92772
1,46	0,92785	0,92799	0,92813	0,92827	0,92840	0,92854	0,92868	0,92881	0,92895	0,92908
1,47	0,92922	0,92935	0,92949	0,92962	0,92976	0,92989	0,93003	0,93016	0,93030	0,93043
1,48	0,93056	0,93070	0,93083	0,93096	0,93110	0,93123	0,93136	0,93149	0,93162	0,93176
1,49	0,93189	0,93202	0,93215	0,93228	0,93241	0,93254	0,93267	0,93280	0,93293	0,93306

z	0,000	0,001	0,002	0,003	0,004	0,005	0,006	0,007	0,008	0,009
1,50	0,93319	0,93332	0,93345	0,93358	0,93371	0,93384	0,93397	0,93409	0,93422	0,93435
1,51	0,93448	0,93461	0,93473	0,93486	0,93499	0,93511	0,93524	0,93537	0,93549	0,93562
1,52	0,93574	0,93587	0,93600	0,93612	0,93625	0,93637	0,93650	0,93662	0,93674	0,93687
1,53	0,93699	0,93712	0,93724	0,93736	0,93749	0,93761	0,93773	0,93785	0,93798	0,93810
1,54	0,93822	0,93834	0,93846	0,93858	0,93871	0,93883	0,93895	0,93907	0,93919	0,93931
1,55	0,93943	0,93955	0,93967	0,93979	0,93991	0,94003	0,94015	0,94026	0,94038	0,94050
1,56	0,94062	0,94074	0,94086	0,94097	0,94109	0,94121	0,94133	0,94144	0,94156	0,94168
1,57	0,94179	0,94191	0,94202	0,94214	0,94226	0,94237	0,94249	0,94260	0,94272	0,94283
1,58	0,94295	0,94306	0,94318	0,94329	0,94340	0,94352	0,94363	0,94374	0,94386	0,94397
1,59	0,94408	0,94420	0,94431	0,94442	0,94453	0,94464	0,94476	0,94487	0,94498	0,94509
1,60	0,94520	0,94531	0,94542	0,94553	0,94564	0,94575	0,94586	0,94597	0,94608	0,94619
1,61	0,94630	0,94641	0,94652	0,94663	0,94674	0,94684	0,94695	0,94706	0,94717	0,94728
1,62	0,94738	0,94749	0,94760	0,94771	0,94781	0,94792	0,94803	0,94813	0,94824	0,94834
1,63	0,94845	0,94855	0,94866	0,94877	0,94887	0,94898	0,94908	0,94918	0,94929	0,94939
1,64	0,94950	0,94960	0,94971	0,94981	0,94991	0,95002	0,95012	0,95022	0,95032	0,95043
1,65	0,95053	0,95063	0,95073	0,95083	0,95094	0,95104	0,95114	0,95124	0,95134	0,95144
1,66	0,95154	0,95164	0,95174	0,95184	0,95194	0,95204	0,95214	0,95224	0,95234	0,95244
1,67	0,95254	0,95264	0,95274	0,95284	0,95293	0,95303	0,95313	0,95323	0,95333	0,95342
1,68	0,95352	0,95362	0,95372	0,95381	0,95391	0,95401	0,95410	0,95420	0,95429	0,95439
1,69	0,95449	0,95458	0,95468	0,95477	0,95487	0,95496	0,95506	0,95515	0,95525	0,95534
1,70	0,95543	0,95553	0,95562	0,95572	0,95581	0,95590	0,95600	0,95609	0,95618	0,95627
1,71	0,95637	0,95646	0,95655	0,95664	0,95674	0,95683	0,95692	0,95701	0,95710	0,95719
1,72	0,95728	0,95737	0,95747	0,95756	0,95765	0,95774	0,95783	0,95792	0,95801	0,95810
1,73	0,95818	0,95827	0,95836	0,95845	0,95854	0,95863	0,95872	0,95881	0,95889	0,95898
1,74	0,95907	0,95916	0,95925	0,95933	0,95942	0,95951	0,95959	0,95968	0,95977	0,95985
1,75	0,95994	0,96003	0,96011	0,96020	0,96028	0,96037	0,96046	0,96054	0,96063	0,96071
1,76	0,96080	0,96088	0,96097	0,96105	0,96113	0,96122	0,96130	0,96139	0,96147	0,96155
1,77	0,96164	0,96172	0,96180	0,96189	0,96197	0,96205	0,96213	0,96222	0,96230	0,96238
1,78	0,96246	0,96254	0,96263	0,96271	0,96279	0,96287	0,96295	0,96303	0,96311	0,96319
1,79	0,96327	0,96335	0,96343	0,96351	0,96359	0,96367	0,96375	0,96383	0,96391	0,96399
1,80	0,96407	0,96415	0,96423	0,96431	0,96438	0,96446	0,96454	0,96462	0,96470	0,96477
1,81	0,96485	0,96493	0,96501	0,96508	0,96516	0,96524	0,96531	0,96539	0,96547	0,96554
1,82	0,96562	0,96570	0,96577	0,96585	0,96592	0,96600	0,96607	0,96615	0,96623	0,96630
1,83	0,96638	0,96645	0,96652	0,96660	0,96667	0,96675	0,96682	0,96690	0,96697	0,96704
1,84	0,96712	0,96719	0,96726	0,96734	0,96741	0,96748	0,96755	0,96763	0,96770	0,96777
1,85	0,96784	0,96792	0,96799	0,96806	0,96813	0,96820	0,96827	0,96834	0,96842	0,96849
1,86	0,96856	0,96863	0,96870	0,96877	0,96884	0,96891	0,96898	0,96905	0,96912	0,96919
1,87	0,96926	0,96933	0,96940	0,96947	0,96953	0,96960	0,96967	0,96974	0,96981	0,96988
1,88	0,96995	0,97001	0,97008	0,97015	0,97022	0,97029	0,97035	0,97042	0,97049	0,97055
1,89	0,97062	0,97069	0,97075	0,97082	0,97089	0,97095	0,97102	0,97109	0,97115	0,97122
1,90	0,97128	0,97135	0,97141	0,97148	0,97154	0,97161	0,97167	0,97174	0,97180	0,97187
1,91	0,97193	0,97200	0,97206	0,97213	0,97219	0,97225	0,97232	0,97238	0,97244	0,97251
1,92	0,97257	0,97263	0,97270	0,97276	0,97282	0,97289	0,97295	0,97301	0,97307	0,97313
1,93	0,97320	0,97326	0,97332	0,97338	0,97344	0,97350	0,97357	0,97363	0,97369	0,97375
1,94	0,97381	0,97387	0,97393	0,97399	0,97405	0,97411	0,97417	0,97423	0,97429	0,97435
1,95	0,97441	0,97447	0,97453	0,97459	0,97465	0,97471	0,97477	0,97483	0,97489	0,97494
1,96	0,97500	0,97506	0,97512	0,97518	0,97524	0,97529	0,97535	0,97541	0,97547	0,97552
1,97	0,97558	0,97564	0,97570	0,97575	0,97581	0,97587	0,97592	0,97598	0,97604	0,97609
1,98	0,97615	0,97620	0,97626	0,97632	0,97637	0,97643	0,97648	0,97654	0,97659	0,97665
1,99	0,97670	0,97676	0,97681	0,97687	0,97692	0,97698	0,97703	0,97709	0,97714	0,97720

z	0,000	0,001	0,002	0,003	0,004	0,005	0,006	0,007	0,008	0,009
2,00	0,97725	0,97730	0,97736	0,97741	0,97747	0,97752	0,97757	0,97763	0,97768	0,97773
2,01	0,97778	0,97784	0,97789	0,97794	0,97800	0,97805	0,97810	0,97815	0,97820	0,97826
2,02	0,97831	0,97836	0,97841	0,97846	0,97851	0,97857	0,97862	0,97867	0,97872	0,97877
2,03	0,97882	0,97887	0,97892	0,97897	0,97902	0,97907	0,97912	0,97918	0,97923	0,97928
2,04	0,97932	0,97937	0,97942	0,97947	0,97952	0,97957	0,97962	0,97967	0,97972	0,97977
2,05	0,97982	0,97987	0,97992	0,97996	0,98001	0,98006	0,98011	0,98016	0,98021	0,98025
2,06	0,98030	0,98035	0,98040	0,98044	0,98049	0,98054	0,98059	0,98063	0,98068	0,98073
2,07	0,98077	0,98082	0,98087	0,98091	0,98096	0,98101	0,98105	0,98110	0,98115	0,98119
2,08	0,98124	0,98128	0,98133	0,98137	0,98142	0,98147	0,98151	0,98156	0,98160	0,98165
2,09	0,98169	0,98174	0,98178	0,98183	0,98187	0,98191	0,98196	0,98200	0,98205	0,98209
2,10	0,98214	0,98218	0,98222	0,98227	0,98231	0,98235	0,98240	0,98244	0,98248	0,98253
2,11	0,98257	0,98261	0,98266	0,98270	0,98274	0,98279	0,98283	0,98287	0,98291	0,98295
2,12	0,98300	0,98304	0,98308	0,98312	0,98316	0,98321	0,98325	0,98329	0,98333	0,98337
2,13	0,98341	0,98346	0,98350	0,98354	0,98358	0,98362	0,98366	0,98370	0,98374	0,98378
2,14	0,98382	0,98386	0,98390	0,98394	0,98398	0,98402	0,98406	0,98410	0,98414	0,98418
2,15	0,98422	0,98426	0,98430	0,98434	0,98438	0,98442	0,98446	0,98450	0,98454	0,98457
2,16	0,98461	0,98465	0,98469	0,98473	0,98477	0,98481	0,98484	0,98488	0,98492	0,98496
2,17	0,98500	0,98503	0,98507	0,98511	0,98515	0,98518	0,98522	0,98526	0,98530	0,98533
2,18	0,98537	0,98541	0,98545	0,98548	0,98552	0,98556	0,98559	0,98563	0,98567	0,98570
2,19	0,98574	0,98577	0,98581	0,98585	0,98588	0,98592	0,98595	0,98599	0,98603	0,98606
2,20	0,98610	0,98613	0,98617	0,98620	0,98624	0,98627	0,98631	0,98634	0,98638	0,98641
2,21	0,98645	0,98648	0,98652	0,98655	0,98659	0,98662	0,98665	0,98669	0,98672	0,98676
2,22	0,98679	0,98682	0,98686	0,98689	0,98693	0,98696	0,98699	0,98703	0,98706	0,98709
2,23	0,98713	0,98716	0,98719	0,98723	0,98726	0,98729	0,98732	0,98736	0,98739	0,98742
2,24	0,98745	0,98749	0,98752	0,98755	0,98758	0,98762	0,98765	0,98768	0,98771	0,98774
2,25	0,98778	0,98781	0,98784	0,98787	0,98790	0,98793	0,98796	0,98800	0,98803	0,98806
2,26	0,98809	0,98812	0,98815	0,98818	0,98821	0,98824	0,98827	0,98830	0,98834	0,98837
2,27	0,98840	0,98843	0,98846	0,98849	0,98852	0,98855	0,98858	0,98861	0,98864	0,98867
2,28	0,98870	0,98873	0,98876	0,98878	0,98881	0,98884	0,98887	0,98890	0,98893	0,98896
2,29	0,98899	0,98902	0,98905	0,98908	0,98910	0,98913	0,98916	0,98919	0,98922	0,98925
2,30	0,98928	0,98930	0,98933	0,98936	0,98939	0,98942	0,98944	0,98947	0,98950	0,98953
2,31	0,98956	0,98958	0,98961	0,98964	0,98967	0,98969	0,98972	0,98975	0,98978	0,98980
2,32	0,98983	0,98986	0,98988	0,98991	0,98994	0,98996	0,98999	0,99002	0,99004	0,99007
2,33	0,99010	0,99012	0,99015	0,99018	0,99020	0,99023	0,99025	0,99028	0,99031	0,99033
2,34	0,99036	0,99038	0,99041	0,99044	0,99046	0,99049	0,99051	0,99054	0,99056	0,99059
2,35	0,99061	0,99064	0,99066	0,99069	0,99071	0,99074	0,99076	0,99079	0,99081	0,99084
2,36	0,99086	0,99089	0,99091	0,99094	0,99096	0,99098	0,99101	0,99103	0,99106	0,99108
2,37	0,99111	0,99113	0,99115	0,99118	0,99120	0,99123	0,99125	0,99127	0,99130	0,99132
2,38	0,99134	0,99137	0,99139	0,99141	0,99144	0,99146	0,99148	0,99151	0,99153	0,99155
2,39	0,99158	0,99160	0,99162	0,99164	0,99167	0,99169	0,99171	0,99174	0,99176	0,99178
2,40	0,99180	0,99182	0,99185	0,99187	0,99189	0,99191	0,99194	0,99196	0,99198	0,99200
2,41	0,99202	0,99205	0,99207	0,99209	0,99211	0,99213	0,99215	0,99218	0,99220	0,99222
2,42	0,99224	0,99226	0,99228	0,99230	0,99232	0,99235	0,99237	0,99239	0,99241	0,99243
2,43	0,99245	0,99247	0,99249	0,99251	0,99253	0,99255	0,99257	0,99260	0,99262	0,99264
2,44	0,99266	0,99268	0,99270	0,99272	0,99274	0,99276	0,99278	0,99280	0,99282	0,99284
2,45	0,99286	0,99288	0,99290	0,99292	0,99294	0,99296	0,99298	0,99299	0,99301	0,99303
2,46	0,99305	0,99307	0,99309	0,99311	0,99313	0,99315	0,99317	0,99319	0,99321	0,99323
2,47	0,99324	0,99326	0,99328	0,99330	0,99332	0,99334	0,99336	0,99338	0,99339	0,99341
2,48	0,99343	0,99345	0,99347	0,99349	0,99350	0,99352	0,99354	0,99356	0,99358	0,99359
2,49	0,99361	0,99363	0,99365	0,99367	0,99368	0,99370	0,99372	0,99374	0,99376	0,99377

z	0,000	0,001	0,002	0,003	0,004	0,005	0,006	0,007	0,008	0,009
2,50	0,99379	0,99381	0,99383	0,99384	0,99386	0,99388	0,99389	0,99391	0,99393	0,99395
2,51	0,99396	0,99398	0,99400	0,99401	0,99403	0,99405	0,99407	0,99408	0,99410	0,99412
2,52	0,99413	0,99415	0,99417	0,99418	0,99420	0,99422	0,99423	0,99425	0,99426	0,99428
2,53	0,99430	0,99431	0,99433	0,99435	0,99436	0,99438	0,99439	0,99441	0,99443	0,99444
2,54	0,99446	0,99447	0,99449	0,99450	0,99452	0,99454	0,99455	0,99457	0,99458	0,99460
2,55	0,99461	0,99463	0,99464	0,99466	0,99468	0,99469	0,99471	0,99472	0,99474	0,99475
2,56	0,99477	0,99478	0,99480	0,99481	0,99483	0,99484	0,99486	0,99487	0,99489	0,99490
2,57	0,99492	0,99493	0,99494	0,99496	0,99497	0,99499	0,99500	0,99502	0,99503	0,99505
2,58	0,99506	0,99507	0,99509	0,99510	0,99512	0,99513	0,99515	0,99516	0,99517	0,99519
2,59	0,99520	0,99522	0,99523	0,99524	0,99526	0,99527	0,99528	0,99530	0,99531	0,99533
2,60	0,99534	0,99535	0,99537	0,99538	0,99539	0,99541	0,99542	0,99543	0,99545	0,99546
2,61	0,99547	0,99549	0,99550	0,99551	0,99553	0,99554	0,99555	0,99556	0,99558	0,99559
2,62	0,99560	0,99562	0,99563	0,99564	0,99565	0,99567	0,99568	0,99569	0,99571	0,99572
2,63	0,99573	0,99574	0,99576	0,99577	0,99578	0,99579	0,99581	0,99582	0,99583	0,99584
2,64	0,99585	0,99587	0,99588	0,99589	0,99590	0,99592	0,99593	0,99594	0,99595	0,99596
2,65	0,99598	0,99599	0,99600	0,99601	0,99602	0,99603	0,99605	0,99606	0,99607	0,99608
2,66	0,99609	0,99610	0,99612	0,99613	0,99614	0,99615	0,99616	0,99617	0,99618	0,99620
2,67	0,99621	0,99622	0,99623	0,99624	0,99625	0,99626	0,99627	0,99629	0,99630	0,99631
2,68	0,99632	0,99633	0,99634	0,99635	0,99636	0,99637	0,99638	0,99640	0,99641	0,99642
2,69	0,99643	0,99644	0,99645	0,99646	0,99647	0,99648	0,99649	0,99650	0,99651	0,99652
2,70	0,99653	0,99654	0,99655	0,99656	0,99657	0,99658	0,99659	0,99661	0,99662	0,99663
2,71	0,99664	0,99665	0,99666	0,99667	0,99668	0,99669	0,99670	0,99671	0,99672	0,99673
2,72	0,99674	0,99675	0,99676	0,99677	0,99678	0,99678	0,99679	0,99680	0,99681	0,99682
2,73	0,99683	0,99684	0,99685	0,99686	0,99687	0,99688	0,99689	0,99690	0,99691	0,99692
2,74	0,99693	0,99694	0,99695	0,99696	0,99697	0,99697	0,99698	0,99699	0,99700	0,99701
2,75	0,99702	0,99703	0,99704	0,99705	0,99706	0,99707	0,99707	0,99708	0,99709	0,99710
2,76	0,99711	0,99712	0,99713	0,99714	0,99715	0,99715	0,99716	0,99717	0,99718	0,99719
2,77	0,99720	0,99721	0,99721	0,99722	0,99723	0,99724	0,99725	0,99726	0,99727	0,99727
2,78	0,99728	0,99729	0,99730	0,99731	0,99732	0,99732	0,99733	0,99734	0,99735	0,99736
2,79	0,99736	0,99737	0,99738	0,99739	0,99740	0,99740	0,99741	0,99742	0,99743	0,99744
2,80	0,99744	0,99745	0,99746	0,99747	0,99748	0,99748	0,99749	0,99750	0,99751	0,99752
2,81	0,99752	0,99753	0,99754	0,99755	0,99755	0,99756	0,99757	0,99758	0,99758	0,99759
2,82	0,99760	0,99761	0,99761	0,99762	0,99763	0,99764	0,99764	0,99765	0,99766	0,99767
2,83	0,99767	0,99768	0,99769	0,99769	0,99770	0,99771	0,99772	0,99772	0,99773	0,99774
2,84	0,99774	0,99775	0,99776	0,99777	0,99777	0,99778	0,99779	0,99779	0,99780	0,99781
2,85	0,99781	0,99782	0,99783	0,99783	0,99784	0,99785	0,99785	0,99786	0,99787	0,99788
2,86	0,99788	0,99789	0,99790	0,99790	0,99791	0,99791	0,99792	0,99793	0,99793	0,99794
2,87	0,99795	0,99795	0,99796	0,99797	0,99797	0,99798	0,99799	0,99799	0,99800	0,99801
2,88	0,99801	0,99802	0,99802	0,99803	0,99804	0,99804	0,99805	0,99806	0,99806	0,99807
2,89	0,99807	0,99808	0,99809	0,99809	0,99810	0,99810	0,99811	0,99812	0,99812	0,99813
2,90	0,99813	0,99814	0,99815	0,99815	0,99816	0,99816	0,99817	0,99818	0,99818	0,99819
2,91	0,99819	0,99820	0,99820	0,99821	0,99822	0,99822	0,99823	0,99823	0,99824	0,99824
2,92	0,99825	0,99826	0,99826	0,99827	0,99827	0,99828	0,99828	0,99829	0,99829	0,99830
2,93	0,99831	0,99831	0,99832	0,99832	0,99833	0,99833	0,99834	0,99834	0,99835	0,99835
2,94	0,99836	0,99836	0,99837	0,99837	0,99838	0,99839	0,99839	0,99840	0,99840	0,99841
2,95	0,99841	0,99842	0,99842	0,99843	0,99843	0,99844	0,99844	0,99845	0,99845	0,99846
2,96	0,99846	0,99847	0,99847	0,99848	0,99848	0,99849	0,99849	0,99850	0,99850	0,99851
2,97	0,99851	0,99852	0,99852	0,99853	0,99853	0,99853	0,99854	0,99854	0,99855	0,99855
2,98	0,99856	0,99856	0,99857	0,99857	0,99858	0,99858	0,99859	0,99859	0,99860	0,99860
2,99	0,99861	0,99861	0,99861	0,99862	0,99862	0,99863	0,99863	0,99864	0,99864	0,99865

z	0,000	0,001	0,002	0,003	0,004	0,005	0,006	0,007	0,008	0,009
3,00	0,99865	0,99865	0,99866	0,99866	0,99867	0,99867	0,99868	0,99868	0,99869	0,99869
3,01	0,99869	0,99870	0,99870	0,99871	0,99871	0,99872	0,99872	0,99872	0,99873	0,99873
3,02	0,99874	0,99874	0,99874	0,99875	0,99875	0,99876	0,99876	0,99876	0,99877	0,99877
3,03	0,99878	0,99878	0,99879	0,99879	0,99879	0,99880	0,99880	0,99881	0,99881	0,99881
3,04	0,99882	0,99882	0,99882	0,99883	0,99883	0,99884	0,99884	0,99884	0,99885	0,99885
3,05	0,99886	0,99886	0,99886	0,99887	0,99887	0,99887	0,99888	0,99888	0,99889	0,99889
3,06	0,99889	0,99890	0,99890	0,99890	0,99891	0,99891	0,99892	0,99892	0,99892	0,99893
3,07	0,99893	0,99893	0,99894	0,99894	0,99894	0,99895	0,99895	0,99895	0,99896	0,99896
3,08	0,99896	0,99897	0,99897	0,99898	0,99898	0,99898	0,99899	0,99899	0,99899	0,99900
3,09	0,99900	0,99900	0,99901	0,99901	0,99901	0,99902	0,99902	0,99902	0,99903	0,99903
3,10	0,99903	0,99904	0,99904	0,99904	0,99905	0,99905	0,99905	0,99905	0,99906	0,99906
3,11	0,99906	0,99907	0,99907	0,99907	0,99908	0,99908	0,99908	0,99909	0,99909	0,99909
3,12	0,99910	0,99910	0,99910	0,99910	0,99911	0,99911	0,99911	0,99912	0,99912	0,99912
3,13	0,99913	0,99913	0,99913	0,99913	0,99914	0,99914	0,99914	0,99915	0,99915	0,99915
3,14	0,99916	0,99916	0,99916	0,99916	0,99917	0,99917	0,99917	0,99918	0,99918	0,99918
3,15	0,99918	0,99919	0,99919	0,99919	0,99919	0,99920	0,99920	0,99920	0,99921	0,99921
3,16	0,99921	0,99921	0,99922	0,99922	0,99922	0,99922	0,99923	0,99923	0,99923	0,99924
3,17	0,99924	0,99924	0,99924	0,99925	0,99925	0,99925	0,99925	0,99926	0,99926	0,99926
3,18	0,99926	0,99927	0,99927	0,99927	0,99927	0,99928	0,99928	0,99928	0,99928	0,99929
3,19	0,99929	0,99929	0,99929	0,99930	0,99930	0,99930	0,99930	0,99931	0,99931	0,99931
3,20	0,99931	0,99932	0,99932	0,99932	0,99932	0,99932	0,99933	0,99933	0,99933	0,99933
3,21	0,99934	0,99934	0,99934	0,99934	0,99935	0,99935	0,99935	0,99935	0,99935	0,99936
3,22	0,99936	0,99936	0,99936	0,99937	0,99937	0,99937	0,99937	0,99937	0,99938	0,99938
3,23	0,99938	0,99938	0,99939	0,99939	0,99939	0,99939	0,99939	0,99940	0,99940	0,99940
3,24	0,99940	0,99940	0,99941	0,99941	0,99941	0,99941	0,99941	0,99942	0,99942	0,99942
3,25	0,99942	0,99942	0,99943	0,99943	0,99943	0,99943	0,99943	0,99944	0,99944	0,99944
3,26	0,99944	0,99944	0,99945	0,99945	0,99945	0,99945	0,99945	0,99946	0,99946	0,99946
3,27	0,99946	0,99946	0,99947	0,99947	0,99947	0,99947	0,99947	0,99948	0,99948	0,99948
3,28	0,99948	0,99948	0,99948	0,99949	0,99949	0,99949	0,99949	0,99949	0,99950	0,99950
3,29	0,99950	0,99950	0,99950	0,99950	0,99951	0,99951	0,99951	0,99951	0,99951	0,99951
3,30	0,99952	0,99952	0,99952	0,99952	0,99952	0,99953	0,99953	0,99953	0,99953	0,99953
3,31	0,99953	0,99954	0,99954	0,99954	0,99954	0,99954	0,99954	0,99954	0,99955	0,99955
3,32	0,99955	0,99955	0,99955	0,99955	0,99956	0,99956	0,99956	0,99956	0,99956	0,99956
3,33	0,99957	0,99957	0,99957	0,99957	0,99957	0,99957	0,99957	0,99958	0,99958	0,99958
3,34	0,99958	0,99958	0,99958	0,99959	0,99959	0,99959	0,99959	0,99959	0,99959	0,99959
3,35	0,99960	0,99960	0,99960	0,99960	0,99960	0,99960	0,99960	0,99961	0,99961	0,99961
3,36	0,99961	0,99961	0,99961	0,99961	0,99962	0,99962	0,99962	0,99962	0,99962	0,99962
3,37	0,99962	0,99963	0,99963	0,99963	0,99963	0,99963	0,99963	0,99963	0,99963	0,99964
3,38	0,99964	0,99964	0,99964	0,99964	0,99964	0,99964	0,99965	0,99965	0,99965	0,99965
3,39	0,99965	0,99965	0,99965	0,99965	0,99966	0,99966	0,99966	0,99966	0,99966	0,99966
3,40	0,99966	0,99966	0,99967	0,99967	0,99967	0,99967	0,99967	0,99967	0,99967	0,99967
3,41	0,99968	0,99968	0,99968	0,99968	0,99968	0,99968	0,99968	0,99968	0,99968	0,99969
3,42	0,99969	0,99969	0,99969	0,99969	0,99969	0,99969	0,99969	0,99969	0,99970	0,99970
3,43	0,99970	0,99970	0,99970	0,99970	0,99970	0,99970	0,99970	0,99971	0,99971	0,99971
3,44	0,99971	0,99971	0,99971	0,99971	0,99971	0,99971	0,99972	0,99972	0,99972	0,99972
3,45	0,99972	0,99972	0,99972	0,99972	0,99972	0,99972	0,99973	0,99973	0,99973	0,99973
3,46	0,99973	0,99973	0,99973	0,99973	0,99973	0,99973	0,99974	0,99974	0,99974	0,99974
3,47	0,99974	0,99974	0,99974	0,99974	0,99974	0,99974	0,99975	0,99975	0,99975	0,99975
3,48	0,99975	0,99975	0,99975	0,99975	0,99975	0,99975	0,99975	0,99976	0,99976	0,99976
3,49	0,99976	0,99976	0,99976	0,99976	0,99976	0,99976	0,99976	0,99976	0,99977	0,99977

z	0,000	0,001	0,002	0,003	0,004	0,005	0,006	0,007	0,008	0,009
3,50	0,99977	0,99977	0,99977	0,99977	0,99977	0,99977	0,99977	0,99977	0,99977	0,99978
3,51	0,99978	0,99978	0,99978	0,99978	0,99978	0,99978	0,99978	0,99978	0,99978	0,99978
3,52	0,99978	0,99978	0,99979	0,99979	0,99979	0,99979	0,99979	0,99979	0,99979	0,99979
3,53	0,99979	0,99979	0,99979	0,99979	0,99980	0,99980	0,99980	0,99980	0,99980	0,99980
3,54	0,99980	0,99980	0,99980	0,99980	0,99980	0,99980	0,99980	0,99981	0,99981	0,99981
3,55	0,99981	0,99981	0,99981	0,99981	0,99981	0,99981	0,99981	0,99981	0,99981	0,99981
3,56	0,99981	0,99982	0,99982	0,99982	0,99982	0,99982	0,99982	0,99982	0,99982	0,99982
3,57	0,99982	0,99982	0,99982	0,99982	0,99982	0,99982	0,99983	0,99983	0,99983	0,99983
3,58	0,99983	0,99983	0,99983	0,99983	0,99983	0,99983	0,99983	0,99983	0,99983	0,99983
3,59	0,99983	0,99984	0,99984	0,99984	0,99984	0,99984	0,99984	0,99984	0,99984	0,99984
3,60	0,99984	0,99984	0,99984	0,99984	0,99984	0,99984	0,99984	0,99985	0,99985	0,99985
3,61	0,99985	0,99985	0,99985	0,99985	0,99985	0,99985	0,99985	0,99985	0,99985	0,99985
3,62	0,99985	0,99985	0,99985	0,99985	0,99985	0,99986	0,99986	0,99986	0,99986	0,99986
3,63	0,99986	0,99986	0,99986	0,99986	0,99986	0,99986	0,99986	0,99986	0,99986	0,99986
3,64	0,99986	0,99986	0,99986	0,99987	0,99987	0,99987	0,99987	0,99987	0,99987	0,99987
3,65	0,99987	0,99987	0,99987	0,99987	0,99987	0,99987	0,99987	0,99987	0,99987	0,99987
3,66	0,99987	0,99987	0,99987	0,99988	0,99988	0,99988	0,99988	0,99988	0,99988	0,99988
3,67	0,99988	0,99988	0,99988	0,99988	0,99988	0,99988	0,99988	0,99988	0,99988	0,99988
3,68	0,99988	0,99988	0,99988	0,99988	0,99989	0,99989	0,99989	0,99989	0,99989	0,99989
3,69	0,99989	0,99989	0,99989	0,99989	0,99989	0,99989	0,99989	0,99989	0,99989	0,99989
3,70	0,99989	0,99989	0,99989	0,99989	0,99989	0,99989	0,99989	0,99990	0,99990	0,99990
3,71	0,99990	0,99990	0,99990	0,99990	0,99990	0,99990	0,99990	0,99990	0,99990	0,99990
3,72	0,99990	0,99990	0,99990	0,99990	0,99990	0,99990	0,99990	0,99990	0,99990	0,99990
3,73	0,99990	0,99990	0,99990	0,99991	0,99991	0,99991	0,99991	0,99991	0,99991	0,99991
3,74	0,99991	0,99991	0,99991	0,99991	0,99991	0,99991	0,99991	0,99991	0,99991	0,99991
3,75	0,99991	0,99991	0,99991	0,99991	0,99991	0,99991	0,99991	0,99991	0,99991	0,99991
3,76	0,99992	0,99992	0,99992	0,99992	0,99992	0,99992	0,99992	0,99992	0,99992	0,99992
3,77	0,99992	0,99992	0,99992	0,99992	0,99992	0,99992	0,99992	0,99992	0,99992	0,99992
3,78	0,99992	0,99992	0,99992	0,99992	0,99992	0,99992	0,99992	0,99992	0,99992	0,99992
3,79	0,99992	0,99992	0,99993	0,99993	0,99993	0,99993	0,99993	0,99993	0,99993	0,99993
3,80	0,99993	0,99993	0,99993	0,99993	0,99993	0,99993	0,99993	0,99993	0,99993	0,99993
3,81	0,99993	0,99993	0,99993	0,99993	0,99993	0,99993	0,99993	0,99993	0,99993	0,99993
3,82	0,99993	0,99993	0,99993	0,99993	0,99993	0,99993	0,99993	0,99994	0,99994	0,99994
3,83	0,99994	0,99994	0,99994	0,99994	0,99994	0,99994	0,99994	0,99994	0,99994	0,99994
3,84	0,99994	0,99994	0,99994	0,99994	0,99994	0,99994	0,99994	0,99994	0,99994	0,99994
3,85	0,99994	0,99994	0,99994	0,99994	0,99994	0,99994	0,99994	0,99994	0,99994	0,99994
3,86	0,99994	0,99994	0,99994	0,99994	0,99994	0,99994	0,99994	0,99994	0,99995	0,99995
3,87	0,99995	0,99995	0,99995	0,99995	0,99995	0,99995	0,99995	0,99995	0,99995	0,99995
3,88	0,99995	0,99995	0,99995	0,99995	0,99995	0,99995	0,99995	0,99995	0,99995	0,99995
3,89	0,99995	0,99995	0,99995	0,99995	0,99995	0,99995	0,99995	0,99995	0,99995	0,99995
3,90	0,99995	0,99995	0,99995	0,99995	0,99995	0,99995	0,99995	0,99995	0,99995	0,99995
3,91	0,99995	0,99995	0,99995	0,99995	0,99995	0,99995	0,99995	0,99996	0,99996	0,99996
3,92	0,99996	0,99996	0,99996	0,99996	0,99996	0,99996	0,99996	0,99996	0,99996	0,99996
3,93	0,99996	0,99996	0,99996	0,99996	0,99996	0,99996	0,99996	0,99996	0,99996	0,99996
3,94	0,99996	0,99996	0,99996	0,99996	0,99996	0,99996	0,99996	0,99996	0,99996	0,99996
3,95	0,99996	0,99996	0,99996	0,99996	0,99996	0,99996	0,99996	0,99996	0,99996	0,99996
3,96	0,99996	0,99996	0,99996	0,99996	0,99996	0,99996	0,99996	0,99996	0,99996	0,99996
3,97	0,99996	0,99996	0,99996	0,99996	0,99996	0,99996	0,99996	0,99997	0,99997	0,99997
3,98	0,99997	0,99997	0,99997	0,99997	0,99997	0,99997	0,99997	0,99997	0,99997	0,99997
3,99	0,99997	0,99997	0,99997	0,99997	0,99997	0,99997	0,99997	0,99997	0,99997	0,99997

						α=						
ν	**0,001**	**0,005**	**0,010**	**0,025**	**0,050**	**0,100**	**0,900**	**0,950**	**0,975**	**0,990**	**0,995**	**0,999**
1	0,000	0,000	0,000	0,001	0,004	0,016	2,706	3,841	5,024	6,635	7,879	10,827
2	0,002	0,010	0,020	0,051	0,103	0,211	4,605	5,991	7,378	9,210	10,597	13,815
3	0,024	0,072	0,115	0,216	0,352	0,584	6,251	7,815	9,348	11,345	12,838	16,266
4	0,091	0,207	0,297	0,484	0,711	1,064	7,779	9,488	11,143	13,277	14,860	18,466
5	0,210	0,412	0,554	0,831	1,145	1,610	9,236	11,070	12,832	15,086	16,750	20,515
6	0,381	0,676	0,872	1,237	1,635	2,204	10,645	12,592	14,449	16,812	18,548	22,457
7	0,599	0,989	1,239	1,690	2,167	2,833	12,017	14,067	16,013	18,475	20,278	24,321
8	0,857	1,344	1,647	2,180	2,733	3,490	13,362	15,507	17,535	20,090	21,955	26,124
9	1,152	1,735	2,088	2,700	3,325	4,168	14,684	16,919	19,023	21,666	23,589	27,877
10	1,479	2,156	2,558	3,247	3,940	4,865	15,987	18,307	20,483	23,209	25,188	29,588
11	1,834	2,603	3,053	3,816	4,575	5,578	17,275	19,675	21,920	24,725	26,757	31,264
12	2,214	3,074	3,571	4,404	5,226	6,304	18,549	21,026	23,337	26,217	28,300	32,909
13	2,617	3,565	4,107	5,009	5,892	7,041	19,812	22,362	24,736	27,688	29,819	34,527
14	3,041	4,075	4,660	5,629	6,571	7,790	21,064	23,685	26,119	29,141	31,319	36,124
15	3,483	4,601	5,229	6,262	7,261	8,547	22,307	24,996	27,488	30,578	32,801	37,698
16	3,942	5,142	5,812	6,908	7,962	9,312	23,542	26,296	28,845	32,000	34,267	39,252
17	4,416	5,697	6,408	7,564	8,672	10,085	24,769	27,587	30,191	33,409	35,718	40,791
18	4,905	6,265	7,015	8,231	9,390	10,865	25,989	28,869	31,526	34,805	37,156	42,312
19	5,407	6,844	7,633	8,907	10,117	11,651	27,204	30,144	32,852	36,191	38,582	43,819
20	5,921	7,434	8,260	9,591	10,851	12,443	28,412	31,410	34,170	37,566	39,997	45,314
21	6,447	8,034	8,897	10,283	11,591	13,240	29,615	32,671	35,479	38,932	41,401	46,796
22	6,983	8,643	9,542	10,982	12,338	14,041	30,813	33,924	36,781	40,289	42,796	48,268
23	7,529	9,260	10,196	11,689	13,091	14,848	32,007	35,172	38,076	41,638	44,181	49,728
24	8,085	9,886	10,856	12,401	13,848	15,659	33,196	36,415	39,364	42,980	45,558	51,179
25	8,649	10,520	11,524	13,120	14,611	16,473	34,382	37,652	40,646	44,314	46,928	52,619
26	9,222	11,160	12,198	13,844	15,379	17,292	35,563	38,885	41,923	45,642	48,290	54,051
27	9,803	11,808	12,878	14,573	16,151	18,114	36,741	40,113	43,195	46,963	49,645	55,475
28	10,391	12,461	13,565	15,308	16,928	18,939	37,916	41,337	44,461	48,278	50,994	56,892
29	10,986	13,121	14,256	16,047	17,708	19,768	39,087	42,557	45,722	49,588	52,335	58,301
30	11,588	13,787	14,953	16,791	18,493	20,599	40,256	43,773	46,979	50,892	53,672	59,702
31	12,196	14,458	15,655	17,539	19,281	21,434	41,422	44,985	48,232	52,191	55,002	61,098
32	12,810	15,134	16,362	18,291	20,072	22,271	42,585	46,194	49,480	53,486	56,328	62,487
33	13,431	15,815	17,073	19,047	20,867	23,110	43,745	47,400	50,725	54,775	57,648	63,869
34	14,057	16,501	17,789	19,806	21,664	23,952	44,903	48,602	51,966	56,061	58,964	65,247
35	14,688	17,192	18,509	20,569	22,465	24,797	46,059	49,802	53,203	57,342	60,275	66,619
36	15,324	17,887	19,233	21,336	23,269	25,643	47,212	50,998	54,437	58,619	61,581	67,985
37	15,965	18,586	19,960	22,106	24,075	26,492	48,363	52,192	55,668	59,893	62,883	69,348
38	16,611	19,289	20,691	22,878	24,884	27,343	49,513	53,384	56,895	61,162	64,181	70,704
39	17,261	19,996	21,426	23,654	25,695	28,196	50,660	54,572	58,120	62,428	65,475	72,055
40	17,917	20,707	22,164	24,433	26,509	29,051	51,805	55,758	59,342	63,691	66,766	73,403

						α=						
ν	**0,001**	**0,005**	**0,010**	**0,025**	**0,050**	**0,100**	**0,900**	**0,950**	**0,975**	**0,990**	**0,995**	**0,999**
41	18,576	21,421	22,906	25,215	27,326	29,907	52,949	56,942	60,561	64,950	68,053	74,744
42	19,238	22,138	23,650	25,999	28,144	30,765	54,090	58,124	61,777	66,206	69,336	76,084
43	19,905	22,860	24,398	26,785	28,965	31,625	55,230	59,304	62,990	67,459	70,616	77,418
44	20,576	23,584	25,148	27,575	29,787	32,487	56,369	60,481	64,201	68,710	71,892	78,749
45	21,251	24,311	25,901	28,366	30,612	33,350	57,505	61,656	65,410	69,957	73,166	80,078
46	21,929	25,041	26,657	29,160	31,439	34,215	58,641	62,830	66,616	71,201	74,437	81,400
47	22,610	25,775	27,416	29,956	32,268	35,081	59,774	64,001	67,821	72,443	75,704	82,720
48	23,294	26,511	28,177	30,754	33,098	35,949	60,907	65,171	69,023	73,683	76,969	84,037
49	23,983	27,249	28,941	31,555	33,930	36,818	62,038	66,339	70,222	74,919	78,231	85,350
50	24,674	27,991	29,707	32,357	34,764	37,689	63,167	67,505	71,420	76,154	79,490	86,660
51	25,368	28,735	30,475	33,162	35,600	38,560	64,295	68,669	72,616	77,386	80,746	87,967
52	26,065	29,481	31,246	33,968	36,437	39,433	65,422	69,832	73,810	78,616	82,001	89,272
53	26,765	30,230	32,019	34,776	37,276	40,308	66,548	70,993	75,002	79,843	83,253	90,573
54	27,467	30,981	32,793	35,586	38,116	41,183	67,673	72,153	76,192	81,069	84,502	91,871
55	28,173	31,735	33,571	36,398	38,958	42,060	68,796	73,311	77,380	82,292	85,749	93,167
56	28,881	32,491	34,350	37,212	39,801	42,937	69,919	74,468	78,567	83,514	86,994	94,462
57	29,592	33,248	35,131	38,027	40,646	43,816	71,040	75,624	79,752	84,733	88,237	95,750
58	30,305	34,008	35,914	38,844	41,492	44,696	72,160	76,778	80,936	85,950	89,477	97,038
59	31,021	34,770	36,698	39,662	42,339	45,577	73,279	77,930	82,117	87,166	90,715	98,324
60	31,738	35,534	37,485	40,482	43,188	46,459	74,397	79,082	83,298	88,379	91,952	99,608
61	32,458	36,300	38,273	41,303	44,038	47,342	75,514	80,232	84,476	89,591	93,186	100,887
62	33,181	37,068	39,063	42,126	44,889	48,226	76,630	81,381	85,654	90,802	94,419	102,165
63	33,905	37,838	39,855	42,950	45,741	49,111	77,745	82,529	86,830	92,010	95,649	103,442
64	34,632	38,610	40,649	43,776	46,595	49,996	78,860	83,675	88,004	93,217	96,878	104,717
65	35,362	39,383	41,444	44,603	47,450	50,883	79,973	84,821	89,177	94,422	98,105	105,988
66	36,092	40,158	42,240	45,431	48,305	51,770	81,085	85,965	90,349	95,626	99,330	107,257
67	36,826	40,935	43,038	46,261	49,162	52,659	82,197	87,108	91,519	96,828	100,554	108,525
68	37,561	41,714	43,838	47,092	50,020	53,548	83,308	88,250	92,688	98,028	101,776	109,793
69	38,298	42,493	44,639	47,924	50,879	54,438	84,418	89,391	93,856	99,227	102,996	111,055
70	39,036	43,275	45,442	48,758	51,739	55,329	85,527	90,531	95,023	100,425	104,215	112,317
75	42,757	47,206	49,475	52,942	56,054	59,795	91,061	96,217	100,839	106,393	110,285	118,599
80	46,520	51,172	53,540	57,153	60,391	64,278	96,578	101,879	106,629	112,329	116,321	124,839
85	50,320	55,170	57,634	61,389	64,749	68,777	102,079	107,522	112,393	118,236	122,324	131,043
90	54,156	59,196	61,754	65,647	69,126	73,291	107,565	113,145	118,136	124,116	128,299	137,208
95	58,022	63,250	65,898	69,925	73,520	77,818	113,038	118,752	123,858	129,973	134,247	143,343
100	61,918	67,328	70,065	74,222	77,929	82,358	118,498	124,342	129,561	135,807	140,170	149,449

α=	**0,6**	**0,7**	**0,8**	**0,9**	**0,95**	**0,975**	**0,99**	**0,995**	**0,999**	**0,9995**
ν=1	0,3249	0,7265	1,3764	3,0777	6,3137	12,7062	31,8210	63,6559	318,2888	636,5776
2	0,2887	0,6172	1,0607	1,8856	2,9200	4,3027	6,9645	9,9250	22,3285	31,5998
3	0,2767	0,5844	0,9785	1,6377	2,3534	3,1824	4,5407	5,8408	10,2143	12,9244
4	0,2707	0,5686	0,9410	1,5332	2,1318	2,7765	3,7469	4,6041	7,1729	8,6101
5	0,2672	0,5594	0,9195	1,4759	2,0150	2,5706	3,3649	4,0321	5,8935	6,8685
6	0,2648	0,5534	0,9057	1,4398	1,9432	2,4469	3,1427	3,7074	5,2075	5,9587
7	0,2632	0,5491	0,8960	1,4149	1,8946	2,3646	2,9979	3,4995	4,7853	5,4081
8	0,2619	0,5459	0,8889	1,3968	1,8595	2,3060	2,8965	3,3554	4,5008	5,0414
9	0,2610	0,5435	0,8834	1,3830	1,8331	2,2622	2,8214	3,2498	4,2969	4,7809
10	0,2602	0,5415	0,8791	1,3722	1,8125	2,2281	2,7638	3,1693	4,1437	4,5868
11	0,2596	0,5399	0,8755	1,3634	1,7959	2,2010	2,7181	3,1058	4,0248	4,4369
12	0,2590	0,5386	0,8726	1,3562	1,7823	2,1788	2,6810	3,0545	3,9296	4,3178
13	0,2586	0,5375	0,8702	1,3502	1,7709	2,1604	2,6503	3,0123	3,8520	4,2209
14	0,2582	0,5366	0,8681	1,3450	1,7613	2,1448	2,6245	2,9768	3,7874	4,1403
15	0,2579	0,5357	0,8662	1,3406	1,7531	2,1315	2,6025	2,9467	3,7329	4,0728
16	0,2576	0,5350	0,8647	1,3368	1,7459	2,1199	2,5835	2,9208	3,6861	4,0149
17	0,2573	0,5344	0,8633	1,3334	1,7396	2,1098	2,5669	2,8982	3,6458	3,9651
18	0,2571	0,5338	0,8620	1,3304	1,7341	2,1009	2,5524	2,8784	3,6105	3,9217
19	0,2569	0,5333	0,8610	1,3277	1,7291	2,0930	2,5395	2,8609	3,5793	3,8833
20	0,2567	0,5329	0,8600	1,3253	1,7247	2,0860	2,5280	2,8453	3,5518	3,8496
21	0,2566	0,5325	0,8591	1,3232	1,7207	2,0796	2,5176	2,8314	3,5271	3,8193
22	0,2564	0,5321	0,8583	1,3212	1,7171	2,0739	2,5083	2,8188	3,5050	3,7922
23	0,2563	0,5317	0,8575	1,3195	1,7139	2,0687	2,4999	2,8073	3,4850	3,7676
24	0,2562	0,5314	0,8569	1,3178	1,7109	2,0639	2,4922	2,7970	3,4668	3,7454
25	0,2561	0,5312	0,8562	1,3163	1,7081	2,0595	2,4851	2,7874	3,4502	3,7251
26	0,2560	0,5309	0,8557	1,3150	1,7056	2,0555	2,4786	2,7787	3,4350	3,7067
27	0,2559	0,5306	0,8551	1,3137	1,7033	2,0518	2,4727	2,7707	3,4210	3,6895
28	0,2558	0,5304	0,8546	1,3125	1,7011	2,0484	2,4671	2,7633	3,4082	3,6739
29	0,2557	0,5302	0,8542	1,3114	1,6991	2,0452	2,4620	2,7564	3,3963	3,6595
30	0,2556	0,5300	0,8538	1,3104	1,6973	2,0423	2,4573	2,7500	3,3852	3,6460
31	0,2555	0,5298	0,8534	1,3095	1,6955	2,0395	2,4528	2,7440	3,3749	3,6335
32	0,2555	0,5297	0,8530	1,3086	1,6939	2,0369	2,4487	2,7385	3,3653	3,6218
33	0,2554	0,5295	0,8526	1,3077	1,6924	2,0345	2,4448	2,7333	3,3563	3,6109
34	0,2553	0,5294	0,8523	1,3070	1,6909	2,0322	2,4411	2,7284	3,3480	3,6007
35	0,2553	0,5292	0,8520	1,3062	1,6896	2,0301	2,4377	2,7238	3,3400	3,5911
36	0,2552	0,5291	0,8517	1,3055	1,6883	2,0281	2,4345	2,7195	3,3326	3,5821
37	0,2552	0,5289	0,8514	1,3049	1,6871	2,0262	2,4314	2,7154	3,3256	3,5737
38	0,2551	0,5288	0,8512	1,3042	1,6860	2,0244	2,4286	2,7116	3,3190	3,5657
39	0,2551	0,5287	0,8509	1,3036	1,6849	2,0227	2,4258	2,7079	3,3127	3,5581
40	0,2550	0,5286	0,8507	1,3031	1,6839	2,0211	2,4233	2,7045	3,3069	3,5510
41	0,2550	0,5285	0,8505	1,3025	1,6829	2,0195	2,4208	2,7012	3,3012	3,5443
42	0,2550	0,5284	0,8503	1,3020	1,6820	2,0181	2,4185	2,6981	3,2959	3,5377
43	0,2549	0,5283	0,8501	1,3016	1,6811	2,0167	2,4163	2,6951	3,2909	3,5316
44	0,2549	0,5282	0,8499	1,3011	1,6802	2,0154	2,4141	2,6923	3,2861	3,5258
45	0,2549	0,5281	0,8497	1,3007	1,6794	2,0141	2,4121	2,6896	3,2815	3,5203
46	0,2548	0,5281	0,8495	1,3002	1,6787	2,0129	2,4102	2,6870	3,2771	3,5149
47	0,2548	0,5280	0,8493	1,2998	1,6779	2,0117	2,4083	2,6846	3,2729	3,5099
48	0,2548	0,5279	0,8492	1,2994	1,6772	2,0106	2,4066	2,6822	3,2689	3,5050
49	0,2547	0,5278	0,8490	1,2991	1,6766	2,0096	2,4049	2,6800	3,2651	3,5005
50	0,2547	0,5278	0,8489	1,2987	1,6759	2,0086	2,4033	2,6778	3,2614	3,4960
60	0,2545	0,5272	0,8477	1,2958	1,6706	2,0003	2,3901	2,6603	3,2317	3,4602
70	0,2543	0,5268	0,8468	1,2938	1,6669	1,9944	2,3808	2,6479	3,2108	3,4350
80	0,2542	0,5265	0,8461	1,2922	1,6641	1,9901	2,3739	2,6387	3,1952	3,4164
90	0,2541	0,5263	0,8456	1,2910	1,6620	1,9867	2,3685	2,6316	3,1832	3,4019
100	0,2540	0,5261	0,8452	1,2901	1,6602	1,9840	2,3642	2,6259	3,1738	3,3905

$\alpha = 0{,}9$

ν_2=	ν_1=1	2	3	4	5	6	7	8	9	10	12	14	16	18	20	30	40	50	100	∞
1	39,86	49,50	53,59	55,83	57,24	58,20	58,91	59,44	59,86	60,19	60,71	61,07	61,35	61,57	61,74	62,26	62,53	62,69	63,01	63,33
2	8,526	9,000	9,162	9,243	9,293	9,326	9,349	9,367	9,381	9,392	9,408	9,420	9,429	9,436	9,441	9,458	9,466	9,471	9,481	9,491
3	5,538	5,462	5,391	5,343	5,309	5,285	5,266	5,252	5,240	5,230	5,216	5,205	5,196	5,190	5,184	5,168	5,160	5,155	5,144	5,134
4	4,545	4,325	4,191	4,107	4,051	4,010	3,979	3,955	3,936	3,920	3,896	3,878	3,864	3,853	3,844	3,817	3,804	3,795	3,778	3,761
5	4,060	3,780	3,619	3,520	3,453	3,405	3,368	3,339	3,316	3,297	3,268	3,247	3,230	3,217	3,207	3,174	3,157	3,147	3,126	3,105
6	3,776	3,463	3,289	3,181	3,108	3,055	3,014	2,983	2,958	2,937	2,905	2,881	2,863	2,848	2,836	2,800	2,781	2,770	2,746	2,722
7	3,589	3,257	3,074	2,961	2,883	2,827	2,785	2,752	2,725	2,703	2,668	2,643	2,623	2,607	2,595	2,555	2,535	2,523	2,497	2,471
8	3,458	3,113	2,924	2,806	2,726	2,668	2,624	2,589	2,561	2,538	2,502	2,475	2,454	2,438	2,425	2,383	2,361	2,348	2,321	2,293
9	3,360	3,006	2,813	2,693	2,611	2,551	2,505	2,469	2,440	2,416	2,379	2,351	2,330	2,312	2,298	2,255	2,232	2,218	2,189	2,159
10	3,285	2,924	2,728	2,605	2,522	2,461	2,414	2,377	2,347	2,323	2,284	2,255	2,233	2,215	2,201	2,155	2,132	2,117	2,087	2,055
11	3,225	2,860	2,660	2,536	2,451	2,389	2,342	2,304	2,274	2,248	2,209	2,179	2,156	2,138	2,123	2,076	2,052	2,036	2,005	1,972
12	3,177	2,807	2,606	2,480	2,394	2,331	2,283	2,245	2,214	2,188	2,147	2,117	2,094	2,075	2,060	2,011	1,986	1,970	1,938	1,904
13	3,136	2,763	2,560	2,434	2,347	2,283	2,234	2,195	2,164	2,138	2,097	2,066	2,042	2,023	2,007	1,958	1,931	1,915	1,882	1,846
14	3,102	2,726	2,522	2,395	2,307	2,243	2,193	2,154	2,122	2,095	2,054	2,022	1,998	1,978	1,962	1,912	1,885	1,869	1,834	1,797
15	3,073	2,695	2,490	2,361	2,273	2,208	2,158	2,119	2,086	2,059	2,017	1,985	1,961	1,941	1,924	1,873	1,845	1,828	1,793	1,755
16	3,048	2,668	2,462	2,333	2,244	2,178	2,128	2,088	2,055	2,028	1,985	1,953	1,928	1,908	1,891	1,839	1,811	1,793	1,757	1,718
17	3,026	2,645	2,437	2,308	2,218	2,152	2,102	2,061	2,028	2,001	1,958	1,925	1,900	1,879	1,862	1,809	1,781	1,763	1,726	1,686
18	3,007	2,624	2,416	2,286	2,196	2,130	2,079	2,038	2,005	1,977	1,933	1,900	1,875	1,854	1,837	1,783	1,754	1,736	1,698	1,657
19	2,990	2,606	2,397	2,266	2,176	2,109	2,058	2,017	1,984	1,956	1,912	1,878	1,852	1,831	1,814	1,759	1,730	1,711	1,673	1,631
20	2,975	2,589	2,380	2,249	2,158	2,091	2,040	1,999	1,965	1,937	1,892	1,859	1,833	1,811	1,794	1,738	1,708	1,690	1,650	1,607
21	2,961	2,575	2,365	2,233	2,142	2,075	2,023	1,982	1,948	1,920	1,875	1,841	1,815	1,793	1,776	1,719	1,689	1,670	1,630	1,586
22	2,949	2,561	2,351	2,219	2,128	2,060	2,008	1,967	1,933	1,904	1,859	1,825	1,798	1,777	1,759	1,702	1,671	1,652	1,611	1,567
23	2,937	2,549	2,339	2,207	2,115	2,047	1,995	1,953	1,919	1,890	1,845	1,811	1,784	1,762	1,744	1,686	1,655	1,636	1,594	1,549
24	2,927	2,538	2,327	2,195	2,103	2,035	1,983	1,941	1,906	1,877	1,832	1,797	1,770	1,748	1,730	1,672	1,641	1,621	1,579	1,533
25	2,918	2,528	2,317	2,184	2,092	2,024	1,971	1,929	1,895	1,866	1,820	1,785	1,758	1,736	1,718	1,659	1,627	1,607	1,565	1,518
26	2,909	2,519	2,307	2,174	2,082	2,014	1,961	1,919	1,884	1,855	1,809	1,774	1,747	1,724	1,706	1,647	1,615	1,594	1,551	1,504
27	2,901	2,511	2,299	2,165	2,073	2,005	1,952	1,909	1,874	1,845	1,799	1,764	1,736	1,714	1,695	1,636	1,603	1,583	1,539	1,491
28	2,894	2,503	2,291	2,157	2,064	1,996	1,943	1,900	1,865	1,836	1,790	1,754	1,726	1,704	1,685	1,625	1,592	1,572	1,528	1,478
29	2,887	2,495	2,283	2,149	2,057	1,988	1,935	1,892	1,857	1,827	1,781	1,745	1,717	1,695	1,676	1,616	1,583	1,562	1,517	1,467
30	2,881	2,489	2,276	2,142	2,049	1,980	1,927	1,884	1,849	1,819	1,773	1,737	1,709	1,686	1,667	1,606	1,573	1,552	1,507	1,456
40	2,835	2,440	2,226	2,091	1,997	1,927	1,873	1,829	1,793	1,763	1,715	1,678	1,649	1,625	1,605	1,541	1,506	1,483	1,434	1,377
50	2,809	2,412	2,197	2,061	1,966	1,895	1,840	1,796	1,760	1,729	1,680	1,643	1,613	1,588	1,568	1,502	1,465	1,441	1,388	1,327
60	2,791	2,393	2,177	2,041	1,946	1,875	1,819	1,775	1,738	1,707	1,657	1,619	1,589	1,564	1,543	1,476	1,437	1,413	1,358	1,291
70	2,779	2,380	2,164	2,027	1,931	1,860	1,804	1,760	1,723	1,691	1,641	1,603	1,572	1,547	1,526	1,457	1,418	1,392	1,335	1,265
80	2,769	2,370	2,154	2,016	1,921	1,849	1,793	1,748	1,711	1,680	1,629	1,590	1,559	1,534	1,513	1,443	1,403	1,377	1,318	1,245
90	2,762	2,363	2,146	2,008	1,912	1,841	1,785	1,739	1,702	1,670	1,620	1,581	1,550	1,524	1,503	1,432	1,391	1,365	1,304	1,228
100	2,756	2,356	2,139	2,002	1,906	1,834	1,778	1,732	1,695	1,663	1,612	1,573	1,542	1,516	1,494	1,423	1,382	1,355	1,293	1,214
∞	2.706	2.303	2.084	1.945	1.847	1.774	1.717	1.670	1.632	1.599	1.546	1.505	1.471	1.444	1.421	1.342	1.295	1.263	1.185	1.001

$\alpha = 0{,}95$

$\nu_2=$	$\nu_1=1$	2	3	4	5	6	7	8	9	10	12	14	16	18	20	30	40	50	100	∞
1	161,4	199,5	215,7	224,6	230,2	234,0	236,8	238,9	240,5	241,9	243,9	245,4	246,5	247,3	248,0	250,1	251,1	251,8	253,0	254,3
2	18,51	19,00	19,16	19,25	19,30	19,33	19,35	19,37	19,38	19,40	19,41	19,42	19,43	19,44	19,45	19,46	19,47	19,48	19,49	19,50
3	10,13	9,55	9,28	9,12	9,01	8,94	8,89	8,85	8,81	8,79	8,74	8,71	8,69	8,67	8,66	8,62	8,59	8,58	8,55	8,53
4	7,709	6,944	6,591	6,388	6,256	6,163	6,094	6,041	5,999	5,964	5,912	5,873	5,844	5,821	5,803	5,746	5,717	5,699	5,664	5,628
5	6,608	5,786	5,409	5,192	5,050	4,950	4,876	4,818	4,772	4,735	4,678	4,636	4,604	4,579	4,558	4,496	4,464	4,444	4,405	4,365
6	5,987	5,143	4,757	4,534	4,387	4,284	4,207	4,147	4,099	4,060	4,000	3,956	3,922	3,896	3,874	3,808	3,774	3,754	3,712	3,669
7	5,591	4,737	4,347	4,120	3,972	3,866	3,787	3,726	3,677	3,637	3,575	3,529	3,494	3,467	3,445	3,376	3,340	3,319	3,275	3,230
8	5,318	4,459	4,066	3,838	3,688	3,581	3,500	3,438	3,388	3,347	3,284	3,237	3,202	3,173	3,150	3,079	3,043	3,020	2,975	2,928
9	5,117	4,256	3,863	3,633	3,482	3,374	3,293	3,230	3,179	3,137	3,073	3,025	2,989	2,960	2,936	2,864	2,826	2,803	2,756	2,707
10	4,965	4,103	3,708	3,478	3,326	3,217	3,135	3,072	3,020	2,978	2,913	2,865	2,828	2,798	2,774	2,700	2,661	2,637	2,588	2,538
11	4,844	3,982	3,587	3,357	3,204	3,095	3,012	2,948	2,896	2,854	2,788	2,739	2,701	2,671	2,646	2,570	2,531	2,507	2,457	2,404
12	4,747	3,885	3,490	3,259	3,106	2,996	2,913	2,849	2,796	2,753	2,687	2,637	2,599	2,568	2,544	2,466	2,426	2,401	2,350	2,296
13	4,667	3,806	3,411	3,179	3,025	2,915	2,832	2,767	2,714	2,671	2,604	2,554	2,515	2,484	2,459	2,380	2,339	2,314	2,261	2,206
14	4,600	3,739	3,344	3,112	2,958	2,848	2,764	2,699	2,646	2,602	2,534	2,484	2,445	2,413	2,388	2,308	2,266	2,241	2,187	2,131
15	4,543	3,682	3,287	3,056	2,901	2,790	2,707	2,641	2,588	2,544	2,475	2,424	2,385	2,353	2,328	2,247	2,204	2,178	2,123	2,066
16	4,494	3,634	3,239	3,007	2,852	2,741	2,657	2,591	2,538	2,494	2,425	2,373	2,333	2,302	2,276	2,194	2,151	2,124	2,068	2,010
17	4,451	3,592	3,197	2,965	2,810	2,699	2,614	2,548	2,494	2,450	2,381	2,329	2,289	2,257	2,230	2,148	2,104	2,077	2,020	1,960
18	4,414	3,555	3,160	2,928	2,773	2,661	2,577	2,510	2,456	2,412	2,342	2,290	2,250	2,217	2,191	2,107	2,063	2,035	1,978	1,917
19	4,381	3,522	3,127	2,895	2,740	2,628	2,544	2,477	2,423	2,378	2,308	2,256	2,215	2,182	2,155	2,071	2,026	1,999	1,940	1,878
20	4,351	3,493	3,098	2,866	2,711	2,599	2,514	2,447	2,393	2,348	2,278	2,225	2,184	2,151	2,124	2,039	1,994	1,966	1,907	1,843
21	4,325	3,467	3,072	2,840	2,685	2,573	2,488	2,420	2,366	2,321	2,250	2,197	2,156	2,123	2,096	2,010	1,965	1,936	1,876	1,812
22	4,301	3,443	3,049	2,817	2,661	2,549	2,464	2,397	2,342	2,297	2,226	2,173	2,131	2,098	2,071	1,984	1,938	1,909	1,849	1,783
23	4,279	3,422	3,028	2,796	2,640	2,528	2,442	2,375	2,320	2,275	2,204	2,150	2,109	2,075	2,048	1,961	1,914	1,885	1,823	1,757
24	4,260	3,403	3,009	2,776	2,621	2,508	2,423	2,355	2,300	2,255	2,183	2,130	2,088	2,054	2,027	1,939	1,892	1,863	1,800	1,733
25	4,242	3,385	2,991	2,759	2,603	2,490	2,405	2,337	2,282	2,236	2,165	2,111	2,069	2,035	2,007	1,919	1,872	1,842	1,779	1,711
26	4,225	3,369	2,975	2,743	2,587	2,474	2,388	2,321	2,265	2,220	2,148	2,094	2,052	2,018	1,990	1,901	1,853	1,823	1,760	1,691
27	4,210	3,354	2,960	2,728	2,572	2,459	2,373	2,305	2,250	2,204	2,132	2,078	2,036	2,002	1,974	1,884	1,836	1,806	1,742	1,672
28	4,196	3,340	2,947	2,714	2,558	2,445	2,359	2,291	2,236	2,190	2,118	2,064	2,021	1,987	1,959	1,869	1,820	1,790	1,725	1,654
29	4,183	3,328	2,934	2,701	2,545	2,432	2,346	2,278	2,223	2,177	2,104	2,050	2,007	1,973	1,945	1,854	1,806	1,775	1,710	1,638
30	4,171	3,316	2,922	2,690	2,534	2,421	2,334	2,266	2,211	2,165	2,092	2,037	1,995	1,960	1,932	1,841	1,792	1,761	1,695	1,622
40	4,085	3,232	2,839	2,606	2,449	2,336	2,249	2,180	2,124	2,077	2,003	1,948	1,904	1,868	1,839	1,744	1,693	1,660	1,589	1,509
50	4,034	3,183	2,790	2,557	2,400	2,286	2,199	2,130	2,073	2,026	1,952	1,895	1,850	1,814	1,784	1,687	1,634	1,599	1,525	1,438
60	4,001	3,150	2,758	2,525	2,368	2,254	2,167	2,097	2,040	1,993	1,917	1,860	1,815	1,778	1,748	1,649	1,594	1,559	1,481	1,389
70	3,978	3,128	2,736	2,503	2,346	2,231	2,143	2,074	2,017	1,969	1,893	1,836	1,790	1,753	1,722	1,622	1,566	1,530	1,450	1,353
80	3,960	3,111	2,719	2,486	2,329	2,214	2,126	2,056	1,999	1,951	1,875	1,817	1,772	1,734	1,703	1,602	1,545	1,508	1,426	1,325
90	3,947	3,098	2,706	2,473	2,316	2,201	2,113	2,043	1,986	1,938	1,861	1,803	1,757	1,720	1,688	1,586	1,528	1,491	1,407	1,302
100	3,936	3,087	2,696	2,463	2,305	2,191	2,103	2,032	1,975	1,927	1,850	1,792	1,746	1,708	1,676	1,573	1,515	1,477	1,392	1,283
∞	3,841	2,996	2,605	2,372	2,214	2,099	2,010	1,938	1,880	1,831	1,752	1,692	1,644	1,604	1,571	1,459	1,394	1,350	1,243	1,001

$\alpha = 0{,}975$

$\nu_2=$	$\nu_1=1$	2	3	4	5	6	7	8	9	10	12	14	16	18	20	30	40	50	100	∞
1	647,8	799,5	864,2	899,6	921,8	937,1	948,2	956,6	963,3	968,6	976,7	982,5	986,9	990,3	993,1	1001,4	1005,6	1008,1	1013,2	1018,3
2	38,51	39,00	39,17	39,25	39,30	39,33	39,36	39,37	39,39	39,40	39,41	39,43	39,44	39,44	39,45	39,46	39,47	39,48	39,49	39,50
3	17,44	16,04	15,44	15,10	14,88	14,73	14,62	14,54	14,47	14,42	14,34	14,28	14,23	14,20	14,17	14,08	14,04	14,01	13,96	13,90
4	12,218	10,649	9,979	9,604	9,364	9,197	9,074	8,980	8,905	8,844	8,751	8,684	8,633	8,592	8,560	8,461	8,411	8,381	8,319	8,257
5	10,007	8,434	7,764	7,388	7,146	6,978	6,853	6,757	6,681	6,619	6,525	6,456	6,403	6,362	6,329	6,227	6,175	6,144	6,080	6,015
6	8,813	7,260	6,599	6,227	5,988	5,820	5,695	5,600	5,523	5,461	5,366	5,297	5,244	5,202	5,168	5,065	5,012	4,980	4,915	4,849
7	8,073	6,542	5,890	5,523	5,285	5,119	4,995	4,899	4,823	4,761	4,666	4,596	4,543	4,501	4,467	4,362	4,309	4,276	4,210	4,142
8	7,571	6,059	5,416	5,053	4,817	4,652	4,529	4,433	4,357	4,295	4,200	4,130	4,076	4,034	3,999	3,894	3,840	3,807	3,739	3,670
9	7,209	5,715	5,078	4,718	4,484	4,320	4,197	4,102	4,026	3,964	3,868	3,798	3,744	3,701	3,667	3,560	3,505	3,472	3,403	3,333
10	6,937	5,456	4,826	4,468	4,236	4,072	3,950	3,855	3,779	3,717	3,621	3,550	3,496	3,453	3,419	3,311	3,255	3,221	3,152	3,080
11	6,724	5,256	4,630	4,275	4,044	3,881	3,759	3,664	3,588	3,526	3,430	3,359	3,304	3,261	3,226	3,118	3,061	3,027	2,956	2,883
12	6,554	5,096	4,474	4,121	3,891	3,728	3,607	3,512	3,436	3,374	3,277	3,206	3,152	3,108	3,073	2,963	2,906	2,871	2,800	2,725
13	6,414	4,965	4,347	3,996	3,767	3,604	3,483	3,388	3,312	3,250	3,153	3,082	3,027	2,983	2,948	2,837	2,780	2,744	2,671	2,595
14	6,298	4,857	4,242	3,892	3,663	3,501	3,380	3,285	3,209	3,147	3,050	2,979	2,923	2,879	2,844	2,732	2,674	2,638	2,565	2,487
15	6,200	4,765	4,153	3,804	3,576	3,415	3,293	3,199	3,123	3,060	2,963	2,891	2,836	2,792	2,756	2,644	2,585	2,549	2,474	2,395
16	6,115	4,687	4,077	3,729	3,502	3,341	3,219	3,125	3,049	2,986	2,889	2,817	2,761	2,717	2,681	2,568	2,509	2,472	2,396	2,316
17	6,042	4,619	4,011	3,665	3,438	3,277	3,156	3,061	2,985	2,922	2,825	2,753	2,697	2,652	2,616	2,502	2,442	2,405	2,329	2,247
18	5,978	4,560	3,954	3,608	3,382	3,221	3,100	3,005	2,929	2,866	2,769	2,696	2,640	2,596	2,559	2,445	2,384	2,347	2,269	2,187
19	5,922	4,508	3,903	3,559	3,333	3,172	3,051	2,956	2,880	2,817	2,720	2,647	2,591	2,546	2,509	2,394	2,333	2,295	2,217	2,133
20	5,871	4,461	3,859	3,515	3,289	3,128	3,007	2,913	2,837	2,774	2,676	2,603	2,547	2,501	2,464	2,349	2,287	2,249	2,170	2,085
21	5,827	4,420	3,819	3,475	3,250	3,090	2,969	2,874	2,798	2,735	2,637	2,564	2,507	2,462	2,425	2,308	2,246	2,208	2,128	2,042
22	5,786	4,383	3,783	3,440	3,215	3,055	2,934	2,839	2,763	2,700	2,602	2,528	2,472	2,426	2,389	2,272	2,210	2,171	2,090	2,003
23	5,750	4,349	3,750	3,408	3,183	3,023	2,902	2,808	2,731	2,668	2,570	2,497	2,440	2,394	2,357	2,239	2,176	2,137	2,056	1,968
24	5,717	4,319	3,721	3,379	3,155	2,995	2,874	2,779	2,703	2,640	2,541	2,468	2,411	2,365	2,327	2,209	2,146	2,107	2,024	1,935
25	5,686	4,291	3,694	3,353	3,129	2,969	2,848	2,753	2,677	2,613	2,515	2,441	2,384	2,338	2,300	2,182	2,118	2,079	1,996	1,906
26	5,659	4,265	3,670	3,329	3,105	2,945	2,824	2,729	2,653	2,590	2,491	2,417	2,360	2,314	2,276	2,157	2,093	2,053	1,969	1,878
27	5,633	4,242	3,647	3,307	3,083	2,923	2,802	2,707	2,631	2,568	2,469	2,395	2,337	2,291	2,253	2,133	2,069	2,029	1,945	1,853
28	5,610	4,221	3,626	3,286	3,063	2,903	2,782	2,687	2,611	2,547	2,448	2,374	2,317	2,270	2,232	2,112	2,048	2,007	1,922	1,829
29	5,588	4,201	3,607	3,267	3,044	2,884	2,763	2,669	2,592	2,529	2,430	2,355	2,298	2,251	2,213	2,092	2,028	1,987	1,901	1,807
30	5,568	4,182	3,589	3,250	3,026	2,867	2,746	2,651	2,575	2,511	2,412	2,338	2,280	2,233	2,195	2,074	2,009	1,968	1,882	1,787
40	5,424	4,051	3,463	3,126	2,904	2,744	2,624	2,529	2,452	2,388	2,288	2,213	2,154	2,107	2,068	1,943	1,875	1,832	1,741	1,637
50	5,340	3,975	3,390	3,054	2,833	2,674	2,553	2,458	2,381	2,317	2,216	2,140	2,081	2,033	1,993	1,866	1,796	1,752	1,656	1,545
60	5,286	3,925	3,343	3,008	2,786	2,627	2,507	2,412	2,334	2,270	2,169	2,093	2,033	1,985	1,944	1,815	1,744	1,699	1,599	1,482
70	5,247	3,890	3,309	2,975	2,754	2,595	2,474	2,379	2,302	2,237	2,136	2,059	1,999	1,950	1,910	1,779	1,707	1,660	1,558	1,436
80	5,218	3,864	3,284	2,950	2,730	2,571	2,450	2,355	2,277	2,213	2,111	2,035	1,974	1,925	1,884	1,752	1,679	1,632	1,527	1,400
90	5,196	3,844	3,265	2,932	2,711	2,552	2,432	2,336	2,259	2,194	2,092	2,015	1,955	1,905	1,864	1,731	1,657	1,610	1,503	1,371
100	5,179	3,828	3,250	2,917	2,696	2,537	2,417	2,321	2,244	2,179	2,077	2,000	1,939	1,890	1,849	1,715	1,640	1,592	1,483	1,347
∞	5,024	3,689	3,116	2,786	2,566	2,408	2,288	2,192	2,114	2,048	1,945	1,866	1,803	1,751	1,708	1,566	1,484	1,428	1,296	1,001

$\alpha = 0{,}99$

$\nu_2=$	$\nu_1=1$	2	3	4	5	6	7	8	9	10	12	14	16	18	20	30	40	50	100	∞
1	4052	4999	5404	5624	5764	5859	5928	5981	6022	6056	6107	6143	6170	6191	6209	6260	6286	6302	6334	6366
2	98,50	99,00	99,16	99,25	99,30	99,33	99,36	99,38	99,39	99,40	99,42	99,43	99,44	99,44	99,45	99,47	99,48	99,48	99,49	99,50
3	34,12	30,82	29,46	28,71	28,24	27,91	27,67	27,49	27,34	27,23	27,05	26,92	26,83	26,75	26,69	26,50	26,41	26,35	26,24	26,13
4	21,20	18,00	16,69	15,98	15,52	15,21	14,98	14,80	14,66	14,55	14,37	14,25	14,15	14,08	14,02	13,84	13,75	13,69	13,58	13,46
5	16,26	13,27	12,06	11,39	10,97	10,67	10,46	10,29	10,16	10,05	9,888	9,770	9,680	9,609	9,553	9,379	9,291	9,238	9,130	9,020
6	13,75	10,92	9,780	9,148	8,746	8,466	8,260	8,102	7,976	7,874	7,718	7,605	7,519	7,451	7,396	7,229	7,143	7,091	6,987	6,880
7	12,25	9,547	8,451	7,847	7,460	7,191	6,993	6,840	6,719	6,620	6,469	6,359	6,275	6,209	6,155	5,992	5,908	5,858	5,755	5,650
8	11,26	8,649	7,591	7,006	6,632	6,371	6,178	6,029	5,911	5,814	5,667	5,559	5,477	5,412	5,359	5,198	5,116	5,065	4,963	4,859
9	10,56	8,022	6,992	6,422	6,057	5,802	5,613	5,467	5,351	5,257	5,111	5,005	4,924	4,860	4,808	4,649	4,567	4,517	4,415	4,311
10	10,04	7,559	6,552	5,994	5,636	5,386	5,200	5,057	4,942	4,849	4,706	4,601	4,520	4,457	4,405	4,247	4,165	4,115	4,014	3,909
11	9,646	7,206	6,217	5,668	5,316	5,069	4,886	4,744	4,632	4,539	4,397	4,293	4,213	4,150	4,099	3,941	3,860	3,810	3,708	3,602
12	9,330	6,927	5,953	5,412	5,064	4,821	4,640	4,499	4,388	4,296	4,155	4,052	3,972	3,910	3,858	3,701	3,619	3,569	3,467	3,361
13	9,074	6,701	5,739	5,205	4,862	4,620	4,441	4,302	4,191	4,100	3,960	3,857	3,778	3,716	3,665	3,507	3,425	3,375	3,272	3,165
14	8,862	6,515	5,564	5,035	4,695	4,456	4,278	4,140	4,030	3,939	3,800	3,698	3,619	3,556	3,505	3,348	3,266	3,215	3,112	3,004
15	8,683	6,359	5,417	4,893	4,556	4,318	4,142	4,004	3,895	3,805	3,666	3,564	3,485	3,423	3,372	3,214	3,132	3,081	2,977	2,868
16	8,531	6,226	5,292	4,773	4,437	4,202	4,026	3,890	3,780	3,691	3,553	3,451	3,372	3,310	3,259	3,101	3,018	2,967	2,863	2,753
17	8,400	6,112	5,185	4,669	4,336	4,101	3,927	3,791	3,682	3,593	3,455	3,353	3,275	3,212	3,162	3,003	2,920	2,869	2,764	2,653
18	8,285	6,013	5,092	4,579	4,248	4,015	3,841	3,705	3,597	3,508	3,371	3,269	3,190	3,128	3,077	2,919	2,835	2,784	2,678	2,566
19	8,185	5,926	5,010	4,500	4,171	3,939	3,765	3,631	3,523	3,434	3,297	3,195	3,116	3,054	3,003	2,844	2,761	2,709	2,602	2,489
20	8,096	5,849	4,938	4,431	4,103	3,871	3,699	3,564	3,457	3,368	3,231	3,130	3,051	2,989	2,938	2,778	2,695	2,643	2,535	2,421
21	8,017	5,780	4,874	4,369	4,042	3,812	3,640	3,506	3,398	3,310	3,173	3,072	2,993	2,931	2,880	2,720	2,636	2,584	2,476	2,360
22	7,945	5,719	4,817	4,313	3,988	3,758	3,587	3,453	3,346	3,258	3,121	3,019	2,941	2,879	2,827	2,667	2,583	2,531	2,422	2,305
23	7,881	5,664	4,765	4,264	3,939	3,710	3,539	3,406	3,299	3,211	3,074	2,973	2,894	2,832	2,780	2,620	2,536	2,483	2,373	2,256
24	7,823	5,614	4,718	4,218	3,895	3,667	3,496	3,363	3,256	3,168	3,032	2,930	2,852	2,789	2,738	2,577	2,492	2,440	2,329	2,211
25	7,770	5,568	4,675	4,177	3,855	3,627	3,457	3,324	3,217	3,129	2,993	2,892	2,813	2,751	2,699	2,538	2,453	2,400	2,289	2,169
26	7,721	5,526	4,637	4,140	3,818	3,591	3,421	3,288	3,182	3,094	2,958	2,857	2,778	2,715	2,664	2,503	2,417	2,364	2,252	2,131
27	7,677	5,488	4,601	4,106	3,785	3,558	3,388	3,256	3,149	3,062	2,926	2,824	2,746	2,683	2,632	2,470	2,384	2,330	2,218	2,097
28	7,636	5,453	4,568	4,074	3,754	3,528	3,358	3,226	3,120	3,032	2,896	2,795	2,716	2,653	2,602	2,440	2,354	2,300	2,187	2,064
29	7,598	5,420	4,538	4,045	3,725	3,499	3,330	3,198	3,092	3,005	2,868	2,767	2,689	2,626	2,574	2,412	2,325	2,271	2,158	2,034
30	7,562	5,390	4,510	4,018	3,699	3,473	3,305	3,173	3,067	2,979	2,843	2,742	2,663	2,600	2,549	2,386	2,299	2,245	2,131	2,006
40	7,314	5,178	4,313	3,828	3,514	3,291	3,124	2,993	2,888	2,801	2,665	2,563	2,484	2,421	2,369	2,203	2,114	2,058	1,938	1,805
50	7,171	5,057	4,199	3,720	3,408	3,186	3,020	2,890	2,785	2,698	2,563	2,461	2,382	2,318	2,265	2,098	2,007	1,949	1,825	1,683
60	7,077	4,977	4,126	3,649	3,339	3,119	2,953	2,823	2,718	2,632	2,496	2,394	2,315	2,251	2,198	2,028	1,936	1,877	1,749	1,601
70	7,011	4,922	4,074	3,600	3,291	3,071	2,906	2,777	2,672	2,585	2,450	2,348	2,268	2,204	2,150	1,980	1,886	1,826	1,695	1,540
80	6,963	4,881	4,036	3,563	3,255	3,036	2,871	2,742	2,637	2,551	2,415	2,313	2,233	2,169	2,115	1,944	1,849	1,788	1,655	1,494
90	6,925	4,849	4,007	3,535	3,228	3,009	2,845	2,715	2,611	2,524	2,389	2,286	2,206	2,142	2,088	1,916	1,820	1,759	1,623	1,457
100	6,895	4,824	3,984	3,513	3,206	2,988	2,823	2,694	2,590	2,503	2,368	2,265	2,185	2,120	2,067	1,893	1,797	1,735	1,598	1,427
∞	6,635	4,605	3,782	3,319	3,017	2,802	2,639	2,511	2,407	2,321	2,185	2,082	2,000	1,934	1,878	1,696	1,592	1,523	1,358	1,001

$\alpha = 0{,}995$

ν_2=	ν_1=1	2	3	4	5	6	7	8	9	10	12	14	16	18	20	30	40	50	100	∞
1	16212	19997	21614	22501	23056	23440	23715	23924	24091	24222	24427	24572	24684	24766	24837	25041	25146	25213	25339	25466
2	198,5	199,0	199,2	199,2	199,3	199,3	199,4	199,4	199,4	199,4	199,4	199,4	199,4	199,4	199,4	199,5	199,5	199,5	199,5	199,5
3	55,55	49,80	47,47	46,20	45,39	44,84	44,43	44,13	43,88	43,68	43,39	43,17	43,01	42,88	42,78	42,47	42,31	42,21	42,02	41,83
4	31,33	26,28	24,26	23,15	22,46	21,98	21,62	21,35	21,14	20,97	20,70	20,51	20,37	20,26	20,17	19,89	19,75	19,67	19,50	19,32
5	22,78	18,31	16,53	15,56	14,94	14,51	14,20	13,96	13,77	13,62	13,38	13,21	13,09	12,98	12,90	12,66	12,53	12,45	12,30	12,14
6	18,63	14,54	12,92	12,03	11,46	11,07	10,79	10,57	10,39	10,25	10,03	9,878	9,758	9,664	9,589	9,358	9,241	9,170	9,026	8,879
7	16,24	12,40	10,88	10,05	9,522	9,155	8,885	8,678	8,514	8,380	8,176	8,028	7,915	7,826	7,754	7,534	7,422	7,354	7,217	7,076
8	14,69	11,04	9,597	8,805	8,302	7,952	7,694	7,496	7,339	7,211	7,015	6,872	6,763	6,678	6,608	6,396	6,288	6,222	6,087	5,951
9	13,61	10,11	8,717	7,956	7,471	7,134	6,885	6,693	6,541	6,417	6,227	6,089	5,983	5,899	5,832	5,625	5,519	5,454	5,322	5,188
10	12,83	9,427	8,081	7,343	6,872	6,545	6,303	6,116	5,968	5,847	5,661	5,526	5,422	5,340	5,274	5,071	4,966	4,902	4,772	4,639
11	12,23	8,912	7,600	6,881	6,422	6,102	5,865	5,682	5,537	5,418	5,236	5,103	5,001	4,921	4,855	4,654	4,551	4,488	4,359	4,226
12	11,75	8,510	7,226	6,521	6,071	5,757	5,524	5,345	5,202	5,085	4,906	4,775	4,674	4,595	4,530	4,331	4,228	4,165	4,037	3,904
13	11,37	8,186	6,926	6,233	5,791	5,482	5,253	5,076	4,935	4,820	4,643	4,513	4,413	4,334	4,270	4,073	3,970	3,908	3,780	3,647
14	11,06	7,922	6,680	5,998	5,562	5,257	5,031	4,857	4,717	4,603	4,428	4,299	4,201	4,122	4,059	3,862	3,760	3,697	3,569	3,436
15	10,80	7,701	6,476	5,803	5,372	5,071	4,847	4,674	4,536	4,424	4,250	4,122	4,024	3,946	3,883	3,687	3,585	3,523	3,394	3,260
16	10,58	7,514	6,303	5,638	5,212	4,913	4,692	4,521	4,384	4,272	4,099	3,972	3,875	3,797	3,734	3,539	3,437	3,375	3,246	3,111
17	10,38	7,354	6,156	5,497	5,075	4,779	4,559	4,389	4,254	4,142	3,971	3,844	3,747	3,670	3,607	3,412	3,311	3,248	3,119	2,984
18	10,22	7,215	6,028	5,375	4,956	4,663	4,445	4,276	4,141	4,030	3,860	3,734	3,637	3,560	3,498	3,303	3,201	3,139	3,009	2,873
19	10,07	7,093	5,916	5,268	4,853	4,561	4,345	4,177	4,043	3,933	3,763	3,638	3,541	3,464	3,402	3,208	3,106	3,043	2,913	2,776
20	9,944	6,987	5,818	5,174	4,762	4,472	4,257	4,090	3,956	3,847	3,678	3,553	3,457	3,380	3,318	3,123	3,022	2,959	2,828	2,690
21	9,829	6,891	5,730	5,091	4,681	4,393	4,179	4,013	3,880	3,771	3,602	3,478	3,382	3,305	3,243	3,049	2,947	2,884	2,753	2,614
22	9,727	6,806	5,652	5,017	4,609	4,322	4,109	3,944	3,812	3,703	3,535	3,411	3,315	3,239	3,176	2,982	2,880	2,817	2,685	2,546
23	9,635	6,730	5,582	4,950	4,544	4,259	4,047	3,882	3,750	3,642	3,474	3,351	3,255	3,179	3,116	2,922	2,820	2,756	2,624	2,484
24	9,551	6,661	5,519	4,890	4,486	4,202	3,991	3,826	3,695	3,587	3,420	3,296	3,201	3,125	3,062	2,868	2,765	2,702	2,569	2,428
25	9,475	6,598	5,462	4,835	4,433	4,150	3,939	3,776	3,645	3,537	3,370	3,247	3,152	3,075	3,013	2,819	2,716	2,652	2,519	2,377
26	9,406	6,541	5,409	4,785	4,384	4,103	3,893	3,730	3,599	3,492	3,325	3,202	3,107	3,031	2,968	2,774	2,671	2,607	2,473	2,330
27	9,342	6,489	5,361	4,740	4,340	4,059	3,850	3,687	3,557	3,450	3,284	3,161	3,066	2,990	2,927	2,733	2,630	2,565	2,431	2,287
28	9,284	6,440	5,317	4,698	4,300	4,020	3,811	3,649	3,519	3,412	3,246	3,123	3,028	2,952	2,890	2,695	2,592	2,527	2,392	2,247
29	9,230	6,396	5,276	4,659	4,262	3,983	3,775	3,613	3,483	3,376	3,211	3,088	2,993	2,917	2,855	2,660	2,557	2,492	2,357	2,210
30	9,180	6,355	5,239	4,623	4,228	3,949	3,742	3,580	3,451	3,344	3,179	3,056	2,961	2,885	2,823	2,628	2,524	2,459	2,323	2,176
40	8,828	6,066	4,976	4,374	3,986	3,713	3,509	3,350	3,222	3,117	2,953	2,831	2,737	2,661	2,598	2,401	2,296	2,230	2,088	1,932
50	8,626	5,902	4,826	4,232	3,849	3,579	3,376	3,219	3,092	2,988	2,825	2,703	2,609	2,533	2,470	2,272	2,164	2,097	1,951	1,786
60	8,495	5,795	4,729	4,140	3,760	3,492	3,291	3,134	3,008	2,904	2,742	2,620	2,526	2,450	2,387	2,187	2,079	2,010	1,861	1,689
70	8,403	5,720	4,661	4,076	3,698	3,431	3,232	3,076	2,950	2,846	2,684	2,563	2,468	2,392	2,329	2,128	2,019	1,949	1,797	1,618
80	8,335	5,665	4,611	4,028	3,652	3,387	3,188	3,032	2,907	2,803	2,641	2,520	2,425	2,349	2,286	2,084	1,974	1,903	1,748	1,563
90	8,282	5,623	4,573	3,992	3,617	3,352	3,154	2,999	2,873	2,770	2,608	2,487	2,393	2,316	2,253	2,051	1,939	1,868	1,711	1,520
100	8,241	5,589	4,542	3,963	3,589	3,325	3,127	2,972	2,847	2,744	2,583	2,461	2,367	2,290	2,227	2,024	1,912	1,840	1,681	1,485
∞	7,879	5,298	4,279	3,715	3,350	3,091	2,897	2,744	2,621	2,519	2,358	2,237	2,142	2,064	2,000	1,789	1,669	1,590	1,402	1,001

	1	2	3	4	5	6	7	8	9	10
1	5596	5242	7393	4510	5328	2173	7439	4809	1911	1701
2	6612	5512	9981	2673	0182	5493	2149	2424	4837	0489
3	4673	8403	5047	6881	1248	8783	5476	3647	4455	3174
4	7683	7506	6516	7005	7003	9625	1276	1321	7555	2448
5	8065	8601	9365	0908	4742	2734	7820	9190	8990	4642
6	5501	8421	4166	8664	0406	6962	3382	0034	0676	4806
7	3552	2405	0966	5693	2611	6893	6239	9860	3485	1997
8	1612	9905	6128	6257	7144	7202	1421	1592	4828	8482
9	5817	9009	8718	6817	9607	1553	1158	8767	5382	8680
10	5389	1011	8475	4034	3031	0446	7125	6207	7284	2900
11	1065	0658	4787	0760	9277	0751	1255	3377	3923	7555
12	7907	3806	7308	5714	7042	1799	5880	6698	3273	2244
13	6516	5121	4324	1329	8473	1943	2186	3414	6276	4609
14	3329	2381	6635	1521	7745	8099	5672	4121	6688	0432
15	1065	9057	1759	1446	1655	9194	3295	0190	3403	5830
16	8440	7881	9922	3943	5515	2238	8779	9553	2869	3434
17	0053	8474	4309	3499	7616	2853	9552	9596	7998	1502
18	5075	3772	2544	1277	0253	9744	0503	9084	9719	3660
19	6384	3830	6705	2701	4904	5282	6705	5518	0535	3116
20	3333	6952	4170	7957	5228	7270	8533	1055	2177	6164
21	1436	3472	2919	6457	8115	3959	4493	5273	9426	4722
22	0589	1427	6131	9866	2130	3790	4303	9189	0943	7442
23	7697	8960	6359	8898	9269	7010	2323	3502	5931	3791
24	6668	0267	4597	2180	4167	3623	6762	0611	0851	3463
25	0719	6364	1694	3623	8553	6169	1581	4978	1971	9324
26	8014	9012	9735	0835	1615	0965	6783	6069	1684	8006
27	1573	4813	1345	4792	8593	6691	8938	8215	0121	4299
28	4108	1926	5514	3238	0113	5446	2106	3231	8440	6256
29	1837	5821	3975	0754	0199	6955	9250	4205	0962	8083
30	6647	8569	7803	8132	2493	3299	3496	2531	3262	8259
31	5822	1097	5891	6116	3468	6042	0696	9115	3344	9746
32	0166	0422	9774	0984	2149	9948	7316	1055	1144	5493
33	6133	0278	2739	6030	8824	7495	8361	2815	8110	3148
34	9422	5991	9554	2605	7707	0927	5164	4157	6112	8036
35	4888	7743	1484	9682	2425	3630	5278	8352	1499	7239
36	0699	0344	6990	2918	1830	3079	8096	6159	4669	0868
37	9797	8360	9084	3575	9193	2104	2829	1289	7260	1193
38	3288	8244	7369	8388	5399	8488	0544	5359	7581	1830
39	3335	9419	6989	4643	1259	1507	1883	7637	8524	9773
40	6751	9489	0999	8028	8979	3448	7015	5023	3930	2380
41	5887	9882	0840	6597	1605	2117	9671	3990	8696	0536
42	5797	7709	1576	5928	0988	9182	6684	7934	1828	1487
43	1075	8922	5236	1905	8846	3968	0603	4271	1496	3021
44	5659	3857	6175	9630	4111	2805	2734	9610	0599	8027
45	1897	2786	9412	1055	3534	0066	6355	9384	5211	8188
46	6022	6751	4436	2820	7429	8064	2601	6478	3643	3528
47	3827	0010	2569	8741	2585	1354	4764	8806	7066	3856
48	1236	8995	7058	8651	8013	1641	3908	6424	0441	5643
49	2032	1351	9757	4992	7295	4987	0178	9981	7381	6232
50	7573	8012	6115	5791	8949	9780	9942	0519	6738	3438

Literaturverzeichnis

Es gibt im deutschen Sprachraum einige hundert Monografien, die sich mit statistischer Methodenlehre oder Teilgebieten der Statistik beschäftigen. Die folgenden Bücher können zur **Ergänzung und Vertiefung** des in diesem Band behandelten Stoffes verwendet werden. Der Leser sollte in jedem Fall darauf achten, dass er die jeweils neueste Auflage der angegebenen Bücher benutzt.

Monographien

BORTZ, J.; LIENERT, G. A.; BOEHNKE, K.: Verteilungsfreie Methoden in der Biostatistik. Berlin u.a., 3. Aufl. 2008.

COCHRAN, W. G.: Stichprobenverfahren. Berlin/New York 1972.

FISZ, M.: Wahrscheinlichkeitsrechnung und mathematische Statistik. Berlin, 11. Aufl. 1989.

GNEDENKO, B. W.: Lehrbuch der Wahrscheinlichkeitstheorie. Frankfurt/M, 10. Aufl. 1997.

HARTUNG, J.; ELPELT, B.; KLÖSENER, K.-H.: Statistik - Lehr- und Handbuch der angewandten Statistik. München/Wien, 14. Aufl. 2005.

SACHS, L.; Hedderich, J.: Angewandte Statistik. Berlin/Heidelberg u. a., 12. Aufl. 2006.

SCHAICH, E.: Schätz- und Testmethoden für Sozialwissenschaftler. München, 3. Aufl. 1998.

SCHWARZE, J.: Grundlagen der Statistik I. Beschreibende Verfahren. Herne/ Berlin, 11. Aufl. 2009.

STORM, R.: Wahrscheinlichkeitsrechnung, mathematische Statistik und statistische Qualitätskontrolle. Leipzig u. a., 12. Aufl. 2007.

Aufgabensammlungen bzw. Übungsbücher

BOSCH, K.: Übungs- und Arbeitsbuch Statistik. München/Wien 2002.

HARTUNG, J.; HEINE, B.: Statistik-Übungen, Induktive Statistik. München/Wien, 4. Aufl. 2004.

SCHWARZE, J.: Aufgabensammlung zur Statistik. Herne/Berlin, 6. Aufl. 2008.

VOGEL, F.: Beschreibende und schließende Statistik - Aufgaben und Beispiele. München/Wien, 9. Aufl. 2001.

Nachschlagewerke, Formelsammlungen, Tabellensammlungen

BOSCH, K.: Lexikon der Statistik. München/Wien, 2. Aufl. 1997.

GRAF, U.; HENNING H.-J.; STANGE, K; WILRICH, P.-T.Ü: Formeln und Tabellen der angewandten mathematischen Statistik. Berlin u. a., 3. Aufl. 1997.

VOGEL, F.: Beschreibende und schließende Statistik. Formeln, Definitionen, Erläuterungen, Stichwörter und Tabellen. München/Wien, 13. Aufl. 2005.

Schließlich ist auf den Statistik-Kurs der Fernuniversität Hagen hinzuweisen, aus dem dieses Buch entstand:

SCHWARZE, J.: Statistik, Kurseinheiten 1 bis 12, Kurs Nr. 0055/3/01/S1, Fernuniversität Hagen 1981-1984.

Verzeichnis wichtiger im Text enthaltener Diagramme und Tabellen

Verzeichnis häufig vorkommender Symbole

A, B	Ereignisse (S. 13)
$\overline{A}$	Komplementärereignis (S. 15)
$\mathbf{B}(n;\Theta)$	Binomialverteilung mit den Parametern n und Θ (S. 70)
c_o	obere Annahmekennzahl (S. 163)
c_u	untere Annahmekennzahl (S. 163)
COV	Kovarianz (S. 63)
e	Schätzfehler (S. 147)
e_r	relativer Schätzfehler (S. 149)
€	EURO
$\mathbf{E}(X)$	Erwartungswert der Zufallsvariablen X (S. 49)
$f_n(A)$	relative Häufigkeit für das Auftreten von A bei n-maliger unabhängiger Wiederholung eines Zufallsexperiments (S. 21)
$f_X(x)$	Wahrscheinlichkeitsfunktion (S. 40) oder Dichtefunktion (S. 44)
$F_X(x)$	Verteilungsfunktion (S. 42 und 46)
$\mathbf{F}(\delta;r_1;r_2)$	δ%-Quantil der F-Verteilung mit r_1 und r_2 Freiheitsgraden (S. 92)
he	erwartete Häufigkeit beim χ^2-Test (S. 198)
ho	beobachtete Häufigkeit beim χ^2-Test (S. 198)
H_0	Nullhypothese (S. 151 und S. 156)
H_1	Alternativhypothese (S. 157)
$\mathbf{H}(N;M;n)$	Hypergeometrische Verteilung mit den Parametern N, M und n (S. 74)
n	Stichprobenumfang (S. 98, 104)
N	Umfang der Grundgesamtheit (S. 98, 104)
$\mathbf{N}(\mu;\sigma)$	Normalverteilung mit Erwartungswert μ und Standardabweichung σ (S. 80)
$\mathbf{N}(0;1)$	Standardnormalverteilung (S. 82)
$\mathbb{N}$	Menge der natürlichen Zahlen
OC	Operationscharakteristik (S. 168)
p	Stichprobenanteilswert (S. 104)
$\mathbf{P}(A)$	Wahrscheinlichkeit für das Eintreten des Ereignisses A (S. 18)
$\mathbf{P}(A \mid B)$	bedingte Wahrscheinlichkeit für das Eintreten des Ereignisses A wenn B bereits eingetreten ist (S. 28)
$\mathbf{Ps}(\mu)$	Poissonverteilung mit dem Parameter μ (S. 78)
$\mathfrak{R}$	Boolscher Mengenring (S. 17)
$\mathbb{R}$	Menge der reellen Zahlen
s	Stichprobenstandardabweichung (S. 104)
s^2	Stichprobenvarianz (S. 104)
sup	Supremum (S. 203)
$t(\nu)$	Studentverteilung mit dem Parameter ν (S. 90)
$\mathbf{VAR}(X)$	Varianz von X (S. 52)
$\overline{x}$	Stichprobenmittelwert (S. 104)
X, Y	Zufallsvariablen (S. 39)

$z(\alpha)$	Wert der standardnormalverteilten Zufallsvariablen Z, bei dem die Verteilungsfunktion den Wert α annimmt (S. 85)
Z	standardnormalverteilte Zufallsvariable (S. 82)
α	Irrtumswahrscheinlichkeit bzw. Signifikanzniveau (S. 158)
β	Wahrscheinlichkeit für die Nichtablehnung einer Nullhypothese (S. 158)
$\beta(u)$	Operationscharakteristik eines Tests (S. 168)
$\chi^2(\nu)$	χ^2-Verteilung mit dem Parameter ν (S. 89)
$\chi^2(\alpha;\nu)$	α%-Quantil der χ^2-Verteilung mit dem Parameter ν (S. 90)
μ	Erwartungswert (S. 49)
$\hat{\mu}$	Schätzwert für μ (S. 126)
ω	Elementarereignis (S. 13)
Ω	Ereignisraum (S. 14) und sicheres Ereignis (S. 16)
Θ	Anteilswert einer dichotomen Grundgesamtheit (S. 104)
$\hat{\Theta}$	Schätzwert für Θ (S. 126)
σ	Standardabweichung (S. 52)
$\hat{\sigma}$	Schätzwert für σ (S. 126)
σ^2	Varianz (S. 52)
$\hat{\sigma}^2$	Schätzwert für σ^2 (S. 126)
$\varnothing$	unmögliches Ereignis (S. 16)

Operatoren für Ereignisse

$A \cap B$	Durchschnitt von Ereignissen (S. 15)
$A \cup B$	zusammengesetztes Ereignis (S. 14)

Mathematische Operatoren

$a < b$	a ist kleiner als b
$a \leq b$	a ist kleiner als oder gleich b
$a > b$	a ist größer als b
$a \geq b$	a ist größer als oder gleich b
$a \in B$	a ist Element von B
$a \notin B$	a ist nicht Element von B
$\lvert a \rvert$	Betrag von a

Intervalle

$[a;b]$	beidseitig abgeschlossenes Intervall, $a \leq x \leq b$
$]a;b[$	beidseitig offenes Intervall, $a < x < b$
$[a;b[$	halb offenes Intervall, $a \leq x < b$
$]a;b]$	halb offenes Intervall, $a < x \leq b$

Griechisches Alphabet

Α	α	Alpha	Β	β	Beta	Γ	γ	Gamma
Δ	δ	Delta	Ε	ε	Epsilon	Ζ	ζ	Zeta
Η	η	Eta	Θ	θ	Theta	Ι	ι	Jota
Κ	κ	Kappa	Λ	λ	Lambda	Μ	μ	My
Ν	ν	Ny	Ξ	ξ	Xi	Ο	ο	Omikron
Π	π	Pi	Ρ	ρ	Rho	Σ	σ	Sigma
Τ	τ	Tau	Υ	υ	Ypsilon	Φ	ϕ	Phi
Χ	χ	Chi	Ψ	ψ	Psi	Ω	ω	Omega

Stichwortverzeichnis